地理国情统计分析技术与实践

刘纪平 董 春 王 亮 康风光 张 玉 著

科学出版社
北 京

内容简介

本书在总结地理国情普查与常态化监测实践的基础上，系统诠释了国情、地理国情、地理国情监测等基本概念，深入剖析了地理国情统计分析与统计学、地理学、地理信息科学等相关学科的承袭关系。面向地理国情监测工程建设需求，提出了地理国情基本统计、综合统计分析与专题分析的内容和指标体系，以及统计单元划分方法；着重研究解决空间量算、空间叠加分析、地表精确模拟、指标转换、指标分级、多源数据融合处理、高速计算等关键技术，设计并实现地理国情统计分析软件平台，制定完备的质量控制措施，构建形成地理国情统计分析技术体系，并介绍了国家与地方典型地理国情统计分析的应用范例。

本书对从事地理信息科学、经济与应用统计、空间经济学、区域与城市地理学等相关领域的科研人员，从事地理国情监测、自然资源调查、国土空间分析等工作的技术人员，以及高等院校相关专业的师生均具有参考作用。

审图号：GS（2020）1722 号

图书在版编目（CIP）数据

地理国情统计分析技术与实践 / 刘纪平，董春，王亮等著. —北京：科学出版社，2020.5

ISBN 978-7-03-064698-9

Ⅰ. ①地… Ⅱ. ①刘… Ⅲ. ①地理-监测-研究-中国 Ⅳ. ①K92

中国版本图书馆 CIP 数据核字（2020）第 047425 号

责任编辑：彭胜潮 / 责任校对：王 瑞
责任印制：吴兆东 / 封面设计：图阅盛世

科学出版社 出版
北京东黄城根北街 16 号
邮政编码：100717
http://www.sciencep.com

北京虎彩文化传播有限公司 印刷
科学出版社发行 各地新华书店经销
*
2020 年 5 月第 一 版 开本：787 × 1092 1/16
2020 年 5 月第一次印刷 印张：18
字数：426 000

定价：178.00 元

（如有印装质量问题，我社负责调换）

序　一

地理国情是重要的基本国情，是制定和实施国家发展战略与规划、优化国土空间开发格局的重要依据；是推进自然生态系统和环境保护、合理配置各类资源、实现绿色发展的重要支撑；是做好防灾减灾和应急保障服务，开展相关领域调查、普查的重要数据基础。开展地理国情监测，及时、准确、全面地掌握地理国情动态，是贯彻落实党中央、国务院重要决策部署的必然要求，是落实修订《测绘法》的具体举措，是政府部门、社会公众的迫切需求，也是提升测绘地理信息供给水平的重要途径。

地理国情监测，就是综合利用全球导航卫星系统（GNSS）、航空航天遥感技术（RS）、地理信息系统技术（GIS）等现代测绘地理信息技术，对地理要素进行动态和定量化、空间化的监测，并统计分析其变化量、分布特征、变化趋势等，形成反映各类资源、环境、生态、经济要素的空间分布及其发展变化规律的监测数据，从地理空间的角度客观、综合展示国情国力。地理国情统计分析是地理国情监测的重要环节，是实现地理国情数据向地理国情信息转换的重要技术手段。通过地理国情统计分析，能够揭示资源、生态、环境、人口、经济、社会等要素在地理空间和时间上相互作用、相互影响的内在联系，多层次、多维度分析提炼综合反映国土空间布局、生态环境协调程度、城镇化进程、区域协调发展等方面的规律性特征，能为制定发展战略与规划、调整优化空间开发格局、转变经济发展方式提供科学决策依据。

地理国情统计分析不同于简单的数理统计，是一项数据密集、计算密集、知识密集、学科交叉的复合型工作，没有先例可循。中国测绘科学研究院地理国情统计分析团队多年来一直承担着国家级地理国情统计分析研究任务。他们提出和构建了涵盖基本统计分析、综合统计分析和专题分析评价的地理国情统计分析技术体系；针对地理国情大数据统计分析面临的高效管理、高强度计算和深度服务需求，提出了地理国情大数据统计分析的技术框架，自主研发了涵盖基本统计、综合统计的地理国情统计分析软件；完成了国家级的基本统计工作，编制发布了《第一次全国地理国情普查公报》；指导 31 个省（区、市）完成了省级基本统计工作并完成公报的发布；联合多家单位，深入开展综合统计分析评价，编制出版了《中国地理国情蓝皮书（2017 版）》；围绕长江经济带、三江源国家公园、四大草原、五大淡水湖以及退耕还林还草还湿、生态保护、自然保护区管理、基本农田保护、资源承载等重点区域和热点问题，充分挖掘地理国情数据蕴含的价值，形成了多份专题分析评价报告，为自然资源管理和生态保护等提供了重要参考。《地理国情统计分析技术与实践》一书将系统地总结这些研究和实践成果，为读者展现整个研究成果的全貌。

该书理论性、技术性和实践性强，方法实用，易于读者理解，是一本特色鲜明、指导性强的专著。相信该书的出版将促进地理国情大数据蕴含价值的挖掘和发现，将为履行自然资源监管、生态保护修复、国土空间用途管制等提供重要的信息和技术支持。相信这个团队能够在地理国情、自然资源统计分析研究领域中取得更多、更有价值的创新成果。

中国工程院院士 刘先林

2019 年 10 月 8 日

序　二

建设资源节约型和环境友好型社会是中国社会经济可持续发展的核心任务。要建设资源节约、环境友好的绿色发展体系，实现绿色循环低碳发展、人与自然和谐共生，牢固树立和践行“绿水青山就是金山银山”的理念，形成人与自然和谐发展的现代化建设新格局。地理国情是重要的基本国情，包括资源、生态、环境、经济、社会等众多要素。地理国情的内容涵盖了国土疆域概况、地理区域特征、地形地貌特征、道路交通网络、江河湖海分布、地表覆盖、城市布局和城镇扩张、环境与生态状况、生产力空间布局等方方面面。由此可见，将地理国情复杂系统的协调发展融入资源节约型、环境友好型、生态文明的可持续发展社会建设各方面和全过程尤其重要。

在研究地理国情时不能将资源、环境、生态、经济和社会要素割裂开来，而必须将它们视为一个统一的整体，否则很难开展更加全面、深入、系统的分析工作。如何从丰富的地理国情时空大数据中分析提炼出支撑不同领域决策的信息，正确认识地理国情并掌握其自身发展的客观规律至关重要。本人作为第一次全国地理国情普查咨询委员会委员、《中国地理国情蓝皮书（2017 版）》的科学顾问，一直关注、关心并直接参与地理国情统计分析工作，也深知这项工作没有先例可借鉴，是测绘地理信息工作者面临的新挑战。只有扩展测绘地理信息科技发展的哲学视野，夯实地理空间数据统计分析的理论基础，实现测绘地理信息技术体系转型升级，才能使地理国情监测结果应用于各行各业的实践过程中。

该书作者就是以这样的思路构建了我们国家地理国情统计分析的技术框架和模型方法体系，并以此为指导，开启了地理国情统计分析技术研发与应用工作，先后完成了第一次全国地理国情普查、常态化地理国情监测的统计分析任务以及对地方的技术指导，形成了国家级普查与监测公报、地理国情蓝皮书、专题分析报告等一批系列化成果，为全面查清我国山、水、林、田、湖、草等地表自然和人文要素的分布现状，翔实反映我国地表自然资源环境与社会经济设施等国情国力状况作出了重要贡献。作者将这些工作成果进行整理和提炼，撰写了这本《地理国情统计分析技术与实践》，以书籍形式出版，向同行分享知识，值得祝贺!

该书内容广泛，基础性和专业性突出，是研究与实践的科学总结。书中许多成果是原创性的，众多内容是首次发表，对今后地理国情监测工作的持续实施、自然资源调查成果的深入应用具有直接的应用推广价值，在我国自然资源资产管理、自然生态监管、新型城镇化建设、统筹城乡协调发展、民族团结进步等重点工作中均能发挥重要作用。

中国工程院院士　王家耀

2019 年 4 月 29 日

目　录

第1章　绪　　论

1.1　基本概念

1.1.1　国　　情

国情是指一个国家的社会经济发展状况、自然地理环境、文化历史传统以及国际关系等各个方面情况的总和，也是指某一个国家某个时期的社会性质、经济、政治、文化、历史、地理等方面的基本情况和特点。国情是一个内涵极其丰富的综合概念，空间环境、社会主体、社会结构为国情内涵的三大基本要素。其中，特定的空间环境是指一个国家赖以存在的自然载体，是人类生存、发展的最基本物质前提，主要包括地理位置、地形地貌、自然资源、气候条件诸因素；社会行为主体是指由一定数量的社会个体所组成的一个国家的国民群体，它是国情发生的主观基础，也是国情发展演变的社会载体；社会结构是指社会经济结构、政治结构和思想文化结构所组成的有机整体，是国情的主要表现形式（蒋立文等，1993）。

中外学者一般把国情的内涵分为自然国情和人文国情两方面。自然国情着重于自然因素，包括地理位置、疆域、气候、资源、物产等。人文国情侧重于社会因素，包括国家的社会性质及政治、经济、军事、文化、民族、人口等基本状况。基于这一理解，国情组成可以具体分为7个方面：①自然环境和自然资源，包括国土、地质、地貌、地形、气候、矿产、生物、水、光、热等；②科技教育状况，指科技队伍、科研水平、科研体制，以及教育的规模、结构、水平等；③经济发展状况，包括经济实力、经济体制、生产关系、生产力布局、对外经济关系等；④政治状况，包括阶级和社会阶层的划分，政党和政治团体间的关系、政治体制、政治制度、民主与法制建设等；⑤社会状况，包括人口、民族、家庭、婚姻、社会犯罪及其相应对策等；⑥文化传统，包括价值取向、伦理道德观念、宗教信仰、艺术观念及民族传统和风俗习惯等；⑦国际环境和国际关系。

中国国情指的是中国的实际情况，包括中国的历史情况和现实情况。从横向角度看，不同地区、不同领域有着不同的实际情况，而且还是不断变化的；从纵向角度看，不同侧面、不同角度下的中国国情有着不同的内容。改革开放之初，根据邓小平同志的论述，中国的国情概括为两个方面：一是指中国历史形成的底子薄、基础差、社会发展程度较低的状况。这种状况经过几代人的努力，虽有所改观，但我们仍然处于社会主义初级阶段，这是中国最大的国情。二是指中国在发展过程中存在着严重制约社会发展的一些不利条件，如人口多、耕地少、自然资源条件差、大家要吃饭的压力较大等。当然，中国国情还应包括中国有着悠久的历史和灿烂的文化，有着优良的传统和千千万万勤劳、勇敢、质朴的劳动人民等，其内涵是非常丰富的。经过40多年努力，中国特色社会主义进入了新时代，我国社会经济发展取得了巨大成就，国家的综合国力得到显著提高。2018

年，全年国内生产总值超过 90 万亿元人民币，人均国内生产总值 64 644 元，年末全国大陆总人口（包括 31 个省、自治区、直辖市和中国人民解放军现役军人，不包括香港、澳门特别行政区和台湾省以及海外华侨人数）139 538 万人，常住人口城镇化率为 59.58%，户籍人口城镇化率为 43.37%。但是我国仍处于并将长期处于社会主义初级阶段的基本国情没有变，我国是世界最大发展中国家的国际地位没有变。习近平总书记强调指出，牢牢把握社会主义初级阶段这个基本国情，牢牢立足社会主义初级阶段这个最大实际。把握社会主义初级阶段这个基本国情，是牢牢把握我国发展的阶段性特征、人民群众对美好生活的向往的根本前提；牢牢把握我国发展的阶段性特征、人民群众对美好生活的向往，是牢牢把握社会主义初级阶段这个最大国情的现实要求。

1.1.2 地 理 国 情

地理国情是地理与国情的交集，即国情中与地理相关的方面。从狭义的角度来讲，地理国情是指与地理空间密切相关的自然环境、自然资源基本情况和特点的总和（陈俊勇，2012）；从广义上理解，地理国情是把国情信息用地理空间来表达，如人口数据与分布（地理位置）的结合，经济数据与地理位置的表达等（陈俊勇，2014）。地理国情是地表自然与人文地理要素在宏观层面的综合表达，是基本国情的重要组成部分，从地理角度分析、研究和描述国情，反映国家自然、人文、经济、社会等方面的基本情况，从而客观地认知人与自然的关系（李德仁等，2016）。

地理国情内涵包括地表自然和人文地理要素的空间分布、特征及其相互关系，是基本国情的重要组成部分，是从地理的角度分析、研究和描述国情，即以地球表层自然、生物、人文现象的空间变化和它们之间的相互关系、特征等为基本内容，对构成国家物质基础的各种条件因素做出宏观性、整体性、综合性调查、分析和描述，是空间化和可视化的国情信息[1)]。地理国情在地理空间反映国家经济布局，有助于揭示经济社会发展的时空演变和内在关系。地理国情在地理空间反映国家社会人文信息的空间分布，有助于揭示人文信息与自然资源消耗、城镇化进程等之间的内在联系（陈俊勇，2012）。

从国情的涵义可知，一个国家的国情包括社会国情、文化国情、心态国情、历史国情、地理国情等许多方面，其中地理国情是国情的有机组成部分；与其他国情组成部分相比，地理国情具有以下显著特征。

1. 地理国情具有空间性特征

地理国情与地理范围、空间分布等有着密切联系，具有微观的空间位置特性和宏观的区域特性，其出发点是地理角度，即侧重于国家区域中资源禀赋的条件性分析、人地关系的结构性分析和区位空间联系性分析。

1）引自《地理国情普查内容与指标》（GDPJ01—2013）

2. 地理国情具有综合性特征

地理国情涉及领域广，内涵宽泛，内容体系全面、立体，涉及自然和社会各个方面，反映地理要素、地理系统的各个主题和侧面，不但具有空间信息，还有属性信息、时间信息等，它是一个复合的多维信息集，即通过位置集成了专题属性、时间属性等。例如，在一个特定位置，除了经纬度和高程信息外，还可以包括地形地貌属性、地表覆盖属性、行政归属、沿革、地名，以及土地利用、资源环境、价值评估等信息及其变化，各类之间保持相对独立，又保持一定的联系性。

3. 地理国情具有层次性特征

从地理国情内容分类上看，不论自然要素还是人文要素，由于内容体系繁杂，都将描述地理国情内容的指标按特性分为若干个层级的子要素或者子类，分类体系呈树状结构，使得整体具有层次性和系统性，指标体系结构更加清晰和简洁，有利于分析评价，反映各个层次的共同特征规律和分异特征。同时，地理国情的研究对象也是分层的，按照区域大小可分为全球、国家、区域三个层次。立足全球视野，反映不同国家在全球中的位置以及国与国之间空间联系；在国家层面，通过地理国情分析与评估，反映一个国家的地理要素实际情况和动态变化趋势，如全国的国土面积、海岸线长度、森林面积、水库总库容量等；区域地理国情信息主要是以反映各省、自治区、市县等行政辖区或者地貌分区、流域、都市圈、城市群、大城市地区、主体功能区等自然或社会经济分区地域范围内的地理总体客观情况及其动态变化。

4. 地理国情具有多样性特征

体现在地理国情的内容、监测手段和成果形式以及服务对象等方面。由于我国区域之间自然条件不同，现阶段社会经济发展水平不一致，导致地理国情内容表述具有多样性。如东部城市发展快，城镇规模逐步增大，城镇数量多，城镇密度大，城镇空间扩展速度较快；中部相对而言次之，部分地区城市化达到一定水平，但还有很多落后地区城市化水平不高，城镇空间变化特征差异大；西部地区除了个别地区外，城市化水平比较低，城镇空间变化较小。如工业布局有“南轻北重”的地域特征，即北方以重工业为主，南方轻工业相对比较发达。从社会方面看，东中西之间、城市与农村之间、发达地区与欠发达地区之间，甚至城市内部、发达地区内部、一些农村内部，在教育、医疗、社会保障等基础设施配置规模、等级以及改善进度方面都存在不一致现象，差异明显。从监测对象看，自然要素变化相对较慢，以十年、百年为周期；人文要素更新变化频度较高，常以数月、年度计算。从技术角度看，地理国情的获取手段需要利用多种现代化的测绘地理信息技术，如遥感综合监测技术、内外业一体化调查技术、遥感信息提取与解译技术、地理要素变化检测和统计分析技术等；地理国情的表达形式丰富多样，既可以是数据集、系统平台，又可以是各种各样的报告、图件等；地理国情的服务对象涵盖了各级政府、企业和社会公众等，具有非常广泛的应用服务领域。

一般情况下了解一个国家的地理国情，都是从地理位置、地理特征和地理环境等开始，如我国位于亚洲东部、太平洋西岸，它的版图被形象地比作一只头朝东尾朝西的金鸡，地势西高东低，高山、高原都分布在大兴安岭—太行山—巫山—雪峰山一线以西，丘陵和平原主要分布在这一线以东。黄河、长江、珠江等主要河流发源于西部的高原、山区，顺着地势的倾斜，东流入海；我国地形复杂多样，平原、高原、山地、丘陵、盆地五种地形齐备，山区面积广大，约占全国面积的2/3。

胡焕庸教授于1935年提出著名的“胡焕庸线”，该线以黑龙江黑河和云南腾冲为端点确定的直线，将中国领土划分为东南和西北两部（故亦称“黑河–腾冲线”）。该直线倾斜约45°，以此直线为界，线东南方向36%的土地供养了全国96%的人口；西北方向64%的土地仅供养4%的人口，两者平均人口密度为42.6∶1。

在中国人口发生巨大变化的今天，“胡焕庸线”勾勒的人口疏密关系仍稳固不变。2010年第六次人口普查显示，“胡焕庸线”东侧人口占93.7%，较1935年占比仅仅减少了2.3个百分点。实际上，“胡焕庸线”不但刻画了中国人口分布特征，也反映了中国产业布局和资源环境利用格局，作为一种控制规律影响着中国经济发展；“胡焕庸线”沿线作为生态环境过渡的梯度带，环境特征不稳定，形成了生态脆弱带，也是我国贫困县集中地带。从“胡焕庸线”看出，中国的自然因素决定了人口的分布，进而影响了经济、社会和政治。从整个亚洲的人口分布来看，也存在着“胡焕庸线”即亚洲之弧，总体呈U型分布，由喜马拉雅山脉、帕米尔高原、青藏高原东缘、秦岭、阴山-燕山、大兴安岭等山脉山系组成，其两侧人口分布密度与我国的“胡焕庸线”两侧人口增长和集聚的特征基本一致。弧线以东、以南的100～300 km范围，属于大河流下游平原，是适合农耕的地区，人口最稠密，从古到今都是文明的繁盛之地；弧线以西、以北是高峻的山地及高原、干旱的沙漠区和严寒的气候区，历史上一直人口稀少。

地理国情是由地理信息构成和表达的。地理信息与地理国情所包含的基本内容相一致，两者都是对地球表层及其上下一定范围内的自然经济综合体的空间变化情况及其相互关系的反映。地理国情信息本质上是从不同时期的各类地理信息中提取和挖掘出来。地理国情是一定区域内各种地理信息的综合集成，地理信息能够为地理国情的描述与分析提供载体。因此，地理信息是地理国情的源泉，是地理国情监测的主体（马万钟等，2011）。

地理国情虽然来源于地理信息，但是，相比一般的地理信息，地理国情信息在广度和深度上都有所拓展。具体来说，地理信息所表达的信息往往是单一的、离散的、静态的，例如位置、高程、面积、深度。而地理国情信息具有目的性、现势性、动态性、覆盖面广、综合性强等特征，例如，地表覆盖与生态格局、城镇发展等方面的信息。其次，地理信息一般反映的是可度量的地理实体特征，它仅仅是对实体表征属性的描述，属于物质基础信息。而地理国情则是在地理信息基础上整合相关的自然资源、生态环境、产业经济、社会人文等信息进行空间化描述，是对地理信息从外在到内在的深度挖掘。

当前许多发达国家对重要地理信息的量测、统计、分析、挖掘工作日益重视，并启动了相关的研究与工程项目。美国在本世纪初启动了地理分析与监测计划，并相应地开始实施测绘部门任务和功能的转型发展。时至今日，美国地质调查局（United States

Geological Survey，USGS）已成为美国乃至世界地理监测分析和信息发布的权威机构。英国的官方测绘机构是军械测量局（Ordnance Survey，OS），其主要职责是："为英国政府、企业和私人提供最准确和现势性最好的地理数据"。军械测量局的主要工作是生产英国基础地理信息数据并建立数据库、开展 GPS 研究和定位服务等。德国的官方测绘机构是隶属于联邦内政部的联邦制图与大地测量局（Bundesamt für Kartographie und Geodaesie，BKG），其主要职责是："提供德意志联邦境内的地理空间参考系统和基础地理信息，开发和应用必要的和最新型的技术，为联邦部门提供大地测量和地理信息方面的建议，维护联邦政府在国际社会的特殊相关权益"。BKG 的主要工作包括：德国大地坐标系的建设与维护；提供不同形式的地形信息，包括不同分辨率的基础地理数据、不同比例尺的系列地形图、数字栅格地图等。2010 年，澳大利亚地球科学署发布了《2010 年至 2012 年战略规划》（Strategic Plan 2010～2012），确定了研制服务于土地利用规划、自然资源管理和其他应用的全澳大利亚地表覆盖产品（乔朝飞等，2011）。

地理研究是系统整体的研究，是注重监测和挖掘知识的研究。美国地理研究处于世界前列，其地理研究对象明确，"地理研究关注的是空间、地点和定位，以及分布、排列、模式和地球上人与资源的流动"（美国学术研究理事会，2002）。2002 年启动的地理分析与监测（Geographic Analysis and Monitoring，GAM）计划涉及水文学、生态学、地理学、经济学等多个学科与领域，是美国地理学科研究的核心组成部分。该项研究与地表变化的所有方面都有关系，并且对美国社会及其未来发展产生影响。它长期研究美国本土和海外地区的土地覆盖及历史变迁，同时对地理进程进行研究；对地球表面监测数据进行地理意义分析、模拟地表演变过程、开发环境辅助决策产品等。2003 年，欧盟启动了全球环境与安全监测计划（Global Monitoring for Environment and Security，GMES），旨在获取影响地球和气候变化的各类环境信息。日本国立科学院全球环境研究中心在日本环境省支持下开展了"为全球环境保护的土地利用研究"（LU/GEC）项目，着重研究土地利用/土地覆盖变化的空间、时间变化以及驱动因子；日本环境省发起的亚太地区环境革新战略项目（Asia-Pacific Environmental Innovation Strategies，APEIS），目的是对亚太地区的环境灾害、环境破坏和环境退化及其影响进行监测和评估。澳大利亚、加拿大等国家也相继开展了与地理国情相关的项目或工程。

我国地理国情研究在近些年刚刚起步，取得了一些成果，但存在的问题还比较突出。中国科学院、环保、林业、地震、气象等部门开展了一系列有关国情监测与分析工作。中国科学院建成了中国农情遥感速报系统，包括作物长势监测、主要作物产量预测、粮食产量预测、时空结构监测和粮食供需平衡预警等系统。我国环保主管部门的 2 000 多个环境监测站，监测内容涵盖空气质量、地面水、环境噪声、海洋、地下水、生态、酸雨、放射性等领域。1996～2003 年，原国家林业局组织完成了首次全国湿地资源调查，全面查清了全国 100 hm^2 以上的湿地类型、面积与分布，并于 2009 年组织开展了第二次全国湿地资源调查，调查内容包括湿地类型、分布、面积、生态状况、主要受胁因素和管理状况。中国地震局建立了多学科地震监测系统，逐步提高地震监测预报水平，通过地震监测信息共享平台为社会提供服务，根据地震活动趋势和震害预测结果，提出确定地震重点监视防御区的意见，建立地震监测体系。中国气象局统一规划全国陆地及海上气象探测与信息网络，管理全国天气预报警报、短期气候预测、城市环境气象预报、火险气象等级预报和气候影响评价的发布。

地理国情的内涵日趋明朗，但还有待深化。近几年，随着地理国情普查与监测工作的深入实施，越来越多的专家、学者对于地理国情的涵义、内容和范围逐步有了一定的共识。但是这些观点尚未形成一个完整的概念体系，地理国情的内涵还需要更深入地挖掘和完善。

1.1.3 地理国情监测

地理国情监测是指综合利用全球导航定位技术、航空航天遥感技术、地理信息系统技术等现代测绘技术，综合各时期已有测绘成果档案，对地表形态、地表覆盖、水系、湿地、冰川、沙漠、道路、城镇等要素进行动态和定量化、空间化的监测，并统计分析其变化量、变化频率、分布特征、地域差异、变化趋势等，形成反映各类资源、环境、生态、经济要素的空间分布及其发展变化规律的监测数据集、专题地图和研究报告等，从地理空间的角度客观、综合地展示国情国力。结合地理国情研究成果和实践观点，地理国情监测的内容体系构成如下所述。

1. 地理国情监测的多层次目标

包括三个层次：第一个层次是直接目标，是为获得国家与区域地理国情数据而实施一系列研究、工程项目活动。第二个层次是间接目标，即地理国情监测成果应该为国家各级政府制定宏观政策，以及企事业单位从事地理科学研究和技术设计提供真实可靠的信息资料。第三个层次就是应用目标，地理国情监测要服务于国家当前和未来资源合理开发利用、环境健康、生态文明、经济和社会可持续发展，包括为国土空间优化、生态文明建设、区域经济发展以及社会公共服务等方面提供客观可靠的地理国情监测信息。

2. 地理国情监测的技术体系

根据地理国情监测的目标要求，建立地理国情监测内容和指标体系，针对不同地理要素特点，采用内外业一体化的作业方式和自动与人机交互影像处理、多源信息辅助判读解译、外业调查、空间数据库建模等方法，构建地理国情数据采集、处理与建库等技术流程；开展地理国情要素的基本统计、综合统计分析和专题分析，将数据成果转化为地理国情统计信息，服务于政府、科研、经济、社会各领域。

3. 地理国情监测的成果体系

包括地理国情监测数据集、地理国情监测数据库、公报和统计数据汇编、系列专题研究报告，地理国情监测应用服务系统、地理国情监测系列地图等地理国情监测产品成果，以及面向资源利用、生态保护、公共服务、城市建设、经济发展、应急保障等国家重点关注领域形成的地理国情监测应用成果。

4. 地理国情监测的组织管理体系

针对地理国情普查和常态化监测的实践需求，建立了从中央到地方各级组织管理机构和职责分工，内容涉及计划管理、技术管理、责任制管理、质量管理、财务管理、成果管理等管理制度和实施方案，为地理国情监测实践活动提供组织与制度保障。

5. 地理国情监测的质量管理体系

在地理国情监测实施过程中，坚持全过程、全员和分级分类质量控制的原则，形成从国家到地方、从项目组织实施单位到监测作业单位的成果质量监督保障体系；实行过程质量监督检查制度和成果质量“二级检查、一级验收”制度和成果质量复核制度；采用全过程质量监督抽查机制，全面覆盖各地方、各生产单位、各生产过程、各成果种类（“四个全覆盖”），保证生产过程质量，确保地理国情监测成果质量达到“全面、真实、准确”的质量管理目标。

1.2 地理国情普查与常态化监测

地理国情是了解国情、把握国势、制定国策的重要基础。为了更好地融入和服务国家经济社会发展主战场，测绘地理信息主管部门紧紧围绕国家发展大局，从供给端入手，提出了开展地理国情监测，将其纳入“加强基础测绘、监测地理国情、强化公共服务、壮大地信产业、维护国家安全、建设测绘强国”测绘地理信息事业发展战略，作为服务国家改革发展大局的主攻方向和改革测绘地理信息服务模式、促进测绘地理信息事业转型升级的重要途径。

按照国务院对地理国情监测工作的总体部署，我国地理国情监测实践的总体思路是：首先开展全国地理国情普查，全面查清我国陆地国土范围内的地表自然和人文地理要素的现状、空间分布情况；在普查的基础上，围绕经济社会、生态环境等党和国家关注的重大问题和热点问题等，实施常态化地理国情监测。

1.2.1 第一次全国地理国情普查

第一次全国地理国情普查是经国务院批准、原国家测绘地理信息局牵头组织实施的一项重大国情国力调查项目，其目标是查清我国自然和人文地理要素现状和空间分布情况，全面掌握我国地理国情信息，为开展常态化地理国情监测奠定基础，提高地理国情信息对政府、企业和公众服务能力，为国家战略规划制定、空间规划管理、区域政策制定、灾害预警、科学研究、环境治理和社会公众服务提供有力保障。

《国务院关于开展第一次全国地理国情普查的通知》指出，普查的基本内容：一是查清自然地理要素的基本情况，包括与自然环境相关的地形地貌、植被覆盖、水域、荒漠与裸露地等自然地理要素的类别、位置、范围、面积等，掌握其空间分布现状。二是查清人文地理要素的基本情况，包括与人类活动相关的交通网络、居民地及设施、地理单元等地理要素的类别、位置、范围、面积等，掌握其空间分布现状。三是开展地理国情统计分析，将地理国情数据与经济社会数据进行整合，对经济社会发展指标进行空间化、综合性分析评价。四是建立覆盖全国的地理国情本底数据库，形成一系列地理国情普查图集和普查报告；同时，形成系统、规范的地理国情普查技术和标准体系，建立科学、高效的地理国情普查工作机制。

第一次全国地理国情普查于 2013 年 1 月启动，经过三年多时间实施，在各级政府的共同努力下，在参与单位、全体人员的辛勤工作下，完成了普查设计确定的各项任务，获取了全覆盖、无缝隙、高精度的地理国情普查数据，形成了一系列数据成果、技术标准和科技创新成果，全面准确地摸清了我国地理国情家底，达到了普查预定目标。

第一次全国地理国情普查成果内容丰富、特点突出。一是现势性好，普查数据准确反映了标准时点（2015 年 6 月 30 日）的我国地表真实现状。二是服务面广，普查内容与指标的设定，选取了行业和部门需求的"最大公约数"，能够为经济社会发展和生态文明建设提供统一的空间地理信息公共基底。三是客观性强，采用统一标准、数据直报、集中建库的模式，确保了普查要素的空间定位、属性信息与实地一致。四是互补性强，普查分类体系与其他部门的普查调查具有很强的互补性，可从多个维度为相关部门提供信息支撑。五是系统全面，普查成果系统地表达了我国地表的类别、数量和空间分布等情况，全面翔实反映了我国地理国情现状。

地理国情普查数据成果是由地形地貌、遥感影像、遥感影像解译样本、地表覆盖、地理国情要素、专题数据、地理国情统计分析成果等方面的数据组成，其内容分类体系如图 1-1 所示。

1. 地形地貌数据

地形地貌数据有栅格数据和矢量数据两种格式。其中数字地面高程（DEM）数据、坡度与坡向数据以栅格数据表示，高程与坡度分带数据以矢量多边形数据表示。

2. 遥感影像数据

影像数据包括 1：5 万分幅的数字正射影像图（DOM）数据、整景 DOM 数据，以及控制点点位索引影像和控制点信息文件。

3. 解译样本数据

包括记录地面实地景象及属性的照片数据、记录遥感影像实例属性信息及文件名数据、反映地面照片和遥感影像实例对应关系的关系数据，以及照片拍摄点位数据。

4. 地表覆盖数据

反映地表自然营造物和人工建造物的自然属性或状况。地表覆盖不同于土地利用，一般不侧重于土地的社会属性（人类对土地的利用方式和目的意图），其内容分为种植土地、林草覆盖、水域、荒漠与裸露地、铁路与道路、房屋建筑（区）、构筑物、人工堆掘地、地理单元、地形等 12 个一级类，涉及 58 个二级类、133 个三级类。

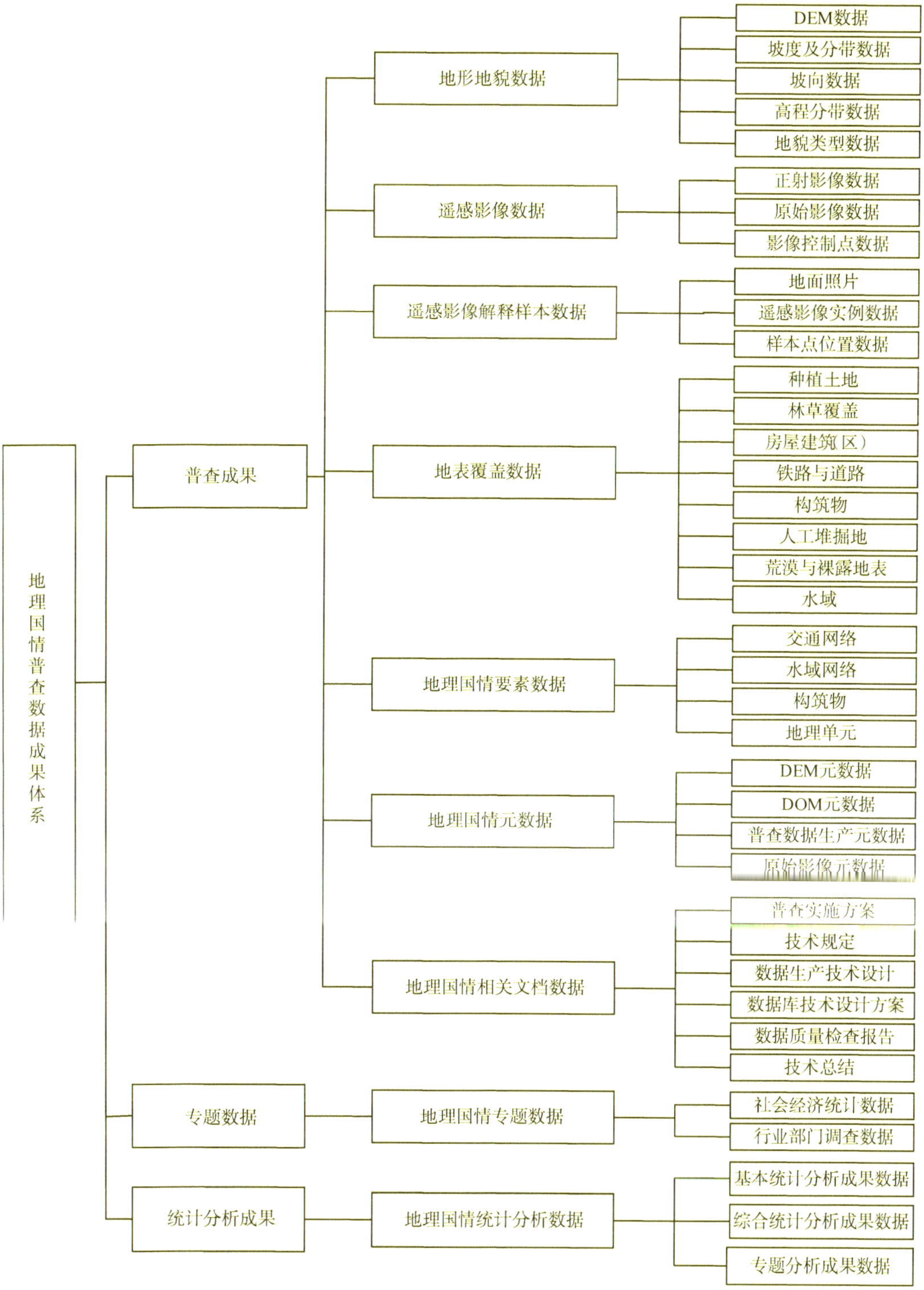

图 1-1 第一次全国地理国情普查数据成果内容与分类

5. 地理国情要素数据

反映与社会生活密切相关、具有较为稳定的空间范围或边界、具有或可以明确标识、有独立监测和统计分析意义的重要地物及其属性。如城市、道路、设施和管理区域等人文要素实体，湖泊、河流、沼泽、沙漠等自然要素实体，以及高程带、平原、山地等自然地理单元。通常采用要素模型（也称作对象模型）来进行描述，按照其空间特征分为点、线、面、体四种基本对象。

6. 元数据

包括数据生产中采集的元数据、用于数据管理方面的元数据项。元数据全部以空间数据层表示，元数据项作为空间范围对象的属性项。

7. 文档数据

文档数据主要包括国家和省级的技术规定、实施方案、技术设计、数据验收报告、工作和技术总结等。

8. 专题数据

来源于国土、水利、林业、农业、环保、规划等专业部门的资源普查与调查数据和人口、经济、社会等统计数据。

9. 统计分析成果数据

包括基本统计成果、综合统计分析成果和专题分析成果。基本统计成果以地表覆盖分类数据和地理国情要素数据为基础，按照各级行政区划单元、社会经济区域单元、自然地理单元进行统计，形成标准化数据集；综合统计分析成果是在基本统计的基础上，采用定性、定量分析评价方法，围绕资源利用、生态保护、区域经济、公共服务、城市发展等主题，分析形成区域地理国情指标体系与数据集；专题分析成果是围绕重大问题，通过研究分析评判形成的专题分析报告。

1.2.2 常态化地理国情监测

《国民经济和社会发展第十三个五年规划纲要》明确提出了“提升测绘地理信息服务保障能力，开展地理国情常态化监测，推进全球地理信息资源开发”等要求。按照地理国情监测工作总体部署和测绘地理信息事业转型发展需要，从 2016 年起地理国情信息获取进入常态化监测阶段，在第一次全国地理国情普查和地理国情监测示范的基础上，进行地理国情监测业务化运行建设，构建功能完备的地理国情动态监测与综合信息分析发布系统，形成常态化地理国情监测机制，提供地理国情信息业务化、常态化服务。

常态化地理国情监测工作主要围绕基础性监测和专题性监测展开：一方面要全面开展基础性地理国情监测，对上一版基础性地理国情监测成果进行年度更新，形成现势性强、高精度、全覆盖的全国地理国情“一张图”；另一方面要围绕国家重大战略以及相关部门业务管理需求，按需开展跨区域、多省联动的专题性地理国情监测，并总结、分析专题监测类型，以进一步明确专题监测领域，精准地为相关部门提供服务。

基础性地理国情监测以第一次全国地理国情普查成果为本底数据，结合高分辨率航空航天影像，采用变化发现、信息提取、实地核查、内业编辑等手段对全国范围内各种自然、人文地理要素进行经常性、规律性监测（一般一年更新一次），实现地理国情变化信息的快速、准确获取，并按照多种地理统计单元进行地理国情变化信息的统计与分析，形成基础性地理国情监测成果。基础性地理国情监测的监测内容是根据自然和人文地理要素的自然变化规律、周期、社会经济发展需求等来确定的，具体类别如表 1-1 所示。

表 1-1　基础性地理国情监测内容

类型	监测要素	监测内容
地表覆盖分类监测	种植土地、林草覆盖、水域、荒漠与裸露地、房屋建筑（区）、铁路与道路、构筑物、人工堆掘地	位置、范围、面积、类型等
地理国情要素监测	道路、水域、构筑物和地理单元	类型、长度、面积及空间分布等

专题性地理国情监测面向社会发展和生态文明建设，紧密围绕国家重大战略和重大工程建设、资源环境及生态管理、国土空间开发利用、城镇化发展、重大自然灾害防治等方面需求，紧扣政府关心和社会关注的热点、难点问题，确定监测重点内容，对监测分类指标进行适当的扩展和丰富，融合经济、社会、人文等信息，按需开展精细化、抽样化、快速化、针对性的专题性监测。目前，我国已围绕各类专题开展地理国情监测（试点）100 余项，主要分类如表 1-2 所示。

表 1-2　专题性地理国情监测内容

类型	监测对象	主要监测内容
国家重大战略和区域总体发展规划监测	产业布局、发展格局、基本公共服务水平	长江经济带国家投资基础设施建设监测 成渝经济区发展规划重要地理国情信息测试点项目 京津冀地区重要地理国情监测
资源利用及生态环境保护监测	沙漠、湿地、冰川、永久积雪、水资源、能源矿产、森林资源、旅游资源、沿海滩涂资源	青藏高原典型冰川进退监测 邛海湿地恢复工程及邛海流域生态环境监测 洞庭湖生态经济区地理国情监测 沿海滩涂变化监测试点
国土空间开发利用监测	优化开发区、重点开发区、限制开发区、禁止开发区	国家级天府新区建设变化监测 浙江舟山群岛新区建设变化监测 兰州新区空间格局变化监测项目
城镇化进程监测	城市扩展、棚户区改造、城市群	陕西省城镇化进程监测 四川省成都市及地级以上城市空间扩展监测 广东省城镇化格局发展监测 其他
其他监测	/	陕西省地表形变监测 汶川地震核心灾区灾后恢复重建监测 攀枝花市尾矿库生态影响与万年沟尾矿库风险安全监测 综合统计分析 四川省义务教育学校均衡布局分析试点（双流区、眉山市）

“十三五”期间，常态化地理国情监测的重点：一是要形成地理国情监测权威效应。开展基础性地理国情监测，发布年度监测报告，为经济社会发展、重大国情国力调查提供年度更新、普遍适用、精准统一的地理国情公共基底。面向国家重大部署、围绕生态文明体制改革重点领域，开展专题性地理国情监测，强化跨区域、多省区联动监测。围绕城市规划、公共服务、城市治理、特色风貌、应急救灾等开展城市地理国情监测，助力提升城市治理水平。二是要注重地理国情综合统计分析。融合经济、社会和人文等信息，通过多层次、多维度分析手段，揭示资源、生态、环境、人口、经济、社会等要素在地理空间和时间上的内在联系、协调程度，反映规律性特征，预测变化性趋势，提出科学性建议，探索发布地理国情指数，形成地理国情蓝皮书、专题分析评价报告等成果，服务领导决策和管理。三是要健全地理国情监测机制。落实原国家测绘地理信息局下发的《关于全面开展地理国情监测的指导意见》，建立地理国情监测联席会议机制，推进部门业务协作合作、上下统筹联动协作、军地融合发展、企事业单位共同参与，形成沟通顺畅、运转协调、公正权威、公益服务的地理国情监测工作格局，健全监测成果发布、共享、应用等相关制度，建立稳定的投入机制。

1.2.3　地理国情监测与国家战略

我国社会主义现代化建设必须从实际出发，立足于具体国情，抓住国情的根本点，才能把握好中国特色的形成。地理国情分析的目的是揭示国家区域物质基础和社会经济发展条件有什么样的特征，在国情研究中占有举足轻重的地位。

首先，地理国情在各类国情中具有基础性支撑作用。地理国情不仅反映构成国家区域的物质条件，诸如自然资源、生态环境、地理区位等基本状况，也反映国家区域内人地关系的协调程度，更重要的是体现国家主权、政治主张、民族统一、行政管理等方面的国家意志。政治国情、经济国情、社会国情、文化国情、历史国情等国家基本情况都具有地理空间属性，与地理国情构成统一的国情有机整体。国情与地理位置的关系体现在诸多层面，如在宏观方面，资源、环境、经济、社会、军事等活动都是发生在地球上的某个地域；在中观方面，房屋土地、环保、交通、人口、商业、税务、教育、医疗、体育、文化文物等都有具体位置；在微观方面，城市社会服务的内容也都发生在具体地点，如金融商业网点、旅游景点、派出所、机关、学校等。可以说，地理国情是相关重大国情国力调查分析评价的数据基准和工作基础。

其次，地理国情是国家区域治理与社会经济发展决策的直接依据。在决策支持信息上，区域的管理或治理涉及区域内的自然环境、经济、人口、社会等各个方面的信息，其中许多与空间信息密切相关，就属于地理国情信息，这使得地理国情信息成为关系区域发展和治理的重要因素，必须给予战略性重视。在决策支持方法上，随着空间分析技术研究与应用向更深层次发展，地理国情与决策支持的关联更加紧密。地理国情分析可以对地理空间中的国情要素进行形态结构定义与分类，对要素实体的空间关系和空间行为进行描述，为国情信息空间查询和空间相关分析提供技术方法，进而直接参与决策服务。

第三，在国情研究分析中，地理国情也有着其他国情不可替代的作用。政治、经济、社会、历史等国情一般说来比较抽象，而地理国情相对较为具体，能够反映我国人口、经济、社会、资源、生态、环境要素的空间位置、空间关系及其变化规律。政府治理事物通常涉及面广、综合性强，不是单一政府职能部门可以解决的问题，需要调动和协调各方面力量，统一领导，协调行动。为实现各类信息的有效关联，将地理国情与其他国情进行整合，可以保障各类信息得到统一应用，实现多种信息的快速、及时、准确地集成处理与分析，推进成果服务于各行各业。

国家战略是为实现国家总目标而制定的最高层次的战略，是实现国家目标的艺术和科学，是指导国家各个领域的总方略。其任务是依据国际国内情况，综合运用政治、军事、经济、科技、文化等国家力量，筹划指导国家建设与发展，维护国家安全，达成国家目标。地理国情是重要的基本国情，是国家制定发展战略和发展政策的依据，也是执行发展战略和发展政策的客观基础。“十三五”及今后一段时期，我国仍处于发展的重要战略机遇期，同时也是资源环境约束力加剧的矛盾凸显期。党中央适时提出重点实施“一带一路”、京津冀协同发展、长江经济带、粤港澳大湾区等国家发展战略，通过改革创新打破地区封锁和利益藩篱，优化我国经济发展空间格局，全面提高资源配置效率。这些国家战略的推进与实施涉及促进区域协调发展、优化国土空间开发格局、加快生态文明建设、推进基本公共服务均等化等内容，均与地理信息紧密相连，需要准确掌握自然和人文地理要素的现状和空间分布情况，地理国情监测在其中能够发挥更加积极作用。

1. 地理国情监测是准确掌握区域国情国力的有效途径

当前我国经济社会发展水平总体很好，但不均衡状况依然存在。“一带一路”建设涉及我国中西部省份和沿海发达地区，对于加快中西部发展步伐、实现东中西部梯次联动发展具有重要意义。但是，目前我国东部地区、中部地区、西部地区之间，城市和乡村之间，发展水平差距仍然较大。在东部地区和一些大城市，发展水平同西方发达国家差不多，但在农村和中西部地区，特别是革命老区、民族地区、边疆地区、贫困地区，经济社会发展还比较落后；京津冀发展同样面临不平衡、不协调的问题，区域内部经济发展水平差距悬殊，北京已进入后工业社会，天津处在工业化后期，而河北的多数城市仍处于工业化中期或初期阶段，资源不合理利用、环境污染、环京津贫困带等问题亟待解决。通过定期的地理国情普查和常态化监测，能够及时、全面地摸清我国不同区域的地形地貌、植被覆盖、水域、荒漠与裸露地等自然地理要素和交通网络、居民地与设施等人文地理要素的类别、位置、范围、面积等，掌握其空间分布实际情况，分析评估区域发展水平。根据治理需要开展重点区域与重点要素地理国情常态化监测，形成反映各类资源、环境、生态、经济要素的空间分布及其发展变化规律的监测数据、专题地图和研究报告等，帮助管理部门获得国情国力要素的变化量、变化率、变化趋势及其空间分布和地域差异，及时准确地掌握重点区域发展变化状况，反映国家重大战略实施效果，为制定国家宏观调控政策、协调区域发展、保障经济社会可持续发展提供科学依据。

2. 地理国情监测为生态文明建设提供统一的信息保障

长江经济带战略作为我国新一轮改革开放转型实施新区域开放开发战略，是具有全球影响力的内河经济带、东中西互动合作的协调发展带、沿海沿江沿边全面推进的对内对外开放带，也是生态文明建设的先行示范带。中共中央、国务院明确要求充分发挥长江经济带横跨东、中、西三大板块的区位优势，以共抓大保护、不搞大开发为导向，以生态优先、绿色发展为引领，依托长江黄金水道，推动长江上中下游地区协调发展和沿江地区高质量发展。坚持“绿水青山就是金山银山”的理念，强化生态环境联建联防联治。生态文明建设包括节约集约利用资源、优先进行生态环境预防和控制、控制国土空间开发强度、调整空间结构等方面内容，其中涉及了大量与地理空间信息有关的技术支持。资源问题是生态文明建设的主要制约因素，基于地理国情监测内容体系中含有土地、林地、草地、水域、荒漠等地表资源要素的指标，可以为资源问题现状、成因、区域差异状况及有效解决对策的分析与探讨提供丰富数据支撑和科学计算工具，使得分析评价结果更为客观合理。对于水污染、大气污染、噪声污染的侵袭，通过地理国情监测的工矿企业分布及生产属性的分析查找潜在的污染源。日趋严峻的水土流失对土地资源造成了极大损失，借助地理国情详细地表分类和精细化数字地面模型可以获得水土流失分布及其与地形地貌的关系，进一步分析水土流失成因及治理策略。生态保护红线是指在自然生态服务功能、环境质量安全和自然资源利用等方面，需要实行严格保护的空间边界和管理限制。在地理国情普查与常态化监测基础上，利用地理空间大数据分析技术，建立起覆盖全国的生态红线动态监测、评估和预警网络，及时针对重要生态问题作出响应，保护生态安全。在资源环境承载能力监测预警机制和生态补偿制度建立过程中，地理国情监测技术与成果能够及时客观反映地表自然资源消耗、环境损害状况，揭示某一地区资源环境承载能力，为经济与生态协调发展保驾护航。

3. 地理国情监测为优化国土空间开发格局提供的技术支撑

经过 40 年的改革发展，我国国土空间条件发生了巨大变化，人口、经济、资源、环境的空间分布与组合矛盾日益突出，国土空间开发格局及优化越来越受到党和政府的重视。党的十八大报告首次将优化国土空间开发格局提到战略高度，并将优化国土空间开发格局职责落实到新组建的自然资源部。长江经济带战略提出基本形成陆海统筹、双向开放，与“一带一路”建设深度融合的全方位对外开放新格局，发展的统筹度和整体性、协调性、可持续性进一步增强，基本建立以城市群为主体形态的城镇化战略格局等目标；京津冀协同发展战略提出加快形成节约资源和保护环境的空间格局、产业结构、生产方式、生活方式的建设要求。粤港澳大湾区以广州、深圳、香港、澳门四大核心城市作为支撑，带动土地、产业链、生产率等要素的空间布局优化，综合带动其他城市协同发展，各城市间从竞争变为协同，将面临生产力空间如何更加合理布局，减少重复建设。解决空间结构不尽合理，经济布局与人口、环境分布不平衡，生态系统整体功能退化等国土空间开发方面所面临的主要问题，管理上需要多领域、多部门统筹协调，技术上需要突破传统分割式的单一规划模式，而地理国情监测能够为其提供研讨工具和技术解决方案。通过地理国情监测统计分析系统可将森林、草原、海洋、湿地等多重生态空间与房屋建筑区、基础设施、产业和城镇布局等社会经济空间准确叠加，实现垂直化、立体化统计分析，更加强调国土空间的系统性与整体性，有效避免了条块分割式监管及政策交叉所带来的监管混乱。在优化国土空间开发格局的过程中，必须遵循我国社会经济发展规律和国土空间开发的现状，坚持科学的国土空间开发导向，明确主体功能区开发理念与战略目标。全国主体功能区规划、区域协调发展等战略具有前瞻性、地域性、综合性和空间性等特点，地理国情监测成果为“一本规划、一张蓝图”的空间规划编制目标实现提供了详尽的信息支持和技术保障，对各级主体功能区功能定位、发展趋势、运行状态、评估评价提供及时有效的监测手段。此外，南水北调、天然林保护、退耕还林等国家级重大工程具有规模大、投资多、周期长、区域影响强烈等特点，都对地理国情信息服务保障提出了新的更高的要求，迫切需要地理国情信息为其实施效果、政策评估和调整等提供信息服务和支撑。

1.3　地理国情统计分析

统计是通过图表或数学方法，对数据资料进行整理、分析，并对数据的分布状态、数字特征和随机变量之间关系进行估计和描述的方法（吴喜之，2014）。统计的历史源远流长，且与国情密切相关。统计语源最早出现于中世纪拉丁语的 status，意思指各种现象的状态和状况。由这一语根组成意大利语 stato，表示“国家”的概念，也含有国家结构和国情知识的意思。18 世纪德国政治学教授亨瓦尔（G. Achenwall）在 1749 年所著《近代欧洲各国国家学纲要》一书绪言中，把国家学名定为“statistika”（统计）这个词，认为统计是关于国家应注意事项的学问。此后，各国相继沿用“统计”这个词，并把这个词译成各国的文字。日本最初译为“政表”“政算”“国势”“形势”等，直到 1880 年才确定以“统计”二字为正名。1903 年“统计”这个词从日本传到我国，1907 年彭祖植编写的《统计学》是我国最早的一本统计学书籍。“统计”一词成了记述国家和社会状况的数量关系的总称。但是随着社会的发展与进步，“统计”一词的内涵与外延在逐渐扩大。统计认识的领域在不断地拓宽，不仅包括社会、经济、科技、文化、体育、人口等领域，而且还逐步地向诸如气候、自然灾害、环境、生物等自然领域拓展（丁玉国等，2000），统计学的理论与方法广泛地应用于各个领域。

统计分析是将研究对象的整体分为各个部分、方面、因素和层次，并分别地加以考察的认识活动。统计分析是常规数据分析的主要手段。然而，传统统计学在分析空间数据时存在致命缺陷，这种缺陷是由空间数据的本质特征和传统的统计学方法的基本假设共同造成的（王劲峰等，2005）。据信息科学专家分析，用于政府机关进行宏观分析的信息 85%以上与空间（地理）定位信息有关。管理决策活动实际上是一种空间行为，决策支持系统中的模型在很多情况下都涉及空间维变量和空间关系（梁艳平，2003）。不考虑空间因素的统计分析来进行辅助决策来说显然是不科学的。从国情的三大基本要素即空间环境、社会主体、社会结构看，空间环境具有很强的空间特征，作为社会主体的人口信息、社会经济信息是传统统计学分析对象，还带有地域性。因为国情是不断发展变化的，是处于动态的一种过程，就时间概念而言，国情又是历史、现实、未来三段时态的高度统一。因此地理国情统计分析方法必然具有复杂性，既要使用经典的统计学方法，又要使用空间分析方法，同时要解决两者之间的协同融合，研究与空间位置相关的事物和现象的空间关联和空间关系，从而揭示要素的空间分布与演变规律。

地理国情统计分析以地理国情普查与常态化监测形成的地理国情信息数据库为基础，结合社会、经济等专题数据，基于不同统计单元，对自然、人文等地理国情要素进行统计和分析，形成系列地理国情统计数据集、统计报表、地理国情指数及分析评价报告，实现地理国情要素向地理国情信息转化和提升，为综合反映各类型统计单元内地理国情的空间分布、空间结构、空间关系、地域差异等特征，揭示经济社会发展和自然资源环境的空间分布规律，制定和实施国家发展战略与规划、优化国土空间开发格局和各类资源配置、推进生态环境保护、建设资源节约型和环境友好型社会，提供重要的参考信息。

目前，国内外还没有正式开展地理国情统计分析研究，但是开展了与地理国情统计分析相似的地理信息统计分析研究。传统的地理信息统计分析主要是对地理对象的位置和属性数据进行分析和挖掘的技术，可以追溯到 20 世纪 60 年代的地理与区域科学的计量革命。自 1997 年以来，*Science* 和 *Nature* 连续发表了一系列关于空间数据分析在天文、自然、人口等方面应用的文章（赵永等，2011；Ranta et al.，1997；Governato et al.，1998；Fan et al.，1998；Condit et al.，2000）。地理空间数据分析不再局限于地理学的应用，空间数据分析与医学、生态学、环境科学、经济学、人口学等领域出现结合应用，并获得了更全面和丰富的成果（Young et al.，2001；Shirayama et al.，2009；李恒凯等，2011；张耀军等，2013）。

地理国情的内容十分广泛、复杂，要正确认识地理国情并掌握其自身发展的客观规律，必须坚持辩证的、动态的、层次的观点。国情是一个系统，具有整体性的特点。从空间角度考察分析国情应该从整体出发，把要素放在整个系统中，放在与其他要素的相互关系中来研究和考察，不能以点代面、以偏概全。例如，对我国自然资源的评价，既要肯定我国是一个地大物博、资源丰富、物种齐全的资源大国，又要看到我国不少资源的人均占有量在世界平均值以下，是一个资源不富裕的国家，辩证地分析两方面状况。坚持动态的观点，就是把地理国情看做一个不断发展变化的动态系统，用发展的眼光去分析。事实上地理国情研究的对象本身处在不断发展变化的过程之中，人们对它的认识也是不断深化的。动态的观点要求我们不仅要看到随着科技进步资源与环境自身不断变化，而且要看到随着社会主体即人的价值观变化，社会经济结构也会发生较大改变。

研究地理国情应坚持层次的观点，即要正确分析组成地理国情各个要素间的相互关系，以及这些要素的空间联系。例如，我国大部分地方位于中纬度，是一个海陆兼备的国家，这是最基本的国情，由此也产生了一系列自然现象，自东而西形成三个不同的气候大区；气候的复杂多样性又导致了种植业、养殖业等多种行业的地区差异，由此又形成了次一级的地理国情。可见研究地理国情，应该注意到它的层次性。

地理国情统计分析研究工作不应仅仅停留在浅表层次的常识性分析上，而更需要向地理结构、地理联系等深层次发展，立足于本国实际，与建设有中国特色社会主义道路联系起来。

1.4 地理国情统计分析的体系结构

地理国情统计分析是地理国情普查与常态化监测工作的重要组成部分，是地理国情要素向地理国情信息转化和提升，并与经济社会信息相融合，反映经济、社会、资源、环境的空间分布规律的必要手段和阶段，对于推广地理国情普查与监测成果应用具有至关重要的作用。

从地理国情统计分析实践看，按照第一次全国地理国情普查与常态化监测总体设计，地理国情统计分析分为三个层次，即基本统计、综合统计分析和专题分析评价。其中，基本统计着眼于“摸清家底”，直接利用地理国情监测数据库，对自然和人文地理国情要素进行空间统计分析，形成反映地理要素现状及其空间分布的基本地理国情信息；综合统计分析是建立在基本统计基础上的“深加工”，融合地理国情监测数据与经济、社会等专题数据，运用测绘学、空间统计学、地理信息科学及大数据分析相关技术和方法，建立地理国情综合统计分析指标和模型体系，分析资源、环境、经济、社会要素空间分布特征和关联关系，从地理空间的角度反映资源分布与利用、生态环境保护、区域经济发展、国土空间格局和社会事业发展等方面状况；专题分析评价则以党的路线、方针、政策为指导，以解决政府、社会面临的重大问题为目标，以地理国情监测数据为主，结合专题资料，用辩证唯物论的观点和科学思维方法对一定时期内某一区域的地理国情状况进行分析，阐述经济社会发展与自然资源环境的内在联系和变化趋势，总结经验，揭露矛盾，找出原因，提供措施，为国家重大战略、重要工程提供决策依据。基本统计、综合统计分析和专题分析评价形成的成果包括数据库、图件、报告、服务系统等形式，位于地理国情统计分析体系结构的最顶层，直接服务于经济建设和社会发展，为政府和有关部门科学决策提供参考和依据。地理国情统计分析体系结构如图1-2所示。

（1）基本统计在已建成的地理国情监测数据库基础上，将自然和人文地理要素对象按照几何特征划分为点、线、面以及地理实体等类型，采用个数、长度、面积、密度、占比、高程、范围等指标对其进行统计，经逐级汇总形成不同单元的地理国情基本统计信息。统计单元包括行政区划与管理单元、自然地理单元、社会经济区域单元、规则地理格网单元等类别。

基本统计充分利用了空间数据模型表达的图形化特点，反映了地理要素空间疏密、规模、大小、形态等重要特征信息；尤其使用“表面长度”“表面面积”等指标表达统计对象起伏信息，有利于更加准确、真实地掌握地理要素随地表起伏分布状况。

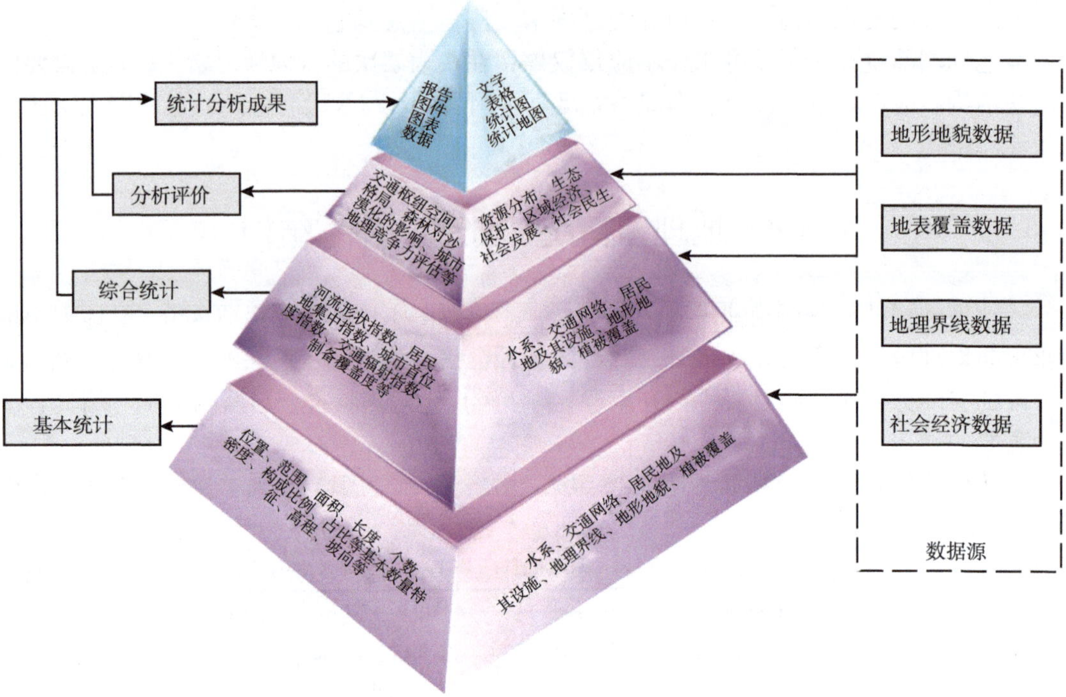

图 1-2　地理国情统计分析体系结构

（2）综合统计分析针对我国经济、社会发展目前面临的瓶颈与难题，研读党和国家重大决策与政策，围绕资源、生态、民生、经济、城镇等主题，设计地理国情综合统计分析相关技术方案，基于不同统计分析单元，完成数据处理与融合、指标计算、分级评估、成果生成与输出等任务，形成国家级、区域级不同层次的综合统计分析成果。

综合统计分析考虑各类地理国情要素分布及其间关系，兼顾指标获取的科学性、目的性、实用性，建立由多项、多层级构成的不同主题综合统计分析指标体系，借助地理信息系统软件、统计分析软件、专业模型运算软件等工具，实现各主题综合分析指标指数计算，形成指标数据集、图件和报告等成果，精确地评估地表资源分布与利用、地表生态格局、基本公共服务均等化、区域经济潜能、城镇发展基本情况，综合反映国家与区域的国情国力分布。

（3）专题分析评价针对某一情况、某一事件、某一经验或问题，将获得的地理国情数据和相关专题数据进行“去粗取精、去伪存真、由此及彼、由表及里”的分析研究，揭示出事务本质，寻找出规律，总结出经验，发现问题，并采用报告形式提出建议和意见。

专题分析评价过程主要包括需求调研与问题分析、分析评价主题与框架设计、分析评价原则确定、数据资料收集与研判、数据处理与指标计算、规律总结与结论凝练、形成意见与建议等工作。

第 2 章　地理国情统计分析的理论承袭

统计学是研究随机数据的搜集、整理、分析和推断的各种统计方法及其理论背景的一门科学。按定义来说，统计学是应用数学的一个分支，主要通过利用概率论建立数学模型，收集所观察系统的数据，进行量化的分析、总结，并进而进行推断和预测，为相关决策提供依据和参考。一般而言，统计学的研究对象是自然、社会客观现象总体的数量关系。

描述统计学（descriptive statistics）在现代统计学中处于基础地位，其作用主要是描述事物或现象的局部特征和现实状况。描述统计学从个别事实开始进行考察、登记，但又不仅仅局限于研究个别事实的具体状况，而是要集合大量单位的事实，加以汇总和分析，来研究现象总体的一般规律性。空间统计学、空间经济学以及区域经济学都是为社会生产和经济服务，描述统计学为其他统计类学科提供最为基础的研究方法和研究规律，其他统计学科则将一般的研究规律进一步专业化，以促进社会生产和建设，例如空间统计学对人口数量及其构成和变动情况的研究，能够为政府制定人口政策提供依据，空间经济学以及区域经济学研究社会财富和自然资源在区域空间利用情况，以期提高整个社会的生产效率和资源配置效率。

空间经济学、地理信息科学、空间统计学、区域经济学等学科更多的是一种方法性的学科，各个学科在模型构建、数据分析都有其自身的优势，其研究目标在于完成数据源子系统和数据处理子系统两个部分的工作，以及数据分析研究子系统的部分内容。而地理国情统计分析则是需要在基本统计基础上，集各个学科方法的大成，结合社会经济等部门专题数据，运用综合统计分析模型和方法，对地理国情要素的物理结构、空间关系及差异特性等内容进行综合分析，用来反映地形地貌、植被覆盖、荒漠与裸露地、水域、交通网络、居民地及设施等要素的空间分布、地表格局、覆盖程度、通达性、基础设施配置水平、空间相关性以及其他方面的内容；运用综合统计分析模型和方法，从生态文明、城镇发展、区域经济、社会民生等方面得出综合反映国家关注的地理国情指数，基于自然、人文、社会、经济等维度测量地理国情综合状况，实现统计分析服务的研究目标。

2.1　描述统计学

描述统计学是统计学的一个分支，另一个统计学的重要分支是分析性统计学。描述统计学主要研究数据的搜集和整理，分析性统计学主要是研究数据分析和推断。统计研究过程的起点是统计数据，终点是探索出客观现象内在的数量规律性。

2.1.1　学 科 内 涵

描述统计学是通过图表或数学方法，对数据资料进行整理、分析，并对数据的分布状态、数字特征和随机变量之间关系进行估计和描述的方法。描述统计分为集中趋势分析、离中趋势分析和相关分析三大部分（徐浪等，2001）。

描述统计学是研究如何取得反映客观现象的数据，并通过图表形式对所搜集的数据进行加工处理和显示，进而通过综合概括与分析得出反映客观现象的规律性数量特征的一门学科。该学科研究的起点是统计数据，重点是探索出客观现象内在的数量规律性。在这一过程中，如果搜集到的是总体数据（如普查数据），则经过描述统计之后就可以达到认识总体数量规律性的目的；如果所获得的只是研究总体的一部分数据（样本数据），要找到总体的数量规律性，则必须应用概率论的理论并根据样本信息对总体进行科学推断。对于描述统计学包含的研究内容有多种不同的理解，概括而言，可分为三种划分范畴：①描述统计学主要是利用指标和指标体系来反映研究对象的数理特征和数量关系，因而指标和指标体系构成描述统计学的主要内容。②描述统计学包含了统计工作的整个过程，包括对已有统计资料进行分组整理，计算综合指标——平均数、相对数、时间数列和简单相关关系以及绘制统计图表等。③将英国著名统计学家皮尔逊提出的一系列分布配合曲线在内的统计内容，都归属于描述统计学（袁卫等，2000）。

2.1.2　起源与发展过程

1. 起源：政府事务管理

描述性统计学的产生可以追溯到很久以前。公元前2250年，大禹治水，根据山川土质、人口和物资统筹开凿河道；三代时期实行井田制，根据户口和土地的统计资料按人分地；同时由于军事和征税的需要，在各朝代对土地、人口、财产和年龄都有统计资料可查，并绘有图表。可见描述性统计学在我国早已应用，只是缺乏专门研究，未形成系统知识。

描述性统计学在西方始于公元前3000多年。埃及金字塔建造时为征集费用，对全国人口、财产进行全面统计；到了亚里斯多德时代，统计逐渐往理性演变，统计在卫生、保险、贸易、军事和行政管理方面的应用都有详细的记载。

2. 发展：概率论的推动

到18世纪，由于各国受战争的威胁和工业革命的影响，对人口和资源的测定很感兴趣，对有关经济、社会和政治等方面的统计数据的搜集与解释，成为当时政府所特别关注的目标。统计学的数学性质逐步加强，特别是概率论的发展，为统计学的兴起不断地提供理论根据，并应用到各种统计方法。到19世纪中叶，统计学的许多新发展都与比利时统计学家寇特莱特（1796～1874）和英国人类学家高尔顿（1822～1911）有关。寇特莱特不仅将统计方法应用于生物学，也应用于教育学和社会学，并预言："统计方法，可应用于各种科学的各种部门。"

3. 形成 χ^2、t、F 分布的导出及其应用

一门学科的形成，其标志是该学科面貌内容的确定；对统计学来说，就是 χ^2 分布、t 分布和 F 分布的导出及其在统计方法中的应用。

在 19 世纪末，统计学已从“政治算术”发展成为统计推断科学，特别是概率论的建立，促进了统计理论的研究和各种统计方法的出现。1908 年英国统计学家戈塞特（1876～1937）的一篇划时代文章，以笔名“学生”发表在该年生物统计杂志（*Biometrika*）上，创立了小样本代替大样本的检验方法。在这篇论文里，提出了 t 分布（又称学生氏分布），其意义远远超出其结果本身。从此，开辟了小样本理论分布研究的新纪元。

4. 新的统计理论和方法不断出现

计算机的使用推动着统计学不断往纵深发展，而且人们发现，随机现象在微观世界中比在宏观世界中更普遍。统计学使用的数学工具越来越深，从数学角度提出的问题所占比例越来越大，统计决策理论的提出就是例证。

2.1.3　研究模型与方法

1. 研究方法

描述统计的研究方法主要有三种，分别是大量观察法、统计分组法和综合指标法。

大量观察法指在研究某一事物或某一种现象时，要从总体出发，对总体中的全部或足够多数的单位进行调查观察，以消除偶然因素变动的影响，探求其统计规律。

统计分组法是根据统计研究的目的和事物或现象本身的特点，选择一定的分组标志，将所研究的事物或现象划分为性质不同的若干组成部分的一种统计研究方法。

综合指标法是对通过大量观察所取得的、反映事物或现象个体特征的统计资料，运用各种综合指标、总量指标、相对指标、平均指标和变异指标等进行分析，以显示所研究事物或现象在具体时间、地点以及各种因素共同作用下的规模、水平、集中趋势和离中趋势的方法（伯恩斯坦，2002）。

2. 具体的数据指标分类

描述统计学的主要应用方法是数值法，即利用不同的度量指标对数据进行整理、分类和处理，更易于对数据进行描述，并使数据更为直观、科学地反映现实状况。数值法的分类具体可以参照表 2-1。

表 2-1　描述统计学的数值指标

度量对象	优势	具体数值指标
位置的度量	最为普遍的方法，计算方法简便，结果较为直观	平均数（即算术平均值）、中位数、众数、四分位数、百分位数
变异程度的度量	能够准确地测量数据的集中趋势和分布规律	极差、方差、标准差、变异系数
探索性数据分析	一方面分析现有数据所要隐喻的某些规律、关系；另一方面，还可以挖掘数据背后的意义，在对数据进行的基本分析后，可以从中挖掘出更具有含金量的信息	最小值、第一四分位数、中位数、第三四分位数、最大值五项指标
变量关系度量	能够对两个变量之间关系的度量	协方差、皮尔逊样本相关系数、加权平均数等

2.1.4 未来发展趋势

第二次世界大战以前，西方盛行的基本上是广义描述统计学，此时最为流行的关于统计学的定义形式为：统计学是关于数据的收集、整理、陈述、描述性量数的测定、统计指数及时间序列分析的科学。第二次世界大战后，统计推断思想勃兴，与之相比，描述统计学似乎显得裹足不前，其发展主要表现在细节的补充与完善上，看不出有什么实质性的突破；并且，它在西方统计学教科书中所占的篇幅一再缩小，近十年来它几乎有点微不足道和显得寒酸了。同时，其定义形式也发生了显著变化，这主要表现在它常常要通过与推断统计学相比照来进行定义。比如将其定义为：描述统计学是关于观察数据的信息检索和特征描述的科学（而推断统计学则是关于利用样本中所含的信息去推断总体特征的科学）。

显然，描述统计和推断统计是统计方法的两个组成部分。描述统计是整个统计学的基础，推断统计则是现代统计学的主要内容。由于在对现实问题的研究中所获得的数据主要是样本数据，因此，推断统计在现代统计学中的地位和作用越来越重要，已成为统计学的核心内容。当然，这并不等于说描述统计不重要，如果没有描述统计收集可靠的统计数据并提供有效的样本信息，即使再科学的统计推断方法也难以得出切合实际的结论。从描述统计学发展到推断统计学，既反映了统计学发展的巨大成就，也是统计学发展成熟的重要标志。

2.2 空间统计学

空间统计学的主要思想就在于空间中距离较近的数据通常比距离较远的数据具有更高的相似性。因此空间统计分析中的一个重要任务就是利用相关的统计方法，建立空间统计模型，从凌乱的数据中挖掘空间自相关与空间变异规律，继而确认空间数据点的分布具有的普遍规律，利用这种规律来对未知的数据点进行预测。空间数据有两种类型的存在形式：一类是点数据，也称地统计数据，呈点状离散或空间连续分布；另一类是格数据，呈格状几何形式。空间统计分析模型主要分为三类：地理统计、格点空间模型和空间点分布形态。其中格点空间模型可以很好地用于在流行病学中研究疾病发生率与地理位置的关系。空间统计分析方法在生物学、空间计量经济学、图像处理、环境学和地球科学、生态学、地理学、流行病学、农学、森林和矿产勘探等领域应用非常广泛。

2.2.1 学科内涵

空间统计学是以具有地理空间信息特征的事物对象的空间相互作用及变化规律为研究对象，将统计学和现代图形计算技术结合起来，通过直观的可计算的方式，来揭露空间数据中所隐含的空间模式、空间分布以及空间的相互作用等一系列数据特征。在空间统计分析中，其研究对象就是空间数据的统计分析，其核心在于认识与地理位置相关的数据间的空间关系、空间关联以及空间自相关，通过空间位置建立数据间的统计关系

（王远飞等，2007）。

空间统计学与经典统计学有很密切的联系，同时也有一些区别具体见表 2-2。

表 2-2　空间统计学与经典统计学的差异

项目		空间统计学	经典统计学
联系		空间统计学的很多基本的理论都是在经典统计学的基础上提升和发展起来的	
区别	数据类型	具有地理位置属性的空间数据，观测值来自一个空间过程；大多数空间问题的观测资料只有一组	截面数据和时间序列数据；处在重复观测后所得的数据
	分析方法	空间资料间往往具有某种空间相关性，并且在不同的解析度下会呈现不同的相关程度	以概率论与数理统计为基础，利用回归分析、多元统计分析、时间序列分析等统计分析方法，研究数据的内在规律（邹亚娟，2014）

2.2.2　起源与发展过程

空间统计学又称地统计学（geostatistics，从事地理学方面研究人员称），亦称地质统计学（从事地质学方面研究人员称），于 20 世纪 50 年代初开始形成。20 世纪 60 年代，法国统计学家 Matheron 通过大量的理论研究，开创了空间统计学这门新的统计学分支。

空间统计学最早源于南非矿山地质工程师 Krige 于 1951 年提出的地统计学，后经法国数学家 Matheron 从随机过程的理论出发进行彻底的改造和完善，其理论不断丰富和发展，并应用于各领域。传统的统计学方法的基本假设是，数据具有独立性和随机性，而空间统计学首先要分析这些数据是随机的还是有聚集性的、是彼此独立还是有一定相关性的，然后利用数据的空间位置关系进一步分析。到了 20 世纪 50 年代后期，法国的在地质矿产资源估计方面优秀的统计学家 Matheron，在克里格和西舍尔的研究基础上进行了大量理论和实际研究，于 1963 年在《经济地质》杂志上发表了《空间统计学原理》一文，将变异函数和空间局部估计的内在联系通过区域化变量理论贯穿起来，系统地论述了空间统计学的基本理论、方法及应用，为空间统计学奠定了理论基础。从此以后，空间统计学作为一门新兴的边缘学科诞生了。

而空间统计学的发展在国内起步较晚，大致在 20 世纪 90 年代空间统计学的基础知识才被引入国内。1996 年，张尧庭发表了《空间统计学简介》（张尧庭，1996），最早介绍空间点过程、空间相邻关系、空间误差自回归模型。《空间数据分析方法》（王远飞等，2007）是国内迄今为止较为详尽和全面反映空间统计学内容体系的文献。

2.2.3　研究模型与方法

传统的统计学方法的基本假设是，数据具有独立性和随机性，而空间统计学首先要分析这些数据是随机的还是有聚集性的、是彼此独立还是有一定相关性的，然后利用数据的空间位置关系进一步分析。空间统计学在多年研究和实践中，它的应用已被扩展到分析各种自然现象的空间异质性和空间格局。在空间层面上，由于邻近事物通常比相隔较远的事物具有较高的相似性，空间统计学则能通过空间位置建立数据间的统计关系。与传统统计不同的是，空间统计在解决实际问题时考虑到空间和空间关系的作用。目前，空间统计的主要任务是研究事物的空间自相关性、空间分布模式、聚集区探测以及空间回归模型。

1. 空间自相关性模型

空间自相关（spatial autocorrelation）是一种空间统计方法，指同一个变量在不同空间位置上的相关性。许多地理现象由于受到在地域分布上具有连续性的过程所影响而在空间上具有自相关，主要包括空间相互作用过程与空间扩散过程。空间自相关指标能够对变量空间分布的自相关强度进行检验。度量空间自相关性的指标有很多，可以分为全局指标和局域指标两种。全局指标用于验证整个研究区域的空间模式，而局域指标用于反映一个区域单元上的某种地理现象或某一属性值与邻近区域单元上同一现象或属性值的相关程度（郭仁忠，1997）。

2. 空间扫描统计量

扫描统计量（scan statistic）是由 Naus 于 1965 年提出，最初用于识别一维点过程的聚集性，后来逐渐扩展至探讨事物在二维空间和三维时空上的聚集性（殷菲等，2007）。扫描统计量不仅可以判断是否有聚集性存在，还能对聚集位置进行定位。根据数据的时间、空间维度不同，可分为时间扫描统计量、空间扫描统计量和时空扫描统计量，并广泛应用于疾病监测和卫生决策领域（李文等，2001）。空间扫描统计量是时间扫描统计量由一维时间向二维空间的扩展，用于识别事件的发生是否具有空间聚集性以及近似的聚集位置。数据形式可以是点数据，也可以是区域数据。

3. 半变异函数理论模型

半变异函数理论模型的拟合能够更加充分地描述所研究的区域化变量的变化规律。在空间统计学中可以通过以下三个步骤进行半变异函数理论模型的最优拟合：首先选择半变异函数理论模型；其次选择半变异函数理论模型拟合的方法；最后，根据一定的指标确定最优的半变异函数拟合结果。

在空间统计学中，对于半变异函数理论模型的最优拟合问题，至今还没有一种比较理想的方法。最早的时候采用人工拟合的方法，该方法需要对实验变异函数的曲线走势进行观察，根据经验知识或者复杂的理论确定一个理论模型，然后用肉眼观察方法，给出变程、块金值和基台值等参数；把所得到的理论曲线与实验曲线进行比较，然后反复调整参数，直到拟合出的曲线满意为止。这样的方法效率非常低，而且人为因素显著，无法自动地实现半变异函数的计算和拟合。近年来，又有许多研究人员提出了一些新的理论半变异函数的拟合方法，主要的有加权最小二乘法、加权回归多项式法、线性规划方法、遗传算法（Cressie，1985；王仁铎，1988）。

2.2.4 未来发展趋势

空间统计学经过多年的发展和完善，在生物学、空间计量经济学、图像处理、环境学和地球科学、生态学、地理学、流行病学、农学、森林和矿产勘探等领域应用非常广泛。在科技突飞猛进的今天，空间统计学无论在理论层面还是在实际应用领域都具有巨大的发展潜力，在国内外空间统计分析方法也被广泛地推广，但在其应用过程中也逐渐暴露了一些数据上的缺陷。例如，空间数据对空间边界的依赖性过强，受多种因素影响空间统计数据的不确定性，另外空间统计学的发展最大的制约因素就是，目前我国国内参考的文献少之又少，缺少关于空间统计数据的相关参考书籍和用于数据分析的汉化软件，在此方面的缺陷极大地制约了空间数据统计的推广和实际应用。所以空间数据统计在我国的数据分析领域还有很大的发展和完善的空间。

随着空间信息科学的发展以及在国内外得到迅速推广和应用，加上区域数据的普遍存在，空间统计学无论是在理论还是应用方面都具有巨大的发展潜力。主要表现为：

（1）随着大数据时代的到来与发展，GIS 的应用领域也不断地提出新的研究课题，要求有相应的空间分析方法。故 GIS 技术与空间统计方法相结合研究空间属性数据将会成为空间统计未来研究的热点问题。

（2）空间点模式的应用存在很大的发展空间。目前国内外主要用于矿物勘测、植被或种群分布等领域，国外有少数学者用于房地产方面的研究分析，而对于经济问题等的实践探究极少，还处于比较初级的探索阶段。

（3）空间分析从最初的地理学应用逐步扩展到生态学、流行病学、资源环境等领域，借鉴和应用空间分析的思想与方法，既可以宏观到宇宙（如天文学），也可以微观到颗粒或分子（如材料科学），但更多的应用是在中观层面，尤其是国内空间统计学在微观方面的应用极少。

2.3　空间经济学

空间经济学研究资源在空间的配置和经济活动的空间区位。继新产业组织理论、新贸易理论与新增长理论之后，空间经济理论成为经济学研究中收益递增和不完全竞争革命的第四次浪潮。空间经济学中三种基本模型——区域模型、城市模型和国际模型的发展，将填平区域经济学与城市经济学、经济地理学与国际贸易学之间的深壑。扩展理论菜单、寻求实证研究、探讨空间集聚的福利与政策含义，将是空间经济学未来前进的三大重要方向。目前的研究成果清晰地表明了运输成本、收益递增和关联效应对空间集聚的重要作用，特别是，它自始至终都着重强调了关联效应的作用，并将关联效应于空间集聚的作用研究了个透。但目前的空间经济学也忽略了空间集聚的其他因素，这不能说是它的一大不足。就目前空间经济学的创新之需而言，应立足于构建空间内生化研究主导的理论范式，在其统一逻辑和整体框架下，实现多学科间的借鉴与融合。

2.3.1　学 科 内 涵

空间经济学是把空间的概念导入传统的经济学中，着眼于空间的地理位置和经济发展之间的关系，明确考虑生产者和消费者之间的运输费问题。它研究的是空间的经济现象和规律，研究生产要素的空间布局和经济活动的空间区位，其出发点是考虑为什么在某个地方出现某种经济现象（曾道智，2013）。

2.3.2　起源与发展过程

追本溯源，空间经济学最早源于区位理论，是一门研究经济资源空间配置和经济活动的空间区位问题的学科。

1826 年，德国农业经济学家约翰 · 冯 · 杜能撰写了《孤立国同农业和国民经济的关系》，成功开创了“农业区位理论”。在书中冯 · 杜能提出一个土地利用模型，认为运输成本和地租的存在导致了农业生产的“同心圆”分布模式，同时，书中对于孤立国城市的分析奠定了城市经济学的基础。沿其思路，1909 年韦伯发表了《工业区位论》，以成本最小化为原则，提出了在工业区位选择上的三法则，即：运输区位法法则、劳动区位法则、集聚区位法则，由此奠定了空间经济学中工业布局的基本理论。其后在 1969 年，阿朗索将冯 · 杜能模型中的农业土地利用理论扩展到城市，用来往于城乡间的上班族代替农民，用中央商业区代表城市，构建了一个“单中心城市模型”。

空间因素难以模型化，是因为在空间经济学中存在着规模报酬递增时的市场结构问题。现有的许多经济理论仍将规模报酬不变作为一般经济假设，这与现实世界的经济运行方式不符，因此，将规模经济纳入经济模型中就成为空间经济学的必然要求（保罗 · 克鲁格曼，2000）。直到 1977 年，迪克西特、斯蒂格利（Dixit and Stiglitz，1977）构建了一个 Dixit-Stiglitz 垄断竞争模型，将收益递增和不完全竞争纳入模型，在更符合经济现实的同时颠覆了以往经济学研究中规模报酬不变和完全竞争的一般假设，由此掀起了经济学中规模经济和垄断竞争的革命。这场革命可分为四个阶段，每一阶段各提出了相应的理论：产业组织理论、新国际贸易理论、新增长理论和新经济地理理论。

在这场革命中，克鲁格曼引领着区位理论和空间经济学的复兴。1991 年，在其发表的《收益递增与经济地理》一文中，克鲁格曼就倡导了新经济地理学（空间经济学）的复兴。他指出，经济地理是研究经济活动的区位选择及其选择原因。此后，许多经济学家沿着他的思路，在收益递增和不完全竞争模型基础上，将空间因素纳入到经济模型中，对其作了多种形式的补充和发展。

经过 20 多年的发展，空间经济思路学的理论模型得到了丰富和完善，在克鲁格曼、藤田昌久、维纳布尔斯、马丁、罗伯特、尼克德等学者的研究下，相继出版了空间经济学中系统介绍理论基础和政策含义的两本巨著——《空间经济学：城市、区域与国际贸易》和《经济地理与公共政策》。空间经济学发展至今，融合了区域经济学、城市经济学的相关理论，研究范畴涉及产业与经济活动、城市与城市群、经济增长等领域的空间分布和空间差异。

尽管与区域经济学和城市经济学具有基因上的相似性，空间经济学仍是一门独立发展的学科。但是，区域和城市在已有的区域经济学、城市经济学中是外生给定的，也就决定了区域（城市）经济学的主要研究方向是既定区域（城市）的可持续发展和系统运行状态。而在空间经济学中，经济区域和城市是内生给定的，不是外生变量，空间经济学的研究对象——厂商、产业和经济活动是三位一体的，区域和城市就是在这三位一体的相互影响、相互作用中产生的。

2.3.3　研究模型与方法

空间经济学的核心问题是研究经济活动的空间分布不均衡问题，并解释由此导致的空间集聚现象。在现实生活中，常能发现经济活动在空间分布上的极不平衡状态：有经济繁荣、人口密集、高楼林立的核心城市，也有经济凋敝、人烟稀少、断壁残垣的偏远乡村。而产生这种空间分布上经济差异的原因，传统经济理论将其归结为初始的资源禀赋、地理区位和风俗习惯等，而空间经济理论却认为是厂商、产业、经济活动三位一体的作用结果（藤田昌久等，2013）。

集聚是空间经济学研究兴起的起因，空间经济学试图给人们提供一个理论，用以解释集聚在什么样的空间发生，怎样发生，为什么发生。而这个理论的建模思路在《空间经济学：城市、区域与国际贸易》一书被总结为 D-S 模型、冰山交易技术、动态演化和计算机模拟四点。因此，Dixit-Stiglitz 垄断竞争模型和冰山成本便构成了空间经济学的理论基础。

空间经济学在原有的垄断竞争模型、规模经济和不完全竞争等理论基础上，发展出了其独特的三种空间经济分析模型：区域模型、城市体系模型和国际模型。

1. 区域模型：中心-外围模式

中心-外围模型（core periphery model）考虑的是一个只有农业和制造业两个部门的经济，农业是完全竞争的，生产单一的同质产品，而制造业部门是垄断竞争的，供给大量的差异化品，具有收益递增的特征；两个部门分别仅使用一种资源：劳动力；农业雇佣劳动力要素不可流动，而制造业工人可以自由流动；农产品无运输成本，而制造品则存在“冰山成本”。经济的演化将可能导致中心-外围格局：制造业“中心”和农业“外围”，条件有三个：当运输成本足够低时；当制造业的差异产品种类足够多时；当制造业份额足够大时。较大的制造业份额意味着较大的前向关联和后向关联，它们是最大的集聚力（克鲁格曼特别强调这种金融外部性是集聚的驱动力）。关键系数的微小变化会使经济发生波动，原先两个互相对称的地区发生转变，起初某个地区的微弱优势不断积累，最终该地区变成产业集聚中心，另一个地区变成非产业化的外围。也就是说，经济演化使得对称均衡在分岔点上瓦解，区域性质发生突变。

将两地区的例子推广至多个地区与连续空间，克鲁格曼用 Turing 方法证明了中心-外围模型中的结论仍然有意义，集聚因素将使得在多个地区和连续空间中会产生数量更少、规模更大的集中，而即便放松农业运输成本为零这一非现实假设，基本结论也不会有多少改变。当然，中心-外围模型能够发生并不表示必然发生，即便发生是否可维持也是有条件的。在一定的条件下，一个地区形成的产业集聚可以自我维持，但在同等条件下，产业在两个地区分布也是稳定的（Hamilton et al.，2000）。同时，这也表明真实世界中的空间地理结构要比想像复杂得多。

2. 城市模型：城市层级体系的演化

城市模型以冯·杜能的"孤立国"为起点，定义城市为制造业的集聚地，四周被农业腹地包围。然后逐渐增加经济的人口，农业腹地的边缘与中心的距离逐渐增加，当达到一定程度时，某些制造业会向城市外迁移，导致新城市的形成。人口的进一步增长又会生成更多的城市，然后继续向下发展。一旦城市的数量足够多，城市的规模和城市间的距离在离心力和向心力的相对强度下将在某一固定水平上稳定下来。如果经济中有大量规模各异和运输成本不同的行业，经济将形成层级结构。这种城市结构的未来趋势取决于"市场潜力"参数。经济演化的过程可看作是市场潜力与经济区位的共同作用，市场潜力决定经济活动的区位，而区位的变化进而重新描绘了市场潜力。

3. 国际模型：产业集聚与国际贸易

国际模型主要讨论国际专业化与贸易、产业集聚、可贸易的中间产品和贸易自由化趋势对一国内部经济地理的影响。在前面两个中心-外围模型和城市体系模型中，要素流动在集聚形成中都起着关键作用。但是在现实生活中，生产要素的流动会受到种种限制。在世界范围内考虑要素流动，"国界"是不可避免的影响因素。之所以有国际贸易理论存在，就是因为有国界的存在。国际贸易壁垒和要素流动障碍都是国界惹的祸（即便没有正式的贸易壁垒，国界仍然会产生大量实际的贸易壁垒）。正是因为国界，在中心-外围模型中起关键作用的产业关联效应，并不能导致世界人口向有限几个国家集聚，却能产生一种专业化过程，使特定产向若干个国家集聚。那么关联效应、贸易成本（涉及运输成本和贸易壁垒）和国际不平等或世界经济的环俱乐部收敛之间有什么关系？对外贸易如何影响内部地理？随着世界经济一体化的进程，不同产业区域的专业化模式和贸易模式将如何改变？一个忽略国界的"无缝"的世界（更完美的一体化世界）将是什么样子？空间经济学力图回答这些问题（梁琦，2005）。

2.3.4　未来发展趋势

空间经济学虽然经过近 30 年的发展，已经成为一门理论基础和研究方法日趋完善的学科，但是仍存在一些不足。一方面，部分理论界定模糊。一是空间在经济学中的本质属性界定模糊，即在经济学范式中，对于空间是物质性还是社会性的界定模糊。二是在经济学范式中，空间与区域如何辨析上界定模糊。三是在空间经济学范式自身是基于外生化还是内生化上界定模糊。另一方面，整体理论体系割裂。如前所述，空间经济学理论范式涵盖了诸多学派的观点和结论，目前还仅是一个总体性范式，并未形成成熟的整体性范式。既有形成的空间经济学理论范式还较为松散甚至割裂，缺乏系统性和统一性。尽管空间经济学理论范式中的绝大多数学派都源自新古典经济学，但由于各自形成的历史背景、学术脉络、价值取向等存在较大差异性，无论是古典区位论、新古典区位论、区位科学、城市经济学、国际贸易理论、空间政治经济学、新经济地理学等理论，都无法纳入同一个统一的分析框架。

空间经济学作为经济学的空间维度，在本质上是社会科学，必然要用到大量经济学的研究方法，也可以借鉴空间地理学等相关学科的分析工具。具体而言，一是可以考虑将哲学上的空间认识论引入空间经济学理论范式，形成方法论的引领和指导；二是可以考虑将研究空间竞争冲突的博弈论引入空间经济学理论范式，进一步拓展理论模型的构建思路；三是可以考虑将地理学的空间分析工具引入空间经济学理论范式，促进分析工具更加科学化；四是可以考虑将空间政治经济学、演化经济学的相关观点与空间经济学融合，进一步提升思想的创新性、理论体系的丰富性综合来看，应从经济、社会、文化、地理等多学科融合的视域，构建空间内生化研究主导下的统一理论框架和研究范式，全面、准确地揭示空间经济发展规律。

2.4　区域经济学

我国的区域经济学在两方面做出了突出贡献：第一，积极参与我国社会主义经济建设和改革的实践，在回答并逐步解决现实提出的一系列问题的同时，提出一系列颇有价值的理论和方法，有效地指导了区域经济发展的实践；第二，积极引进国外的区域经济研究成果和经验，大大推进了我国区域经济研究的深度和广度，为我国的现代化建设提供了新视角、新理论、新方法、新工具和新手段。

经过对过去几十年间我国区域经济理论与实践的反思，我国区域经济研究正朝着更加完善的方向迈进。不少学者已在尝试从不同的角度、以不同的方式探索这一年轻而富有希望的领域。主要研究有：区域经济增长与发展动因和因素分析、区域经济体制改革、区域产业结构及演变分析，区域市场发育研究、区域协调发展（可持续）研究、区域关系与地方行为研究。区域政策与产业政策结合研究、区域开放研究、区域经济学与相关学科关系研究以及区域经济学研究手段现代化、定量化等。

2.4.1　学 科 内 涵

对于区域经济学的界定，多数学者都是基于描述和分析两个视角。基于描述视角而言，区域经济学是关于区域经济的经济学。在这里，所谓区域经济，也称空间经济、区位经济，是指一定区位条件下在生活中相互作用的一群人，或者说相互作用的一群人之空间分布。许多学者都或多或少从这个角度定义过区域经济学。如涅克拉索夫（1987）指出，区域经济学是研究经济空间秩序、研究稀缺资源地理分布的科学；杨开忠（1991）指出，区域经济学是从空间分布观点研究人类活动的经济科学。景跃军和王胜今（2001）指出，区域经济学研究经济活动的空间表现形式。彼得·尼茨坎普（2001）以及安虎森（2008）则指出，区域经济学研究经济活动的空间分布与协调。从分析来讲，区域经济学研究社会如何管理它的稀缺资源空间配置。在这里，“空间配置”即“空间组织”，是指在一定区位条件下各种竞争性用途间安排稀缺资源使之具有一定系统性的行为或过程，包括个体（企业、家庭/个人）的区位决策，区位相互作用以及作为整体的区域经济运行。

从研究内容和研究任务等视角对区域经济学的内涵进行界定可知，区域经济学主要用于研究区域经济演变规律，尤其是探索在市场经济条件下生产力的空间分布及发展变化规律；研究在国家范围内建立多层经济区域体系、在发挥各地区优势的基础上实现资源优化配置和整体经济效益最佳的途径；研究区域经济增长、产业结构转换升级、循环经济、低碳经济、区域政策和效应规律以及可持续发展等；研究区际经济关系发展变动规律，主要包括区际间均衡与国民经济总效率的关系、区域分工与经济技术协作、区域差异与区际关系的调整等；研究运用现代科学技术手段和相关学科成果。完善区域经济研究方法和开拓区域经济研究领域；借鉴、引进国外区域经济学的研究成果和实践经验，丰富我国的区域经济学（荣跃明，2000；全毅，2015）。

2.4.2　起源与发展过程

区域经济学是一门新兴的科学，经由半个多世纪的时间，它的形成与发展，与问题的出现和解决密不可分，其每一步进展都是经济社会发展的写照和缩影。区域经济学的产生和发展可分为三个阶段（陈林生，2004）。

在20世纪三四十年代里的20多年时间里，由于全球性的经济危机和世界大战的冲击，西方许多国家的区域经济问题变得十分突出。贫富两极分化加剧，失业与萧条阴云不散，局部区城经济状况恶化。经济领域产生了凯恩斯主义，主张国家调节经济活动。这期间，一些学者开始关注区域经济问题，探讨区域差异的形成及其作用因素，并对市场机制的缺陷开始进行反思，提出实行国家干预的主张。

进入20世纪六七十年代后，区域经济学研究通过参加区域开发与规划实践，开始对传统生产布局理论在解决区域经济发展与布局上的局限性进行反思，进而比较系统地建立了区域经济学的理论基础。研究在区域经济理论的系统性、宏观性、动态性上进行了开拓，同时也吸收了诸如地理学、社会学、人口学、城市科学等许多学科的研究成果，终于形成了经济学的一门新分支——区域经济学（胡艳君等，2008）。

到20世纪80年代后，全世界进入了和平与发展为主题的时期，世界经济呈现出区域化、集团化、一体化的趋势，西方发达国家经济从徘徊走向复苏，发展中国家的经济也迅速启动，区城经济学研究也出现了一些新的特征，主要表现为新理论的创建与实践、区域经济的发展与协调、运用最新的科技手段，如：区域增长极理论研究、区域经济发展梯度转移理论研究。可以看出，区域经济学研究进入了一个全面发展的新时期（吴爱芝等，2011）。

2.4.3　研究模型与方法

区域经济学研究采用系统（或综合）的、动态的、区域的观点并借助数学、统计图表等分析方法开展建模与分析。涉及的模型主要包括经济区位与区位选择分析模型、区域经济空间结构分析模型、区域经济增长及增长模式和区域经济发展差异分析模型等。

1. 经济区位与区位选择分析模型

对于不同职能类型的区域，其区位选择的条件和优势都存在差异，差异化的区位选择主要源于不同区域的主要职能作用的不同，例如农业区位、工业区位、服务活动区位、住宅区位等不同区位对不同条件、优势的选择。

1）农业区位

区域经济学对于经济区位选择模型的探究主要基于“杜能农业区位论”展开的。19世纪初，德国经济学家冯·杜能分析了围绕城镇设址的农业生产情况，引入运输成本作为农业区位选择的重要因子，形成了农业区位论。他证明，假定生产者寻求最大收益，那么生产何种作物的决策由其所在地与市场间的距离决定。

杜能理论认为，决定土地利用的主要因素是地租。美国学者达恩把生产单一作物的地租用距离函数表示为

$$R=E(p-a)-EfK$$

式中，R 为每单位面积土地的地租；K 为距市场的距离；E 为每单位面积的产量；p 为每单位该农产品的市场价格；a 为每单位该农产品的生产费用；f 为该农产品每单位重量、距离的运费。式中，地租 R 是因变量，距离 K 是自变量，并可得出地租消失的距离为

$$K=(p-a)/f$$

其函数关系表示为图 2-1。

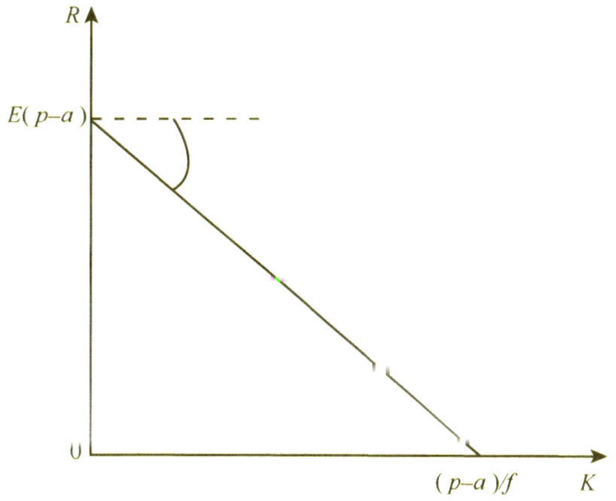

图 2-1　地租函数

2）工业区位论

应用较为广泛的一种工业区位理论模型是韦伯的最小费用区位理论，它有三个基本的假定条件：已知原料供给地的地理分布；已知产品的消费地与生产规模；劳动力存在于多数的已知地点，且不能移动，各地点的劳动费用水平是固定的，在这种劳动费用水平下可以得到劳动力是无限的。韦伯认为，影响企业区位抉择的因素不仅包括运输成本，而且还包括劳动力、集聚因素和总体因素，并建立了更加完善的区位抉择模型。

另一种较为常用的工业区位理论模型是勒施的利润最大化区位理论。以勒施为代表的利润最大化区位理论从需求出发，认为最佳区位不是费用最小点或收入最大点，而是其差的最大点，即利润最大化点。勒施研究的前提不是建立在完全竞争的市场条件下，而是以不完全竞争和垄断竞争为前提来寻找利润最大化的区位点。勒施的区位论存在的缺陷主要是他对空间的费用差异考虑不足。

此外，史密斯的赢利空间界限分析也广受区域经济研究者的青睐。在工业区位论研究中，韦伯引入了空间费用曲线，勒施导入了空间收入曲线。如果把这两条曲线相结合，就能够画出收入的空间界限，并通过分析找到“最佳区位”和“次最佳区位”。这一理论由劳斯顿首先提出，后由史密斯进一步发展成系统化的区位理论。史密斯区位理论的

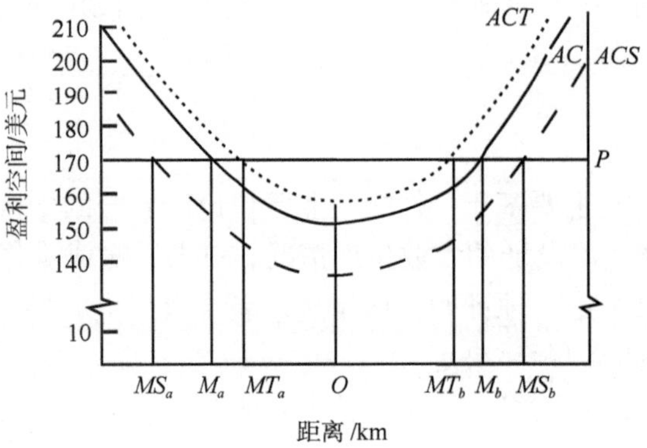

图 2-2　企业家能力与盈利空间界的区位模型的变化图

基本原理是：“能够得到最大利润的区位是总收入超过总费用的最大地点”。他的这一原理是通过空间费用曲线和空间收入曲线来反映。史密斯认为，空间的费用和收入也能够反映出工业区位模型的形态，费用曲线或收入曲线的倾斜程度越大（即费用或收入的空间变化大），工业越集中；相反，则表现为分散的倾向。企业家的经营手段不同也会造成区位模型的变化。假如企业家的经营能力和水平高，总费用就会降低，否则就上升。图 2-2 所示，*AC* 曲线表示所有企业的平均空间费用曲线，而 *ACS* 曲线表示经营手段和能力高的企业的空间费用曲线，*ACT* 曲线是经营手段和能力差的企业。可见，经营手段和能力高的企业获得利润的空间范围要比其他同行企业的范围大。

2. 区域经济空间结构分析模型

1）城市体系的空间组织

按顶级城市的构成与城市体系的简单与复杂程度，城市体系的空间组织可以分为单一的中心地城市体系空间组织和复合的城市体系空间组织。

德国地理学家克里斯塔勒和奥古斯特·勒施对城市体系的空间组织进行了理论研究。克里斯塔勒假定研究的区域是平原，人口均匀分布，有外部联系，利润原则起支配作用。在这些假设前提下，城镇是区域的核心，建在乡村区域的中心地点，对其周围乡村地区起中心地作用；中心地因具有收集和输送地方产品，向周围乡村地区提供货物和服务的功能而存在和发展。理想的单一中心地，地区空间结构是圆形的，中心地位于圆心位置。

现实社会中，城市体系的空间结构与分布远比中心地理论复杂。由图 2-3 可以看出，无论首位城市是单中心分布型还是双中心分布型的城镇体系，又可依次级城市的空间分布形态进一步分为均匀分布型、交通辐射型与主轴线型三种形态。

2）区域开发的空间模式

“增长极”的概念和理论最早由法国经济学家弗朗索瓦·佩鲁于 1955 年提出。增长极理论认为，一个国家实施平衡发展在现实上是不可能的，经济增长通常是从一个或数个增长中心逐步向其他部门或地区传导。政府应通过倾斜投资政策有意识地培养某个产业（支配企业）或城市（地区）作为经济增长极，带动相关产业和地区经济的整体发展。规划型的区域增长极的大小、层级和水平的确定必须放到区域现有城镇体系中统一考虑。在一定区域中，区域增长极的数量规划得越多，增长极的规模就越小，其层级水平就越低。

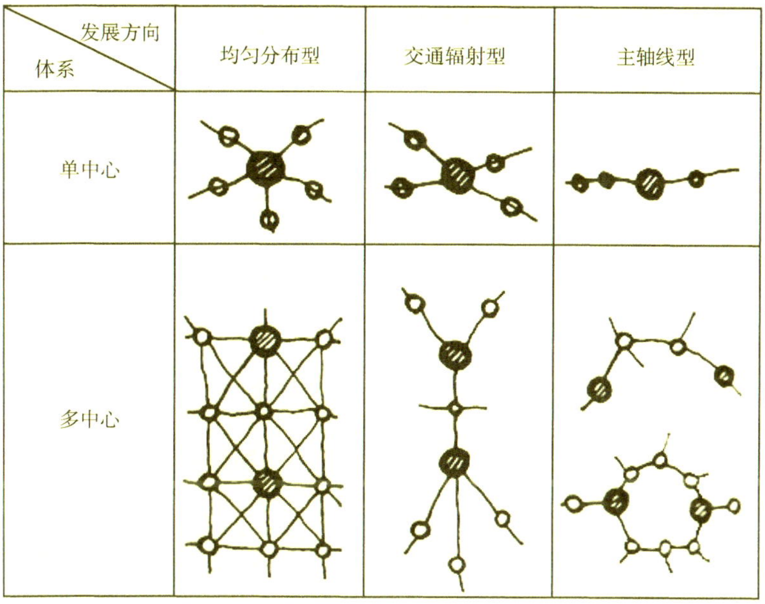

图 2-3　单中心和多中心城市体系空间组织模式

3. 区域经济增长及增长模式

1）新增长理论

新增长理论考察了报酬递增和不完全竞争的作用。在新的模型中，技术进步是经济中可控制的内生变量，因此新增长理论也被称之为内生增长理论。新增长理论的核心思想在于，由于报酬递增保证了长期增长成为可能，当资本存量增加时，其边际生产率不会减少为零。此外，新增长理论还认为，在报酬递增的前提下，企业不再处于完全竞争的市场中。所以说，新增长理论强调两种机制的作用：第一是马歇尔所说的外部性；第二是产品的多样性，即不完全竞争。与新古典增长理论不同，新增长理论并非是一种达成共识的理论，而是包含了多种观点和模型的集合体，可分为两个方面的研究思路：知识外溢和报酬递增的内生增长模型和内生技术变动增长模型。

2）平衡增长与不平衡增长模型

很强的互补性可能使经济陷入一种“低水平均衡陷阱”中，但无法达到另外一个更好的均衡，这种情况被称之为协作失灵。为了打破这种协作失灵的局面，我们就必须注意产业间的相互关联。赫希曼将产业间的关联分为“前向关联”和“后向关联”。一个产业的“后向关联”是指该产业与为它提供各种中间投入的部门之间的相互依赖和相互影响的关系，称为需求关联；一个产业的“前向关联”是指该产业与吸收它的产出作为中间投入的产业之间的相互依赖和相互影响的关系，也称为成本关联。为了使经济从一个低水平的均衡转向更好的均衡，罗森斯坦·罗丹提出了“大推进”的思路，旨在促进经济中的许多部门同时进行协作性投资的政策。这一思路有两个特征：需要同时在经济中的许多部门进行巨大投资；必须在经济中的许多部门的投资数量分配上有合理的配置。罗森斯坦·罗丹的思想也被称之为平衡增长理论。

4. 区域经济发展差异分析模型

1）衡量指标与方法

（1）经济指标。一般需要选择多方面的指标，如人均国内生产总值、人均国民收入、城镇居民人均收入、农村居民人均纯收入等进行综合分析。此外，在计算人均国内生产总值时，应该采用地区常住人口而不是户籍人口指标。

（2）衡量方法。地区差异的大小及其变动趋势也往往受着所采用的衡量方法的影响。常用的离差系数和变异系数这两个指标，并非能比较客观地反映地区间收入的差异。如果各地区的平均收入水平趋同，那么离差系数和变异系数将趋于下降，而实际地区收入差异的变动也可能恰恰相反。这样，就很有必要采用离差系数、变异系数、锡尔系数和基尼系数等多种方法进行综合分析。

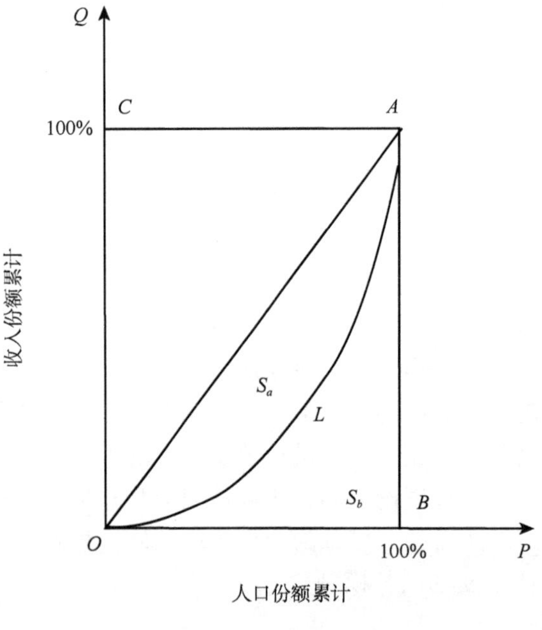

图 2-4　洛伦兹曲线图

2）区域收入差异的分解

洛伦兹曲线和基尼系数。基尼系数是衡量地区差异的常用指标之一，它是在洛伦兹曲线的基础上发展起来的。洛伦兹曲线是洛伦兹最早提出来的，当时主要用于衡量收入和财富分配的不平等程度，现在已广泛用于衡量收入分配、地区差异、产业集中等诸多领域。洛伦兹曲线的绘制方法如图 2-4 所示：横轴 P 表示由小到大排列的累计人口数占总人口数的百分比，纵轴 Q 表示累积收入占总收入的百分比。这样，洛伦兹曲线将可以反映不同地区或不同人群收入分配的不平等状况。图中的对角线 OA 为绝对平均线，OBA 为绝对不平均线。洛伦兹曲线 L 是一条介于绝对平均线和绝对不平均线之间的曲线。当曲线向右下角凸出的程度越大，表明收入分配的不平等程度就越高，地区收入差异也就越大。

基尼系数是以洛伦兹曲线为基础，由基尼系数的定义推导出来的。它是洛伦兹曲线与对角线之间的面积与对角线以下的三角形面积之比，即：

$$G=\frac{S\text{曲线}L\text{与}OA\text{围成的面积}}{S_{\Delta OAB}}=\frac{S_a}{S_a+S_b}$$

锡尔系数的分解。目前，国内外经常采用的不平等指数有不少，这些指数大都具有一些可取的特征。例如，从比较富裕的人的收入中将一部分转移给较穷的人，基尼系数和标准差等指数均会下降。但是，能够完全满足所有公理要求的只有广义熵指数。式中，

x_i是第 i 个人的福利指标，是该指标的平均值；n 是总人数；c 是参数。c 决定福利（如收入）的转移对不平等指数的影响。当 c 小于 2，指数对低福利水平的人的收入转移比较敏感。在计算地区收入差异时，可将 x_i 看成是第 i 个地区的人均收入，每个地区的人口比重可作为权重，代替公式中的 $1/n$。显然，当 c=0，1 时，广义熵指数就变成了锡尔系数。

$$I_0(x)=\frac{1}{n}\sum_{i=1}^{n}\lg\frac{x_i}{\bar{x}}\text{，}\quad C=0$$

威廉逊系数的分解。如果采用人均 GDP 作为衡量地区差异的主要指标，那么就可以对前述的威廉逊系数按部门进行分解，因为 GDP 是全部产业增加值的总和。其分解方法如下：

$$\mathrm{CV}_n^2=\sum_{i=1}^{n}Z_j^2\mathrm{CV}_{nj}^2+\sum_{j=k}Z_jZ_k\mathrm{COV}_n(J,\ k)$$

$$\mathrm{CV}_{wj}=\frac{1}{X_J}\sqrt{\sum_{I=1}^{N}(X_{ji}=X_j)^2*\frac{P_i}{P}}$$

$$\mathrm{COV}_n(j,k)=\frac{1}{X_j}\frac{1}{X_k}\sum_{i=1}^{n}(X_{ji}-x_J)(X_{ki}-X_k)*\frac{P_i}{P}$$

式中，Z_j 为部门 j 在全国 GDP 中所占的份额；CV_{wj} 为部门 j 的加权变异系数；$\mathrm{COV}_n(j,\ k)$ 为部门 j 和部门 k 之间的加权协方差系数；X_j、X_k 分别为部门 j 和部门 k 的全国人均 GDP；X_{ji}、X_{ki} 分别为地区 i、部门 j 和部门 k 的人均 GDP；m 为部门数量；$\frac{P_i}{P}$ 为地区 i 的 GDP 占全国份额。

2.4.4　未来发展趋势

我国的区域经济学是在较短时间内建立和发展起来的，它在许多方面还有待发展和完善。

首先，立足我国国情，促进区域协调发展研究。我国的国情和所处发展阶段，使得区域发展有其特殊的难题和矛盾。故这一学科在发展过程中需要进一步增强紧迫感，把促进区域协调发展放到更加突出的位置上来；需要研究处理好中央与地方的关系；需要研究处理好发达地区与欠发达地区的关系；加快推进新区域发展总体战略方面的研究。

其次，加强区域规划、完善区域政策、推进体制创新方面的研究。促进区域发展需要采取综合性、多样化的措施，以下三个方面的研究不容忽视：第一，做好区域规划的编制。第二，推进政策完善和体制创新。从政策层面看，完善财政转移支付制度，完善税收政策，探索加强对不发达地区的金融支持，探索完善人口流动管理政策。第三，探索建立健全区域法律法规。结合我国区域发展的实际，结合实施区域发展总体战略，加快立法进程。研究制定促进区域协调发展法、区域规划法等专门的法律。积极推进、尽早形成促进区域协调发展的法律基本框架。

2.5 区域地理学

区域地理学是一门古老的学科，其历史与地理学相当。该学科的主要研究对象为区域，区域结构的划分与演变为该学科的研究内容，该学科的研究方法种类丰富，但因该学科是一门文理交杂的综合性学科，学科难度较大，加之其他相关学科的建立，使得对区域的研究穿插在不同学科内，而无一个具体的理论体系。2016 年吴殿廷出版了《区域地理学原理》，初步构建了区域地理学的框架结构，或可促进该学科的进一步发展。

2.5.1 学 科 内 涵

区域是地理学最基本的概念之一，是指具有一定面积、形状、范围或界限，内部特性或功能相对一致且与外部毗邻地区有异的地区。区域面积的大小与划分的标准有关，按不同的划分标准可分为不同类别，如按区域内部的分布状况可分为同质区域（也称均值区域）、结节区域（也称功能区域）两种；按区域性质分可分为自然区域、经济区域和社会文化区域（张军涛和刘锋，2000）。

区域地理学是研究某一特定地区地理环境的特征、结构、发展变化及区域分异和区际联系的学科（吴殿廷等，2016）。其研究各地理要素在区域内的组合及其相互联系和相互作用关系，综合揭示区域特征，阐明区域人地关系的地理学分支。区域地理学是地理学的基础，该学科充分体现了地理学的综合性和区域性，其既是地理科学的核心，又是在各分支学科基础上建立起来的学科。

区域地理学按研究内容可分为区域自然地理学和区域人文地理学，其中区域自然地理学着重研究区域各个自然地理成分的相互关系、区域自然地理环境的特征、结构、形成和演化过程；而区域人文地理学着重研究区域人地关系，探讨区域中各种人文现象的分布、变化、扩散以及人类社会活动的空间形式和结构。按研究区域可分为中国区域地理和外国区域地理等，区域地理学的研究对象是区域，其是研究区域的个性或特征，不是一般的通性规律，如我国珠三角地区、乌镇等区域开发，都富有个性，可作为区域进行研究。

2.5.2 起源与发展过程

区域地理学是一门古老的学科，其历史几乎与地理学历史一样长。在我国与西方古代，部分地理学专著可归属于区域地理学范畴，如中国古代的《地理志》《食货志》《法显传》与地方志和西方古代的《地理学》，因此也有部分学者认为古代地理学就是区域地理学（李剑波，1988）。

到了 18 世纪末和 19 世纪初，由于洪堡和李特尔的出现，对区域地理学的发展做出了极大贡献。洪堡创用了比较方法，研究区域地理特征进行综合研究；李特尔在出版的《地学通论》专著中，提出了“区域”的概念和不同等级单位，并将地理学分为部门地理学和区域地理学（吴殿廷等，2016）。

19 世纪后期到 20 世纪中期，地理学的边缘学科相继出现并蓬勃发展，这一时期，世界各国大量出版区域地理学专著，我国也在 20 世纪 30 年代进行区域地理考察，研究自然和人文地理。但在 20 世纪 50 年代，因为学科涉及面广和年轻学者对区域地理的轻视，特别是英、美等国的部分大学先后停止该学科的开设，该学科的发展出现衰退现象（陈秀容，1982）。

自 1968 年开始，国内外学者开始呼吁复兴区域地理学，在 1980 年，该复兴口号更为强烈，且有学者提出区域地理学需顺应现代科学的发展进行改造（李德美，1986）。

中国区域地理学的发展经历了五次飞跃：第一次飞跃的起因是 20 世纪五六十年代的全国性综合考察和调查工作，中国地理学就进入到系统、科学层面；第二次是 20 世纪 70 年代的全国农业区划工作，在对农业资源、条件全面普查基础上，涌现出周立三《农业区划》等系列成果；第三次是 20 世纪八九十年代，受欧美计量革命的影响，推进了地理学的科学化和定量化，得到了关于计量地理、理论地理等科研成果；第四次是 20 世纪 90 年代末至 21 世纪初，得益于遥感与 GIS 技术的开发与应用；第五次即现在，与地理大数据技术的兴起与应用有关（吴殿廷等，2016）。

2.5.3　研究模型与方法

区域地理学的研究主要与区域有关，因此介绍区域结构划分方法与区域空间演变方式。区域地理学的研究方法有地理研究方法、区域地理野外考察与调查方法、文献研究、区域地理信息系统方法、区域之间对比和评价方法和区域发展规划方法。在此仅介绍其中的几种方法所包含的理论模型与方法。

1. 区域产业结构划分理论

以霍夫曼定理为例介绍。霍夫曼定理是关于工业化过程中制造业部门消费资料工业生成和资本资料工业生产关系的理论，其定理与霍夫曼比例的计算结果有关，霍夫曼定理主要用于工业化发展的早期和中期，而到了工业化后期，由于耐用消费品生产比重增加，霍夫曼比例变化不大，该原理则不再适用。其计算公式和比例含义见表 2-3。

霍夫曼比例=消费资料工业的净产值/资本资料工业的净产值

表 2-3　霍夫曼比例含义

工业化阶段	霍夫曼比例	发展速度	
		消费资料工业	资本资料工业
第一阶段	5	迅速	不发达
第二阶段	2.5	减缓	较快
第三阶段	1	持平	
第四阶段	<1	不发达	迅速

2. 区域空间结构演变理论

"中心-外围"理论：是一种关于城市空间相互作用和扩散的理论，以核心和边缘作为基本的结构要素，核心区是社会地域组织的一个次系统，能产生和吸引大量的革新；边缘区是另一个次系统，与核心区相互依存，其发展方向主要取决于核心区。核心区与边缘区共同组成一个完整的空间系统。该理论将区域经济发展特征与经济发展阶段相结合，将区域划分为核心区、边缘区域（包含上过渡区和下过渡区）两种，将区域空间结构划分为前工业阶段的区域空间结构；过渡阶段的区域空间结构；工业化阶段的区域空间结构；后工业化阶段的区域空间结构四部分。

3. 区域发展产业的识别方法

区域发展的重点一般包括战略产业和瓶颈产业，其中战略产业指先导产业、主导产业和支柱产业。不同产业的识别方法简单识别和瓶颈产业识别等。其中瓶颈产业的识别主要分为 4 步：利用投入产出表计算各产业的中间投入率和中间需求率；找出存在供需差的基础产业；根据感性度系数大小，找出供需不平衡且对其他产业影响较大的产业。考察有供需缺口且感性度系数大的产业的地区流入及进口是否平衡，若不能平衡则称为瓶颈产业。其中，相关计算公式为

$$\text{中间投入率}=\text{某产业的中间投入}/\text{总投入}$$

$$\text{中间需求率}=\text{某产业的中间需求}/\text{总需求}$$

$$R_i = (S_i - D_i) / S_i$$

式中，R_i为第 i 产业供需差率；D_i为第 i 产业需求量；S_i为第 i 产业供给量。

4. 区域间的评价方法

主要包含直观判断法、尺度对应法和多指标综合法。其中直观判断法适用于指标难以量化的问题的评价。尺度对应法是以特征指数数据为基础，通过适当的变换得到对评价对象的评价，是数据变换中常用的无量纲化方法。变换方法有直线对应法、曲线对应法等。多指标综合法适用于对事物进行整体评价。

2.5.4 未来发展趋势

我国地域差异大，对区域进行科学的了解有利于城市发展。在 2002 年，韩渊丰指出基于该学科是研究人地关系的空间规律的学科，而人地关系为当前世界热点关注问题，如人口、环境、可持续发展等，因此存在很大的发展潜力（韩渊丰，2002）。

但由于中国正处于高速发展阶段，区域变化迅速，因此区域可能在短期内变化较大，不利于开展长期的全面研究，而只针对某一时期的研究又容易造成知识老旧、不利于应用。此外，区域的研究对象固定且每个区域均有其个性，研究的理论或不通用。且该学科涉及知识面广，横跨文、理、应用三大科学体系，不易入门，属于全才型学科，而我国过去一直实行文、理分科，全才型人才较少，因此在理论和技术缺乏、人才供给不足

的背景下，区域地理学的发展一直止步不前，发展速度较慢。但从另一方面，理论上区域地理学具有全面的综合分析能力，有利于后期应用，而我国目前教育体制在改革阶段，部分省份开始实行高中文理不分开，相信未来在全才型人才培养模式下，符合区域地理学学科需求的人才将直线上升，有利于学科建设。2016年吴殿廷等出版的区域地理学著作——《区域地理学原理》，初步提出了区域地理学的框架结构，其针对区域地理学进一步研究提出了几个思考："区域"的客观性与区域界线的相对性、区域的共性与个性、区域一体化与时间经济一体化的矛盾冲突、区域可持续发展是否能实现，这些思考或能启发当前还在研究区域地理学的学者，重新带动区域地理学的发展（赵济，2017；吴殿廷等，2016）。

2.6　城市地理学

据2018年统计数据，我国的常住人口城镇化率为59.58%，未来城镇化发展空间依然很大，如何依照可持续发展理论，积极稳妥地推进城市化进程，是中国21世纪必须面对的一个重大课题[http://www.chyxx.com/industry/201801/605524.html]。城市地理学这一学科的主要研究对象为城市，该学科可帮助了解何为城市、何为城市化以及如何推动城市化发展等问题，而城市化仅为该学科研究范围的其中一部分。本节主要目的是帮助读者进一步了解何为城市、以及该学科的学科内涵、发展历程、代表人物、主要研究方向与方法及未来发展趋势。

2.6.1　学科内涵

城市是有一定人口规模，并以非农业人口为主的居民集居地，是聚落的一种特殊形态，其具有区域性、综合性的特点。

城市地理学是研究在不同地理环境下城市（镇）的形成、发展、空间结构和分布规律的学科，学科注重在人为因素扰动下城市自然地理形成过程的机制及调控，研究考虑人类活动的影响，并注重自然-人文的协调作用，强调城市区域扩展或城市化进程特点（刘敏等，2018）。该学科不仅是人文地理学的重要分支，也是城市科学这一学科的重要组成部分。

城市地理学主要研究的是城市现象的各种类型和过程，学科研究的核心是城市间和城市内部差异，研究的主题是空间、地域性、距离和区位，研究的主要内容为：城市形成、发展条件研究、区域的城市空间组织研究、城市内部空间组织研究、城市可持续发展研究和新方法、新技术应用和新领域研究（许学强等，2009）。

2.6.2　起源与发展过程

中国的城市地理学在19世纪末至20年代初方独立为一门学科，在1930年中国地理学家才开始发表关于城市研究的学术论文（刘云刚，2011）。但因历史影响，中国城市地理学的发展主要自十一届三中全会以后。目前，我国城市地理学发展阶段的划分尚未统一，但均认可中国城市地理学研究主要自改革开放以后开始，本节对中国城市地理学学科发展阶段的介绍，主要引用崔功豪教授观点，将该学科发展划分为以下 4 个阶段（冯健，2017；薛德升等，2014）。

第一阶段为 20 世纪 80 年代初，是城市地理学发展的初级阶段。该阶段的主要研究方式为引进国外理论与经验，以及对我国城市化现状进行研究，同时城市（镇）体系，如城市分类、城市合理规划等方面的研究也在该时段起步，并针对城市的三大典型结构形成了初级的分析模式。

第二阶段为 20 世纪 90 年代初，是城市地理学发展的兴盛阶段。该时期主要研究了城市经济区的划分、中心城市及不同层次城镇的体系、全球化下的城市体系研究和新技术方法的应用等。此外，由于工业化快速发展，中国的城市发展问题开始显现，使得关于城市空间结构、城市区位论的研究进一步加深，出版了部分与城市地理学研究有关的专著；“城市职能分工”概念在这一时期被提出。

第三阶段为 2000 年以后的快速发展阶段。该阶段主要研究新时期城市化建设的规模结构、职能结构、空间结构和基于地理编码数据库的网络分析。这个阶段主要通过总结中国城市发展实况进行研究，研究方法向数量模型、空间分析和性质研究转化。此外，由于人们认识的提高以及对文化历史遗产的重视，对历史文化名城（镇）和城市历史街区等研究也火热展开。

第四阶段为 2012 年至今，城市地理学研究进入到更深化的阶段，即存量规划阶段，城市规划强调以人为本、生态优先，把生态问题和人的需求问题放在新型城镇化的思想中（冯健，2017）。

2.6.3　研究模型与方法

城市是社会生产力发展到一定阶段的产物。目前，城市地域划分可根据行政地域概念、实体地域概念和城市的功能进行划分。我国目前的城市地域和城市等级通过城区人口进行划分。在确定城市区域后，城市地理学还对城市分级、城市职能、规模分布、空间分布、内部地域结构和城市空间进行研究，针对以上方面，对部分方法在下文进行介绍（许学强等，2009）。

1. 城市分级方法

有我国目前使用的国务院在 2014 年 11 月发布的《关于调整城市规模划分标准的通知》中颁布的分级方法，还有针对新型智慧城市分级分类的方法。其中，国务院颁布的分级方式能呈现出显著的金字塔结构特征，更加符合中心地理论模型和位序——规模法则（戚伟等，2016）。而适用于智慧城市分级的方法则加入了城市对智慧城市需求程度的参考因素。

以孙亭等提出的智慧城市分级方法为例介绍智慧城市分级方法。首先根据城区常住人口数和上一年 GDP 划分区间得到城市规模指数并分别用 A_1、A_2 表示，并将权重设置

为 0.5，得城市分级指数 A 的计算公式（孙亭等，2016）

$$A=0.5\times A_1+0.5\times A_2$$

2. 城市人口密度模型

城市人口密度是分析城市城市生长过程中时空变化规律的重要定量分析工具，典型的城市人口密度空间分布模型为 Clark 模型，但由于该模型对城市人口密度的拟合效果较差，而 Clark 模型的改进模型——Newling 模型可解决上述问题，其数学表达式为

$$D(r)=D_0e^{br-cr^2}$$

式中，b、c 均为参数。而当参数 b、c 均为正值时，该模型的函数图像将呈现出先增后减的特点，使得城市中心附近呈现人口密度的“火山口”（冯健，2002）。

3. 位序-规模法则

位序-规模法则是城市规模分布的常用分析模型，城市规模分布可反映城市人口在不同层级城市中的分布情况，是考察国家或地区城市体系发展状况的重要指标。根据城市规模和城市规模位序的关系对城市体系进行规模分布。罗特卡模式的一般化形式为该法则目前广泛使用的公式，该公式为

$$P_i=P_1\cdot R_i^{-q}$$

式中，P_i 为第 i 个城市的人口；P_1 是规模最大的城市人口；R_i 是第 i 个城市；q 为常数。当 $q=1$ 时，该式为捷夫模式。

4. 零售引力模式

零售引力模式是 1964 年赫夫提出计算商业零售范围的公式，该公式可区别重叠的市场空间。该公式可计算出市内大小不同的商店群或商业中心与周围地区顾客达成交易的概率，方便了解各商业中心的顾客来源。

2.6.4　未来发展趋势

城市地理学研究的理想目标是揭示和预测各地区城市发展变化的规律，但由于对影响城市发展因素的寻找还不全面，对各因素对城市发展的影响还未客观、全面了解，因此中国城市地理学的研究还存在诸多问题，如：缺乏理论和应用不当的问题；在城市发展的过程中，未考虑城市的承载力问题；在城市发展的进程中，盲目的发展可能造成城市幸福指数下降、城市污染加剧、生态文明失衡等问题。在未来在环境污染、温室效应的影响下，如何构建真正科学、经济及环保的城市将成为城市地理学研究的热点。基于以上问题，城市地理学可将未来研究重点放在与生态城市和人文环境恢复相关的研究上，如研究可使经济发展的代价最小化以及人与自然和谐相处的低碳城市，或能够反映城市实际承载能力的城市承载力。

未来我国城市地理学研究，应继续强调服务于城市规划实践，结合规划需求来推进

城市地理理论研究的进展。智慧社会是智慧城市建设的产物，主要研究的是虚拟世界与现实世界的关系，研究智慧社会有助于确定城市和区域发展新动向，可为中国新型城镇化规划和建设提供相关政策建议和科学依据。当前中国智慧社会正处于快速发展时期，已拥有最大的互联网用户规模，是全球智慧社会发展的主要代表案例，因此对智慧社会的研究将是城市地理学未来发展的必然趋势之一。

此外，新一代城市地理学者也应当从中国国情出发，采用“引进-消化-吸收-应用-创新”的实用主义模式，吸收其他学科的优势，研究当前的中国城市问题，总结典型化和模式化的规律，指导城市的健康发展（柴彦威等，2011）。

2.7 地理信息科学

“地理信息科学”这个术语是由 Michael Goodchild 在 1992 年发表的一篇论文中提出。Goodchild 认为，信息科学研究信息的创造、处理、存储和使用所产生的基本问题；同样，作为信息学分支，地理信息科学应该研究地理信息所产生的基本问题。

地理信息科学的发展离不开人类社会的进步，其研究对象是人类社会在时间和空间中交互所产生的信息。本节在理解地理信息科学内涵基础上，介绍地理信息科学的起源和发展、研究模型与方法，并对未来发展的趋势进行了简述。

2.7.1 学 科 内 涵

地理信息科学（GISc，geographical information science）是研究数据结构和计算机捕捉、表示、处理和分析地理信息的学科。英国地理学家 Goodchild 在 20 世纪 90 年代定义了地理信息科学的概念，并总结了它的研究核心为空间分析、可视化和不确定性的表示等。Goodchild 特别指出，信息科学可以被定义为一种根据信息的本质和属性进行的系统研究的科学。地理信息科学另一个有影响力的定义由地理信息科学家 David Mark 提出，即地理信息科学是寻求重新定义地理概念及其在地理信息系统（GIS）中应用的基础研究领域。地理信息科学还研究了学科对个人和社会的影响，以及社会对学科的影响。地理信息科学重新审视了传统空间导向领域的一些最基本的主题，如地理、制图学和大地测量学，同时吸纳了认知科学和信息科学的最新进展。它还与计算机科学、统计学、数学和心理学等更专业的研究领域相互重叠和借鉴，也为这些领域的进步做出了贡献。它支持政治学和人类学的研究，并将这些领域内与地理信息和社会相关的研究吸收利用（Michaee et al.，2004）。

2.7.2 起源与发展过程

地理信息科学的发展伴随着人类社会的发展经过了漫长的岁月。人类早在 1 万年以前就已经学会通过在地上划线以及用简单的符号表示地物的原始地图，公元 14 世纪后，由于欧洲资本主义的兴起和中国的罗盘、造纸、印刷等技术的西传，推进了当时欧洲的探险及地理发现，也推动了地图的发展。大约在 20 世纪五六十年代，地图学开始作为一个独立的科学形成。随着社会经济的发展和科学技术的进步，人类的活动范围从陆地逐渐向海洋、太空发展，使得地图的表示对象和形式也有了很大改变，出现了数字地图。与此同时，航空摄影、卫星遥感、电子计算机等新技术也相继引进，使地图学理论基础、工艺手段、表现手法方面都有了很大变化。数字地图是随着计算机技术、图形图像处理技术、网络技术以及空间数据库等技术在地图制图学领域的广泛使用，而不断发展和完善的一门崭新的地图制图学技术。

18 世纪，地形图绘制的现代勘测技术得以实现。约翰・斯诺在 1854 年用点代表个例，描绘了伦敦的霍乱疫情的分布，成功发现了疫情爆发的根源——被污染的水井，从而阻止了疫情的扩散，这是最早利用制图学进行空间分析的案例。1962 年，罗杰・汤姆林森（Roger Tomlinson）提出利用计算机处理和分析大量的土地利用地图数据，并建议加拿大土地调查局建立加拿大地理信息系统，以实现专题地图的叠加、面积量算等。1972 年，加拿大地理信息系统全面投入运行与使用，成为世界上第一个运行型的地理信息系统，因此罗杰・汤姆林森被世界公认为“GIS 之父”。

GIS 真正开始腾飞是在 20 世纪 80 年代初。GIS 软件市场持续增长，计算机价格持续下跌，GIS 软件产业从此进入高速发展时期。地理信息系统的发展经历了技术研究、集成应用到产品服务，直至今天正在向信息服务转变，当前，地理信息系统已成为地理信息服务的得力工具和有效技术手段。地理信息服务最早由 Oliver Gunther 和 Rudolf Muller 提出，他们认为，若想吸引更多潜在的用户，应提高地理信息系统的利用率，建立一种面向服务的商业模式，使用户可通过互联网按需获得和使用部分地理数据和计算服务，如地图服务、空间数据格式转换等。1993 年，美国 Xerox 公司的 Palo Alto 研究中心开发出了世界上第一个 WebGIS 的原型系统，提供全球 1∶200 万的 DLG 数据（digital line graph）让用户进行浏览。随着网络技术的发展，出现了面向大众和专业应用的地理信息服务系统。众多拥有地理信息的企业遵循数据通用标准与技术服务接口，提供分布式的地理信息分发服务和实现专业地理信息应用开发。

2.7.3 研究模型与方法

地理信息科学主要研究应用计算机对地理信息进行处理、存储、提取以及管理和分析过程中出现的一系列基本问题。随着信息技术和大数据技术在地理信息领域的不断渗透，地理信息科学在地理信息数据获取、数据存储与管理、数据分析与挖掘、成果表达与输出以及地理信息服务等方面取得了重大的转型升级。

1. 地理空间信息的获取

随着互联网+和大数据时代的到来，地理信息数据规模不断扩大，地理信息获取的方式更加多样化，数据获取的实时性、全方位性和可交互性使地理信息获取方式产生了发展和变革。近年来，航天技术、遥感技术、通信技术和信息技术飞速发展，地理信息获取技术实现自动化和网络化，摄影测量与遥感、全球卫星导航系统、志愿者地理信息移动物联网等成为地理信息获取的主要方式。

随着我国地理国情普查与监测工作的深入开展，所获取的各种数据、资料以及加工处理形成的各类数据产品的规模不断扩大，从数据量、增长速度、准确度和应用价值看，地理国情数据已成为天然的大数据。地理国情信息已经成为制定国家和区域发展战略与规划、开展国民经济统计、调整经济结构布局、应对突发事件的重要数据基础，可广泛用于对领导决策、公共服务等方面的支持，实现对既有数据和信息的发掘、分析和整理，为了解国情、把握国势、制定国策提供基础数据支撑和科学保障。

2. 地理空间信息的管理

空间数据库是指地理信息系统在计算机物理存储介质上存储的与应用相关的地理空间数据的总和，一般是以一系列特定结构的文件形式组织在存储介质之上的。因其具有数据量庞大、空间数据模型复杂、属性数据和空间数据联合管理、空间实体的属性数据和空间数据可随时间而发生相应变化等特点，因此对空间数据库的空间数据进行管理非常有必要性。空间数据库管理方式主要有：文件管理、文件与关系数据库管理、权关系型数据库管理、面向对象数据库管理和对象-关系数据库管理。

3. 地理空间信息的分析与挖掘

空间数据分析是从空间数据中获取有关地理对象的空间位置、分布、形态、形成和演变等信息并进行分析，是地理信息科学研究的核心之一。目前，空间分析主要研究空间格局、空间位置、空间行为、空间关系、空间过程，实现地理空间本身的特征、空间决策过程和复杂空间系统的时空演化过程分析，可为政府、企业和公众提供个性化分析定制服务。随着地理信息系统的发展，用户需要更多复杂的空间分析功能，这就促进了空间分析技术的发展；人工智能、机器学习、深度学习算法在空间数据上的应用，也使得空间数据挖掘、知识发现等更深层次的空间数据分析技术的出现。

空间数据挖掘与知识发现是传统地图应用和分析在数字地图环境下的发展，是地理信息系统空间分析功能的扩展、延伸和深化，适应了信息化时代地图学着重点由信息获取一端向信息深加工一端漂移的趋势和需要。地学粗空间、云模型、数据场、空间数据挖掘等理论技术得到广泛研究与发展；空间分析、空间数据挖掘与知识发现相结合，实现空间特征规则、空间分区规则、空间分布规律、空间分类规则、空间聚类规则、空间关联规则、空间演变规律等发现，既发挥了地理信息系统的空间数据管理与处理的优势，又丰富了地理信息系统的功能。

机器深度学习、人工智能技术则进一步拓展了空间大数据的分析能力，挖掘更多的隐含价值，推动地理空间信息的智能化发展和应用，基于机器学习的位置挖掘和地图可视化有着明显优于传统地理信息处理方式的效率与精准度。同时，基于云计算、分布式计算技术开发空间大数据组件，从内核扩展了数据模型，大幅提升海量空间数据分析的效率，解决空间大数据分析和应用难题。

地理国情大数据极大地解决了数据源短缺问题，使得以前一些因为数据短缺而无法进行的分析计算变得可行。通过对地理国情信息数据的统计、分析、模拟、预测与挖掘，实现地表建模、近似计算、多时态数据变化分析和多源数据综合分析等，科学揭示资源、生态、环境、人口、经济、社会等要素在地理空间上的相互作用、相互影响的内在关系。通过服务建模、数据挖掘和应用分析，实现面向自然资源监管和生态环境保护的统计信息服务，准确掌握科学分析资源环境的承载能力和发展潜力。

4. 地理空间信息的表达

空间信息可视化的主要形式包括地图可视化、多媒体地学信息可视化、三维仿真地图可视化、动态地图可视化、虚拟地图等。大数据技术、交互式可视化技术、虚拟现实与增强现实技术扩展了空间数据的可视化表达方式与效率，有助于从不同时空尺度发掘信息和规律。

在可视化类型上，虚拟地图、动态地图、交互交融地图、超地图等技术促进了地图可视化的发展；地理信息系统可视化着重于技术层次，能够实现二维和三维图形的实时动态处理。随着大数据技术的发展，表现形式丰富的、二维三维兼具的各种聚合图、密度图、关系图、热度图等空间大数据可视化技术不断涌现，突破海量动态目标二维和三维可视化技术，实现上万级目标同屏实时动态跟踪及管理。

对于空间交互数据，可视化方法能够展示全局的或局部的空间交互的分布格局和模式特征。包括流地图和交互矩阵等早期的可视化方法，难以直接应用于海量交互数据，随着一些数据简化方法和新的可视化技术被相继提出，用户能从不同时空尺度发掘交互信息和规律，以交互方式利用庞大的地理空间数据集。与此同时，空间信息可视化逐渐与网络、可穿戴式计算机、超媒体、虚拟现实、增强现实、科学可视化以及动画等技术相结合。虚拟现实与增强现实技术融合了虚拟环境与真实环境，是人们通过计算机对数据进行可视化操作与交互的一种全新方式。

5. 地理信息服务

地理信息服务的目标是让任何人在任何时间、任何地点获取任何空间信息。GIS 的体系结构经历了“基于主机的 GIS→桌面 GIS→WebGIS→分布式 GIS→开放式 GIS”的发展，GIS 的软件开发模式经历了“GIS 功能包→集成式 GIS→模块式 GIS→组件式 GIS”的演变。移动互联网时代，地理信息服务实现了由粗放到精细、由室内到室外、由位置信息到周边服务的快速发展，用户从消费者变为生产者。地理信息服务，特别是网络地图和移动导航服务，已经得到了井喷式发展。国家地理信息公共服务平台“天地图”的建设取得的重要成果，从根本上改变我国传统地理信息服务方式，标志着我国地理信息公共服务迈出实质性的一步，网络架构、服务模式和标准化建设更加完善。地理信息服务已经发展成为智慧城市建设的核心支撑之一，面向智慧城市的地理信息服务形成以产品类型为主、以“事件”为主的服务模式，为用户提供更加方便、快捷、智能的城市服务。机器深度学习、人工智能技术的诞生则进一步拓展了地理信息的服务能力，人工智能技术不仅能够提升数据处理能力及效率，降低人力消耗，更使得地理信息服务应用到更多领域，在针对不同客户需求，精准定制数据信息服务方面都有着出色的表现。

2.7.4　未来发展趋势

地理信息科学的发展已经过多年的发展和完善，它的发展主要与技术革新、市场变化以及社会需求有关。目前，传统测绘手段已经完全成熟，同时新型技术也不断出现。地理信息数据获取正经历从专业测绘到专业与非专业测绘相结合的变革时期。以倾斜摄影技术为代表的新专业测绘技术，将推动三维 GIS 厂商实现数据采集自动化、数据处理多元化、数据应用移动化，实现三维 GIS 在更多行业应用。而以物联网为代表的非专业测绘手段，使地理信息的采集变得更加便捷，极大地丰富了地理信息的数据源，而随着互联网地理信息的深入应用，各种基于互联网地理信息的行业信息集成服务和增值服务也相继涌现，拓宽了地理信息应用领域，地理信息产业的发展使得互联网地图拥有了诸多新颖的表现形式。未来地理信息应用服务将向更加多样化、智能化及大众化方向发展。智慧地理信息服务的范围将会越来越宽广。

与此同时，随着地理信息系统市场需求的扩充，空间数据的爆炸性增长，对未来地理信息数据的高效管理也将有更高的要求。地理空间数据存储正处于从传统的文件系统和关系数据库向分布式、虚拟化的软件定义存储系统转变的时期。未来地理信息科学应研究如何快读存储、读取、更新和处理海量时空数据。此外，由于地理信息数据正向着体量大、类型多样、数据结构复杂的方向发展，传统的数据分析模式已无法满足复杂的统计分析需求。地理信息科学未来也需在数据分析处理方面变得更加高效与智能。

2.8　地理国情统计分析与各学科的关系

2.8.1　地理国情统计分析内涵

地理国情概念有狭义和广义之分，从狭义上看，是指与地理空间紧密相连的自然环境、自然资源基本情况和特点的总和；从广义上看，是指通过地理空间属性将包括自然环境与自然资源、科技教育状况、经济发展状况、政治状况、社会状况、文化传统、国际环境和国际关系等在内的各类国情进行关联与分析，从而得出能够深入揭示经济社会发展的时空演变和内在关系的综合国情。

地理国情统计分析通过建立多尺度地理空间单元划分标准体系，形成地理国情统计单元，以地理国情数据为基础，融合其他专业部门的统计数据，采用有效的（适当的）统计分析方法，从不同的维度综合分析资源、环境、生态、经济、社会等要素的内在空间特性及其在地理空间上的相互作用和关系，揭示它们的分布规律和发展趋势，从而提取有用的地理国情信息并形成结论，将地理国情数据转化为有意义和有用的国情信息，为科学决策提供依据或建议。

地理国情统计分析的对象是人文地理要素和地表自然要素。我国地理国情统计分析内容包括资源、环境、生态、经济和社会要素，要素具体构成见表 2-4。

表 2-4　地理国情统计分析要素构成表

基本要素	具体构成
资源	水、土地和森林资源
环境	环境保护和环境质量
生态	生物丰度、生态脆弱性、生态弹性等生态基本状况
经济	整体发展和城镇和交通网络等发展情况
社会要素	社会条件和社会现象

地理国情统计分析的具体目标为分析、表达和度量各要素在地理空间上的相互作用和内在关系，客观反映我国的资源利用程度、环境承载能力、生态平衡状态、区域经济发展潜能和社会事业发展水平，包括基本统计、综合统计分析和专题分析评价三个层次。其中，基本统计是基础；综合统计分析是为了构建生态协调性、城镇发展等地理国情指数；专题分析评价则以形成地理国情系列分析评价报告为目标，服务于社会经济和民生的发展。

目前，针对地理国情统计分析的研究存在理论研究基础不足，未从概念出发充分分析和挖掘地理国情的本质特征；由于缺少扎实的理论指导，研究方法选择的目的性不够明确，实用性需要提高。

2.8.2　地理国情统计分析与各学科联系

1. 与描述统计学

地理国情数据种类丰富且数据量巨大，若直接对地理国情数据开展统计分析，可能会在存储、数据检索和单元提取等方面出现问题，影响数据的统计效率与可靠性，得到错误的或不准确的分析结论。而描述统计学科可对资料进行整理与分析，粗略估计数据分布状态、数字特征和随机变量之间的关系。因此，地理国情统计分析可借助描述统计学方法实现数据的筛选和分类等数据整理准备工作。

2. 与空间统计学

空间统计分析学的研究对象就是空间数据的统计分析。地理国情统计分析可利用空间统计学的统计方法，建立空间统计模型，获取资源在空间的自相关关系、分布与变异规律。空间统计学可帮助地理国情统计分析对如自然地理和行政单元区划等统计单元进行提取与汇总，对人文地理要素和自然地理要素进行统计计算，综合评估自然和人文地理国情要素的现状，形成地理国情分析评价报告，揭示经济社会发展和自然资源环境的空间分布规律。目前已有研究者利用空间统计软件完成地理国情统计分析中的统计单元提取、统计配置、统计计算、报表生成等工作。

3. 与空间经济学

地理国情统计分析包含对经济数据的统计分析和评价，以获取某个要素在时间和空间上的发展状况和未来发展趋势。空间经济学将空间的概念引入经济学，研究的是空间的经济现象和规律、生产要素的空间布局和经济活动的空间区位等。地理国情统计分析借助于空间经济理论，可以对中国区域收敛和非均衡发展状况、经济现象的空间分布原因等进行统计分析，相关部门也可利用统计分析结果进行辅助决策。如"中心-外围"理论可帮助分析地理单中心（或多中心）经济是否稳定的，通过分析稳定状况评价中心地理的稳定均衡性。又如是否可在其他地区构建类似的珠三角中心经济带，利用提取的空间经济分布结构进行结构优化等。针对新时代国家治理紧迫需求，推动自然资源与地理国情大数据分析与信息服务向纵深发展，为我国政府和部门的综合管理决策乃至全球经济社会发展提供有力支撑，这是地理国情统计分析的最终目标和落脚点。

4. 与区域经济学

区域经济学是研究市场经济条件下生产力的空间分布及发展规律的学科。区域经济学可帮助分析我国区域经济发展情况，对政府的决策提供理论依据和科学指导。如在社会民生专题的综合统计分析中，在特定区域的不同行政区划内选定的教育、交通、养老、医疗、日常生活购物和消费等分项指标，通过计算发展民生指数的高低，得到该区域内不同行政区域民生发展水平。

区域经济学的部分理论也可引入地理国情统计分析中，如区域经济理论中的系统论。系统论提出了一种划分区域边界的新方法，该理论认为应用系统边界替换地理边界，因为单纯从地理学的角度来定义区域的边界对区域经济的研究有很大的制约性，而系统的边界在一定的条件下，可以起到保护系统稳定的作用，可以完善不同专题区域划分标准，正确的区域划分对统计评价结果将有事半功倍的效果。

5. 与区域地理学

目前，区域地理学对区域的划分标准、区域的分布情况均有较完善的理论研究基础与方法，且区域地理学并不是将各种现象的材料机械地拼凑，而是在综合研究区域的总体特征以及比较区域间的差别后寻找区域的个性与特征。

区域地理学可根据其区域系统的识别与划分方法将地理国情数据划分为不同区域的子块，再利用地理国情数据中的相关数据，对区域系统功能进行评价并利用其优化功能提出改进决策措施。如针对区域生产功能可用人均产值、地均产值等参数进行描述。通过分析区域系统的产业与空间结构确定区域的主要产业、支柱产业与新兴产业并对区域的生态环境有全局的认识。

地理国情综合分析包含对区域的评价。如人文地理国情综合分析评价的对象就包含面向区域的多要素综合，如生态、城镇、交通、环境等，其综合分析评价是在区域的基础上，针对各专题计算表征现状、状态、趋势的指标，对重要要素的未来发展趋势进行预测模拟（刘国等，2015）。由于区域地理学是寻找区域个性的一门学科，且区域地理学包含区域内及各区域间差异的评价，可揭示区域特征，而该结论既可当作地理国情区域评价结果也可帮助地理国情统计分析评价指标的选取与统计分析指标体系的构建。

6. 与城市地理学

城市地理学包含对城市地理位置、自然条件、社会经济的评价方法，以及这些因素对城市发展影响的分析，包含城市土地利用类型的划分标准以及城市内空间结构的概念及内部关系。我国城镇化已接近60%，城市群占据我国多半地区，地理国情监测任务一半在城市区域进行。根据地理国情数据，借助城市地理学学科的理论与技术，可帮助确定城市的等级和城市化所处阶段，并可对城市化水平进行预测，有助于国家确定各城市发展状态。此外，利用城市地理学也可确定城市内部地域结构、城市内部市场空间结构等与区位和空间相关的城市问题，有助于城市的可持续发展。城市地理学还揭露城市中的主要问题，并对每种问题按照产生原因二次划分，并提出解决方式，如城市安全问题可细分为安全防灾问题、公共安全问题、化学品事故问题等。

因此，城市地理学对地理国情统计分析的交通网络、居民地与设施、地理单元等的类别、位置、范围等人文地理要素，以及土地利用类型等的自然地理要素的统计分析能给与完善的理论基础与统计分析。在进行城市相关的专题统计分析时，可在城镇的用地结构和形态变化、人居环境状况（计算区域人均资源有用情况）、交通通达性、公共服务设施配置水平、区位的优势性（主要从区位空间位置的优势和主要支柱经济的优势两个方面衡量）等方面利用城市地理学的理论及方法进行量化分析与总结。

从上可知，地理国情监测可为城市地理学提供城市研究的基础数据，利用城市地理学的理论和方法，通过客观、全面的数据，有助于我们了解城市发展状况、城市所属类别、城市发展现存问题及主要矛盾，并为如何构建可持续发展城市提供科学的辅助决策。

7. 与地理信息科学

地理信息科学是一门综合学科，研究地理数据的采集、存储、管理、分析和显示等，其成果能够为地理国情数据描述、存储并建立具有组织管理、空间索引、空间查询等功能的空间数据库，以及地理国情数据的快速检索、清洗、统计与分析等提供支撑。

地理信息科学可在自然要素与人文要素的相互作用、时空变化规律、未来趋势预测和评估决策等方面与地理国情统计分析相结合。地理信息科学包含的统计分析法，如栅格数据分析、矢量数据分析、空间数据查询与量算（如距离、面积、形状等）、空间统计分析和地形分析等，可直接应用于地理国情统计分析软件中空间分布规律、地域分布差异、空间关系、变化趋势、状况评估、应急决策等模块。借助GIS专业软件，可直接读取数据库中的数据并进行空间分析，使研究人员节省软件开发与编程的时间，节约成本。根据目前地理信息科学的应用现状，在资源管理、应急响应、选址分析、土地利用现状监测和环境状况评估等方面，地理信息分析方法均可得到充分应用。

地理信息科学还包含地理信息可视化和地图产品输出，地理信息系统输出的产品类型包含地图、图像、统计图表。因相关GIS软件对地理数据进行电子图制作及存储时，通常将地理数据、属性信息分层存储，因此制作的电子图可根据需要筛选图层，结合相应的地图制作方法制作专题图、地形图、三维地图等类型地图，这使得地理国情统计与分析的成果可综合反映地理国情空间分布特征，并可根据需求制作成用户可理解的形式，便于用户对数据的理解及应用。

第 3 章　地理国情统计分析内容指标

完备的指标体系是保障地理国情统计分析成果科学性的基础。由于国内外研究还没有形成一套系统科学的地理国情统计分类和指标体系，也尚未形成一个完整的概念体系，地理国情统计分析工作没有先例可循。本章节拟在前述地理国情与地理国情统计分析概念与内涵的基础上以及相关学科的支撑下，研究地理国情统计分析指标体系构建和统计单元划分方法。

3.1　统计分析指标分类研究

从国家或者区域的角度，如何构建合理的地理国情统计分析指标体系，反映国家或者区域的自然资源、生态环境、社会经济等要素的基本现状及其变化状况，以及不同要素之间的相互组合状况，综合反映国家或者区域的国情国力的现状及其发展变化动态，是地理国情统计分析研究面临的首要问题。本节首先归纳总结了与地理国情统计分析内容相关的自然资源调查分类以及相关领域监测统计分析指标体系，介绍了地理国情统计分析单元及划分方法，在此基础上研究提出了地理国情统计分析相关指标体系。

3.1.1　相关领域调查指标

党的十九大明确了自然资源管理工作“两个统一”，即“统一行使全民所有自然资源资产所有者职责，统一行使国土空间用途管制和生态保护修复职责，着力解决自然资源所有者不到位、空间规划重叠等问题，实现山水林田湖草整体保护、系统修复、综合治理”。自然资源调查监测作为自然资源管理的基础性工作，是土地科学的基本任务和重要内容之一，也是土地资源评价、土地资产评估和土地利用规划研究的基础和前期性工作（梁留科等，2003）。目前，与自然资源调查相关的主要有原国土资源部的土地利用现状调查、林业部门的森林资源调查、水利部门的水利调查、原国家测绘地理信息局的地理国情普查与监测、统计部门的农业普查等。未来我国将融合国土调查、专题调查、地理国情监测等，构建功能完善的自然资源立体化调查监测体系。

1. 土地利用现状调查

新中国成立以来尤其是改革开放以来，我国已经开展了两轮土地利用现状调查，基本摸清了各类土地利用现状类型的数量和空间分布以及所有权属状况，较好地服务于国土空间规划和国土空间用途管制工作。

2017 年，根据《中华人民共和国土地管理法》[1]、《土地调查条例》[2]有关规定，国务院正式决定开展第三次全国土地调查。

随着我国社会经济的发展和各项社会经济管理措施的进步和完善，以及自然资源部的组建，自然资源调查分类体系在深度、广度、精度等方面在原来的分类体系上均有了进一步的完善和改进。我国先后共发布过 5 种土地分类体系（陈百明等，2007），其中广泛应用于全国土地利用现状统计的有 4 版，分别是第一次全国土地详查所采用的 1984 版《土地利用现状分类》（八大类）、2002 年以后土地利用变更调查所采用的《全国土地分类》（过渡期间使用）（也称为“过渡期分类”）、第二次全国土地调查所采用的 2007 版《土地利用现状分类》（国家标准）、第三次全国土地调查所采用的 2017 版《土地利用现状分类》（国家标准）（表 3-1）。

表 3-1 现有土地利用调查指标体系分类说明

版本	土地利用调查分类	分类	一级类内容指标	特点
第一版	1984 版《土地利用现状分类》	8 个一级类、46 个二级类	耕地、园地、林地、牧草地、居民点及工矿用地、交通用地、水域、未利用土地	对农用地的划分比较细致，常被认为是城镇以外土地的分类
第二版	2002 年后全国土地分类（过渡期间使用）	3 个一级类、15 个二级类、71 个三级类	农用地、建设用地和未利用地	城乡一体化的土地分类，适用于城镇和村庄大比例尺地籍调查，与 1984 版的区别在于建设用地的二级类简化为居民点及工矿用地、交通用地、水利设施用地 3 个类
第三版	2007 版《土地利用现状分类》（GBT21010-2007）	12 个一级类、57 个二级类	耕地、园地、林地、草地、商服用地、工矿仓储用地、住宅用地、公共管理与公共服务用地、特殊用地、交通运输用地、水域及水利设施用地、其他土地	二级类是依据自然属性、覆盖特征、用途和经营目的等方面的土地利用差异，对一级类进行的具体细化
第四版	2017 版《土地利用现状分类》（GB/T21010-2017）	12 个一级类、72 个二级类	耕地、园地、林地、草地、商服用地、工矿仓储用地、住宅用地、公共管理与公共服务用地、特殊用地、交通运输用地、水域及水利设施用地、其他用地	较 07 版分类的变化主要体现在数量变化、含义完善、名称调整、增设二级类、二级类归属调整五个方面

从历年我国国土资源统计公报来看，主要围绕土地资源、矿产资源、海洋资源、地质调查、地质环境等方面，发布了我国土地利用类型、面积及比例、变化量、变化率，以及矿产资源类型、存储量等基本信息。

从现有土地调查相关评价指标体系来看，2003 年，原国土资源部发布了《耕地后备

1）引自 http://www.gov.cn/banshi/2005-05/26/content_989.htm；

2）引自 http://www.gov.cn/xxgk/pub/govpublic/mrlm/200803/t20080328_31733.html

资源调查与评价技术规程》[1)]，明确了耕地后备资源分类体系，并根据土地属性对耕地利用的适宜程度及其对土地开发、复垦和整理可能产生限制的因子类型和强度，采用类、等、型三级划分耕地后备资源评价指标体系，分析评价耕地后备资源的类型、数量、质量与分布特点、及其开发、整理和复垦潜力与趋势。此外，依据围垦条件及围垦效益构建了滩涂资源评价指标体系。为推进城市土地的节约集约利用和科学管理，原国土资源部于 2007 年颁布了《城市土地集约利用潜力评价规程》[2)]，面向居住、商业、工业、教育、特别等五种类型功能区，从土地集约利用承载力、协调度、贡献度和管理绩效四个方面构建了四个层级的土地集约利用总体评价指标体系。2010 年，又发布了《市（地）级土地利用总体规划编制规程》《县级土地利用总体规划编制规程》《乡（镇）土地利用总体规划编制规程》3 项行业标准[3)]，围绕农用地、建设用地，构建了土地适宜性与潜力评价、土地需求预测与供给潜力评价指标体系，阐明了土地的适宜性程度、生产潜力、经济效益和对环境有利或不利的后果，以确定土地价值，为土地利用规划、土地资源管理、土地税收等应用领域服务。

然而，仅仅有土地利用现状类型数据，没有地理国情监测数据，土地利用规划和土地用途管制的基础是不完善的。比如，以“耕地”为例，通过对土地利用现状类型数据和地理国情监测数据的空间叠加分析，可以发现两类差异：一类是地理国情监测是耕地而土地调查不是耕地，存在“批而未用的耕地”“江、河、湖、水库等常水位以下的耕地”等多种情况；另一类是地理国情监测为非耕地而土地调查是耕地，存在“种植苗圃、草皮、花卉、果树、桑树、药材、茶、香蕉等”“建而未批的耕地”等多种情况。此外，城乡结合区域地类变化频繁，两类数据结合使用可快速发现变化情况。

地理国情监测更加侧重自然属性，而土地利用调查则更侧重土地的利用方式、土地用途、经营特点、管理特性等因素。例如，因土地利用调查中特别注重抛荒地的类别归属，如调绘时点未进行耕种的耕地，需回溯土地年鉴确认其抛荒年限，但国情普查一般会将其剔除耕地范围，将其归并为草地类别。再比如，由于季节、经济利益、暂时需要等原因，在耕地上临时种植苗圃（育苗地）、草皮、花卉、果树、桑树、药材等土地；在耕地上临时养鱼、贝类、螃蟹，晒谷，堆料，取土，修建工棚、搭建农贸市场等土地。在地理国情监测时，根据其自然地表覆盖情况可能被单独分类为草地、林地、园地、坑塘、大棚等。由此可见，地理国情监测与国土调查的结合服务自然资源管理是实践的需求。

2. 森林资源清查

为了及时掌握森林资源现状以及森林资源消长变化动态，预测森林资源发展趋势，为林业决策提供科学、可靠的依据，新中国成立以来，原国家林业局先后完成了 8 次全

1）《耕地后备资源调查与评价技术规程》（TD/T_1007—2003）；

2）《城市土地集约利用潜力评价规程》（TD/T_1007—2007）；

3）《市（地）级土地利用总体规划编制规程》（TD/T1023—2010）、《县级土地利用总体规划编制规程》（TD/T1024—2010）、《乡（镇）土地利用总体规划编制规程（TD/T1025—2010）

国森林资源清查（涂云燕等，2015）。第八次森林资源清查从 2009 年开始，到 2013 年结束，历时 5 年，投入了近 2 万名调查和科研人员，运用了卫星遥感和样地调查测量等现代科技手段，调查内容涉及森林资源数量、质量、结构、分布的现状和动态，以及森林生态状况和功能效益等方面的 160 余项调查因子，准确查清全国和各省森林资源的数量、质量、结构、分布及其消长动态，掌握森林生态系统的现状和变化趋势，综合评价森林资源与生态状况。

从历年森林资源清查统计公报来看，主要围绕森林总量、森林质量、天然林、人工林、森林采伐等方面发布了森林面积、覆盖率、蓄积量、采伐量，及其变化量、变化率等内容指标。

森林资源清查分类体系与地理国情普查与监测的区别主要体现在以下三个方面：①侧重点和分类体系不同，森林资源清查侧重于主要树种生物量调查建模、森林生物量监测等，地理国情普查与监测侧重于植被覆盖的面积、范围、分布等空间信息。②分类体系不同，森林资源清查按照主导功能进行分类，地理国情监测按照有林地、灌木林地、疏林地等进行分类。③普查方法不同，森林资源清查以设置固定样地（或配置部分临时样地）并结合遥感进行调查的，地理国情普查与监测主要依靠遥感手段并结合外业调查开展监测。

森林资源清查成果可以作为地理国情普查与监测中林地分类的基础资料，还可用于重要、典型地理国情信息监测中的要素类型确定，及限制开发区、禁止开发区监测中的生态重要性、生态系统脆弱性评估。此外，地理国情普查与监测中的地形地貌、植被覆盖、水系、居民地与设施等普查成果可以作为森林资源清查中非林地信息调查的依据。

3. 第一次全国水利普查

水利部于 2010 年 1 月至 2012 年 12 月开展了第一次全国水利普查，普查标准时点为 2011 年 12 月 31 日，普查时期为 2011 年。坐标系为 2000 国家大地坐标系，经纬度坐标。普查内容指标主要包括河湖基本情况普查、水利工程基本情况普查、经济社会用水情况调查、河湖开发治理保护情况普查、水土保持情况普查、水利行业能力建设情况普查，以及灌区和地下水取水井两个专项普查。

水利普查与地理国情普查与监测的目的不同。水利普查目的从管理出发，全面查清我国江河湖泊和水利工程的基本情况，系统掌握我国江河湖泊开发治理保护状况，摸清经济社会用水状况，了解水利行业能力建设情况；地理国情监测是客观表达形态变化，监测重要水源地区域的地表覆盖、空间分布及统计、分析周边环境风险、影响。其次是数据源不同。水利普查利用多时相（2003 年 12 月～2009 年 12 月）分辨率为 20 m 的中巴资源卫星遥感影像数据；以及单一时相（最近 3 年）分辨率为 2.5 m 的 DOM 影像数据。而地理国情监测全国范围采用 2.5 m 的影像，重点区域采用 1 m 的高分辨率影像。此外，两者的侧重点与精细程度不同。地理国情监测的水库、湖泊监测更精细，并将坑塘纳入监测范围。

2013 年，水利部发布了《第一次全国水利普查公报》，该公报主要发布了全国规模以上河流条数及长度、规模以上湖泊数量、水面面积、水库数量及库容量、水电站数量及装机容量等基本信息。

水利普查成果可以丰富地理国情监测中的河流、湖泊、水库及有关水利设施等要素属性信息，而地理国情监测中更高精度的水域监测成果可以为水利普查提供更精细的空间基础。

4. 全国农业普查

截至 2017 年，国家统计局已连续开展了三次全国农业普查。普查的行业范围包括农作物种植业、林业、畜牧业、渔业和农林牧渔服务业。农业普查与地理国情普查与监测的方式不同，前者通过给农户、单位等发放普查表的形式，获得农业普查数据，主要侧重农业、农村和农民的基本情况；后者则利用高分辨率遥感影像数据结合实地调查的手段开展监测，客观、真实地获取农地、林地、园地、草地等的空间位置、分布等。

截至 2017 年，国家统计局已发布了三次全国农业普查主要数据公报成果[1)]，其中《第一次全国农业普查主要数据公报》主要发布了第一次全国农业普查取得重大成果介绍，以及农村生产经营单位的数量和结构、农村从业人员和农业机械、农村镇区规模及其社会经济状况等 4 个公报，发布的统计指标主要涉及农业和农村生产经营单位、农业机械和设备的数量和结构、农村从业人员的数量、素质和行业、地域分布、耕地的数量、质量和结构、乡村社区环境和基础设施数量和构成等。

《第二次全国农业普查主要数据公报》包括耕地分布及分类、农村劳动力资源与就业、农村居民生活条件、农村基础设施建设和基本社会服务、农业基本状况和生产条件、农业、农村、农民的基本情况等 6 个公报。发布的统计指标主要包括农业生产经营户和农业生产经营单位数量及构成、农业从业人员数量及构成、农业技术人员数量、主要农业机械数量、机耕面积占耕地/播种面积的比重、不同类型设施农业面积、住宅面积与构成、按家庭卫生设施类型分的住户构成、主要耐用消费品拥有量、农村劳动力资源总量及构成、外出从业劳动力从业地区和产业构成等。

《第三次全国农业普查主要数据公报》包括农业农村农民基本情况、农业经营主体、农业机械和设施、农村基础设施建设和基本社会服务、农民生活条件、农业生产经营人员情况等五个公报。发布的统计指标主要包括农村住户的类型及其规模、非农村住户类农业生产经营单位的类型及其规模；非农乡镇企业单位的类型及其规模；农业生产经营人员数量和结构、住房数量与结构构成、按饮用水来源划分的住户构成、按家庭卫生设施类型分的住户构成、主要耐用消费品拥有量、主要生活能源构成、农业经营主体数量、农田水利设施数量、农田灌溉面积、设施农业占地面积等。

当前许多国家和国际组织启动了与地理国情相近的研究课题与工程项目。1990 年全球变化研究委员会最早提出了全球性土地利用/土地覆被变化研究框架。20 世纪 80 年代，由国际科学联盟理事会（ICSU）发起并组织了一项重大国际科学计划，即国际

1）http://www.stats.gov.cn/tjsj/tjgb/nypcgb/国家统计局/农业普查公报

地圈生物圈计划（International Geosphere-Biosphere Programme，IGBP）。2006 年，国际土壤科学联合会数字土壤制图工作组倡议“全球数字土壤制图”计划，并于 2009 年 2 月正式启动。2009 年，政府间对地观测工作组（Group on Earth Observation，GEO）对资源、环境、灾害等方面开展了监测、模拟及预测。

总体上，针对国家或地方层面的国情国力调查、分析主要是由各主管部门根据部门管理需要开展的规划、调查分析与评价，如国土部门土地调查、林业部门的森林资源调查、统计部门的农业普查等，以上这些仅是单从某一侧面、某一时点或者某一个体数据反映了国家或区域资源、环境、社会经济等国情要素的基本状况，缺乏从区域整体角度，整合多类行业管理数据和多个同类区域数据，综合反映区域资源、生态、建设开发、经济等的基本状况、变化状况、组合状况、相互关系等，更未形成易于发布的国家或者区域地理国情统计分析成果，因此，相关研究亟待深入开展。

3.1.2　相关领域监测统计分析指标体系

国内外针对地理信息分类方法和各类专项地表覆盖状况监测，有大量的研究成果、技术规范和标准，这些都是地理国情统计分析指标体系构建的重要参考依据。

1. 在荒漠化监测方面

20 世纪 90 年代以来，为了全国荒漠化监测的需要和履行《联合国防治荒漠化公约》，国内开展了各种类型荒漠化土地、荒漠化监测与评价研究，得到学术界和政府部门的广泛关注。朱震达首先提出一套荒漠化评价指标，由沙漠化土地年扩展率大小、流沙面积占土地面积的百分比、沙漠化土地景观的形态组合特征 3 个指标和植被覆盖度、土地滋生力、农田系统的能量产投比、生物生产量 4 个辅助指标构成，并将沙漠化程度划分为潜在、正在发展中、强烈发展中和严重 4 级。而后，吴正、陈渭南、胡孟春和中国科学院黄土高原综合科学考察队也分别提出了一些类似指标；但限于当时研究的局限性，在荒漠化监测与评价研究中，只关注沙质荒漠化，仅对荒漠化程度进行评价，没有考虑荒漠化监测与评价的基准问题，研究都从案例入手，提出的一些评价指标不够全面、系统，没有真正提出构建荒漠化监测与评价的指标体系（霍艾迪等，2007）。

2. 在耕地质量监测方面

近年来，我国耕地质量研究在耕地地力等级评价方面做了大量的工作。“地块”层次的分等定级工作已较深入，“区域”层次的耕地质量变化研究较为薄弱，评价指标难成体系。耕地质量是一个自然社会经济综合概念，监测指标既应包括自然指标，还应包括灌溉条件、投入状况等社会经济指标；既包括量化指标，也包括描述性指标（彭茹燕等，2008）。

3. 在森林火灾监测方面

我国 20 世纪 80 年代的指标系统由黑龙江省林业科学院王正非提出，称双指标法（柳元程等，2017）。其思路是，采用当天气象要素中最小湿度和最高气温，通过危险度指数即在同一最小湿度（最高气温）下着火的次数除以该最小湿度（最高气温）出现的次数，将着火危险度划分一个限区，此次要素落在那一级区域内即指示可燃或不可燃。之后王正非又提出了三指标法。

4. 在干旱监测方面

1995年起，中国气象局国家气候中心开发研制了"全国旱涝气候监测、预警系统"（张强等，1998）。该系统利用降水量、气温等常规观测要素，依托气候指标计算，实现了对全国干旱范围和程度的实时监测和影响评估，并利用数值模式预报资料对未来旱涝发展趋势进行预警分析。目前我国科学工作者在干旱指标的制定和应用方面作了大量工作，但是由于干旱成因及其影响的复杂性，迄今为止还没有建立起完善统一的干旱指标体系，没有找到一种普遍适用各种用途、适用于不同地区、不同时间段、不同领域使用不同的干旱指标。干旱的观测角度不同，相应的指标也有所差别。归纳各种干旱指标，大致可分为四类，即气象干旱指标、水文干旱指标、农业干旱指标、社会经济干旱指标。

5. 在环境保护方面

1999年，原国家环保部发布了全国生态环境建设规划（1999）。该规划对全国陆地生态环境建设的一些重要方面进行规划，主要包括天然林等自然资源保护、植树种草、水土保持、防治荒漠化、草原建设、生态农业等。其中，与地理国情相关的指标或因素涉及草地退化面积、草地沙化面积、草地碱化面积、荒漠化土地面积、森林覆盖率、改造坡耕地面积、退耕还林面积、坡耕地面积、水土流失面积等。2013年，原国家环境部发布的《2012中国环境状况公报》中与地理国情相关的内容指标主要涉及森林覆盖率等。2006年，原国家环保部发布了《生态环境状况评价技术规范》[1)]，该标准对全国各省（自治区、直辖市，不包括香港、澳门和台湾）进行了生态环境状况指数评测，根据生物丰度指数、植被覆盖指数、水网密度指数、土地退化指数和环境质量指数等5项指标，计算生态环境状况指数，并确定从优到差五个不同级别的生态环境质量。2015年，原国家环保部对2006版的标准进行了修订，发布了2015版的《生态环境状况评价技术规范》[2)]，主要优化了生态环境状况和各分指数的评价指标和计算方法，并新增了生态功能区、城市/城市群和自然保护区等专题生态区生态环境评价指标和计算方法。2016年，国务院发布了"十三五"生态环境保护规划[3)]，该规划围绕空气质量、水环境质量、土壤环境质量、生态环境状况四个方面构建了生态环境质量评价指标体系，其中与地理国情相关的指标主要涉及森林覆盖率、湿地保有量、草原综合植被盖度、重点生态功能区所属县域生态环境状况指数等。在生态保护修复中涉及相关的有自然岸线保有率等。欧盟启动了"全球环境与安全监测计划"（Global Monitoring for Environment and Security，GMES），具体内容涉及欧洲陆地地表覆盖变化和植被监测及全球大气监测等。日本国立

1）HJ/T192—2006《生态环境状况评价技术规范》；

2）HJ192—2015《生态环境状况评价技术规范》；

3）http://www.gov.cn/zhengce/content/2016-12/05/content_5143290.htm

科学院全球环境研究中心在日本环境署的支持下开展的“为全球环境保护的土地利用研究”（LU/GEC）项目，研究土地利用/土地覆盖变化的空间、时间变化以及驱动因子。

通过大量相关文献的阅读，发现国内外对于国情相关领域的监测及统计分析都有了不同程度的研究及成果，各行业也有一些成熟的指标体系，可见国情监测的重要性。但是从地理国情角度出发，对地理要素开展全面监测分析的综合指标体系目前还很少。除了上述介绍的与地理国情相关的内容指标外，《JT/T441—2001 公路运输主要统计指标分类与代码》《JT/T437—2001 港口主要统计指标分类与代码》等标准也可用于地理国情统计指标体系候选指标参考。

在统计分析指标体系的研究方面，国内外现有的研究主要有两种基本类型指标体系。一种是围绕区域单一资源环境或社会经济要素的评价建立的指标体系，如在粮食安全评价指标体系方面，姚成胜等（2015）、吕新业（2013）探讨和构建了中国粮食安全评价指标体系并进行实证分析；文森（2008）构建了重庆市耕地资源安全与预警指标体系；李向荣等（2008）研究了国内粮食安全指标体系并进行对策研究，其他学者也进行粮食资源安全评价方面的研究（朱红波，2006；张士功，2005；刘晓梅，2004）。此外，还有涉及土地资源评价指标体系（马莉娜，2010；王莉莉，2011；谢雨航，2013；张宇，2016）、水资源综合承载力评价指标体系（惠泱河等，2001；齐亚彬，2004；王友贞等，2005；孙富行，2006；胡吉敏，2008；李东序，2008；姜秋香，2011；马峰等，2012）、矿产资源可持续利用评价指标体系等（齐晓娟，2014；王飞，2013；乐毅，2009；孙卫东，2002）；另一种是以区域综合发展状况评价为目的建立的相应指标体系，如中国可持续发展评价指标体系、区域综合竞争力评价指标体系、区域综合实力评价指标体系等。

在地理国情统计分析现有指标体系研究方面，多是在《地理国情普查试点统计分析方法与预期成果（试行稿）》[1)]等相关技术文件的基础上，开展了统计分析综合区划指标体系构建和划分（谢明霞等，2015；谢明霞，2016），并初步探讨统计分析指标体系、部分主题指标体系的构建并以局部区域为试验区开展实证研究（林雅萍，2017；刘国等，2015；席海星，2015）。

以上研究内容涉及指标选取、指标体系层次结构和指标权重设置等方面。现有的研究多是针对单一目的如资源开发、环境保护、经济发展等设定的。

目前已有的规范和标准对于指标体系构建有很大的参考价值，但由于研究的出发点以及目的、意义与地理国情监测不同，大多基于本行业部门业务需求出发。所以本研究还需对现有资料进行深入分析，吸收和利用地理国情监测相关信息，从而构建地理国情统计分析指标体系。

3.1.3　地理国情内容指标体系

我国地理国情内容与指标体系构建以需求为导向，充分拓展基础测绘成果，确定派

1）《地理国情普查试点统计分析方法与预期成果（试行稿）》，国家测绘地理信息局，2012 年 11 月

生、拓展或补充的内容与指标，做到内容指标体系的适用可行。地理国情内容与指标构建的基本思路是：筛选、补齐、更新、扩展、增项。从宏观分析角度力争服务生态文明，构建和谐社会，监测城镇化发展。如在《省级主体功能区规划技术规程》中涉及 76 个参数，有 48 个直接涉及地理环境要素，包括地形、水体、植被、地貌土质、居民地、交通、水文和境界八类。从行业需求分析角度，综合考虑 129 个与地理环境各要素有关联的国家标准与行业标准，出现频次前 20 位的主题词；涉及 83 个与地理环境要素相关的分类编码标准，出现土地利用、道路、水文、植被、土壤、地形、地貌等频次前 20 位的主题词。结合国家基础地理信息的需求差别分析指标的定立，以国家基础地理信息数据库为指标因子提取来源，综合我国地理国情，选取最能反映我国经济社会发展和自然资源环境变化的因子，系统、科学地研究筛选地理国情内容与指标（宋尚萍等，2014）。

地理国情内容包含地表形态、地理国情要素、地表覆盖分类信息[1)]，如图 3-1 所示。具体内容指标分类、定义及代码说明请详见《基础性地理国情监测内容与指标》（GQJC03—2017）。

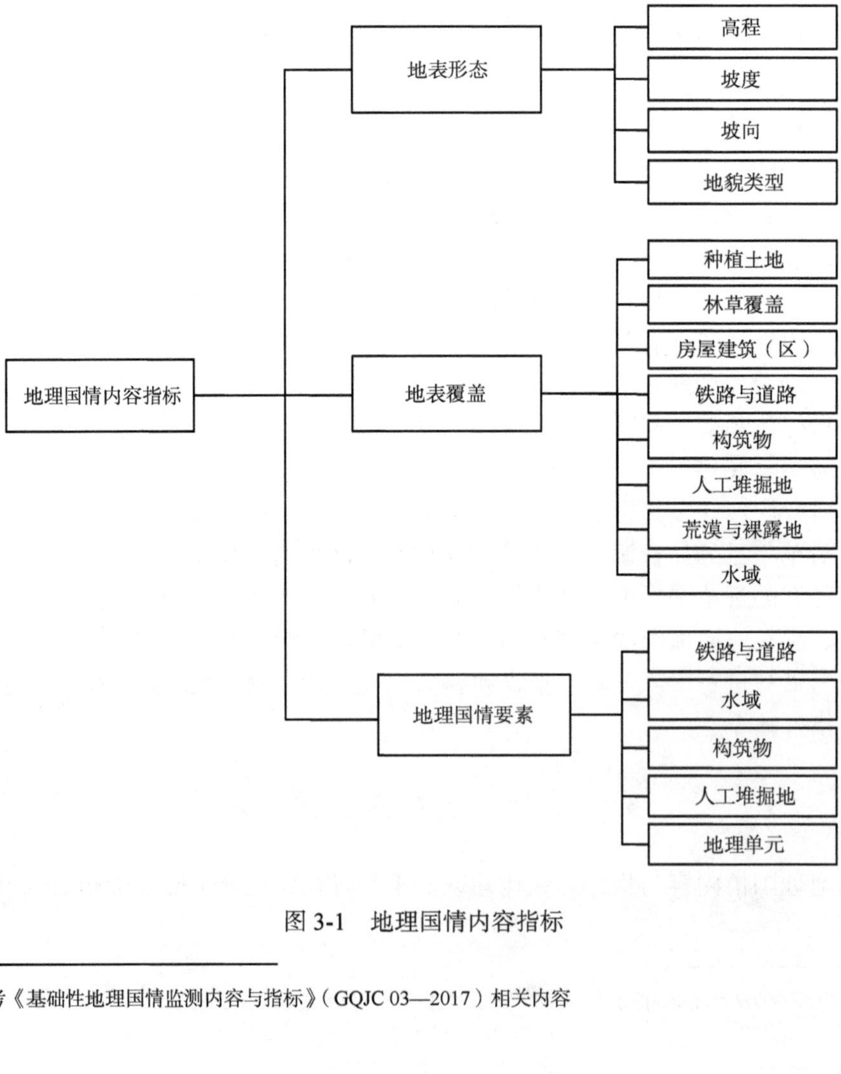

图 3-1　地理国情内容指标

1）参考《基础性地理国情监测内容与指标》（GQJC 03—2017）相关内容

（1）地表形态数据反映地表的地形及地势特征，也间接反映了地貌形态，包括高程、坡度、坡向和地貌类型。

（2）地表覆盖分类信息反映地表自然营造物和人工建造物的自然属性或状况。地表覆盖不同于土地利用，一般不侧重于土地的社会属性（人类对土地的利用方式和目的意图）等。地表覆盖涉及类型包括种植土地、林草覆盖、房屋建筑（区）、铁路与道路、构筑物、人工堆掘地、荒漠与裸露地、水域 8 个一级类，涉及 46 个二级类和 86 个三级类。

（3）地理国情要素反映与社会生活密切相关、具有较为稳定的空间范围或边界、具有或可以明确标识、有独立监测和统计分析意义的重要地物及其属性。如城市、道路、设施和管理区域等人文要素实体，湖泊、河流、沼泽、沙漠等自然要素实体，以及高程带、平原、盆地等自然地理单元。通常是以实体要素方式采集的内容指标，包括铁路与道路、构筑物、人工堆掘地、水域、地理单元等 5 个一级类，涉及 17 个二级类、61 个三级类。

3.1.4　统计分析内容与指标构建的思路

如何从区域整体的角度出发，建立综合反映区域地理国情现状的基本信息，分析其空间分布特征、空间覆盖程度、交通通达程度、资源配置水平、自然与人文要素的空间相关性等，形成反映各类资源、环境、生态等要素的空间分布及其变化的地理信息数据的统计分析指标体系，从地理空间的角度，客观、动态地综合展示国情国力，进行国家、区域资源、环境、生态和经济评价，并预测其动态变化，是地理国情监测服务于国家、地方政府科学决策的需要，是当前研究需要解决的问题之一。

根据不同地理国情内容指标的分类分级、适用范围，以及多尺度下地理单元的地表特性，同时兼顾国土、地质、海洋、环境等相关行业应用时的指标体系，利用专家调研法、主观与客观相结合等方法，筛选出一套较完备的多层级地理国情统计分析指标集，并对高耦合性的指标进行聚合；根据同趋化原则对指标集内的各项指标进行规则化，以便地理国情统计分析指标的一致化表达和指标入库；对一致化处理后的指标分配权重，建立地理国情统计分析指标库，并通过专家系统和主、客观相结合的模型等评价方法，对建立的指标库进行评价，评估各项指标的评价能力和影响权重，并对各项指标进行合理的修改和调整，以形成地理国情统计分析指标体系。

首先，面向自然资源管理与监测、生态保护与修复、区域经济发展、城镇发展等业务需求，构建满足资源与环境、社会、经济等业务需求的不同层级地理国情全要素分类体系。掌握四类自然地理要素（地形地貌、植被覆盖、水域、荒漠与裸露地）和三类人文地理要素（交通网络、居民地与设施、地理单元）的基本情况是“国发 9 号文”对地理国情普查提出的要求。然而，地理国情普查的 12 个一级类与地理国情普查统计分析要求的 7 大类不完全一致。为更好地开展统计分析工作，需要将普查与监测数据与这七个统计分析内容之间建立对应关系。基于语义分析，提出了 12 大类普查与监测要素与 7 大类统计分析内容之间的映射关系（图 3-2）。

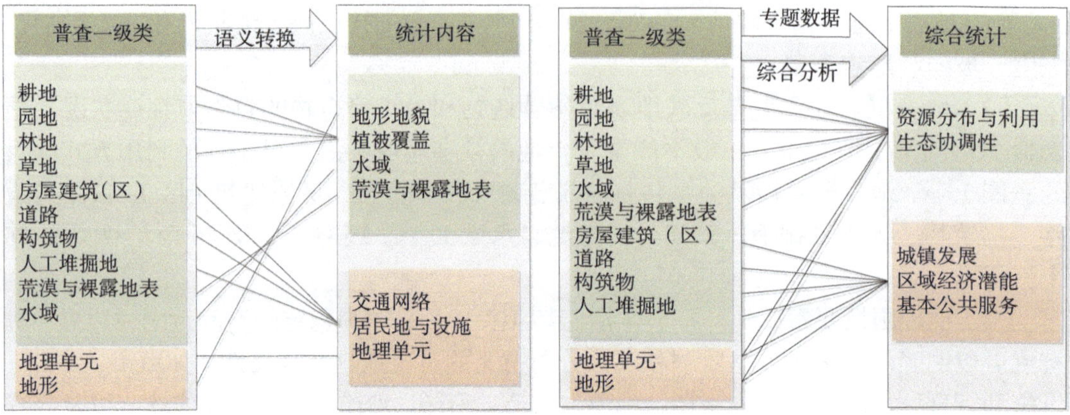

图 3-2　普查成果与基本统计内容、综合统计分析内容的转换关系

同时，为应对综合统计分析的要求，“摸清资源、生态、环境、人口、经济、社会等要素在地理空间上相互作用、相互影响的内在关系”，在摸清自然地理要素和人文地理要素的基础上，结合社会经济专题数据，运用构建指标指数的方法，对地理国情普查与监测成果进行深度开发，实现从普查数据中的点线面无物理意义的实体到社会服务信息的转变。

3.2　指标体系构建方法

地理国情统计分析指标体系构建方法主要包括目标层次分类法、加权平均法、方差分析法、因子分析法、综合指数法等。

1. 目标层次分类法

以地理国情普查与监测数据库为指标因子提取来源，综合我国地理国情状况，选取最能反映我国经济社发展和自然资源环境变化的因子，通过系统科学研究筛选指标（武琛，2012）。在基于地理国情监测统计指标体系选取的理论框架的基础上，通过“自上而下”与“自下而上”相结合的方法筛选指标。遵循指标的整体性、科学性、导向性、可比性、实用性以及定量定性相结合的原则来选取评价指标，运用目标层次分类展开法建立地理国情监测与统计分析指标体系。

指标体系的筛选是一项复杂的系统工程（图 3-3）。目前，筛选指标的方法主要有专家咨询法、理论分析法和频度分析法等。采取这三种方法的综合，首先对每类监测对象进行分别研究，确定其性质、特征、监测技术手段、广泛搜集和分析相关的标准，整理相关参考指南，选取与地理国情内容有关指标，然后采用频度分析法，对各种指标进行统计，选择那些使用频度较高的指标；同时，结合我国国情的背景特征、主要问题以及指标获取技术手段等方面，进行分析、比较、综合选择出那些针对性较强的指标。召开专家研讨会，进一步咨询相关专家意见，对指标进行调整。在此基础上，进行指标体

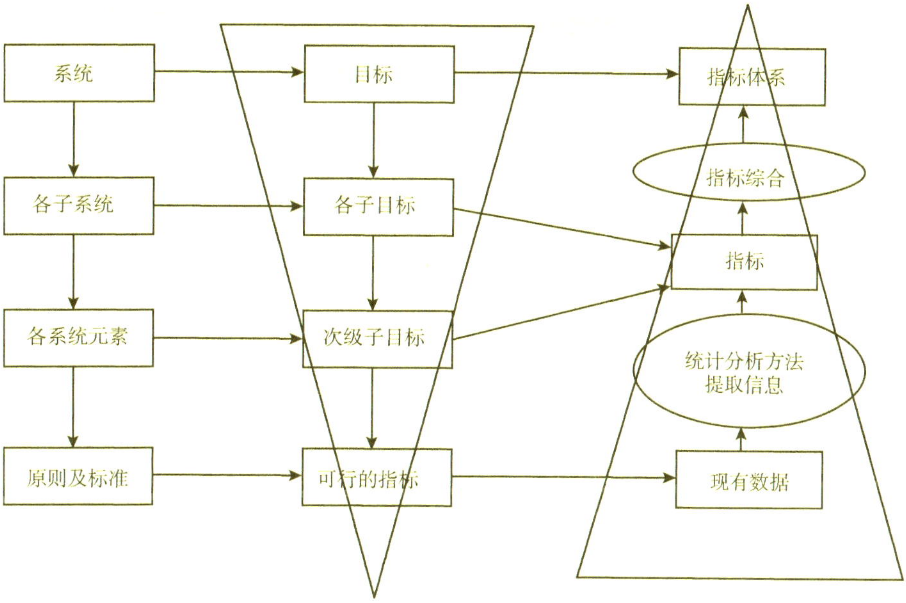

图 3-3　基于目标层次分类法的指标筛选方法

系实证研究，从而验证指标体系是否科学、合理，能客观、真实、准确的反映我国的地理国情，对实验结果进行分析，并对指标体系进行反复修改，最终得到完善、系统的地理国情监测指标体系。

2. 因子分析法

因子分析法是从研究变量内部相关的依赖关系出发，把一些具有错综复杂关系的变量归结为少数几个综合因子的一种多变量统计分析方法。它的基本思想是，将观测变量进行分类，将相关性较高即联系比较紧密的分在同一类中，而不同类变量之间的相关性则较低，那么每一类变量实际上就代表了一个基本结构，即公共因子。对于所研究的问题就是试图用最少个数的不可测的所谓公共因子的线性函数与特殊因子之和来描述原来观测的每一分量。

应用因子分析法的主要步骤包括：①对数据样本进行标准化处理；②计算样本的相关矩阵；③求相关矩阵 $\boldsymbol{R}$ 的特征根和特征向量；④根据系统要求的累积贡献率确定主因子的个数；⑤计算因子载荷矩阵；⑥确定因子模型；⑦根据上述计算结果，对系统进行分析。

3. 方差分析法

方差分析是从观测变量的方差入手，研究诸多控制变量中哪些变量是对观测变量有显著影响的变量。一个复杂的事物，其中往往有许多因素互相制约又互相依存。方差分析的目的是通过数据分析，找出对该事物有显著影响的因素，各因素之间的交互作用，以及显著影响因素的最佳水平等。方差分析是在可比较的数组中，把数据间的总的“变差”按各指定的变差来源进行分解的一种技术。对变差的度量，采用离差平方和。方差分析法就是从总离差平方和分解出可追溯到指定来源的部分离差平方和，这是一个很重要的思想。

4. 综合指数法

综合指数法以因子与评价标准之比作为分指数，采用加权均等方法来计算得到的一个综合指数，作为评定尺度。

按因子之间的相互关联性、组合模式，首先计算各评价因子的加权指数，然后按评价因子的隶属关系得出因子集分指数，最后由因子集分指数得出综合指数。

5. 综合分析法

综合分析法是指运用各种统计综合指标来反映和研究社会经济现象总体的一般特征和数量关系的研究方法。综合分析法，一般根据事物的关键属性，并按照重要程度分配比例，再进一步通过分析得到综合客观的结果。

常使用的综合分析法有综合指标法、时间数列分析法、统计指数法、因素分析法、相关分析等。

6. 模糊评价法

模糊评价法又称模糊判断，是在建立各级数学模型的基础上，运用扎德法则作模糊矩阵乘法，然后，根据“最大隶属度原则”给出综合评价结论。在模糊综合判断时，所需用的主要数据是各个指标的权重数和指标的评定等级。

7. 综合评价法

运用多个指标对多个参评单位进行评价的方法，称为多变量综合评价方法，或简称综合评价法。其基本思想是，将多个指标转化为一个能够反映综合情况的指标来进行评价。如不同国家经济实力、不同地区社会发展水平、小康生活水平达标进程、企业经济效益评价等，都可以应用这种方法。

综合评价法的特点表现为，评价过程不是逐个指标顺次完成的，而是通过一些特殊方法将多个指标的评价同时完成的；在综合评价过程中，一般要根据指标的重要性进行加权处理；评价结果不再是具有具体含义的统计指标，而是以指数或分值表示参评单位“综合状况”的排序。

3.3 统计单元划分

地理国情普查与监测查清了我国行政区域与管理单元，主体功能区、国家级开发区和保税区等社会经济区域单元，世界遗产地、重点旅游区、风景名胜区、流域、湿地保护区、沼泽地和地貌类型单元等自然地理单元的空间范围信息，并充分收集了民政部门乡镇级以上行政区划单元的数据信息、原国土资源部土地权属信息和国家统计局统计区划代码、城乡代码等各类资料，完善了我国各类地理单元空间范围和属性信息，这为开展统计单元划分奠定了一定的基础。地理国情统计分析是基于一定的统计单元展开的。本节着重介绍规则地理格网、自然地理单元、行政区划与管理单元、社会经济区域单元等主要 4 类单元的定义、尺度及等级性含义，以及统计单元具体划分方法。

3.3.1　按规则地理格网划分

规则地理格网单元为开展多尺度多时相地理国情监测数据统计分析研究提供一定的基础，并建立了统一的地理框架，不但避免不同数据的空间位置不匹配，而且避免了不同尺度格网之间的包含和交叉问题，以及行政区变更导致多年地理国情数据的不可比问题等。

全球地理信息多尺度表示和数据组织一直是广为关注的问题，将格网技术与空间信息处理技术结合，将能更加有效地利用信息资源。在地理学中，格网是将连续的工作区域平面空间离散化而形成的，即按一定规则进行分割，形成许多多边形，每个多边形称为格网单元，并赋予标识符（地理编码）。其中相邻单元彼此邻接不交叉，其间的空间关系是隐含表达的。格网是一种基于标识符的间接空间参照体系，分为规则地理格网体系与不规则地理格网体系（李琦等，2005）。

规则地理格网是指将研究区域划分成若干个规格相同的格网单元（王琛等，2008），其格网单元一般为方格、三角形或六角形等规则形状，在地理统计中将这些格网称为规则地理格网单元。划分规则地理格网是空间数据处理和地理统计中常用的建模方式（李琦等，2005）。在我国常用的规则地理格网系统有三种：①4°×6°格网系统。以纬度 4°和经度 6°进行划分而构成的多级地理格网系统，主要适应于表示陆地与近海地区全国或省（区）范围内的地理信息等。②直角坐标格网系统。将地球表面按数学法则投影到平面上，再按照一定的纵横坐标间距和统一的坐标原点对其进行划分而构成的多级地理格网系统。⑶地理信息系统中，还需要用到 1∶2 000、1∶1 000 和 1∶500 的地形图，在国家标准中未规定它们的格网等级和格网单元边长，可根据实际需要自行设计（张成成等，2008）。

规则地理格网划分为经纬坐标格网和直角坐标格网。格网层级由不同间隔的格网构成，层级间可实现信息的合并或细分。

1. 经纬坐标格网划分

经纬坐标格网按经、纬差分级，按一定经纬度间隔对地球表面进行划分而形成的格网。经纬格网面向大范围，适于较概略表示信息的分布和粗略定位的应用。

分级规则：各层级的格网间隔为整倍数关系，统计格网单元的经差、纬差间隔相同。结合国家标准《地理格网 GB/T12409—2009》和地理要素在空间的分布特征，将经纬坐标格网基本层级分为 3 级，格网间隔分别为 10′、1′、10″，格网名称分别为十分格网、分格网、十秒格网。

经纬坐标格网编码：参照《地理格网 GB/T12409—2009》。

经纬坐标格网编码由以下 4 类要素组成：格网间隔代码、间隔单位代码、经纬度代码和格网代码，后 2 类元素根据经、纬度数值计算生成。格网间隔代码用 2 位数字码表示；间隔单位代码用 1 位字母码表示；经纬度代码由经度代码和纬度代码组成，用 2 位数字码表示纬度和 3 位精度数字码表示经度；格网代码取经、纬的非整度数值计算生成，由于格网间隔不同，格网代码长度为 4 位或 8 位。因为我国区域均位于北半球和东半球，所以没有考虑半球代码。

例：某点位于 75°41′15″N，143°02′35″E。其十分格网代码：10M751430400；分格网代码：01M751434102；十秒格网代码：10S7514302470015。

2. 直角坐标格网划分

我国规定 1∶1 万、1∶2.5 万、1∶5 万、1∶10 万、1∶25 万、1∶50 万比例尺地形图，均采用高斯–克吕格投影。1∶2.5 万至 1∶50 万比例尺地形图采用经差 6 度分带，1∶1 万比例尺地形图采用经差 3 度分带。所以直角坐标格网均采用高斯–克吕格投影直角坐标系统。直角坐标格网面向较小范围，适用于较详尽信息的分布和相对精度定位的应用。直角坐标格网基本层级分为 3 级，即十公里格网、公里格网、百米格网。划分依据同经纬坐标格网。

经纬坐标格网和直角坐标格网具有较严密的数学关系，可以相互转换。

直角坐标格网代码由 3 类元素组成，分别为：投影带号代码、百公里格网代码和坐标格网代码。投影带号代码，采用 3 为数字码表示；6°分带，全球共分 60 带，在投影带号前用 0 补足 3 位，投影带号代码为 001 至 060；3°分带，全球共分 120 带，投影带号加 100，投影带号代码分别为 101 至 220。百公里格网代码采用 1 位字符与两位数字混合编码。采用 6°分带时，自西向东，每百公里用 1 位字符（A～H）表示；3°分带时，自西向东，每百公里用 1 位字符（C～F）表示，有南向北，每百公里用两位数字（00～90）表示。坐标格网代码根据选用不同间隔的格网确定。十公里格网代码为 2 位，由横坐标值和纵坐标的十公里字位数值取整构成；公里格网代码为 4 位，由横坐标值和纵坐标的公里字位数值取整构成；百米格网代码为 6 位，由横坐标值和纵坐标的百米字位数值取整构成。因为我国区域均位于北半球和东半球，所以没有考虑半球代码。

例：某点位于 39°55′N，116°30′E，其 6°带投影带号为 20，纵坐标值 4420395.9 m，横坐标值为 457251.1 m。其十公里格网代码：020D4452；其公里格网代码：020D445720；其百米格网代码 020D44572203。

3. 地理格网制作与生成

根据重要经济区域单元统计对象的范围和综合统计分析要求，确定规则地理网格的网格大小，建立覆盖统计区域的 10 公里和 1 公里的规则地理网格，参考国标《地理格网 GB/T12409—2009》编码规则，分别对已生成的格网进行编码，得到最终的统计网格（董春等，2015）。地理格网制作流程步骤如图 3-4 所示。

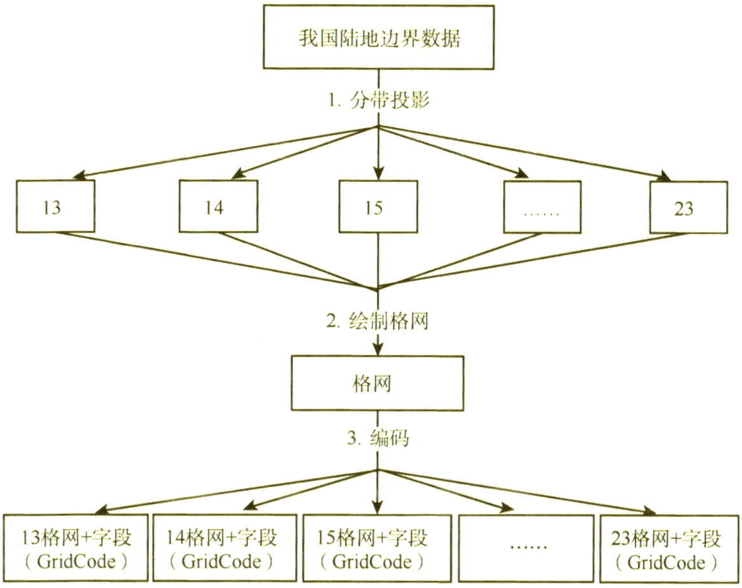

图3-4 地理规则格网制作流程

1）分带投影

我国陆地经度范围东至135°2′E，西至73°4′E，纬度范围北至53°33′N，南至4°N。在高斯–克吕格6°带下，横跨13号到23号的11个投影带，因此，要对这11个投影带分别建立11套相应的直角坐标格网系统。将我国陆地边界数据按照各投影带边界分别裁剪，最后放在同一工程中，得到11个投影带。

2）绘制地理格网

首先导入一个投影带作为格网的范围，输入要绘制格网的尺寸，选择格网文件类型为ploygon，生成格网，然后将格网文件投影至相应的高斯-克吕格坐标系下。最后将地理格网文件保存为Shapefile格式，因为Shapefile是公开存储格式，这样方便其他GIS软件读取和操作。

3）地理格网编码

地理格网编码就是对每个网格单元给予一个固定的号码，这种号码不能重复出现，并要保持一定的系统性。因此，只有编码后才能更方便地组织数据和利用数据。地理格网的编码方式采用2009年发布的国家标准《地理格网GB/T 12409—2009》。该标准规定，直角坐标格网代码由3类元素组成，分别为投影带号代码、百公里格网代码和坐标格网代码。具体编码方法如下。

（1）投影带号代码，采用3位数字码表示。6°分带，全球共60带，在投影带号前用0补足3位，投影带号代码分别为001至060；3°分带，全球共120带，投影带号加100，投影带号代码分别为101至220。

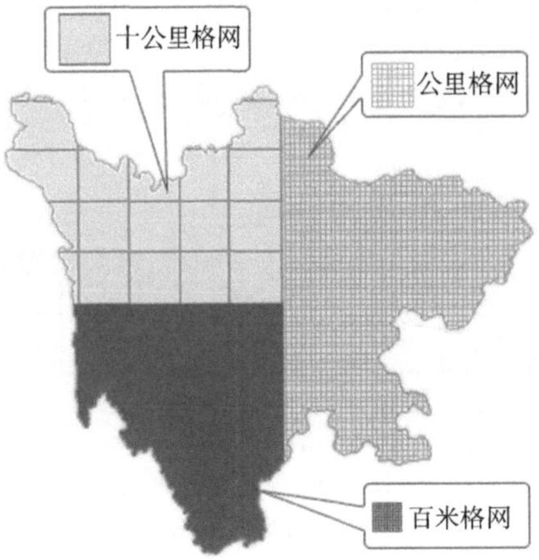

图 3-5　十公里格网、公里格网和百米格网划分

（2）百公里格网代码采用 1 位字符与两位数字混合编码。采用 6°分带时，自西向东，每百公里用 1 位字符（A～H）表示；采用 3°分带时，自西向东，每百公里用 1 位字符（C～F）表示。由南向北，每百公里用两位数字（00～90）表示。

（3）坐标格网代码根据选用的层级格网，字位长度从 2 位至 10 位不等，横坐标在前，纵坐标在后。结构如下：

- 十公里格网代码为 2 位，由横坐标值和纵坐标的十公里字位数值取整构成；
- 公里格网代码为 4 位，由横坐标值和纵坐标的公里字位数值取整构成；
- 百米格网代码为 6 位，由横坐标值和纵坐标的百米字位数值取整构成。

3.3.2　按自然地理单元划分

自然地理单元经常以实体的形式存在。地理实体单元是指具有形状、属性和时序特征的空间对象，包括点、线、面、曲面和体，它们构成地球圈层间复杂的地理综合体，也是 GIS 表示和建立空间数据库的主要对象（黄杏元等，2008）。在地理统计学中一些重要的地理实体也可以作为划分依据，如河流、平原、盆地、山系等。

1. 按高程分级划分

全国高程分级在综合 1∶100 万地貌分类系统、地形图图式、国家发改委制订的《省级主体功能区划分技术规程（试用）》等资料的基础上，把各个分类系统整合提出高程分级方案。全国按照＜50 m、[50 m，100 m）、[100 m，200 m）、[200 m，500 m）、[500 m，800 m）、[800 m，1 000 m）、[1 000 m，1 200 m）、[1 200 m，1 500 m）、[1 500 m，2 000 m）、[2 000 m，2 500 m）、[2 500 m，3 000 m）、[3 000 m，3 500 m）、[3 500 m，5 000 m）、≥5 000 m 进行高程划分，共分为 14 级，并在此基础上综合形成宏观的低、中、高、极高海拔 4 个级别。结合区域地形的特点，高程带的划分可根据实际区域情况在全国高程分级的基础上做细分。

高程分级单元计算与生成。高程分级单元是地形描述中常用的参数，是反映地形的重要因子之一。高程分级单元计算与生成的主要流程为：首先，利用重分类方法，按照上述分级节点对 DEM 数据进行高程分级，生成栅格形式的高程分级数据，共涉及 14 级；然后，采用栅格转矢量方法将栅格高程分级数据进行矢量化，生成矢量高程分级单元数据。再对矢量化后的高程分级单元数据进行图斑融合，经整饰后，即生成矢量高程分级单元数据。

2. 按坡度分级划分

全国坡度带分级在综合国家发改委制订的《省级主体功能区划分技术规程(试用)》《土地利用现状调查技术规程》等材料坡度分级方案的基础上，把各个分级方案整合提出地理国情统计分析单元的坡度分级。全国坡度按照[0°，2°)、[2°，3°)、[3°，5°)、[5°，6°)、[6°，8°)、[8°，10°)、[10°，15°)、[15°，25°)、[25°，35°)、≥35°进行坡度带划分，共分为 10 级，并在此基础上形成宏观的平坡、较平坡、缓坡、较缓坡、陡坡、极陡坡共 6 个级别。对于自然条件比较特殊的区域，可以结合区域地形的特点，坡度带的划分可根据实际区域情况在全国坡度带分级的基础上做细分。

坡度分级单元计算与生成。坡度分级单元作为重要的地形定量指标，是地表覆盖分析的主要载体，更是实施耕地保护、退耕还林还草还湿的重要依据。坡度分级单元的计算流程主要包括：首先将 DEM 数据进行投影转换为 Albers 投影，在该坐标系统下通过表面分析方法计算各点的坡度值，然后利用重分类方法，依据上述的坡度分级节点阈值对栅格坡度数据进行坡度分级，生成栅格形成的坡度分级单元数据，共涉及 10 个级别。将生成的栅格形式的坡度分级单元数据进行坐标转换，转为地理坐标系统，即为最终的坡度分级单元数据。

3. 按地貌分区划分

按照地貌分区进行划分，我国分布着三大平原(东北平原、华北平原、长江中下游)、四大盆地(塔里木盆地、准噶尔盆地、柴达木盆地、四川盆地)、四大高原(青藏高原、内蒙古高原、黄土高原、云贵高原)、三大丘陵(辽东丘陵、东南丘陵、山东丘陵)。这些重要的地貌分区，既可以作为划分地理国情统计单元的边界，也可以作为独立的地理实体单元进行分析。

4. 按地貌类型划分

按照形态、成因、类型与结构等因素，全国地貌类型单元主要分为 2000 多种类型。基于中国科学院地理科学与资源所 1∶100 万地貌类型数据库，按基本类型归纳为平原、台地、丘陵和山地共 4 种。其中，平原细分为低海拔平原、中海拔平原、高海拔平原、极高海拔平原 4 种类型；台地细分为低海拔台地、中海拔台地、高海拔台地、极高海拔台地 4 种类型；丘陵细分为低海拔丘陵、中海拔丘陵、高海拔丘陵、极高海拔丘陵 4 种类型；山地细分为低海拔山地、中海拔山地、高海拔山地、极高海拔山地 4 种类型。

5. 按流域划分

按照河流水系进行划分，我国分布着七大流域：长江流域、黄河流域、珠江流域、淮河流域、松辽流域、太湖流域，这七大流域涵盖了我国大部分国土。全国流域单元综合参考水利部制订的《中国河流名称代码》，提出流域单元方案。全国流域单元进行坡度带划分，共分为一级流域、二级流域和其他流域单元。其中，一级流域包含黑龙江流域、辽河流域、海河流域、黄河流域、淮河流域、长江流域、浙闽台诸河、珠江流域、广西云南西藏新疆诸国际河流、内流区诸河。

6. 湿地保护区

湿地是指天然或人造、永久或暂时之死水或流水、淡水、微咸或咸水沼泽区、泥炭地或水域，包括低潮时水深不超过 6 m 的海水区（引自 GB/T 24708—2009）。湿地保护区指对湿地一定范围予以特殊保护和管理的区域。我国已加入《国际湿地公约》，并列有《中国湿地保护行动计划》，对国家重要湿地名录中的湿地进行重点保护。

3.3.3　按行政区划与管理单元划分

行政区划与管理单元是国家为便于行政管理而分级划分的区域。薛贻源（1958）认为，我国行政区划共有三种体系。其中，两级制是在直辖市实行的为直辖市—区（县）。三级制是指大部分省都实行的是省—县—乡（镇）。四级制有两种情况：一是实行民族区域自治的地方，在省级下设盟、自治州行政组织，形成省（自治区）—自治州（盟）—县（自治县、旗、自治旗）—乡（民族乡、镇）；二是实行市管县体制的地方，实质上也是四级制，即省—市（地级市）—县—乡（镇）。

李传永（2000）认为，我国按省、地市、县、乡镇、村分五级行政区单元。一级行政区，包括省级行政区：省、自治区、（直辖）市、特别行政区；二级行政区，包括地级行政区：地区、盟、自治州、（地级）市；三级行政区，县级行政区，包括县、自治县、旗、自治旗、（县级）市、（市辖）区、林区、特区；四级行政区，包括乡级行政区：乡、民族乡、镇、街道、苏木、民族苏木、（乡级）管理区、（县辖）区、（县辖）市（台湾省专设）；五级行政区，包括村级行政区：村、社区、（村级）管理区。其中省、地、县三级行政区为基本行政区划单元。

为了强调城市中心城区的重要性，在地理国情监测中把城市中心城区作为一个单独的行政区划与管理单元。此外，还有其他特殊行政管理区。

综合考虑，地理国情统计分析单元中的行政区划与管理单元共包括：国家级行政区、省级行政区、地市级行政区、县级行政区、乡镇级行政区、中心城区。

3.3.4　按社会经济区域单元划分

社会经济区域单元是国家或地区社会经济发展的重要区域，是国家重大战略建设的重要载体。一般来说，按照经济区划和主体功能区进行划分。

1. 经济区划划分

按照自然资源总丰度、社会经济发育程度、地理连片等指标，将全国划分为六大经济区。

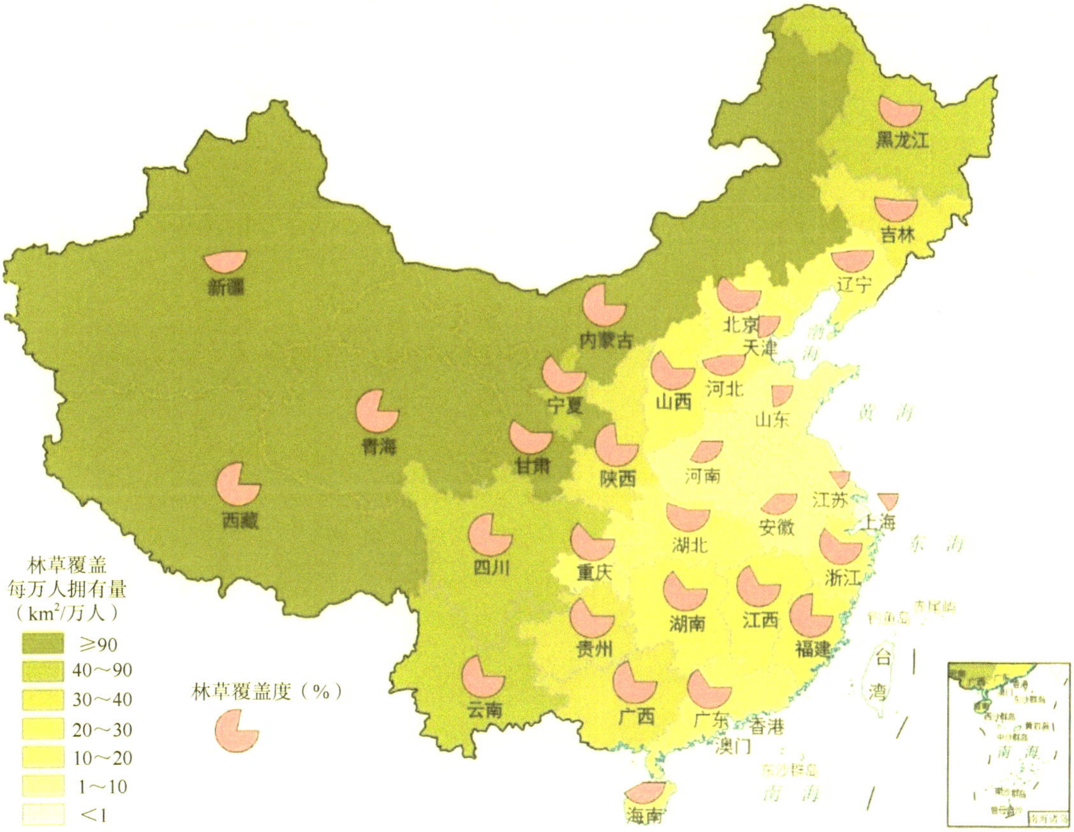

图 3-6 中国省级行政区划单元

注：台湾省资料暂缺

东北区包括黑、吉、辽、内蒙古东部三盟一市；黄河中下游区包括下游环渤海区的京、津、冀、鲁和中游的晋、豫、内蒙古中西部；长江中下游区包括沪、苏、浙、皖、鄂、湘、赣；东南沿海区包括闽、粤、桂、琼以及港、澳、台；西南区包括川、黔、滇、藏；西北区包括陕、甘、宁、青、新。

2. 按主体功能区划分

根据全国整体发展规划及各地具体情况，我国国土空间按开发方式分为优化开发区域、重点开发区域、限制开发区域和禁止开发区域。

国家级优化开发区域。根据国家发展和改革委员会组织汇编的《全国及各地区主体功能区规划》（上、中、下）（人民出版社 2015 年 5 月出版）整理，以市县级行政区为最小划分单元。优化开发区域包括环渤海、长三角和珠三角 3 个区域。

国家级重点开发区域。根据国家发展和改革委员会组织汇编的《全国及各地区主体功能区规划》（上、中、下）（人民出版社 2015 年 5 月出版）整理，以市县级行政区为最小划分单元。国家级重点开发区域包括冀中南地区、太原城市群、呼包鄂榆地区、哈长地区、东陇海地区、江淮地区、海峡西岸经济区、中原经济区、长江中游地区、北部湾地区、成渝地区、黔中地区、滇中地区、藏中南地区、关中-天水地区、兰州-西宁地区、宁夏沿黄经济区和天山北坡地区等 18 个区域。

国家级农产品主产区。根据国家发展和改革委员会组织汇编的《全国及各地区主体功能区规划》（上、中、下）（人民出版社 2015 年 5 月出版）整理，以市县级行政区为最小划分单元，同时参考《全国农业和农村经济发展“十二五”规划》、《农用地定级规程》（GB/T 28405—2012）和水利部一级流域单元等判定分区类型。限制开发区域分为农产品主产区与重点生态功能区。

农产品主产区主要包括东北平原主产区、黄淮海平原主产区、长江流域主产区等 7 大优势农产品主产区及其 23 个产业带，重点生态功能区包括大小兴安岭森林生态功能区、三江源草原草甸湿地生态功能区、黄土高原丘陵沟壑水土保持生态功能区、桂黔滇喀斯特石漠化防治生态功能区等 25 个国家重点生态功能区。

国家级重点生态功能区单元。根据《国务院关于印发全国主体功能区规划的通知》（国发〔2010〕46 号）中国家重点生态功能区名录，以市县级行政区为最小划分单元。

禁止开发区域包括国务院和有关部门正式批准的国家级自然保护区、世界文化自然遗产、国家级风景名胜区、国家森林公园和国家地质公园等。

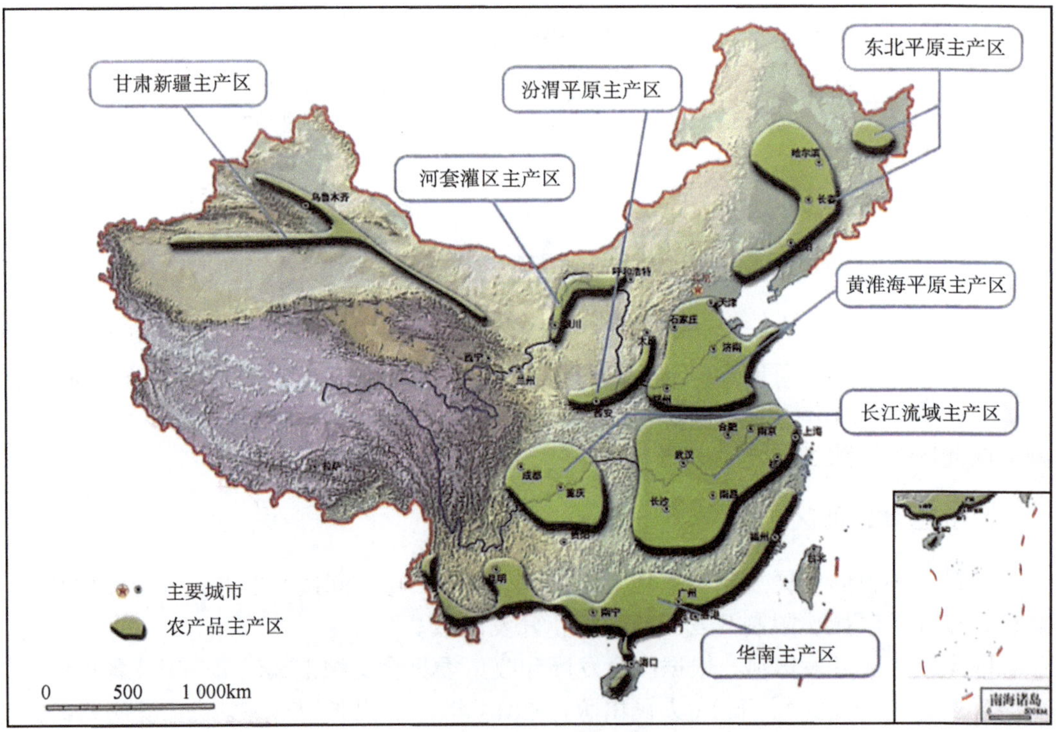

图 3-7　农产品主产区分布示意图[1)]

注：台湾省资料暂缺

1）《全国及各地区主体功能区规划（上）、（中）、（下）》，国家发展和改革委员会编，人民出版社，2015 年

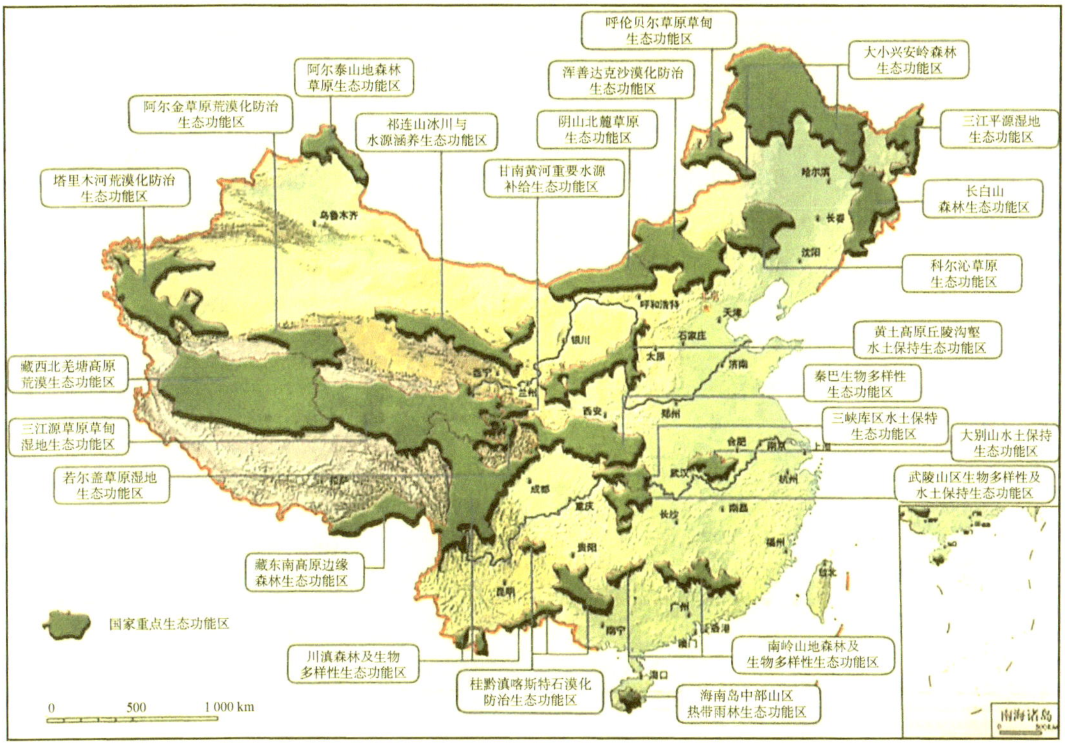

图 3-8　国家重点生态功能区分布示意图

注：台湾省资料暂缺

图 3-9　国家禁止开发区分布示意图

注：台湾省资料暂缺

3.3.5　其他统计单元划分

除此之外，可以根据城市道路划分出不同的街区单元，也可以根据能源资源、旅游资源、生态资源的地理分布特点划分出资源型城市、旅游城市、生态城市等。根据地区的发展程度及带动作用，划分为京津唐经济区、长江三角洲经济区、珠江三角洲经济区、环渤海经济区四大经济区。根据城市之间的空间联系及聚集程度，分出国家级城市群（包括沪宁杭、京津唐、珠江三角洲、四川盆地和辽宁中南部城市群）、地区级城市群或城镇密集地区（包括中原地区、湘中地区、关中地区、福厦、哈大齐、武汉地区、山东半岛和台湾西海岸城市群）（吕斌等，2006）。其他还有都市连绵区、城市带、智慧丛—创新型城市等不规则地理国情统计单元划分方法，根据实际情况可进行不同类型划分，在此不一一赘述。

3.4　统计分析内容与指标

地理国情普查与监测是对全国陆地国土范围内的地表自然进行调查，了解地表现状及其变化，知道种植土地有多少、林草覆盖如何构成、河渠有多宽、道路有多长等信息。除此之外，还涉及人口密度、基础设施建设等方面人文地理要素。这些数据最终汇集于地理国情信息数据库中。那么，基于该数据库的统计分析，更有利于全盘了解全国陆地国土范围内地表及地表附着物到底是什么、有多少、都在哪里、相互之间有什么关系或影响，以及地势地貌特点、种植土地人均拥有量、林草覆盖率、基础教育设施分布等信息。这就需要通过地理国情统计分析来实现。首先，通过地理国情基本统计摸清家底，回答“是什么、有多少”的问题。接下来，需要从地理空间的角度弄清楚自然地表资源的空间分布，资源、生态、公共服务、城乡发展、区域经济之间的相互关系、相互作用、相互影响，这就涉及综合统计分析。专题分析是进一步对地理国情监测成果的深度开发，寻找规律性，预测趋势性，进而反映经济、社会、资源、环境的空间分布规律，科学揭示资源环境的承载力和发展潜力，以回答“为什么、会怎样”的问题。以下主要详细介绍基本统计、综合统计分析与专题分析的内容。

3.4.1　基本统计内容与指标

地理国情基本统计是以地理国情数据为基础，基于地理国情普要素的点、线、面几何特征类型，开展地形地貌、植被、荒漠与裸露地、水系、交通网络、居民地与设施、地理界线等要素的基本数量、方位、密度、形态的统计，反映地理国情要素的基本描述性特征。基本统计着眼于“摸清家底”，旨在获取基本地理国情信息，主要包括地理国情的现状和变化信息。

依据几何特征类型，自然和人文两种监测对象可以划分为点、线、面以及地理实体等类型。因此，基本统计指标相应地可以划分为以上四种类型，分别进行地形地貌、植被覆盖、荒漠与裸露地、水域、交通网络、居民地与设施、地理单元等自然和人文地理要素的现状和变化信息等基本地理国情信息的统计。

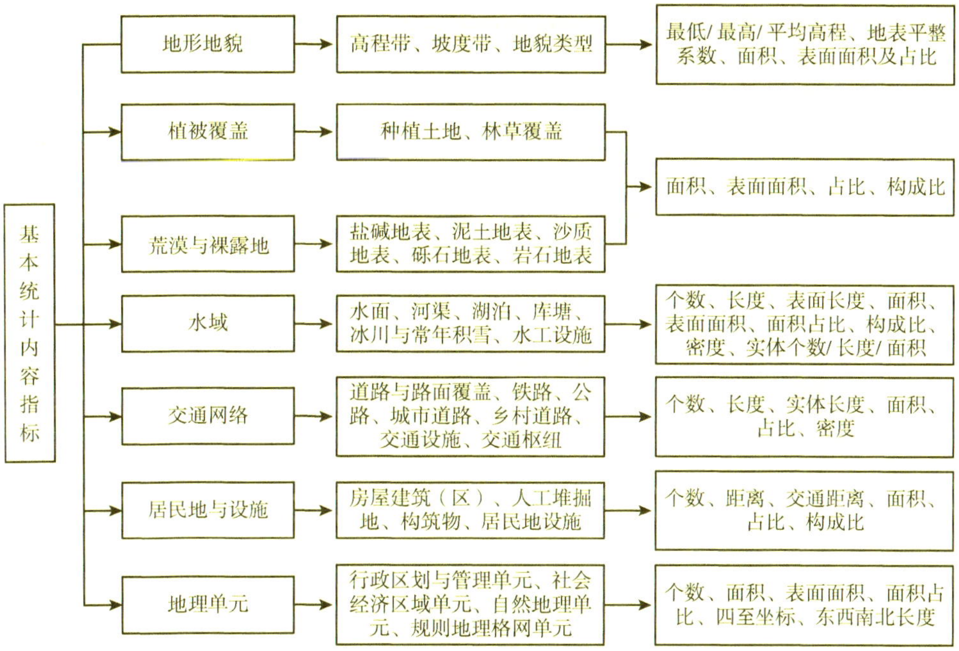

图 3-10　地理国情基本统计内容与指标

1. 自然地理要素分类

1）地形地貌

地表面高低起伏的状态和分布在地面的固定性物体，不同地貌和地物的错综结合，形成了不同的地形（汤国安，2014）。地貌是地面高低起伏的自然状态。地形地貌是最基本的自然地理要素，影响着人口分布（刘颖等，2015）、农业发展（周晶等，2013）、土地变化（周巧真等，2015）等自然、人文生态环境和人类的生产生活。

国际上，以国际地理联合会地貌调查与制图委员会编制的《1∶250 万欧洲国际地貌图》图例系统中的基本地貌形态分类研究为代表，也是以海拔高度和起伏高度为依据，将基本地形形态类型分为五大类（Demek et al.，1976）。

国内，李炳元（1994）利用中国 1∶400 万地貌图，并通过对已有的基本地貌分类及其划分指标进行系统分析和评估李炳元（2008），认为中国陆地基本地貌类型按照起伏高度和海拔高度两个分级指标组合来划分的原则符合起伏复杂、多台阶中国地貌的基本特点，在 1∶100 万地貌图分类系统的基础上，划分出 7 个基本形态，按照中国地势特征，划分出 5 个海拔等级，组合出 28 种基本地貌形态类型（苏时雨等，1999；程维明等，2009）。

在地形地貌定量因子研究方面，周成虎（2009）等构建了 1∶100 万地貌分类体系，汤国安（2003）研究发现并解决了 DEM 地形定量因子挖掘中所遇到的关键问题，杨昕等（2009）将地形因子分为宏观因子和微观因子，并探讨了相关理论、方法和应用。

地理国情普查与监测获取了反映地表地形及地势特征和地貌形态的数据。地形地貌基本统计是基于行政区划与管理单元，统计高程带、坡度带及地貌类型的面积、表面面积及占比，统计单元最低高程、最高高程、平均高程、地表平整系数等地形地貌形态特征信息。

图 3-11　地形地貌[1)]

2）植被覆盖

植被覆盖是自然地理环境中最敏感的组成要素，植被覆盖状况也是一个直接反映生态环境状况的指标。植被覆盖不仅是许多全球及区域气候模型中所需的重要信息（孙红雨等，1998；信忠保等，2007），也是描述生态系统的重要基础数据。获取地表植被覆盖及其变化信息（王学雷等，2002），对于揭示地表植被活动（方精云等，2003）、探讨地表空间变化规律和驱动因子（朴世龙等，2001），分析评价区域生态环境（张灿等，2015）等方面具有重要现实意义。

地理国情普查与监测获取了种植土地、林草覆盖等植被覆盖现状及变化信息。植被覆盖基本统计是基于行政区划与管理单元、自然地理单元，统计各类种植土地与林草覆盖的面积（及变化量）、表面面积（及变化量）、占比、构成比等现状及变化信息。

图 3-12　植被覆盖[2)]

1）来源于 ZOL 论坛资料库（http://bbs.zol.com.cn/dcbbs/d22_40640.html）；

2）来源于云南省林业和草原局网站（http://www.ynly.gov.cn/yunnanwz）

3）水域

水域与湿地是生态环境的重要组成部分，无论对自然还是对经济都具有举足轻重的地位。地理国情普查与监测采集了全国陆地国土范围内水面和冰川与常年积雪等地表覆盖数据，以及湖泊、河渠、库塘以及水工设施等重要地理要素数据。水域是影响区域生态环境系统的重要元素之一。获取水域空间格局及其变化信息（王金辉等，2004），对于分析评价区域生态环境（张灿等，2015；王士天等，1997；王宗明等，2004）等方面具有重要现实意义。

水域基本统计是基于行政区划与管理单元、地形单元和规则地理格网单元，统计地表覆盖层水面的面积（及变化量）及占比；统计地理要素层各种类型水域的面积及占比；统计河渠长度、表面长度、密度、面积（及变化量）、占比、实体长度及个数；统计湖泊、库塘面积（及变化量）、占比、个数、实体个数、实体面积；统计冰川与常年积雪的面积（及变化量）、表面面积（及变化量）、占比；统计水工设施的个数等要素的现状及变化信息。

图3-13　水域

4）荒漠与裸露地

目前，我国荒漠化和沙化虽然局部得到好转，但整体却是扩大恶化的严峻形势（郭瑞霞等，2015）。此外，荒漠化日益严重，尤其是在南方湿润地区（金远亮等，2015），侵蚀着珍惜的土地资源，了解荒漠与裸露地的分布及变化趋势也有利于制定合理的防御和治理方案（崔向慧等，2012；马雄德等，2016）。地理国情普查与监测采集了荒漠与裸露地的空间范围和构成。基于地理国情普查与监测数据，对不同时期条件下荒漠与裸露地的面积、构成、空间位置变化等基本情况开展统计分析具有重要意义。

荒漠与裸露地基本统计是基于行政区划与管理单元、地形单元和规则地理格网单元，统计荒漠与裸露地各类型表面面积（及变化量）、面积（及变化量）及占比、构成比等现状及变化信息。

2. 人文地理要素分类

1）交通网络

交通网络包括道路网络和交通设施（金凤君等，2008）。地理国情普查与监测采集

图 3-14　荒漠与裸露地

了全国陆地国土范围内的道路与路面覆盖数据，以及铁路、公路、城市道路、乡村道路和交通设施，以及机场、港口、火车站等交通枢纽数据。交通网络影响着城市空间格局（赵月等，2009）、区域旅游（殷平，2012）、区域经济发展（董春等，2017），是政治、经济活动及社会联系的纽带，其结构、规模、布局与区域的经济社会发展密切相关。因此基于地理国情数据，统计交通网络的现状和变化信息十分必要。

图 3-15　交通网络

交通网络基本统计是基于行政区划与管理单元和规则地理格网单元，统计覆盖层路面、硬化地表的面积（及变化量）、占比；统计地理要素层铁路、公路、城市道路、乡村道路的长度、密度；统计交通实体的长度；统计城镇综合功能单元要素层中机场、港口、长途汽车站（枢纽）、三等以上火车站的个数、面积（及变化量）；统计交通设施的个数、长度、面积（及变化量）。

2）居民地与设施

居民地与设施是指人们生活、生产及进行其他社会活动的主要场所（见图 3-16），包括房屋建筑物以及与居住直接相关的其他生活和生产设施，是主要人文地理要素之一。研究居民地的数量和分布，对气候变化（罗玲等，2012）、人口分布（杨瑞红等，2014）和基础设施布局（闫浩文等，2008）等方面具有重要意义。

地理国情普查与监测查清了全国陆地国土范围内的房屋建筑区、人工堆掘地、构筑物以及行政村、学校、医院、社会福利机构、休闲娱乐、体育活动场所等居民地与设施数据。居民地与设施基本统计是基于行政区划与管理单元、规则地理格网单元，统计地表覆盖层房屋建筑区、人工堆掘地、构筑物（固化池、工业设施、沙障等）的面积（及变化量）及占比、构成比；统计行政村的个数、到学校（医院、社会福利机构）的距离、交通距离与数量，统计高速公路出入口覆盖的行政村数量和占比；统计居民小区的个数、面积、到学校（医院、社会福利机构、休闲娱乐、体育活动场所）的距离、交通距离与数量。

图 3-16　居民地与设施

3）地理单元

地理单元是统计分析的基础载体。地理国情普查与监测查清了行政区划与管理单元、社会经济区域单元、自然地理单元及城镇综合功能单元等多级多类地理单元信息。

地理单元基本统计是统计行政区划与管理单元的面积（及变化量）、表面面积（及变化量）、四至坐标、东西和南北长度；基于行政区划与管理单元，统计社会经济区域单元、自然地理单元的面积（及变化量）、占比；基于规则地理格网单元，统计行政区划与管理单元、社会经济区域单元的格网个数及代码，统计自然地理单元的面积（及变化量）、格网个数及代码。

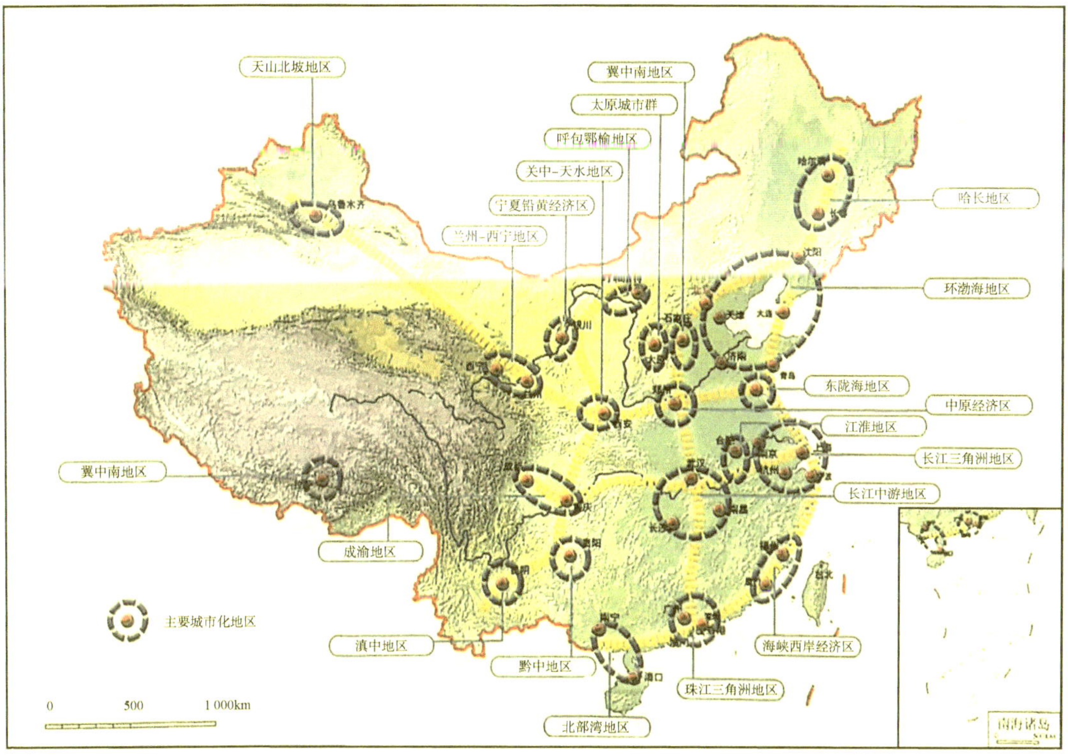

图 3-17　国家重点开发区分布示意图

3.4.2 综合统计分析内容与指标

地理国情数据内容丰富、种类繁多。然而，地理国情数据与其他各种信息融合的地理信息和决策知识相当匮乏，且缺乏揭示自然环境和经济社会发展内在空间联系、分布规律的有效综合分统计分析方法和手段，导致对成果数据难以深度开发，无法形成规律性、趋势性的国情信息，因此开展综合统计分析研究是地理国情统计分析亟待解决的关键性研究问题之一。

地理国情综合统计分析是充分利用地理国情普查与监测数据，融合社会经济统计数据，采用多种统计分析和评价方法，构建地理国情综合统计分析的技术体系与工艺流程，从地理空间的角度分析我国地表资源、生态环境、基本公共服务、经济社会发展等方面的地理国情要素的空间分布、空间结构、空间关系、空间作用等特征和内在关系，综合反映我国国情国力的空间格局，分布特征和区域差异，客观展示我国地理国情的现状和发展潜力，为政府、企业和社会大众提供国情方面的地理信息或知识服务。综合统计分析主要包括地表自然资源分布与利用、地表生态格局、基本公共服务均等化、区域经济潜能、城镇发展空间格局五个主题内容。每个主题的内容指标主要介绍如下。

1. 地表自然资源分布与利用

自然资源是区域社会经济发展的物质基础，与区域社会经济发展的关系十分密切，自然资源的数量多寡影响区域生产发展的规模大小，自然资源的质量及开发利用条件影响区域生产活动的经济效益，自然资源的地域组合影响产业布局和产业结构（崔功豪等，2006）。自然资源主要包括土地资源、水资源、矿产资源、生物资源、气候资源和海洋资源 6 大类。这些资源按其在地球上存在的层位，可划分为地表自然资源和地下自然资源。地表自然资源是自然资源和社会经济环境的有机载体。科学开发、利用、保护和管理水资源、土地资源等地表资源，是推动生态文明建设、全面促进资源节约、着力推动资源利用方式根本转变的根本途径。地理国情普查与监测按照“所见即所得”的数据采集原则，获取了如实表达地表覆盖现实状况以及变化的地理国情数据。地表自然资源主要包括地理国情内容指标中的种植土地、林草覆盖和水域。

当前我国自然资源短缺、污染严重、生态环境恶化、开发难度大以及资源人均占有量少、地域差异明显、地区分布不平衡、后备潜力不足、利用程度低等问题日益突出，已成为制约社会经济可持续发展的主要瓶颈。

1）资源禀赋维度指标体系构建依据

资源禀赋又称为要素禀赋，指一国或一地区拥有各种资源的数量和质量丰歉。资源禀赋的考察要面向具体的资源对象才有意义，因此在资源禀赋的设计中按国情普查地表覆盖分类体系考察各类资源存量和质量。资源禀赋下设种植土地资源禀赋、林草覆盖资源禀赋和水资源禀赋三个子类。

种植土地是人类赖以生存的重要地表资源，其质量高低取决于坡度大小。根据 1984 年中国农业区划委员会颁发《土地利用现状调查技术规程》[1]对耕地坡度分为五级，即≤2°、2°～6°、6°～15°、15°～25°、>25°。地面坡度的不同级别，对耕地利用的影响不同。≤2°一般无水土流失现象；2°～6°可发生轻度土壤侵蚀，需注意水土保持；6°～15°可发生中度水土流失，应采取修筑梯田、等高种植等措施，加强水土保持；15°～25°水土流失严重，必须采取工程、生物等综合措施防治水土流失；>25°为《水土保持法》[2]规定的开荒限制坡度，即不准开荒种植农作物，已经开垦为耕地的，要逐步退耕还林还草。参照以上规定，将 0°～6°定为平坡种植土地，6°～15°为缓坡种植土地，15°～25°为斜坡种植土地，>25°为陡坡种植土地。

《全国主体功能区规划》[3]提出推进形成主体功能区的主要目标：空间结构得到优化，其中要求耕地保有量不低于 120.33 万 km^2、林地保有量增加到 312 万 km^2、草原面积占陆地国土空间面积的比例保持在 40%以上，河流、湖泊、湿地面积有所增加。以此为依据，在种植土地资源禀赋、林草覆盖资源禀赋、水资源禀赋各二级指标下分别设立种植土地面积占比、林草覆盖面积占比、水域面积占比等指标，用于反映各类区域的空间结构状况。省级主体功能区划分技术规程采用粮食产量、人均粮食产量、耕地面积、耕地单产、复种指数等指标来衡量农业地区是否能满足地方和国家对农产品的需求。参考这一规定，结合地理国情普查与监测内容与指标，资源利用程度指标设计时选择耕地复种指数来反映资源的利用情况；人均可利用土地资源这一指标可以反映土地资源开发潜力，用人均种植土地面积、人均林草覆盖面积、人均水域面积等指标来反映各资源的潜力。

2）资源分布维度指标体系构建依据

资源分布即资源在空间上差异性的表现。耕地、林地、园地和草地是在当前技术水平下地表资源的主要利用方式，其间可以相互转化。从空间格局上看，它们往往呈现空间相间分布的形式，各种单一类型资源的分布都是零散的，且种植土地、林草覆盖之间相互转化，因此考察单一类型资源的分布情况很难反映资源的整体面貌，也不具有重要的价值。并且考虑到水资源的分布难以定量描述，因此在资源分布的考察方面，主要界定为地表覆盖资源范围，并从水平尺度和垂直尺度两个方面来考察资源的分布。

景观指数能够高度浓缩景观格局信息，定量反映地表结构组成和空间配置某些方面特征，已成为资源生态研究领域常用的科学方法。依据这一方法，指标设计拟引用景观指数来反映资源的水平分布情况，其中聚集度指数能够反映景观中不同斑块类型的非随机性或聚集程度，表达景观组分的空间配置特征。因此，指标设计确定采用各类资源的聚集度指数反映资源的水平分布情况。

高程与热量和水分的空间分布状况密切相关，不同的海拔高度具有不同的水热组合特征，它们对耕作制度和农作物的生长、布局都有很大的影响。因此，分析各类资源在

1）《土地利用现状调查技术规程》，全国农业区划委员会编，测绘出版社，1984 年；

2）《中华人民共和国水土保持法（最新修订）》，中国法制出版社编，2011 年；

3）《全国及各地区主体功能区规划（上）、（中）、（下）》，国家发展和改革委员会编，人民出版社，2015 年

不同高程带内的垂直分布状况，探明地表资源的垂直分布特征，可以为资源的优化配置提供依据。

3）资源利用维度指标体系构建依据

由于地表资源的空间分布有限，人类对地表资源开发利用的强度和速度不断增强，同时无法在可以预见的将来找到替代性资源，在一定的时空范围，存在有限的地表资源供给能力与日益增长的人类社会需求之间的矛盾冲突。这一矛盾如果不能及时得到解决，则会出现地表资源开发利用不合理、生态环境退化、资源难以持续利用等问题，从而影响人类社会的可持续发展。

在分析地表资源数量结构与空间布局的基础上，还应该关注地表资源利用程度和难以利用程度。资源利用程度反映了资源的经营集约化程度，常用单位面积的投入或产出表达；地表资源难以利用程度用资源退化程度表达，指在各种自然因素、特别是人为因素影响下所发生的地表资源质量及其可持续性下降甚至完全丧失的物理的、化学的和生物学的过程，如土地沙化、水土流失、盐碱化等退化现象。

掌握资源的空间分布情况、数量及质量状况、开发利用程度是实现地表资源合理利用的前提和基础。因此，地表资源分布与利用的主题分析从资源禀赋、资源空间分布、资源开发利用程度三个方面的维度选择测度指标。

依据地理国情普查与监测获得的数据内容，对三类地表自然资源（种植土地、林草覆盖和水域）的分布与利用情况开展统计分析。地表自然资源分布与利用指标说明如表 3-2 所示。

表 3-2　地表自然资源分布与利用指标说明

一级指标	二级指标	计算指标	定义与涵义
资源禀赋	种植土地资源禀赋	人均种植土地面积	人均种植土地占有量
		种植土地面积占比	种植土地面积占国土总面积的比例
		平坡种植土地面积占比	0°～6°范围内种植土地面积占比
		缓坡种植土地面积占比	6°～15°范围内种植土地面积占比
		斜坡种植土地面积占比	15°～25°范围内种植土地面积占比
		陡坡种植土地面积占比	大于 25°范围内种植土地面积占比
	林草覆盖资源禀赋	人均林草覆盖面积	人均林草覆盖占有量
		林草覆盖面积占比	统计单元内林草覆盖面积的比例
		乔木林面积占比	乔木林面积占林草覆盖面积的百分比
		灌木林面积占比	灌木林面积占林草覆盖面积的百分比
		乔灌混合林面积占比	乔灌混合林面积占林草覆盖面积的百分比
		25°～35°林草覆盖面积占比	坡度在 25°～35°的林草覆盖面积占林草覆盖总面积的百分比
		35°～45°林草覆盖面积占比	坡度在 35°～45°的林草覆盖总面积占林草覆盖总面积的百分比
		45°以上林草覆盖面积占比	坡度在 45°以上的林草覆盖总面积占林草覆盖总面积的百分比

续表

一级指标	二级指标	计算指标	定义与涵义
资源禀赋	水资源禀赋	人均水资源量	在一定的时间内，江河、湖泊、水库内存水的总量平均到每个人的占有量
		水域面积占比	统计单元内水域面积的比例
		河网密度	统计单元内河流总长度占单元面积的比重
资源分布	水平分布	种植土地空间分布指数	种植土地在地域上集中程度
		林草覆盖空间分布指数	林草覆盖在地域上集中程度
	垂直分布	种植土地垂直分布指数	反映种植土地在不同高程带内分布情况，消除不同地形区段的面积差异影响、种植土地的面积比重差异的影响
		林草覆盖垂直分布指数	反映林草覆盖在不同高程带内分布情况，消除不同地形区段的面积差异影响、林草覆盖的面积比重差异的影响
资源利用	资源利用程度	种植土地复种指数	年内种植土地面积上种植农作物的平均次数
		坡种植土地面积占比	坡度 6°～25°种植土地面积占比
		牧林草覆盖载畜量	在一定放牧时期内，一定牧林草覆盖面积上，在不影响牧林草覆盖生产力及保证家畜正常生长发育时，所能容纳放牧家畜的数量
	资源退化程度	盐碱地面积占比	统计单元内盐碱地面积的比例
		土地沙化面积占比	统计单元内土地沙化面积的比例
		土地侵占面积占比	统计单元内露天采掘场、堆放物面积的比例

2. 地表生态格局

地表生态格局是反映国情国力的综合状况重要信息，能够反映人口、经济与环境协调发展的状态和程度。以地理国情数据为基础，结合社会经济活动数据，对生态环境的整体状况进行分析，挖掘区域生态环境要素构成和分布特征，评估其生态协调程度，揭示自然生态环境和人类社会经济活动要素之间相互作用、相互影响的内在关系，可以为社会经济与生态环境协调发展提供准确、客观的决策依据。地表生态格局研究是以生态学、可持续发展理论等相关学科的理论为基础，充分参考由经济合作与发展组织（OECD）与联合国环境规划署（UNEP）于 20 世纪 80 年代末共同提出的“压力–状态–响应”模型（PSR 模型）（Walz，2000），从生态压力、生态状况和生态保护三个要素之间的相互作用与影响出发，基于地理国情普查成果与专业部门权威数据，制定全国地表生态格局评估指标体系。

1）生态压力维度指标体系构建依据

依据压力-状态-响应模型的原理，生态压力是指危及生态系统稳定性的外界干扰（如人口增长、资源短缺、环境污染、干旱灾害、洪水灾害等）及其所产生的生态效应，是进行区域生态安全、生态系统自我维持能力和人类干扰程度的主要方法之一。生态压力主要来源于自然和人为两方面因素，由自然因素引起的生态平衡破坏称为第一环境问题，如旱灾、水灾、地震、病虫害、火灾等；由人为因素引起的生态平衡破坏称为第二环境问题，如人口增长、开发建设活动、农业开发、污染物排放。

2）生态状况维度指标体系构建依据

生态状况主要表征生态系统自然植被的优劣程度，反映生态系统内植被与生态系统整体状况，主要包括生态系统结构、格局、质量状况。生态状况的好坏既是由其自然秉赋和人类社会对其产生的作用所决定的，同时，又对其自然状态和社会发展产生深远的影响。界定和评价生态状况就成为人类正确处理与生态系统关系的基础和前提。

在参考联合国千年生态状况评估方法，同时结合地理国情数据，构建了生态状况的评估方法，从自然植被、生态景观格局、生态质量等角度表达生态状况，客观反映生态系统结构、格局、质量实际状况，为人类社会推动、影响并引导生态系统的良性发展提供科学手段。

3）生态保护维度指标体系构建依据

生态保护是对自然环境和自然资源的保护，不仅要保护原始的自然和接近原始的自然景观，而且要努力把人类活动造成的不良环境改造成为对人类有益的环境。我国先后设立了国家重点生态功能区、国家重要生态功能区、国家生物多样性保护优先区和国家级自然保护区等生态保护重要区域。这些国家生态保护重要区域是生态保护与监管工作的重要依据和基础。

依据2007年国家环保局发布的《生态县、生态市、生态省建设指标（修订稿）》[1)]，通过咨询生态学、环境工程学等相关领域专家，结合地理国情数据，确定采用生态保护中受保护地区占国土面积比例指标表征生态保护特征。受保护地区包括各类（级）自然保护区、风景名胜区、森林公园、地质公园、行蓄滞洪区等区域。

地表生态格局具体指标说明如表3-3所示。

表3-3　地表生态格局具体指标说明

一级指标	二级指标	计算指标	定义与涵义
生态压力	人口活动	人口自然增长率	在一定时期内人口自然增加数与该时期内平均人数（或期中人数）之比，用以表征人口自然增长的程度和趋势
		人口密度	单位面积土地上居住的人口数
		干扰度	一定区域内道路总长度与区域面积的比值
	经济发展	单位GDP能耗	单位数量的国内生产总值（GDP）所消耗的一次能源总量
		单位工业增加值新鲜水耗	万元工业增加值消耗新鲜水量（企业从城市自来水取用的水量和企业自备水用量之和）
		人均"三废"排放量	"三废"排放总量和人口的比值

1）《生态县、生态市、生态省建设指标（修订稿）》（环发[2007]195号）

续表

一级指标	二级指标	计算指标	定义与涵义
生态状况	生态结构	林地覆盖率	统计单元内森林面积占土地面积的百分比
		园地覆盖率	统计单元内园地面积占土地面积的百分比
		草地覆盖率	统计单元内草地面积占土地面积的百分比
		城镇人均植被覆盖面积	城镇人均植被覆盖面积指城镇植被覆盖面积的人均占有量，城镇植被覆盖包括：林地、园地和草地
		城镇硬化地表面积占比	城市一定地区内硬化地表面积的总和占该地区总面积的比率
	生态质量	化肥使用强度	指本年内单位面积耕地实际用于农业生产的化肥数量，化肥施用量按折纯量计算
		扬尘地表面积	指建设道路、建筑工地、堆场、裸地、工业生产地等扬尘源地面积
		主要污染物排放强度-化学需氧量（COD）	是在一定条件下，用一定的强氧化剂处理水样时所消耗的氧化剂的量
		SO_2 排放量	地区生产生活排放的 SO_2 总量
		城镇污水集中处理率	指经过处理的生活污水、工业废水量占污水排放总量的比重
	景观格局	聚集度指数	反映景观中不同斑块类型的非随机性或聚集程度
		多样性指数	反映景观斑块类型的种类
生态保护	受保护地占比	自然保护区面积占比	区域内自然保护区的面积与区域总面积的比值
		世界自然遗产面积占比	区域内自然遗产区的面积与区域总面积的比值
		风景名胜区面积占比	区域内风景名胜区的面积与区域总面积的比值
		湿地保护区面积占比	区域内湿地保护区的面积与区域总面积的比值
		地质公园面积占比	区域内地质公园面积与区域总面积的比值
	生境质量	生境质量	表征区域生态系统服务质量（生态系统服务价值量高的地类能为物种提供较好生境）
	可持续性	农业灌溉水有效利用系数	被农作物利用的净水量与水源渠首处总引进水量的比值，衡量灌区从水源引水到田间作用吸收利用水的过程中水利用程度的一个重要指标，也是集中反映灌溉工程质量、灌溉技术水平和灌溉用水管理的一项综合指标
		垃圾无害化处理率	指无害化处理的城市市区垃圾数量占市区生活垃圾生产总量的百分比
		环保投入占 GDP 比重	用于环保建设的投入占 GDP 的百分比

3. 基本公共服务均等化

由于各地的自然资源、社会发展、经济水平的不同，以及各地的公共财政体制、政府提供公共服务的能力和偏好不同，致使我国基本公共服务总体提供不足，不同区位间的基本公共服务设施配置差距过大，公共服务供需不匹配等问题日益突出，已成为制约社会可持续发展的主要瓶颈。十八届三中全会明确要求要加快推进公共资源均衡配置，实现基本公共服务城乡一体化和均等化。明确基本公共服务设置的空间分布和配置水平、了解居民到达这些公共服务设施的便利程度，有利于评估基本公共服务水平与不足，对完善基本公共服务具有十分重要的指导意义。

国家基本公共服务体系“十二五”规划中明确指出：“基本公共服务范围，一般包括保障基本民生需求的教育、就业、社会保障、医疗卫生、计划生育、住房保障、文化体育等领域的公共服务，广义上还包括与人民生活环境紧密关联的交通、通信、公用设施、环境保护等领域的公共服务，以及保障安全需要的公共安全、消费安全和国防安全等领域的公共服务。”

1）基础教育维度指标体系构建依据

基础教育服务均等化是指每个居民不论在什么地方，城市或农村，享受中、小学教育服务的机会和数量都大体相等。基础教育公共服务有关研究理论表明，基础教育均等包括三个层次：起点均等、过程均等和结果均等。地理国情数据包括了大量学校数量和位置数据，从地理空间角度反映的基础教育服务均等化属于起点均等层次。以均等理论为基础，选择学校配置水平和入学便利程度两个二级指标来表征基础教育服务起点均等化或机会均等化。学校配置水平是一定服务半径内学校的分布状况、覆盖程度以及服务相应年龄段的人口情况，以居民享受中小学教育服务的数量来反映一个地区学校配置的合理程度。入学便利程度是指一定服务半径内居民可供选择的中、小学数量，以享受中小学教育服务的机会来反映一个地区学生就学的便利程度。

中小学校设计规范[1)]中明确规定，城镇完全小学的服务半径不宜大于 500 m，城镇初级中学的服务半径宜为不宜大于 1 km。根据部分省区的地方标准，农村小学服务半径一般不超过 2 km。考虑到社会经济发展，尤其公共交通能力的提高，中小学的服务半径有所增大，小学服务半径最远不应超出 3 km，中学按自行车 20～30 分钟路程计算，一般在 4 km 左右，极限值为 8 km。经过地理国情普查综合统计分析专家研讨会的多次讨论，充分汲取专家意见后，小学服务半径分别设定为 0.5 km、2 km、3 km，中学服务半径分别设定为 1 km、4 km、8 km，从不同距离考察学校与居民地的空间关系；依据我国义务教育法规定，小学学龄人口年龄段设定为 6～12 岁，中学学龄儿童年龄段设定为 12～15 岁。尽量收集适龄学生数量相关指标，无法收集到服务区适龄学生数据的可用总人口数量代替。

依据 1959 年 Hansen 提出的可达性理论，通过居民点到学校的最近交通距离来表征学生就学的便利程度。因此在入学便利程度下设立了“就近入学交通距离”指标。

2）基本医疗维度指标体系构建依据

基本医疗服务均等化是指每个居民，无论在哪个地区，无论在城市还是农村，享受各等级医院提供医疗服务的机会和数量都大体相等。参考基本医疗服务均等化问题研究成果，医疗服务的均等应该包括机会均等和结果均等。基于机会均等的理论观点，确定了医院配置水平和就医便利程度两个二级指标来表征基本医疗服务均等化。医院配置水平是一定服务半径内分等级医院的分布状况、覆盖程度以及服务相应的人口情况，以居民享受医

1）《中小学校设计规范》GB50099—2011

疗服务的数量来反映一个地区医院配置的合理程度。就医便利程度是指一定服务半径内居民可供选择的医院数量，以享受医疗服务的机会来反映一个地区居民就医的便利程度。

按照世界卫生组织标准，到最近医疗点的距离超过 5 km，就不能获得及时的医疗服务。国家卫生服务调查就医可及性指标确定为 1 km、2 km、3 km、4 km、5 km 等 5 个就医地理距离。我国一级医院主要职责提供最基本医疗保障，反映城乡的基本医疗公共服务的水平；二级医院主要治疗常见病、多发病、危重病，通常跨社区，县域内应有配备。三级医院通常提供跨县域服务，主要分布在城市中。二级、三级医院都应提供一级医院的基本医疗服务职责。

为考察医院与居民地的匹配程度，医院服务半径可设定多个值。所有医院按 1 km、3 km、5 km 交通距离服务半径考察服务对象的覆盖率；二级医院按县域范围考察，选定 15 km、30 km 交通距离作为服务半径。考察对象可分为城镇居住小区、行政村以及城乡合计的居民地等类别，以反映城镇、乡村和总体居住地的就医水平。医疗服务均等化应该考虑存在健康风险的人群，确定将 0～14 岁人口与 65 岁以上人口确定为健康风险人群，难以收集到这些数据可用总人口数量代替。

依据 Hansen 提出的可达性理论，通过居民点到医院的最近交通距离来表征居民就医的便利程度，从而确定就近就医交通距离指标。

3）养老服务维度指标体系构建依据

养老服务均等化是指老年人都有平等享受养老服务的权利，并且每个老年人不论在城市或者农村，享受养老公共服务在数量上都应大体相等。目前，我国人口老龄化状况严重，但是养老福利机构配置远远达不到要求，摸清全国范围内养老机构的分布状况，合理配置养老机构是亟需解决的重要问题。参考《社会养老服务体系建设规划》（2011～2015 年）[1]，基于机会均等的理论观点，通过地理国情数据，可以获取社会养老机构的分布以及老年人口的分布。考虑到不同类型的养老机构服务对象的特殊性，福利机构服务居住小区的半径和服务行政村的半径可以采取不同值。敬老院可按一次生活圈（5 km）、二次生活圈（15 km）考察，社会福利院按三次生活圈（30 km）或县域内考察距离可及性。

依据《社会养老服务体系建设规划》（2011～2015 年）中明确提出到 2015 年千人养老床位数要达到 30 张。老年人口年龄段设定为 65 岁以上常住人口，数据以第六次人口普查数据为准。

4）交通服务维度指标体系构建依据

交通服务均等化是指一个国家或地区的人民，无论在哪个地区，无论在城市还是农村，无论贫穷还是富有，都能从人均道路拥有情况、道路通达情况等享受大致均等的交通服务。道路密度是衡量一个地区道路数量或路网便捷与否的常用度量指标，反映了城市道路建设水平；人均道路拥有量用来反映道路面积是否合理，是否满足人们出行的需

1）tp://www.gov.cn/xxgk/pub/govpublic

要；交通枢纽配置水平反映区域内交通网络的辐射、覆盖和通行、便利程度；高速公路出入口和港口、长途汽车站和火车站等节点的分布能够反映交通枢纽的配置水平。

现阶段我国的经济水平，以及公共服务发展型需求转变情况来看，人们对教育、医疗等保障人民发展权的需求不断提高，交通则是人们出行的基本保障，随着我国老龄化的加速，养老设施及相关服务配置也愈加成为社会最为关心的问题。基础教育、基本医疗、养老、交通与地理国情普查密切相关。因此，从地理国情的角度将基本公共服务的研究确定为基础教育、基本医疗、养老服务和交通在内的四种公共服务。

表 3-4　基本公共服务均等化具体指标说明

一级指标	二级指标	计算指标	定义与涵义
基础教育服务	学校配置水平	拥有中小学区的数量	区域内配置的小学校区、中学校区的数量
		小学校区服务半径内居住小区覆盖率	位于小学校区指定服务半径内的城镇居住小区数量占全部城镇居住小区数量的百分比
		小学校区服务半径内行政村覆盖率	位于小学校区指定服务半径内的行政村数量占全部行政村数量的百分比
		中学校区服务半径内居住小区覆盖率	位于中学校区指定服务半径内的城镇居住小区数量占全部居住小区数量的百分比
		中学校区服务半径内行政村覆盖率	位于中学校区指定服务半径内的行政村数量占全部行政村数量的百分比
		区域内中学在校生数	区域内在读的小学生数量
		区域内小学在校生数	区域内在读的中学生数量
	入学便利程度	就近入学交通距离	所有居民地到达最近中小学校区的平均交通距离
		居民地小学校区服务覆盖重叠率	位于一个以上小学校区服务区内的居民地数量占全部居民地数量的百分比
		居民地中学校区服务覆盖重叠率	位于一个以上中学校区服务区内的居民地数量占全部居民地数量的百分比
基本医疗服务	医院配置水平	拥有医院的数量	区域内各类医院院区的数量
		医院服务半径内居住小区覆盖率	位于医院指定服务半径内的城镇居住小区数量占全部城镇居住小区数量的百分比
		医院服务半径内行政村覆盖率	位于医院指定服务半径内的行政村数量占全部行政村数量的百分比
		二级医院服务半径内居民地覆盖率	位于二级医院指定服务半径内的居民地数量占全部居民地数量的百分比
		区域内人口数	区域内居住的人口数量
		区域内老年人口数	区域内居住的 65 岁及以上老年人口数量
	就医便利程度	就近就医交通距离	所有居民地到达最近医院的平均交通距离
		居住小区就医服务覆盖重叠率	位于一个以上医院服务区内的居住小区数量占全部居住小区数量的百分比
		行政村就医服务覆盖重叠率	位于一个以上医院服务区内的行政村数量占全部行政村数量的百分比

续表

一级指标	二级指标	计算指标	定义与涵义
养老服务	福利机构配置水平	福利机构服务半径内居住小区覆盖率	位于福利机构指定服务半径内的城镇居住小区数量占全部城镇居住小区数量的百分比
		福利机构服务半径内行政村覆盖率	位于福利机构指定服务半径内的行政村数量占全部行政村数量的百分比
		各种社会福利收养性单位床位数	区域内所有社会福利收养性单位拥有的床位数总量
	入住便利程度	就近入住交通距离	所有居民地到达最近福利机构的平均交通距离
公共交通服务	交通便利指数	公路网密度	单位面积的公路长度
		城市道路密度	平均单位面积的城市道路长度
		乡村道路密度	平均单位面积的乡村道路长度
		人均公路长度	人均拥有的公路长度
		人均城市道路长度	人均拥有的城市道路长度
		人均乡村道路长度	人均拥有的乡村道路长度
		公路技术等级配比	各类技术等级公路拥有的长度比例
	交通枢纽配置水平	高速公路出入口覆盖率	位于高速公路出入口指定服务半径内的居民地数量占全部居民地数量的百分比
		港口、长途汽车站、火车站覆盖率	位于港口、长途汽车站、火车站指定服务半径内的居民地数量占全部居民地数量的百分比

4. 区域经济潜能

经济发展不仅是时间问题，同时也是地理问题。任何经济活动都离不开特定的空间，其最终都要在空间层面投下倒影，人类社会的经济活动与特定空间的结合产生了区域经济。区域经济[1)]是指在社会劳动地域的基础上，随着经济发展逐步形成的各具特色和以密切联系为基础的地域经济综合体。目前，我国的区域经济协调发展状况还不容乐观，还存在着一些阻碍区域协调发展的因素。尽管一些区域经济协调发展研究中应用了地理信息，但空间信息和社会发展信息分离，特别是自然地理信息与经济发展之间相互关系的信息结合比较欠缺，面临着信息不全面和分析模型缺少空间因素的问题。从地理国情角度出发，构建区域经济潜能综合统计分析指标体系，客观评价我国区域的经济发展现状和潜在能力，为推动我国区域经济协调发展、实现构建和谐社会和经济可持续发展提供客观依据与支撑，具有重要的现实意义。

1）经济发展维度指标体系构建依据

经济增长是促进经济发展的基本动力，产业空间结构差异是决定经济发展水平高低的关键，用经济增长和产业空间结构来可以表征经济发展水平。在国际惯例中，国内生

1)《地理国情普查基础知识》，国务院第一次全国地理国情普查领导小组办公室编著

产总值和人均 GDP 增长率是表征宏观经济发展的最重要总量指标，面积是表征地理国情的最基本统计量，将国内生产总值与面积数据相融合，用地均总量指标经济密度、单位面积各类型产业产值和单位面积高新技术产业产值以及人均总量指标人均 GDP 增长率来表征区域的经济增长。

在区域经济学理论中，区位商是定量表示产业空间结构的重要指标之一。2011 年颁布的《国民经济行业分类》[1)]，将传统国民经济行业分为第一产业、第二产业和第三产业三大类，其中第二产业主要以工矿产业为主。地理国情普查成果含有工矿企业的数量与分布信息。随着科技创新的崛起，秉持经济循环发展策略，高新技术产业越来越受重视，是区域经济潜能重要内容之一。因此，选择第一产业区位商、工矿企业区位商、第三产业区位商以及高新技术产业区位商反映产业空间结构。

2）区位条件维度指标体系构建依据

依据现代区位理论，影响经济活动区位的土地、原材料、资本、劳动力、交通等因素大致可归结为自然地理因素、社会经济因素及社会劳动力因素，本着从地理国情角度出发的原则，采用自然地理区位和社会经济区位来表征区位条件。自然地理因素包括自然资源、能源以及自然环境等，考虑到地理国情数据的内容，方案只考虑了自然资源。土地是最重要的自然资源，主要是通过自身的特性及其所处经济区位对经济活动发生影响的，其自身特性主要包括空间位置（经纬度）、土地的形态（大小、地形、地貌等）、与其他自然环境要素的相互关系（气候、水文条件）等。地貌是表征土地形态的最主要特征，临海性可用来表征土地水文条件的优劣。为凸显地理国情特色，选用地貌类型面积占比和区域临海性来表征自然地理区位。

引力模型是应用广泛的空间相互作用能力模型，即用来分析和预测空间相互作用能力的数学模型。借鉴引力模型定义指标经济联系隶属度，用来反映区域内市场环境、产业环境的相互影响。

《全国主体功能区规划——国务院关于印发全国主体功能区规划的通知》（国发〔2010〕46 号）和《国家发展改革委贯彻落实主体功能区战略推进主体功能区建设若干政策的意见》（发改规划〔2013〕1154 号）明确将主体功能区划分为优化开发区、重点开发区、限制开发区和禁止开发区四个类型，指出优化主体功能区格局是首要任务。地理国情普查成果含有主体功能区分布数据。为反映主体功能区的发展和建设情况，拟定了指标区域各类型主体功能区面积占比。

按照区域经济学理论，经济区位往往被描述为距离一个或几个特殊地点的不同位置所反映的市场、供求、成本等方面的差异问题，如距离城市中心的远近等，因此选取与主要经济中心的相对距离来表征社会经济区位。

3）交通条件维度指标体系构建依据

参考省级主体功能区划分技术规程，在评价交通条件时，通过交通线路的网络密度，

1）《国民经济行业分类》GB/T 4754—2011

交通干线、枢纽和设施的拥有量以及区域之间的交通距离来衡量区域交通优势情况。参照上述技术方法，结合经济地理学理论，确定选择交通网络密度、交通干线影响度和交通与经济关联度来表征区域经济潜能下的交通条件。

根据《地理国情普查内容与指标》[1]，明确了区域内各类交通线路包括铁路、公路、城市道路、乡村道路，根据《公路工程技术标准》，考虑区域经济潜能的统计分析单元，确定了公路的等级划分。综上所述，采用铁路网络密度、各等级公路网络密度、城市道路网络密度以及乡村道路网络密度来表征交通条件下的交通网络密度。

参考《省级主体功能区划分技术规程》中对区位优势度评价时选取的指标，结合基本统计成果，综合考虑不同层级区划单元的需求，选取拥有交通枢纽数量和到交通枢纽最近交通距离来表征交通干线影响度。

通过咨询中国社会科学院专家，参考交通部意见，采用道路密度与GDP相关系数、交通运输量与GDP相关系数及港口货物吞吐量与GDP相关系数来表征交通与经济关联度。

4）资源保障水平维度指标体系构建依据

《城市用地竖向规划规范》[2]对土地适宜规划坡度给予了明确规定，通过规划设计的不同坡度判断地区可用于经济开发和建设的土地资源；《土地利用现状调查技术规程》对耕地坡度分为五级，即≤2°、2°～6°、6°～15°、15°～25°、>25°，从适宜农业经济发展角度判定不同坡度对应耕地的优劣程度；《中华人民共和国土地管理法》将土地按用途归为三大类，并对每一类有明确规定。根据以上规范，结合《地理国情普查内容与指标》（GDPJ 01—2013），用不同坡度堆放物与盐碱地面积表征资源保障水平下的土地复垦资源量，用铁路、高速公路不同范围内荒漠与裸露地面积、及不同坡度荒漠与裸露地面积，来表征资源保障水平下的后备建设用地资源量。

近些年来，我国加快城乡建设，推进改造老城区，建设新城区，在建设过程中，未来得及拆迁重建的房屋占有相当比重。考虑到我国的这一特殊发展时期的特有国情，结合地理国情数据，引用生态景观格局理论，采用废弃房屋建筑区面积及废弃房屋建筑区聚集度来表征资源保障水平下的可复用建筑资源量。

在《省级主体功能区划分技术规程（试用）》规程中，通过人均可利用土地资源这一指标来反映土地资源开发潜力，在地理国情普查内容与指标[3]中，植被覆盖主要包括种植土地和林草覆盖。在指标设计时借鉴该思路，用人均种植土地面积、人均林草覆盖面积来表征资源保障水平下的人均植被覆盖占有量。

《全国资源型城市可持续发展规划（2013～2020年）》[4]将中国资源型城市划分为成长型、成熟型、衰退型和再生型四大类，并给出了全国范围内各类资源型城市名单，通过统计区域不同类型的资源型城市数量来表征资源保障水平下的资源型城市构成比。

1）《地理国情普查内容与指标》（GDPJ 01—2013）；

2）《城市用地竖向规划规范》（CJJ 83—99）；

3）《地理国情普查内容与指标》（GDPJ 01—2013）；

4）http://www.gov.cn/zwgk/2013-12/03/content_2540070.htm

5）土地利用状况维度指标体系构建依据

土地资源作为地理国情普查与监测的最基本的地表自然资源，根据经济地理学观点，其对区域经济的发展有着重要作用，特别是作为作业的空间或活动的场所，像工业、交通以及城市建设土地利用等。根据《地理国情普查基本统计技术规定》（GDPJ 02—2013），结合基本统计成果，用房屋建筑密度、开发强度、土地使用与经济关联度来表征土地利用状况。

地理国情数据将房屋建筑区分为多层及以上房屋建筑区、低矮房屋建筑区、废弃房屋建筑区等 5 个二级类。为更加精确地反映区域内房屋建筑的密度，考虑到在土地利用时独立房屋的分散性以及高密度房屋的聚集性，最终选取多层房屋建筑占比、低矮房屋建筑占比、高密度房屋建筑占比以及废弃房屋建筑占比来表征房屋建筑密度。

在地理国情数据可支撑的情况下，根据《土地利用现状分类》[1)]和《城市用地分类与规划建设用地标准》[2)]，采用建设用地开发率和人均建设用地面积来表征开发强度。

根据经济地理学理论，土地利用对工业区位尤其重要，而主要用于二三产业建设的就是建设用地。采用空间关联分析法，用单位建设用地二三产业产值、建设用地面积与二三产业产值相关系数来反映区域建设用地的利用状况和建设用地与经济之间的关联度。

区域经济潜能综合统计分析是以地理国情数据为基础，充分利用地理国情基本统计成果，并与社会、经济等相关部门数据深度融合，从地理空间的角度，构建区域经济潜能指标体系。为了全面、准确地反映区域经济潜能，坚持充分利用地理国情数据，适当结合社会经济数据的原则，从经济发展水平、区位条件、交通条件、资源保障水平、土地利用状况五个维度出发来评价区域经济潜能。

表 3-5　区域经济潜能具体指标说明

一级指标	二级指标	计算指标	定义与涵义
经济发展水平	经济发展水平	经济密度	区域内单位面积的国民经济生产总值，反映经济活动的效率和土地利用的密集程度
		人均 GDP 增长率	当年人均生产总值增长量与前一年人均生产总值的比例，综合地反映区域经济发展水平和经济实力
		单位面积各类型产业产值	第一、二、三产业的产值与区域总面积的比值，反映单位面积第一、二、三产业为区域发展带来的经济效益
		单位面积高新技术产业产值	区域内高新技术产业的产值与该区域总面积的比值
	产业空间结构	第一产业区位熵	根据区位熵的原理，表示两种统计单元内第一产业生产总值比值的商，反映一个区域第一产业的集聚分布状况
		工矿企业区位熵	根据区位熵的原理，表示两种统计单元内工矿企业总值比值的商，反映一个区域工矿企业的集聚分布状况

1）《土地利用现状分类》（GB/T 21010—2007）；

2）《城市用地分类与规划建设用地标准》（GB 50137—2011）

续表

一级指标	二级指标	计算指标	定义与涵义
经济发展水平	产业空间结构	第三产业区位熵	根据区位熵的原理，表示两种统计单元内第三产业生产总值比值的商，反映一个区域第三产业的集聚分布状况
		高新技术产业区位熵	根据区位熵的原理，表示两种统计单元内高新技术产业生产总值比值的商，反映一个区域高新技术产业的集聚分布状况
区位条件	自然地理区位	地貌类型面积占比	区域各类型地貌面积与区域面积的比值，反映区域内的地形地貌的构成和开发潜力
		区域临海性	区域几何质心到海岸线的最最短距离，反映区域在自然地理位置上的临海优势
	社会经济区位	经济联系隶属度	表达两地之间经济、人口和地理位置关系的综合联系程度
		与主要经济中心相对距离	某区域与经济中心的最短距离，反映该区域的运输成本节约情况以及它受中心的影响程度
		区域内各类型主体功能区面积占比	区域各类开发区面积与区域总面积的比值，反映区域不同类型开发区的规模和可开发潜力
交通条件	交通网络密度	铁路网络密度	区域内单位面积的铁路长度，反映铁路的密集程度和铁路的发达程度
		公路网络密度	区域内单位面积不同等级公路长度，反映公路的密集程度、公路运输的发达程度和各等级公路的优劣势
		城市道路网络密度	区域内单位面积上城市道路长度，反映城市内部道路的发展情况
		乡村道路网络密度	区域内单位面积乡村道路长度，反映乡村道路的疏密情况
	交通干线影响度	拥有铁路数量	区域内拥有铁路的条数，用于衡量区域铁路运输的发达程度
		拥有高速公路数量	区域内拥有高速公路的条数，用于衡量区域高速公路运输的发达程度
		拥有国道数量	区域内拥有国道的条数，用于衡量区域国道运输的发达程度
		拥有港口数量	区域内拥有港口的数量，用于衡量区域国道运输的发达程度
		拥有机场数量	区域内拥有机场的数量，用于衡量区域机场运输的发达程度
		距火车站最近距离	区域中心到火车站的最近距离
		距高速公路出入口最短距离	区域中心到最近机场的距离
		距机场最短距离	区域中心到最近机场的距离
		距港口最短距离	区域中心到最近港口的距离
	交通与经济关联度	道路密度与 GDP 相关系数	衡量一个区域道路发达水平与 GDP 水平的关系的重要指数，其值越大，说明道路密度对 GDP 的影响越大
		道路路面密度	路面面积在国土面积中占的比重，其值越大，说明该区域道路越密集，交通越发达
资源保障水平	土地复垦资源	不同坡度堆放物与盐碱地面积	不同坡度带内堆放物（尾矿、垃圾和其他堆放物）和盐碱地的面积之和，反映区域内可用于复垦的土地资源数量
	后备建设用地资源	低坡荒漠裸露地面积	15°以下不同坡度带内荒漠裸露地面积
		国道不同范围内宜建荒漠裸露地面积	国道缓冲区范围内荒漠裸露地面积，反映区域内国道周围可用于建设的后备土地资源丰富情况

续表

一级指标	二级指标	计算指标	定义与涵义
资源保障水平	可复用建筑资源	废弃房屋建筑区面积	区域内废弃房屋建筑面积的统计，从整体反映区域内可利用的废弃房屋建筑区情况
		废弃房屋建筑区聚集度	废弃房屋建筑区斑块的大量集聚和有效集中程度，反映区域内可再利用的废弃房屋建筑区情况
	人均植被占有量	人均种植土地面积	区域内种植土地面积与区域常住人口数的比值，反映区域内耕地和园地资源保障情况
		人均林草覆盖面积	区域内林草覆盖面积与区域常住人口数的比值，反映区域内林地和草地资源保障情况
	资源型城市构成比	成长型城市数量占比	区域内部的成长型资源城市的数量情况，反映其资源的丰富发展情况
		成熟型城市数量占比	区域内部的成熟型资源城市的数量情况，反映其资源的现有情况
		衰退型城市数量占比	区域内部的衰退型资源城市的数量情况，反映其资源的衰退枯竭情况
		再生型城市数量占比	区域内部的再生型资源城市的数量情况，反映其资源的可持续情况
土地利用状况	房屋建筑密度	多层房屋建筑占比	多层房屋建筑（含独立房屋建筑）的面积与房屋建筑区总面积的比值，反映前者在区域中的覆盖情况
		低矮房屋建筑占比	低矮房屋建筑（含独立房屋建筑）的面积与房屋建筑区总面积的比值，反映前者在区域中的覆盖情况
		废弃房屋建筑占比	废弃房屋建筑的面积与房屋建筑区总面积的比值，反映前者在区域中的覆盖情况和和潜在可开发能力
	开发强度	建设用地开发率	建设用地面积占区域总面积的比值，反映建设用地的开发程度和潜在开发能力
		人均建设用地面积	每万人拥有建设用地的情况，通过人均来反映区域内建设用地面积充足情况
	土地使用与经济关联度	单位建设用地二、三产业产值	单位建设用地面积的产出值，反映区域建设用地对产值的贡献情况
		建设用地面积与二三产业产值相关系数	建设用地开发对二、三产业产值的贡献情况，反映建设用地规模与二、三产业产值之间的相互影响关系

5. 城镇发展空间格局

城镇发展是一个宏大的系统工程，涉及经济、社会、科技、交通等方面。尽管已有一些机构针对我国城市发展指标体系进行了一些尝试，但大多围绕单一主题展开，如宜居、可持续发展、竞争力等，城市综合发展水平相关指标还有待完善；其次，目前城市发展指标中，集中于环境、经济等方面的监测，对土地利用效益和社会发展维度关注不足；再次，全国范围内高精度地理数据可获得性问题使得很多测量指标无法直接空间化，也不利于城市发展指标研究对于政策的直接指导。因此，充分发挥测绘地理信息行业的优势，从地理、空间的角度建立全国统一的综合城市发展指标，对于我国推进城镇化战略、实现发展模式转型具有重要意义。

1）土地利用效益维度指标体系构建依据

我国国土资源短缺，尤其是随着城镇化进程的快速推进，我们城镇用地的不断扩大，城镇人地矛盾问题凸显。土地利用效益是衡量城镇土地结构利用结构和水平的一项重要指标，可以反映城镇资源利用程度，直接影响城镇经济社会发展状况和人居环境。因此，土地利用效益是反映城镇发展状况的重要内容之一。基于地理国情数据支撑情况，从土地集约利用效益、产业集聚程度综合测度城镇土地利用效益。

（1）土地集约利用效益。节约集约是土地资源利用的内在要求，是经济社会可持续发展的必由之路。根据《国家新型城镇化规划（2014～2020年）》[1)]中的“人均城市建设用地严格控制在 100 m^2 以内，建成区人口密度逐步提高”等内容，设定指标人均建设用地面积，反映城镇建设用地的利用效益。同时，该规划明确要求提高城市空间利用效率。因此，结合地理国情数据的可支撑情况，从超高层独立房屋分布指数、人均建设用地面积、单位工矿企业第二产业产值等指标，分析城镇土地集约利用效益。

（2）产业集聚程度。国家十三五规划强调，要坚持走中国特色新型工业化道路，适应市场需求变化，根据科技进步新趋势，发挥我国产业在全球经济中的比较优势，发展结构优化、促进产业转型升级，提高产业核心凝聚力和竞争力。从产业的区位和工矿企业集聚分布角度考虑，分析产业空间布局。

2）公共服务设施配置维度指标体系构建依据

根据《国家新型城镇化规划（2014～2020年）》指出的“稳步推进义务教育、就业服务、基本养老、基本医疗卫生、保障性住房等城镇基本公共服务覆盖全部常住人口，基础设施和公共服务设施更加完善”发展目标以及“建设安全高效便利的生活服务和市政公用设施网络体系”、“统筹布局建设学校、医疗卫生机构、文化设施、体育场所等公共服务设施”等任务要求，设置公共服务维度指标，选取教育、医疗、养老、休闲娱乐等为主体，反映城镇的公共服务状况，为政府了解公共服务状况和制定发展规划提供参考。

（1）基础教育设施配置。《国家新型城镇化规划（2014～2020 年）》指出：“完善基本公共服务体系，优化学校布局和统计内容与规模，合理配置中小学和幼儿园资源”。教育是民生之本，是公共服务的基础环节。参考《城市用地分类与规划建设用地标准》（GB50137—2011），设定城市地区中小学服务半径。其中，中学缓冲半径为 1 000 m，小学缓冲半径为 500 m。结合地理国情数据，以中小学校区为主体，采用中小学校区缓冲半径内居住小区覆盖率、就近入学距离、中小学校区均教师数等指标来反映基础教育设施配置水平和服务能力。

（2）基本医疗设施配置。《国家新型城镇化规划（2014～2020 年）》指出：“完善基本公共服务体系，加强社区卫生服务机构建设，健全与医院分工协作、双向转诊的城市

1）http://www.gov.cn/gongbao/content/2014/content_2644805.htm

医疗服务体系”。因此，建立健全基本医疗卫生制度，优先满足群众基本医疗卫生需求成为当务之急，也成为城镇发展必不可少的环节。参考《城市公共设施规划规范》（GB50442—2008）和《2013-第五次国家卫生服务调查分析报告》，从医院缓冲半径内居住小区覆盖率、就近就医距离等指标，测度基本医疗设施配置水平。

（3）养老服务设施配置。《国家新型城镇化规划（2014～2020 年）》指出，完善基本公共服务体系要老有所养。现阶段，增加社区老年活动场所和便利化设施，开发利用老年人力资源，积极应对人口老龄化已成为城镇发展乃至社会发展不可忽视的重要问题。因此，摸清城市地区养老服务设施的分布状况，合理配置养老机构是亟需解决的重要问题。参考《社会养老服务体系建设规划》（2011～2015 年），设定福利机构服务居住小区的半径为一次生活圈（5 km）。因此，从地理空间角度，选取养老机构缓冲半径内居住小区覆盖率和老年人均养老机构拥有量等指标，评价养老服务设施配置水平。

（4）休闲娱乐设施配置。《国家新型城镇化规划（2014～2020 年）》指出：“完善基本公共服务体系要加强公共文化设施建设”。随着社会经济的发展，人们越来越注重身心健康的发展、生活品质的提高，以及十九大提出“把人民对美好生活的向往作为奋斗目标”。休闲娱乐设施的普及和发展，已成为城市社会发展和公共设施健全的重要衡量标志。结合地理国情数据可支撑情况，以公园、游乐园、体育活动场所、名胜古迹等设施为主体，测度城镇休闲娱乐设施的完备程度，以及居民对休闲娱乐设施的享有程度。

3）生态空间状况维度指标体系构建依据

《国家新型城镇化规划（2014～2020 年）》在“优化城市空间结构和管理格局”专题中指出：“统筹中心城区改造和新城新区建设，改善城市人居环境”，根据这一要求设定生态空间状况维度指标，反映城镇居住环境生态空间状况，为城镇环境规划提供参考。

· 绿化覆盖状况。《城市绿地系统规划》中提到，人均公园绿地面积、城市绿地率和绿化覆盖率、人均绿地面积、绿视率是城市绿地系统的主要控制指标（刘颂等，2011）。同时结合《城市绿化规划建设指标的规定》和《城市绿地分类标准》等对城市绿地指标的要求，根据绿地系统概念及绿化覆盖计算方法，从林草覆盖率、水域覆盖率、垃圾堆放地面积占比等指标，测度城镇绿化状况。

· 人均绿化覆盖程度。参考《城市用地分类与规划建设用地标准》1)相关考核指标，结合地理国情数据采集要求，从人均林草覆盖面积、人均水域面积等指标来分析城镇区域内人均绿化享有程度。

4）交通服务设施配置维度指标体系构建依据

交通是联系地理空间和社会经济活动的纽带，对社会、环境、经济发展等方面具有

1）《城市用地分类与规划建设用地标准》GB50137—2016

重要影响，在很大程度上影响国土空间开发的格局。《国家十二五规划》强调："要按照适度超前原则，统筹各种运输方式的发展，基本建成国家快速铁路网和高速公路网，要完善区际交通网络、建成城际快速网络、优先发展公共交通、提高运输服务水平。"同时，各省级主体功能区划显示，公路网密度、交通干线的拥有性和与中心城市的交通距离是影响主体功能区划的重要指标。因此，依据地理国情数据获取状况，从人均交通设施拥有程度、交通设施覆盖程度两个方面量化城镇交通发展水平。

• 人均交通设施拥有程度。参照省级城镇化规划中的人均道路面积、城市道路密度等指标，同时参考《城市道路交通规划设计规范》，城市停车场面积按规划人口 0.8～1.0 m^2 计算。结合地理国情数据支撑情况，确定人均道路面积、人均道路长度、人均露天停车场面积指标等指标反映城镇交通设施配置程度。

• 交通设施覆盖程度。参照省级主体功能区规划技术规程中交通优势度的分项计算指标，结合城市地理国情数据可支撑情况，设定交通枢纽数量比重、城市道路密度、道路面积占比等指标，表征城镇交通通达能力。

综合各城镇化规划对城镇化发展的要求和目标（表 3-6），基本涉及经济发展、基础设施和社会公共服务设施建设、生态空间等指标，因此，城镇发展空间格局主题从测绘、地理空间的层面，结合地理国情数据的特点，融合部分专题数据，确定城镇土地利用效益、公共服务设施配置、生态空间状况、交通服务设施配置四个方面内容与指标进行测度。

表 3-6　城镇发展空间格局具体指标说明

一级指标	二级指标	计算指标	定义与涵义
土地利用效益	地表资源利用效益	超高层独立房屋建筑分布指数	衡量超高层独立房屋建筑在区域内的空间分布状态
		人均建设用地面积	指建设用地资源按人口平均计算的人均建设用地面积。该指标数值越大，表示城镇建成区密度越高
		单位工矿企业面积第二产业产值	反映第二产业发展程度和集中程度。该指标数值越大，说明区域内第二产业发展水平越高，经济效益越高
	产业集聚程度	GDP 地理集中度	反映产值密度及经济发达水平
		第三产业区位熵	衡量城市区域第三产业优势产业的状态，反映第三产业发展强度。该指标数值越大，第三产业发展强度越高
		工矿企业分布指数	衡量工矿企业在城市区域内的空间分布状态。该指标数值越大，说明工矿企业分布优势明显，集聚程度越大
公共服务设施配置	基础教育设施配置	中小学缓冲半径内居住小区覆盖率	表征中小学校在地理空间上覆盖和服务的居民地范围和能力
		就近入学距离	所有居住小区到达最近中小学校区的平均交通距离
		中小学校区均教师数	区域内中小学教师数量与中小学校区数量的比值。数值越大，说明该区域基础教育资源配置程度越高
	基本医疗设施配置	医院缓冲半径内居住小区覆盖率	表征医院在地理空间上覆盖和服务的居民地的范围和能力
		就近就医距离	所有居住小区到达最近医院的平均交通距离

续表

一级指标	二级指标	计算指标	定义与涵义
公共服务设施配置	养老服务设施配置	老年人均养老机构数	区域内老年人数与养老机构数量的比值
		养老机构缓冲半径内居住小区覆盖率	养老机构服务半径范围内居住小区数量占统计单元所有居住小区数量的比值
	休闲娱乐设施配置	人均休闲娱乐设施拥有量	休闲娱乐设施数量与人口数量的比值，反映居民休闲娱乐生活的发展状态。该指标数值越高，说明休闲娱乐设施建设较为完备
		人均体育活动场所拥有量	体育活动场所数量与人口数量的比值
		人均名胜古迹与宗教场所拥有量	名胜古迹与宗教场所数量与人口数量的比值
生态空间状况	绿化覆盖状况	林草覆盖率	反映区域范围内林草覆盖状况
		水域覆盖率	反映区域范围内地面水资源的覆盖程度
		垃圾堆放地占比	反映区域环境卫生条件或者垃圾污染状况
		硬化地表面积占比	反映区域不透水地表覆盖程度
	人均绿化覆盖程度	人均林草覆盖面积	区域人均享有的林草覆盖面积，反映城镇居住生态环境的适宜性
		人均水域面积	区域人均享有的水域面积，反映城镇居住环境的适宜性
交通服务设施配置	人均交通设施拥有程度	人均城市道路长度	平均每人拥有的城市道路长度，表征交通通达能力
		人均道路面积	平均每人拥有的道路面积，表征交通通达能力
		人均露天停车场面积	区域内露天停车场的占地面积与人口数量的比值。该指标值越大，反映区域的停车设施建设完备度越高
	交通设施覆盖程度	城市道路密度	城市道路总长度与统计单元面积的比值
		道路面积占比	道路建设面积占统计单元面积的比例
		交通枢纽数量比重	拥有的机场、港口、长途汽车站、三等以上火车站的数量比重

3.4.3 专题分析内容

专题分析是基于基本统计、综合统计分析的结果，结合社会、经济等专题数据，定量与定性分析方法相结合，从资源分布、生态保护、区域经济发展、社会发展、社会民生等角度，综合分析评价自然和人文地理国情要素的现状，反映国家重大战略、重要工程的实施状况和效果，形成揭示经济社会发展与自然资源环境内在联系规律的专题分析评价报告。

1. 资源分布

资源分布专题分析主要分析评价不同统计单元的水资源、土地（耕地、林地、草地、建设用地）等地表资源的空间分布特征、区域分布差异、景观格局、区域覆盖特征（图 3-18）。

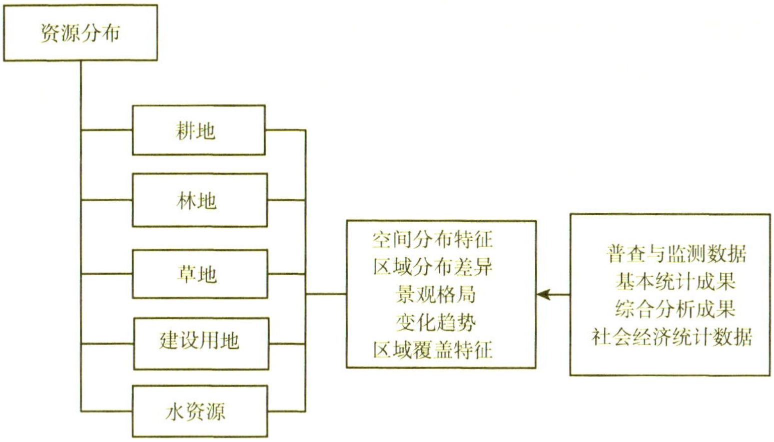

图 3-18　资源分布专题分析内容

2. 生态保护

生态保护专题分析主要对国家自然保护区、国家重点生态功能区、湿地与生态示范建设区等重点生态区域的空间分布、景观格局、区域差异、生态协调性，及沙漠、冰川的空间分布等进行综合分析评价（图 3-19）。

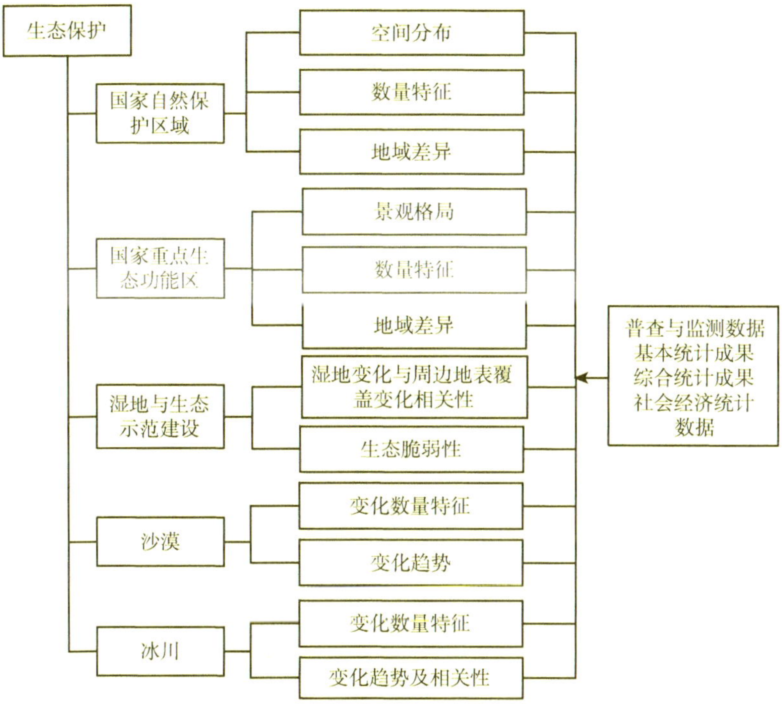

图 3-19　生态保护专题分析内容

3. 区域经济发展

区域经济发展专题分析主要针对东部沿海开放、西部开发、中部崛起、东北振兴等国家重大战略，基于不同主体功能区、经济区（圈、带）、城市群、国家开发区、保税区等空间单元，分析其空间格局、土地开发状况、交通优势程度；以及重要农产品产区的地理空间状况，西气东输、西电东送、青藏铁路等重大工程的周边地理状况，资源枯竭型城市的植被覆盖、水资源、交通承载力状况（图 3-20）。

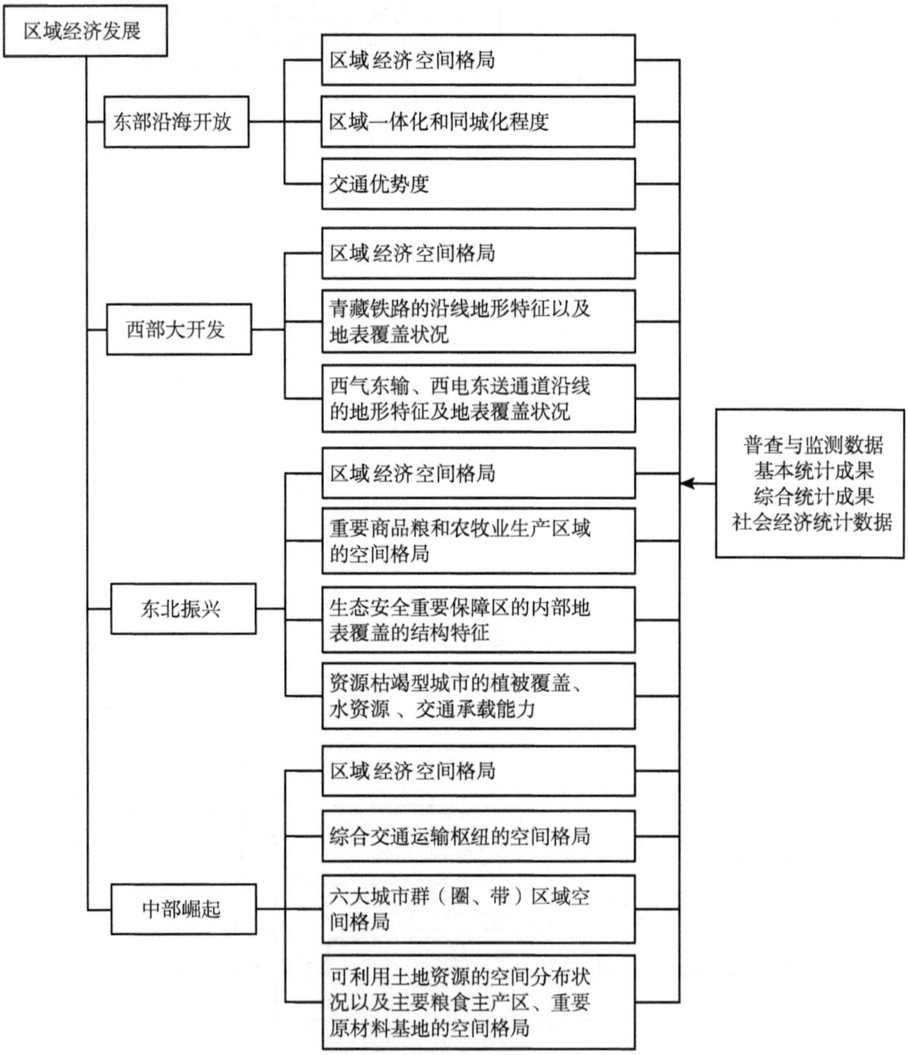

图 3-20　区域经济发展专题分析内容

4. 社会发展

社会发展专题分析主要从城乡建设、新农村建设和贫困县分布等方面，分析城市空间分布特征、综合地理优势度、植被覆盖影响、交通畅通程度；从各类型铁（公）路网络空间覆盖，车站、机场、港口等设施的空间布局，分析交通的覆盖能力、交通枢纽承载力，从防洪和调水工程、城乡水利等方面，分析水利设施的空间分布布局、利用状况、覆盖程度（图 3-21）。

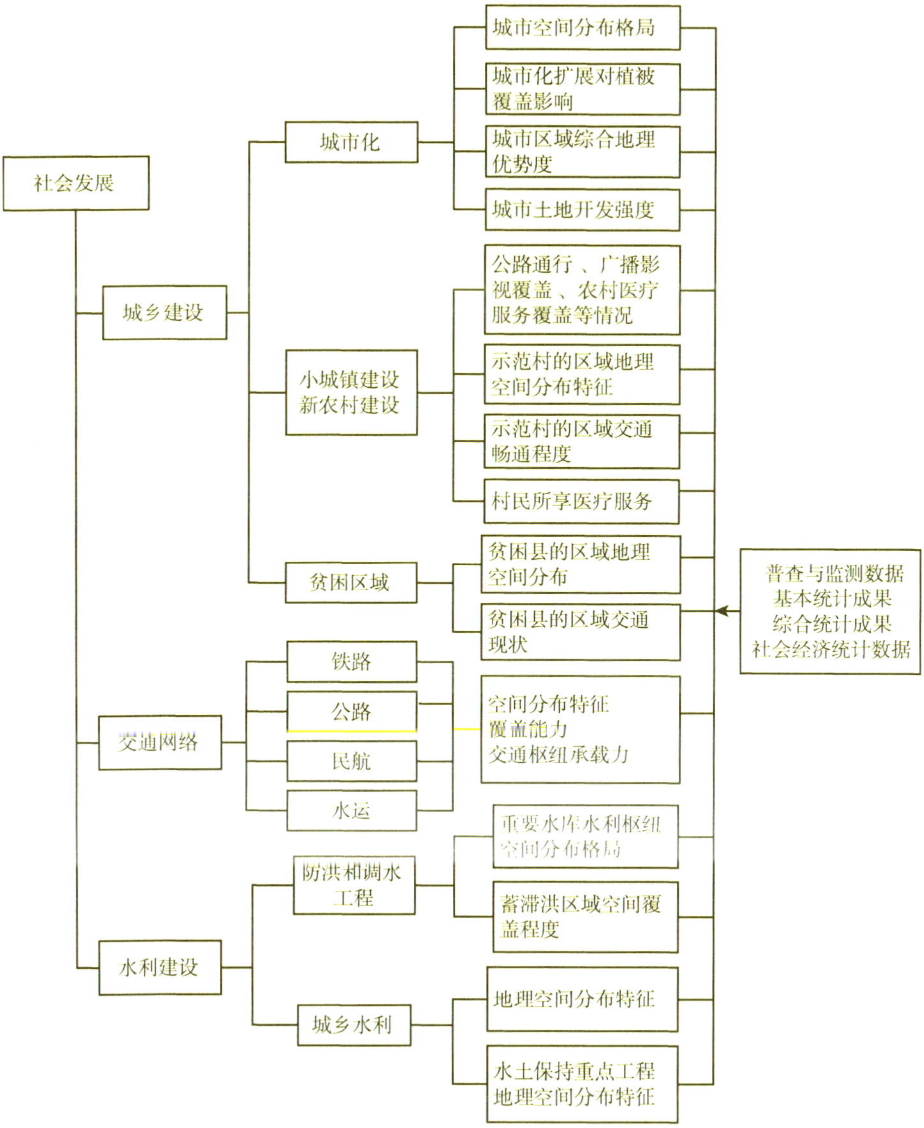

图 3-21　社会发展专题分析内容

5. 社会民生

社会民生专题分析主要分析城乡学校、医院、社会福利机构等资源的空间分布、服务覆盖及配置情况、区域差异特征，反映关系社会民生的教育、医疗、养老、休闲娱乐等设施的区域发展状况、配置水平及地区差异（图 3-22）。

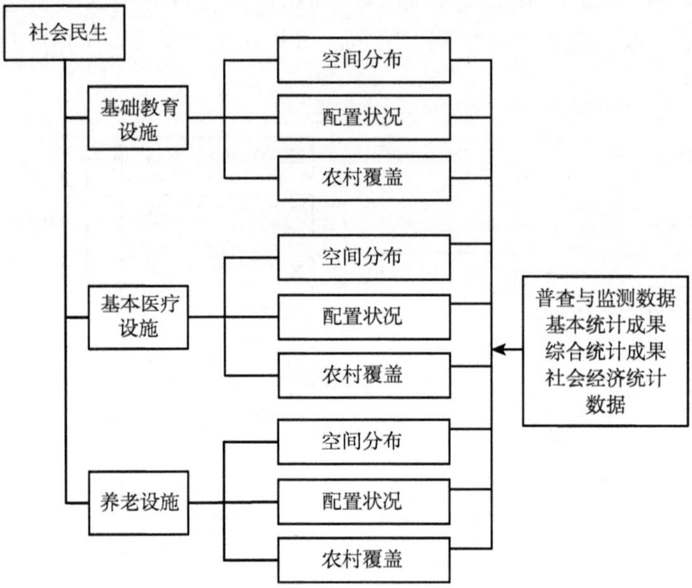

图 3-22　社会民生专题分析内容

第 4 章　空间量算与统计方法

地理国情统计分析的对象是自然与人文地理要素，地理要素的空间量算和统计是地理国情统计分析的基础，需要地理学、资源学、生态学、统计学、空间计量经济学等相关学科的理论指导，以地理信息科学、统计学和地理计算为支撑，采用空间量算、空间叠加分析、地表精确模拟、指标转换、高速计算、指标体系构建、指标无量纲化与分级、多源数据融合处理等技术方法，实现地理国情统计分析各类指标的计算汇总和模型分析。

4.1　地理国情要素量算与统计

地理国情要素按照几何特征可划分为点、线、面以及地理实体四种类型，可进行要素个数、长度、面积、密度、占比、高程、范围等基本指标的统计。地理实体是指现实世界中具有唯一名称及代码、独立的自然或人工地物，例如黄河、密云水库、大广高速等。

4.1.1　点 状 要 素

1. 个数

统计单元内点状要素的个数，反映其数量特征（见表 4-1）。

2. 密度

统计单元内点状要素个数与统计单元面积的比值，反映其空间聚集情况。

统计单元内有 n 类统计对象，相应的个数为 c_1，c_2，…，c_n，统计单元面积为 S，对于第 i（$1 \leqslant i \leqslant n$）类对象，点状要素密度：

$$\mathrm{cd}_i = \frac{c_i}{S}$$

3. 交通距离

交通距离是指连通两个点的道路网络的长度。基于常用的 Dijkstra 算法，寻找最短距离下的路径，再利用长度计算方法分段计算每个路径的长度并累加求和，即可得到交通距离。计算时首先要根据拓扑关系构造路网，保持道路的连通性。主要特点是以起始点为中心向外层层扩展，直到扩展到终点为止，该算法能得出最短路径的最优解。

地理国情综合统计分析中，在分析居民地最近距离公共服务设施时，根据构建的路网，统计了居民地与公共服务设施的交通距离，从而发现距离居民地最近的公共服务设施。

表 4-1　点状要素基本统计指标

数据类型	统计指标	单位
点状要素	个数	个
	密度	个/km^2
	交通距离	m

4.1.2　线状要素

1. 密度

密度是指统计单元内线状要素长度总和与统计单元面积的比值，反映其密集特征（表 4-2）。

表 4-2　线状要素基本统计指标

数据类型	统计指标	单位
线状要素	密度	km/km^2
	长度	km
	表面长度	km

统计单元内有 n 类统计对象，相应的长度为 l_1，$l_2\cdots$，l_n，统计单元的面积 S，对于第 i（$1\leqslant i\leqslant n$）类对象，线状要素密度：$\mathrm{ld}_i=\frac{l_i}{S}$

地理国情基本统计中计算了河流、水渠、铁路和公路等线状要素的密度。

2. 长度

长度是指线状要素在 CGCS2000 参考椭球面上的长度。地理意义上的长度是指在一定参考坐标系下的线状要素两个端点之间的距离。根据统计方式的不同，长度分为投影长度、椭球长度和表面长度。

根据《地表覆盖分类与地理国情要素数据规定》的要求，地理国情监测数据库的数学基础采用的是地理坐标，基于地理坐标系可以直接计算椭球长度和椭球面积，不用把地理坐标下的空间数据转换成等面积投影来计算投影面积，提高了面积计算的效率，而且试验表明，椭球面积与投影面积的精度相当。

地球表面是一个曲面，通过定义一个大小和形状同地球极为接近的旋转椭球体，通常由一个扁率很小的椭圆绕其短轴旋转而成，它是一个纯数学表面，称为地球椭球体。椭球长度和椭球面积是基于地球椭球面计算而得。

沿椭球表面计算出的两点间最短距离即为这两点构成空间线的椭球长度。对构成线状要素的各线段的长度进行汇总求和，即得该要素的椭球长度。

计算公式为

$$L=\sum_{i=1}^{n} l_i$$

式中，基于栅格的统计时，l_i 为第 i 个栅格内曲线的长度；n 为栅格的个数；L 为整条曲线的长度。基于矢量的统计时，l_i 为第 i 段折线的长度，n 为折线的段数，L 为整条曲线的长度。

在地理国情要素中，统计了道路（铁路、公路、乡村道路、城市道路、匝道）、河渠（河流、水渠）、构筑物（堤坝、闸等水工设施，隧道、桥梁、码头、车渡等交通设施）等线状要素的椭球长度。

3. 表面长度

表面长度是指以 CGCS2000 参考椭球面为基础并考虑实际地形起伏沿地球表面累积的线状要素的长度。地理国情监测成果数据精度高，地表覆盖细分到了三级类，DEM 数据精细化到了 10 m，部分地区达到了 2 m 精度，基于这些高精度数据，开展表面长度/面积的计算意义巨大，能够精确地获取地物在真实地球表面上的长度/面积，更好地服务于实际的生产生活。

表面长度计算是利用线状要素与 DEM 进行叠加（见图 4-1），从而在实际地形起伏下沿地球表面分段累积线状要素的长度。实际计算时，根据计算所用 DEM 分辨率将曲线归整到整数格网线上，并使用高精度内插算法确定归整后曲线的高程值，通过将归整后的高分辨率曲线 DEM 数据转化为 CGCS2000 空间直角坐标数据，进而进行距离累计实现地表曲线长度的计算。

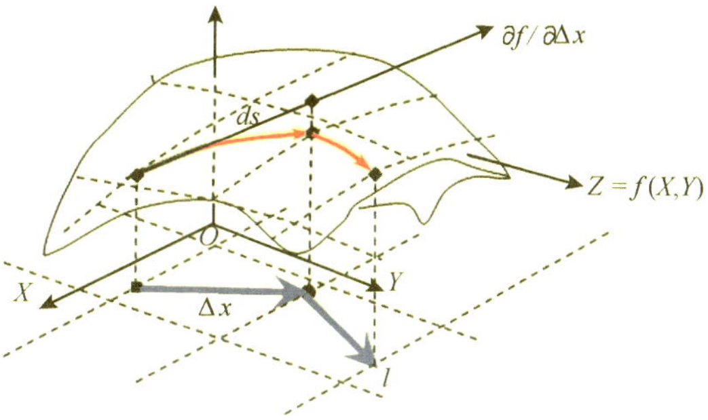

图 4-1　表面长度计算

计算公式为

$$D=\sum_{1\leqslant i\leqslant n}\|\boldsymbol{x}_i-\boldsymbol{x}_{i+1}\|_2$$

式中，$\boldsymbol{x}_i$ 和 $\boldsymbol{x}_{i+1}$ 表示相邻两点的空间直角坐标向量；n 表示总线段数。

地理国情基本统计中，计算了河渠（河流、水渠）的表面长度。

4.1.3　面 状 要 素

1. 个数

统计单元内面状要素多边形的个数（见表 4-3）。

2. 面积

面积有椭球面积和表面面积。椭球面积是指 CGCS2000 参考椭球面上面状要素的面积。地球椭球面上任意多边形可以分割成有限个任意小的梯形图块。计算多边形的面积就是计算各个小的梯形图块的面积，各个梯形图块的面积之和即为多边形的椭球面积。

计算公式为

$$S = \sum_{i=1}^{n} s_i$$

式中，s_i 为分割的任意小的梯形图块面积（i=1，2，…，n）。

在地理国情基本统计中，统计了地理单元、地表覆盖、面状地理要素的椭球面积，其中，地理单元包括行政区划与管理单元（国家级、省级、地市级、县级、乡镇级、城市中心城区等）、自然地理单元（地形单元、地貌类型单元、流域、湿地保护区、沼泽区等）和社会经济区域单元（主体功能区、开发区、保税区、国有农、林、牧场、自然、文化保护区、自然、文化遗产、风景名胜区、旅游区、森林公园、地质公园、行、蓄、滞洪区），地表覆盖包含了全部的一、二和三级类，地理要素包括了水域（河渠、湖泊、坑塘、冰川和常年积雪）、城镇综合功能单元（居民小区、单位院落、工矿企业、体育活动场所、名胜古迹、宗教场所）和构筑物等。

3. 表面面积

表面面积是指以 CGCS2000 参考椭球面为基础并考虑实际地形起伏沿地球表面累积的面状要素的面积。

在地理国情基本统计中，统计了地理单元、地表覆盖的表面面积，其中，地理单元包括行政区划与管理单元（国家级、省级、地市级、县级、乡镇级、城市中心城区等）、自然地理单元（地形单元、地貌类型单元、流域、湿地保护区、沼泽区等）和社会经济区域单元（主体功能区、开发区、保税区、国有农、林、牧场、自然、文化保护区、自然、文化遗产、风景名胜区、旅游区、森林公园、地质公园、行、蓄、滞洪区），地表覆盖包含了全部的一、二和三级类。

为表达方便，下文中以面积表示椭球面积。

4. 占比

统计单元内面状要素面积总和与统计单元面积的比值。占比是统计对象占所在统计单元面积的比重。例如，林地面积占某县面积的比重。

统计单元内有 n 类统计对象，每类总面积为 s_1，s_2，…，s_n，统计单元的面积为 S，对于第 i（$1 \leqslant i \leqslant n$）类对象：

$$\text{占比：} \mathrm{sd}_i = \frac{s_i}{S} \times 100\%$$

地理国情基本统计中，统计了地形单元、地貌类型单元、地表覆盖、面状地理要素等面积的占比。其中，地形单元包括高程带各分带面积、坡度带各分带面积的占比，地貌类型单元包括平原、台地、丘陵、山地等类型面积的占比，地表覆盖包括全部一、二和三级类面积的占比，面状地理要素包括水域（河流、水渠、湖泊、水库、坑塘）面积的占比。

5. 构成比

构成比是表示某事物内部各组成部分在整体中所占的比重，常以百分数表示（马斌荣，1990）。同一统计对象内部的构成，即子类占其父类的比重，如耕地、园地、林地、草地的面积各占植被覆盖面积的比重。

统计单元内有 n 类统计对象，每类总面积为 s_1，s_2，…，s_n，对于第 i（$1 \leqslant i \leqslant n$）类对象，面积构成比：

$$\mathrm{sr}_i = \frac{s_i}{s_1 + s_2 + \cdots + s_n} \times 100\%$$

地理国情基本统计中计算了植被覆盖一级类、二级类、三级类构成比、荒漠与裸露地二级类构成比、房屋建筑区二级类构成比。

6. 四至坐标

四至坐标即为地理单元最东、最西、最南、最北点的坐标。其中，最东点坐标是横坐标（经度）处于最大时的点的坐标；最西点坐标是横坐标（经度）处于最小时的点的坐标；最南点坐标是纵坐标（纬度）处于最小时的点的坐标；最北点坐标是纵坐标（纬度）处于最大时的点的坐标。

地理国情统计提取了行政区划单元的四至坐标，包括乡镇级行政区划单元、县级行政区划单元、地市级行政区划单元、省级行政区划单元和国家级行政区划单元。

7. 东西长度和南北长度

地理单元东西方向长度和南北方向长度。利用四至坐标计算的结果，南北长度为最北、最南两点之间在 CGCS2000 参考椭球面上的子午线长度；东西方向长度为最东、最西两点之间低纬度点的平行圈弧长。

地理国情东西和南北长度是指地理单元东西方向长度和南北方向长度。在选择东西长度和南北长度的统计模型方案时，分别采用了三种统计方法进行了交叉对比验证，从而选取最优的模型算法。

（1）算法 A：基于高斯-克吕格投影（3°带，图 4-2）。假想有一个椭圆柱面横套在地球椭球体外面，并与某一条子午线（此子午线称为中央子午线或轴子午线）相切，椭圆柱的中心轴通过椭球体中心，然后用一定投影方法，将中央子午线两侧各一定经差范围内的地区投影到椭圆柱面上，再将此柱面展开即成为投影面，此投影为高斯投影。高斯投影是正形投影的一种。一般说来，高斯投影（同带内）在各种投影中的变形较小，因此用它来计算地物的东西南北长度较为准确。

（2）算法 B：基于阿伯斯投影。阿伯斯投影是等积割圆锥投影，它是假想一个圆锥面与地球椭球旋转轴重合的套在椭球上，按等积条件将地球椭球面上的经纬线投影到圆锥面上，然后沿一条母线将圆锥面切开展成平面（图 4-3）。一般说来，阿伯斯投影属于等积投影，并不适用于长度计算。

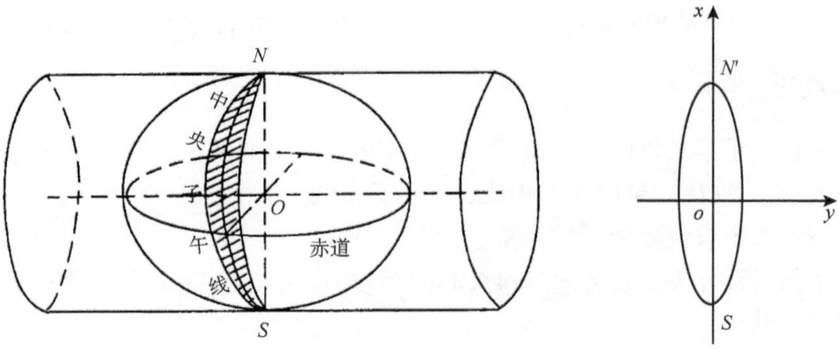

图 4-2　基于高斯-克吕格投影（3° 带）

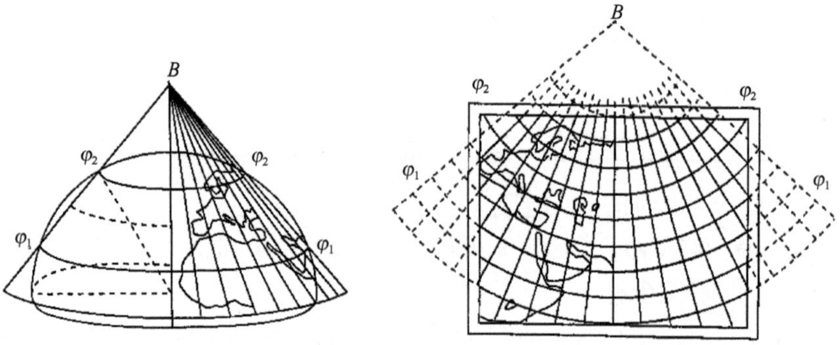

图 4-3　正轴割圆锥投影示意图

该算法主要为东西方向分布或者位于中间纬度的地区的地图投影结果最佳。从北至南的整个纬度范围不应超过 30°～35°。适用于面积较小的地区或国家。

（3）算法 C：基于地理坐标。该算法基于地理坐标（椭球采用 CGCS2000），其中南北长度为目标区域最大纬差的子午线弧长。东西长度的定义较为复杂。首先定义椭球面上任意两点间的东西长度为两点间低纬度平行圈 a 弧度（a 为两点间经差）对应的弧长。则目标区域的东西长度为目标区域内任意两点最大东西长度（见图 4-4）。

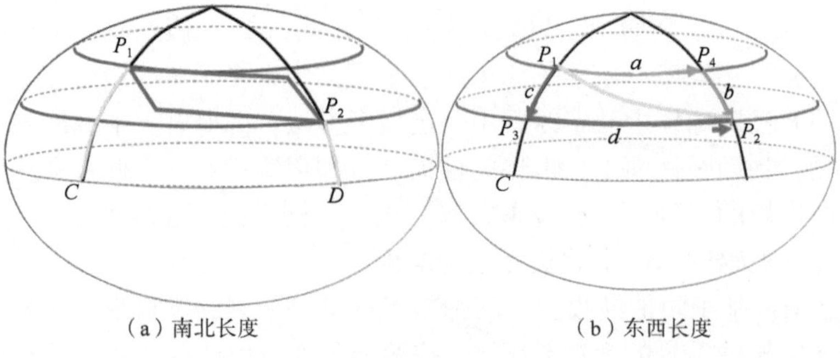

（a）南北长度　　（b）东西长度

图 4-4　东西、南北长度计算

针对以上三种算法，在全国范围内的东西南北中五个地区分别选择三个县级行政区域作为实验样本，进行东西和南北长度的对比实验。结果如图 4-5 和图 4-6 所示。

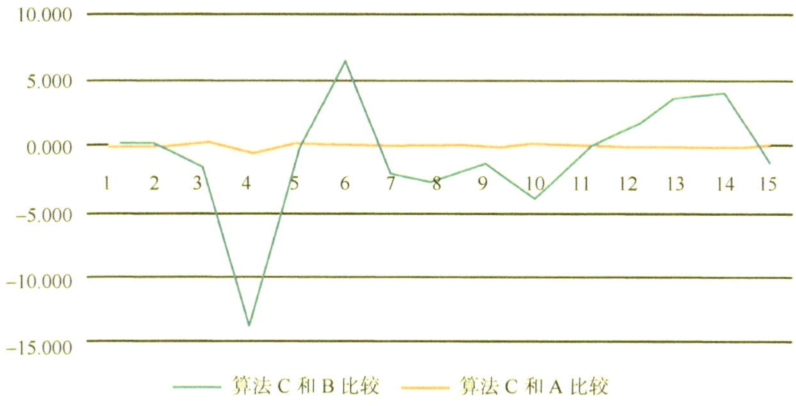

图 4-5　东西长度三种算法精度比较

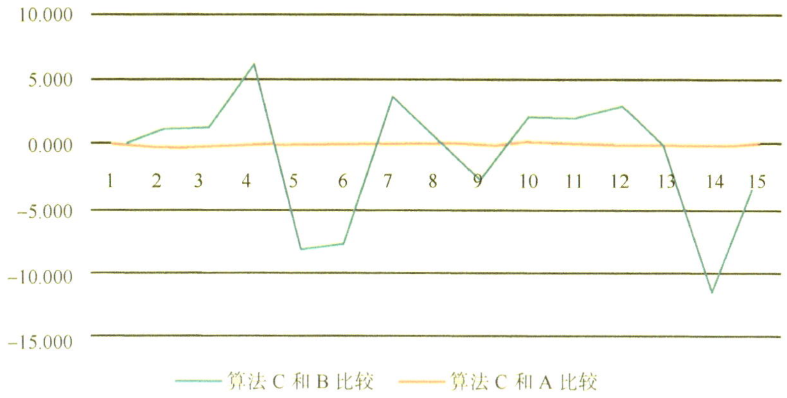

图 4-6　南北长度三种算法精度比较

对比结果表明，在求取东西和南北长度时，算法 C 和算法 A 之间的差异远比算法 C 和算法 B 之间的差异要小的多，说明算法 A 与算法 C 较接近，而算法 B 不适合球面长度的计算。

地理国情监测成果数据采用了经纬度坐标系生产和存储，算法 C 为基于地理坐标的算法，无需进行投影转换，工程化可行，结果可靠，能较为准确地求取地物东西和南北方向的长度。

在地理国情统计时，统计了我国行政区划单元的东西长度和南北长度，包括国家级、省级、地市级、县级和乡镇级行政区划单元，也可对任意多边形进行东西长度和南北长度的统计。

8. 平均高程

高程是指地面点的高度。一般指地面待测点到平均海水面的铅垂距离（封吉昌，

2011）。地理国情高程是基于全国 10 m DEM 数据直接提取的。地理国情基本统计统计了县级、地市级、省级和全国等各级行政区划单元的高程。

平均高程计算公式如下：

$$h = \frac{1}{n}\sum_{k=1}^{n} h(p_k)\,,\qquad 1 \leqslant k \leqslant n$$

式中，h 为统计单元内的平均高程；n 为统计单元内 DEM 栅格个数；$h(p_k)$ 为第 k 点的高程。

9. 最高高程

利用基础地理信息数据提取地理单元的最高高程。

10. 最低高程

利用基础地理信息数据提取地理单元的最低高程。

11. 地表平整系数

地表平整系数，即地表粗糙度，是一种地理的概念，它表示的是衡量地表起伏变化与侵蚀程度的指标，一般定义为地表单元曲面面积与投影面积之比（Jenness，2004；刘静，2007）。在地理国情统计分析中，以表面面积表示曲面面积，以面积代替投影面积。

地理国情地表平整系数是指面积与地表表面面积的比值，反映地表的粗糙程度。

计算公式为

$$k = \frac{S_p}{S_s}$$

式中，k 为地表平整系数；S_p 为地物的面积；S_s 为地物的表面面积。

地理国情统计分析统计了行政区划单元、地形单元的地表平整系数。

表 4-3　面状要素基本统计指标

数据类型	统计指标	单位
面状要素	个数	个
	面积	km^2
	表面面积	km^2
	占比	以百分比表示
	构成比	以百分比表示
	四至坐标	经纬度
	东西和南北长度	km
	平均高程	m
	最高高程	m
	最低高程	m
	地表平整系数	以小数表示

4.1.4　地理实体

实体起源于哲学范畴，是指能够独立存在的、可以作为一切属性基础的万物本原的东西（念沛豪等，2014）。地理实体是实体概念在地理信息科学领域的一种延伸。地理实体是现实世界存在的某一地理区域单元内的空间对象（陈建军等，2006），是指具有同一个物理和几何意义的对象，如长江、黄河、鄱阳湖、京九铁路等。作为一种地理数据，地理实体也具有地理数据的三个基本特征，包括空间、时间和属性特征。

空间特征是地理实体的重要特征，也是地理实体区别于其他实体的关键特征。它主要指地理实体的几何形状和地理位置特征以及地理实体与周围地理实体之间的空间位置关系（刘臻熙，2010）。与普通地理数据相比，地理实体对空间特征的描述是将地理实体作为一个整体进行描述的。

时间特征是指在不同的时间节点对应的地理实体的其他特征所处的不同状态（念沛豪等，2014），如不同时间地理实体的位置发生变化所引起的空间特征的变化。

属性特征是所有地理数据都具有的特征。普通地理数据只侧重于对数据对象的长度、高度、面积等空间相关属性的描述。地理实体属性信息则更加复杂，不仅要对上述空间相关属性进行描述，还要对与地理实体有关的自然、经济、人文相关的复杂属性信息进行描述，同时也是与其他地理实体关联的重要结点（刘臻熙，2010）。按照几何类型，地理实体通常分为点状实体、线状实体、面状实体。在地理国情统计分析中，统计了不同类型地理实体的个数、长度和面积等指标。

1. 个数

统计单元内地理实体的个数（见表 4-4）。

表 4-4　地理实体基本统计指标

数据类型	统计指标	单位
地理实体	个数	个（条）
	长度	km
	面积	km^2

2. 长度

线状地理实体在 CGCS2000 参考椭球面上的长度。计算公式参见线状要素长度计算。

3. 面积

面状地理实体在 CGCS2000 参考椭球面上的面积。计算公式参见面状要素面积计算。

4.2　地表面积计算模型

地表即地球表面，可以分为陆地和海洋两大单元。地理国情普查与监测的范围是我国陆地国土，陆地国土不同于海洋，地表并非绝对的平坦，而是三维的空间分布，总会呈现各种各样的起伏，在地形起伏较剧烈的地区，这种地表面连续分布更复杂，与投影面（例如经过几何校正和正射校正的遥感影像可以看做是地表覆盖在水平面上的垂直投影）的面积存在较大差距。地理国情监测范围内的地形表面面积是指面要素沿地球表面累计的面积。在实际计算过程中，以 2000 国家大地坐标系参考椭球为基础，并考虑实际地形起伏下沿地球面积累的植被覆盖（面）、水系（面）、行政区划单元（面）等面状要素的面积（韩买侠等，2015）。

地球是一个球体，实际的地面应该是一个球体表面，也叫实际面积。由于地球半径巨大，因此在小尺度上研究的时候一般把球体表面简化为平面处理，但是在大尺度上，尤其是地表崎岖地区，这两种面积还是有差别的。学术界有不少学者关注过表面积问题的重要性，例如程乾等在估算水稻种植面积时，注意到了水稻种植易受地表起伏影响的特点，在分析时加入坡度信息（程乾等，2005）；Jenness 从动物空间行为的调查和地表粗糙度的计算出发，指出许多时候是需要使用地表真实面积的概念（Jenness，2005）；宋巍巍等在生物量遥感反演基础上，结合地表面积计算模型，建立生物量地形校正模型，定量分析和讨论了地形起伏对生物量估算的影响（宋巍巍等，2012）。表面面积是地理国情统计分析中最重要的指标之一，以参考椭球面为基础并考虑实际地形起伏沿地球表面累积的面状要素的面积。地理国情普查数据包括了 10 m 的 DEM 高程数据，用这套数据来计算地表表面面积会达到非常高的精度。但是另一方面也带来了计算速度的问题：第一，地理国情数据精度高，地类分类多，从而导致地图斑块数量多；第二，由于 DEM 模型是一种栅格模型，在计算表面面积时，需判断多边形和 DEM 栅格顶点的位置关系，对于没有落在栅格顶点上的节点需要根据周围的点进行插值。计算速度和多边形节点个数以及 DEM 栅格的数据精度成反比。

4.2.1　表面面积计算方法

有部分学者针对该问题进行了研究，薛树强等提出了地表曲面拟合方法模型（薛树强等，2015）。刘国旺提出了三角形近似法用于量算地表面积，并用数学方法证明了此法优于常用的伏尔科夫法（刘国旺，1986）。李文航等利用 1∶1 万 DEM 模拟不同的地表类型，计算了每种地类的两种面积大小，并指出遥感影像的垂直投影面积并不能完全作为地表真实面积使用，尤其对地形起伏剧烈的地区（李文航等，2008）。王长海利用 DEM 模型，采用递归算法求解地表面积（王长海，2010）。Jenness 对比了 GRID 和 TIN 两种方式计算地表面积的精度差异（Jenness，2005）。王秀云等利用坡度的正割值，与林地的栅格数据结合，统计得出不同坡度级上的林地表面积，并且发现地表面积与投影面积之间存在固定的关系（王秀云等，2006）。陈吉龙等和崔步礼等利用等高线模拟地形，运用积分的方法分别计算了不同土地利用类型和林地的地表面积，并定量分析了地表面积与投影面积之间的差异（陈吉龙等，2008；崔步礼等，2011）。

1. 地表曲面拟合法

地表曲面拟合方法是假设地表由多个平滑曲面拼合而成，如二次曲面地表面积由投影区域和曲面积分导出，以地球椭球为基础，并考虑实际地形起伏，沿地表区域对面积微元进行积分运算累加后形成。

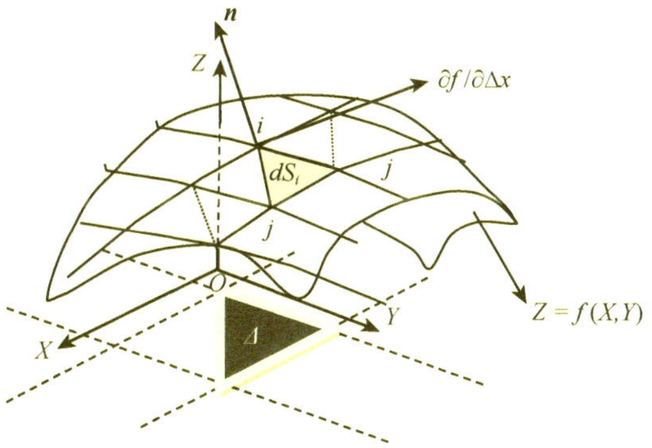

图 4-7　表面面积空间三角形的表示

向量 $\boldsymbol{n}$ 是地形表面任意点的法向量；dS_i 是面积微元。法向量 n 可由偏导数 $\partial f/\partial X$ 和 $\partial f/\partial Y$ 进行计算，即

$$n=\partial f/\partial X\times\partial f/\partial Y$$

式中，×表示向量叉乘。则面积微元 dS_i 可由其在 XOY 平面上的投影面积 $\varDelta$ 求出，即 $\mathrm{d}S_i=\dfrac{\varDelta}{\cos\beta}$，其中 $\tan\beta=\dfrac{n_3}{\sqrt{n_1^2+n_2^2}}$ 为法向量 n 与 Z 轴夹角的正切。整个区域的面积可表示为

$$S(\Omega)=\sum_{i=1}^{n}\sum_{j=1}^{N}S(\Omega_{i,j})$$

式中，n 表示子区域的个数；N 表示子区域中三角形的个数；Ω表示整个多边形区域；$\Omega_{i,j}$ 表示一子区域中的一个三角形区域。

通过该方法计算表面面积，将 DEM 数据拟合成地表曲面，拟合方法可以采用二次、以及高次拟合，同时可以控制拟合曲面的样本点个数。该方法能够很好地贴合 DEM 高程数据，达到比较好的计算效果。但是，对一个 DEM 栅格的面积计算需要周围多个点的数据拟合出空间曲面，计算复杂度较高，计算时间相对比较长。

2. 空间三角网构建法

空间三角网构建法是在平面投影条件下，保证地表三角形的顶点坐标互差均小于等于 1 倍的整数格网间距。将封闭区域先按照一个坐标方向，将大区域划分为一系列小区

域，属于粗糙构网。首先按 DEM 数据行（x 方向）对整个边界区域进行整数格网划分，该过程称为子区域构建过程。子区域构建完成后，再按照 DEM 数据列（y 方向）对子区域进行整数格网划分（图 4-8）。

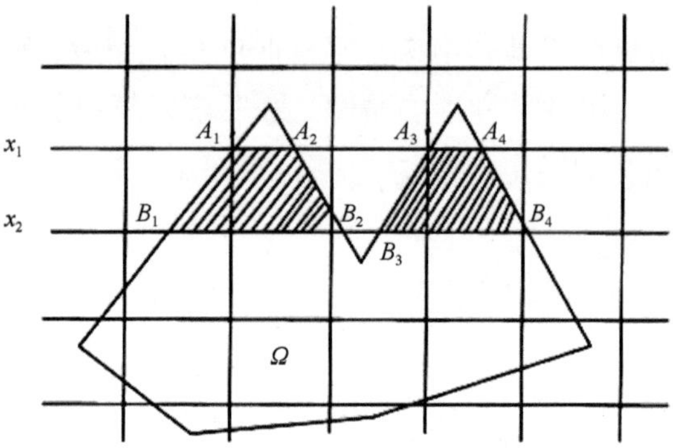

图中阴影区域即为构建的子区域

图 4-8　子区域三角网构建

子区域内一般包含大量整数格网，对于构建好的子区域，为了构建规则三角网（保证三角网中的每个三角形均使用相邻 DEM 格网点，即三角形的直角边长不超过整数格网间距），采用整数格网线切割子区域的方法。

对每个子区域使用固定 y 坐标的一系列整数格网线对子区域进行切分。在切分过程中，需要计算子区域斜边与这些整数格网线的交点坐标，并对这些交点进行高程内插计算。

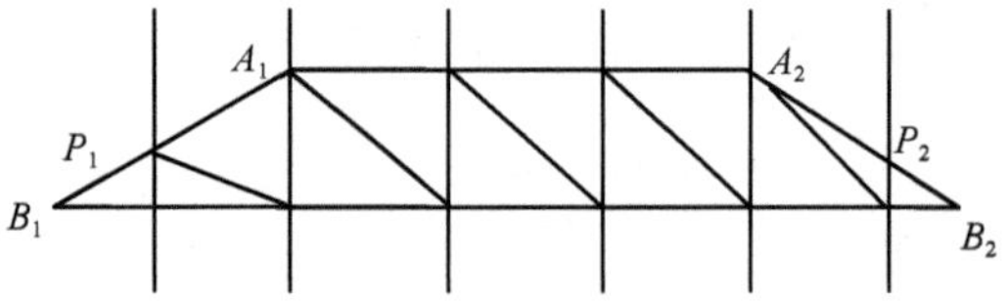

图 4-9　平面三角形面积计算模型

子区域三角网构建完成后，对于任意的三角形区域，均可按照平面三角形面积计算模型计算其面积，根据面积测度运算的性质，则整个区域的面积可表示为

$$S(\Omega)=\sum_{i=1}^{n}\sum_{j=1}^{N}S(\Omega_{i,j})$$

通过构建空间三角网的方式来计算表面面积是比较常用的方法，一般是在投影坐标系下完成计算，投影造成的区域变形会影响计算精度。

3. 坡度计算法

坡度计算法是将每个栅格作为计算单元，将每个栅格视为一个倾斜面通过坡度值计算表面面积。

首先是计算 DEM 的坡度值，生成与之对应的 SLOP 坡度数据。坡度计算方法有以下 4 类：四块法、空间矢量法、拟合曲面法、直接求解法。为保证数据的精度问题，一般采用拟合曲面法，又称为窗口微分分析法。该方法是需要一个 3*3 的 DEM 窗口，如下图所示。

e_1	e_2	e_3
e_4	e_5	e_6
e_7	e_8	e_9

中心 e_5 的坡度值计算公式如下：

$$\text{slope}=\tan\sqrt{\left[\frac{(e_8+2e_7+e_5)-(e_7+2e_3+e_6)}{8\times \text{cellsize}}\right]^2+\left[\frac{(e_7+2e_4+e_8)-(e_6+2e_2+e_5)}{8\times \text{cellsize}}\right]^2}$$

式中，第一个平方值为 X 方向上的坡度；第二个平方值为 Y 方向上的坡度。在 DEM 边界处的高程值如果没有数据，则将中心的数据赋值到边界中。若中心点没有数据则栅格的坡度值也没有数据。

生成坡度后一般采用两种方式来计算表面面积。

一种是经过矢量数据和栅格数据边界叠加，若栅格点完全为矢量覆盖，则通过计算栅格的投影面积来完成每个栅格点的表面面积。而处于栅格边界的数据则通过与栅格边界进行叠置运算获得落在每个栅格上的矢量图形。将所有计算获得面积进行加和就可以获得整个矢量数据的表面面积。投影面与曲面之间的关系式可表示为

$$S_1=S_2/\cos A=S_2\times\sec A$$

式中，S_1 为倾斜面积；S_2 为投影面积；A 为倾斜面和投影面之间的夹角，即倾斜面的坡度，$\cos A$、$\sec A$ 分别为倾斜面和投影面的余弦、正割。

另一种方法是查询多边形覆盖的所有栅格，计算每个栅格的正割值，所有栅格正割值求平均值 MeanSec。再求出矢量图层的投影面积 $S_{投影面积}$。通过公式 $S_{表面面积}=S_{投影面积}\times$ MeanSec，这种方法速度比第一种要快，但是精度损失非常大。

通过坡度法来计算大范围数据的表面面积时有比较好的效果，但是由于坡度计算时针对的是整个格网，对边界数据计算时有精度损失。在细小多边形如栅格内部多边形计算会出现面积计算丢失或者计算结果偏大的情况。

4. 常见计算方法的对比

对于常见几类表面面积计算方法，围绕误差、效率、复杂多边形处理等方面讨论。

1）*误差*

目前大部分商业软件（如 ArcGIS）提供的多边形面积计算的是平面投影面积，大部分关于表面面积计算研究也是在投影坐标系下通过投影长度或投影面积计算获得。其优势在于，由于平面投影下 DEM 栅格的大小是固定的，只需获得 DEM 栅格点高程值计算空间三角形的面积就可以计算出表面面积。

但是由于地球平面是一个椭球面，平面投影是将椭球地球表面投影到平面，在投影

变换过程中会有面积、长度、角度等变化。在数据生产过程中一般采用的是高斯投影，高斯投影是等角投影。高斯投影除了在中央经线上没有变形之外，其他位置长度均大于原有长度。离中央经线距离越远长度变形越大，纬度越低变形越明显，赤道上离中央经线 3°处的长度变形达到 0.138%。根据已有研究成果，高斯投影引起的面积变形二项式（王解先等，2003）。

$$m^2 = 1 + \frac{y^2}{R^2}$$

式中，m^2 即为测区高斯投影面积和椭球面积的比值，离中央经线距离越远面积偏差越大，最大可以达到 0.20466%。由于投影面积已经有了很大误差，这种误差会传递至基于投影面积计算得到的表面面积上。

2）效率

地表曲面拟合法在所有表面面积计算模型中计算精度较高，但是该算法平滑曲面选取与地形地貌有关，拟合窗口过大也会产生平滑滤波效果。而且由于算法过于复杂，计算效率不高。

坡度法计算表面面积虽然减少了逻辑判断，提高计算速度。但是坡度计算过程中计算窗口和公式的不同选择会影响生成的坡度值。当地表粗糙度显著时，该算法具有平滑空间滤波效果影响精度。在非整格网覆盖的数据会出现计算面积丢失或者过大的问题。

这些算法没有考虑到地球曲率的影响，且回避了怎样计算目标区域边界附近面积的问题，且忽略对于多边形边界和栅格边界关系的处理；若多边形足够小，则需判断所有 DEM 栅格点和多边形的关系，计算量也随之增长。

3）复杂多边形处理

有的多边形相对复杂，还有的存在环。这些多边形与 DEM 栅格的相交一般来说结构复杂。在对表面面积计算研究过程中，多数模型选择避开这种计算情况。

4.2.2 基于地形因子的地表面积计算模型

基于地形因子的地表面积计算，同样基于地表由多个平滑曲面拼合而成，考虑到地理国情采用的 DEM 精度较高，为了提高计算精度，考虑到地形因子的复杂性，插值过程中顾及地形因子的非线性特征，利用泰勒级数逼近原理对微观地形因子进行最小二乘估计，然后利用这些地形因子对 DEM 和多边形区域边界进行加密，最后利用加密后的 DEM 和多边形边界构建地表三角网，计算三角微元面积的时候采用辛普森积分法，减少判断 DEM 每个栅格角点和多边形关系步骤，最后通过累加并平差后得到区域地表面积。

1. 主要计算步骤

由在 CGCS2000 坐标系（x, y）和正常高 h 表示的三维空间地理信息转化为地表三维空间几何模型，需要利用如图 4-10 给出的不同基准间的转化关系。

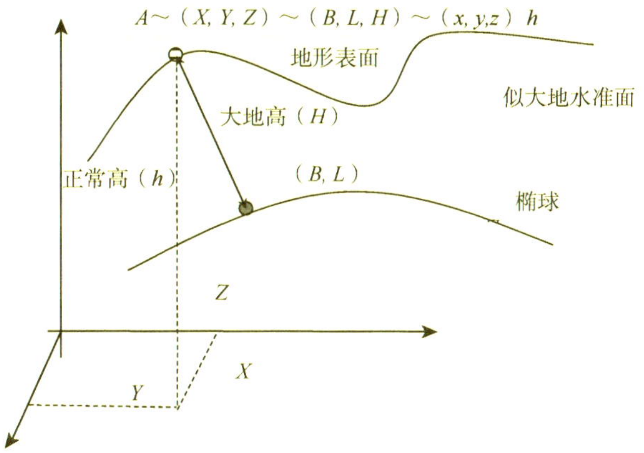

图 4-10　地形在不同参考基准下的表达

1）将经纬度坐标（x, y）转为大地坐标（B, L）

数学转换模型：

$$l=\frac{1}{\cos B_f}\left(\frac{y}{N_f}\right)\left[1-\frac{(1+2t_f^2+\eta_f^2)}{6}\left(\frac{y}{N_f}\right)^2+\frac{(5+28t_f^2+24t_f^4+6\eta_f^2+8\eta_f^2t_f^2)}{120}\left(\frac{y}{N_f}\right)^4\right]$$

$$B=B_f-\frac{t_f}{2M_f}y\left(\frac{y}{N_f}\right)\left[1-\frac{1}{12}(5+3t_f^2+\eta_f^2-9\eta_f^2t_f^2)\left(\frac{y}{N_f}\right)^2+\frac{1}{360}(61+90t_f^2+45t_f^2)\left(\frac{y}{N_f}\right)^4\right]$$

式中，B_f为由赤道起子午线长度为 x 的底点的大地纬度；l 表示待解算点相对于中央子午线（设其经度值为 L_0）的经差，即有 $l=L-L_0$，

$$\begin{cases} t_f=\tan B_f \\ \eta_f=\sqrt{e'\cos^2 B_f} \\ N_f=\dfrac{a}{W} \\ M_f=\dfrac{a(1-e^2)}{W^3} \\ e=\sqrt{a^2-b^2}, e'=\dfrac{\sqrt{a^2-b^2}}{a^2} \\ W=\sqrt{1-e^2\sin^2 B_f} \end{cases}$$

2）大地坐标转（B, L, H）为空间直角坐标（X, Y, Z）

数学转换模型：

$$\begin{bmatrix} X \\ Y \\ Z \end{bmatrix}=\begin{bmatrix} (N+H)\cos B\cos L \\ (N+H)\cos B\sin L \\ [N(1-e^2)+H]\sin B \end{bmatrix}$$

式中，$e=1-\frac{b}{a}$。a，b 表示椭球长短半轴；e 表示第一偏心率，

$$N=\frac{a}{\sqrt{1-e^2\sin^2 B}}$$

为卯酉圈曲率半径。最后通过辛普森积分法求解表面面积。

2. 基于辛普森积分法的表面面积计算

通过构建三角形微元来计算表面面积，传统的构建三角形微元时，需要频繁判断多边形边界和栅格的位置关系，这个过程会有大量的循环和位置判断，从而影响表面面积计算效率。

在地理国情统计过程中借鉴多边形面积计算方法，采用辛普森积分法来求解表面面积。辛普森积分算法求解椭球面积方法如图 4-11 所示。

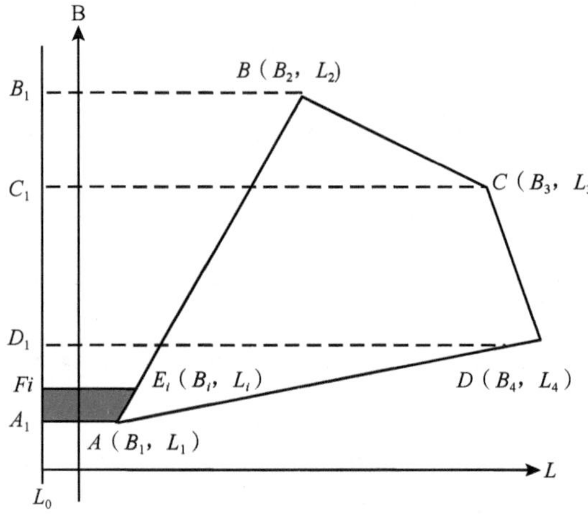

图 4-11　辛普森法计算面积示意图

若要计算封闭区域（$ABCD$）的面积，则从其中任意一点开始沿着多边形顺时针遍历每一条边，通过多边形的每一个直线和任意给定经线计算构成梯形。多边形（$ABCD$）面积为四个梯形（A_1B_1BA）、（A_1D_1DA）、（D_1C_1CD）、（C_1B_1BC）面积的代数和，其中（A_1B_1BA）的面积为负值，其正负值可以由对应四点的坐标和遍历方向获得。

表面面积计算过程中主要计算步骤如下。

将多边形数据按照 DEM 栅格大在 X 或者 Y 方向裁切成条带，对于每个条带用辛普森积分方法计算表面面积。对于每一个条带的数据以扫描多边形的每个线段与栅格下界构成三角形或梯形，通过构建三角形微元，以线性插值由周边四个高程点计算顶点的高程值。

三角形面积通过海伦公式计算。由 B_2～B_1 来控制所构成三角形的面积的正负值，其中 B_1 为前一个点的经度值，B_2 为后一个点的经度值。

最后将每个条带的计算结果相加即可获得多边形表面面积。由于多边形的数据定义中外环点的方向为顺时针，内环点的方向为逆时针，由这种方法计算出来内环的值为负

值。因此通过辛普森积分法计算只需将点序传给计算模型，计算模型可以自动区分内外环，减少点的位置判断。

地理国情表面面积计算是在 CGCS2000 的坐标参考下直接基于经纬度坐标进行计算，通过经纬度坐标转换到大地坐标下进行计算。计算过程中用于计算的长度都是在椭球面上的大地线长度，由于没有采用投影方式，从而避免了投影带来的数据形变误差保证计算精度。

计算过程中通过叠置分析的方法，将矢量数据裁切成经纬度条带数据后，再和 DEM 数据进行叠加计算，减少数据复杂度，同时减少非相关数据点的浏览个数。

常规算法计算表面面积时，首先获取多边形外接矩形，然后通过空间查询获得外接矩形范围所覆盖的 DEM 数据，并将 DEM 数据读入内存中进行计算。由于计算过程中多边形形状复杂，例如计算一条道路数据的表面面积，这种方法需要将整个区域范围内的 DEM 数据全部读取到内存，并且要扫描所有 DEM，浪费了大量的系统资源。

地理国情统计分析过程中，通过多种方法提高计算效率，首先通过空间叠置算法将多边形按照 X 或 Y 方向裁切成条带状，然后再对于每个条带获得外接多变形，获得一个条带的 DEM 数据，从而减少了数据的重复获取。其次，计算一个条带的表面面积时需要三个条带的 DEM 数据，所以计算过程中一次性获取对应多个条带的 DEM 数据，从而减少数据的重复读取。另外，计算过程中会遇到面积比较大的多边形，而系统内存是有限的，如果一次性将多边形覆盖的 DEM 数据都读取到内存中，可能会出现内存不足的情况，使计算无法进行。通过裁切后的数据，每次只获得指定条带所对应的 DEM 数据，内存在可控范围内。

通过采用在各条带上使用辛普森积分算法进行逐点扫描，改变原有判断矢量数据节点和栅格数据关系速度缓慢的问题，在保证计算精度的前提下有效提高计算速度。

4.3　数据处理与计算主要方法

地理空间分析以地理空间要素为对象，侧重于空间信息的提取和关系的计算，分析地理目标的位置和形态特征（郭仁忠，2001）。数据处理是空间分析的基础，空间计算是空间分析的实现手段。

4.3.1　数据处理方法

数据处理是指根据计算、显示、输出等业务要求，将数据进行整合、组织形成新的数据的过程。一般来说，空间数据处理的内容和概念很广泛，例如坐标变换、结构转换、数据融合、数据匹配等。本部分仅围绕地理国情统计分析常用到的一些数据处理方法进行论述。

1. 裁切

空间裁切是指按一个图层的边界，从另一个图层中截取出边界范围内的地理要素。

被裁切的对象可以为点、线和面矢量数据及栅格数据。地理国情统计是按行政区划单元进行统计的，而地理国情监测生产的数据未按行政区划进行组织，在地理国情基本统计预处理环节，需要基于行政区划单元对地理要素进行裁切，提取出与行政区范围相套合的地理要素，包含地表覆盖、水域、城镇综合功能单元、道路、构筑物等。

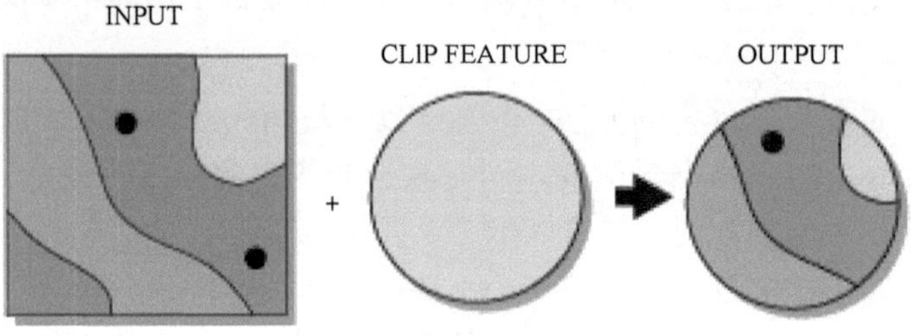

图 4-12　矢量数据裁剪

（引自 ArcGIS Help）

在地理国情统计分析中，空间裁切运用广泛，任何统计单元内的计算都是首先将地理国情空间数据（矢量、栅格）裁切至相应统计单元中。例如，以下为某水域周边 5 km 范围（A）落在单元（B）中部分（C）的裁切示意图。

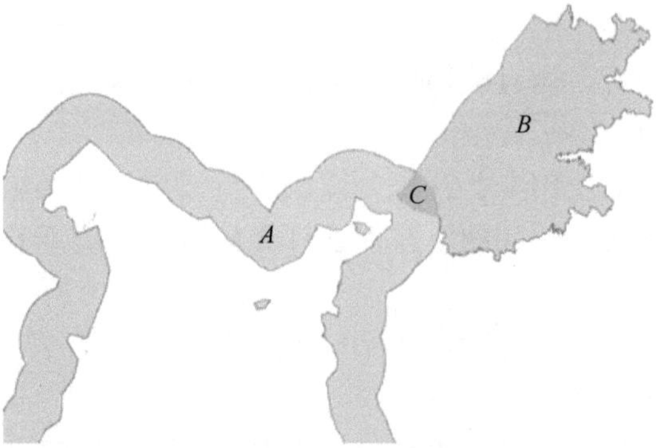

图 4-13　地理国情统计分析中矢量数据裁切

2. 拼接

拼接是指将相同类型的数据进行整合、组织形成新的数据的过程。按照数据类型的不同，针对矢量数据有图层拼接和要素融合两种方法，针对栅格数据主要是栅格镶嵌方法。

1）图层拼接

能够进行图层拼接的必须是同一种类型的要素，根据对象图形特征的不同，分为点层与点层、线层与线层、面层与面层，不同类型要素之间是不能进行拼接合并的。

2）要素融合

要素融合主要针对面状图层，根据一个或多个属性，将具有相同属性的相邻图斑聚合成为一个图斑。

3）栅格镶嵌

栅格镶嵌是指将多个相邻栅格数据镶嵌成一个单个栅格数据。在地理国情统计分析中，利用图层拼接方法将与统计单元相邻和相交的生产任务区块内的地表覆盖和地理要素分别拼接成覆盖统计单元的完整图层；利用要素融合方法基于县级行政区划单元，按照行政区划代码聚合生成地市级、省级和国家级行政区划单元，生成四大地区（东部、中部、西部和东北）、国家优化开发区、国家重点开发区、国家限制开发区和国家农产品主产区等社会经济区域单元；利用栅格镶嵌方法将与县级行政区划范围相交或相邻的分幅 1∶50 000 DEM 合并生成覆盖县域范围的一个栅格数据集。

3. 叠加

空间叠加是在统一的坐标系统下，对同一区域的多个不同主题的数据图层进行逻辑交、差、并运算。严格来说，裁切与拼接也是一种叠加。根据所采用的数据结构的不同，可分为矢量数据叠加分析和栅格数据叠加分析两种类型（见图 4-14）。

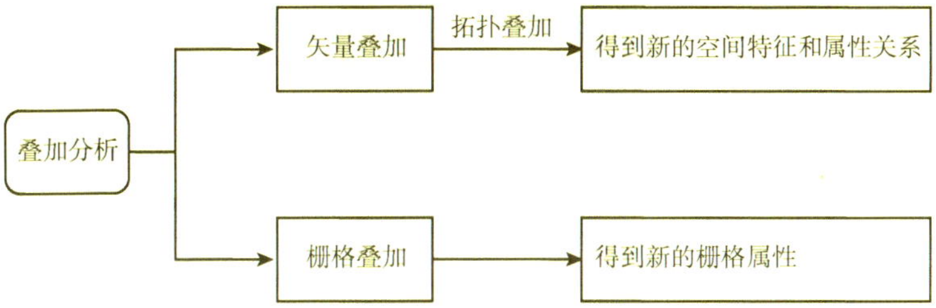

图 4-14 基于矢量和栅格的空间叠加分析

地理国情统计分析中矢量叠加分析包括点与多边形的叠加、线与多边形的叠加和多边形与多边形的叠加三种类型。其中：

点与多边形叠加用于判断点与多边形的关系（包含、非包含），并将这种关系反映到点和多边形的属性上。例如，水井点位与规划区叠加，可找到包含每个井的区域。

线与多边形叠加用于判断线与多边形的关系，通常是计算线与多边形的交点，相交产生的结点，将原线打断成一条条弧段，对弧段重新编号，并将原线和多边形的属性信息一起赋给新弧段，建立弧段（原线）与多边形的归属关系。

多边形与多边形的叠加是将多个不同多边形之间的叠合，例如地理变量的多准则分析、区域多重属性的模拟分析、地理特征的动态变化分析、区域信息提取等。多边形与多边形叠加分析，远比前两种叠加分析复杂得多。多边形叠加分析的结果是形成新的多边形，新多边形的属性分别具有原多边形的属性。

栅格数据叠加分析又被称为“地图代数”，栅格数据的叠加算法可以有多个空间特征数据参与分析，而不像矢量分析只能在两个空间特征数据之间进行，栅格数据的叠加分析虽然存储量比较大，但是运算过程相对简单（黄杏元等，2008）。

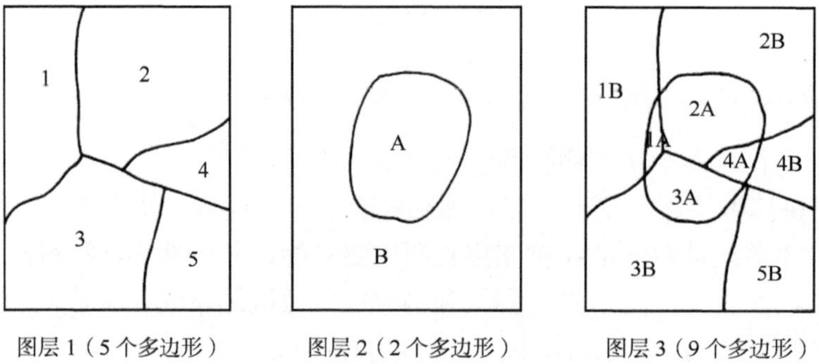

图 4-15　基于矢量数据的叠加分析

栅格叠加分析的栅格对象需要同尺寸同尺度，即具有相同行列数，同时栅格单元大小也要相同。在地图代数中，运算规则是空间分析的核心，栅格叠加的运算主要包括算术运算、关系运算、布尔运算、逻辑运算、位运算等。

矢栅叠加，也就是矢量数据和栅格数据的空间叠加分析，例如基于栅格数据的多边形统计计算。

在地理国情统计分析中，空间叠加运用广泛，在县级 DEM 提取前，县级行政区划单元与 1：50 000 标准分幅数据叠加，确定用于拼接的图幅；在统计过程中，地形单元或地貌类型单元与地表覆盖或地理要素进行叠加，涉及点面、线面和面面的叠加，用于进行基于子单元的统计；在进行表面面积的统计时，涉及矢栅叠加分析。

4.3.2　空间形态量算

空间形态关注于研究对象的几何形态特征，例如对于线状地物求长度、曲率、方向，对于面状地物求面积、周长、形状、重心等以及空间实体间的距离等。对象空间形态是分析空间物体诸多问题的基础，地理国情数据常用到的几何形态计算方法主要包括面积（含椭球面积和表面面积）、长度、曲率、中心、重心、分形维数、紧凑度等。其中面积（含椭球面积和表面面积）、长度等见前述。

1. 中心

空间量算的中心多指几何中心，即 1 维、2 维空间目标的几何中心，或由多个点组成的空间目标在空间上的分布中心。不规则面状形体几何中心可利用以下公式求得：

$$C_x = \frac{\sum_{i=1}^{n} x_i}{n},\ C_y = \frac{\sum_{i=1}^{n} y_i}{n}$$

式中，C_x、C_y 分别为不规则面状物体的几何中心的横纵坐标。

2. 重心

假设某单元包含 n 个子单元，第 i 个子单元权重为 M_i，子单元几何中心坐标为

（x_i，y_i），则该单元重心坐标 $(\bar{X},\bar{Y})$ 的计算公式为

$$\bar{X}=\frac{\sum_{i=1}^{n}M_i x_i}{\sum_{i=1}^{n}M_i},\quad \bar{Y}=\frac{\sum_{i=1}^{n}M_i y_i}{\sum_{i=1}^{n}M_i}$$

3. 曲率

曲率描述曲线的局部弯曲特征，数学上定义：曲线切线方向角相对于弧长的转动率，设 $y=f(x)$，则任一点的曲率为

$$K=\frac{y''}{(1+y'^2)^{1.5}}$$

4. 分形维数

分形维数是反映空间物体形态的重要指标，表征了面状物体边缘对于空间的填充能力和边界不规则的复杂程度。分形维数越大，空间形态越不规则，越复杂。计算公式为

$$S_t=2\ln\left(\frac{P_t}{4}\right)/\ln A_t$$

式中，S_t 为 t 时期面状物体斑块的分维数；A_t、P_t 分别为 t 时期面状物体斑块的面积和周长。当 $S_t<1.5$ 时，表示图形处于布朗随机运动状态，越接近于该值，稳定性越差；当 $S_t>1.5$ 时，则图形越为复杂。

5. 紧凑度

紧凑度是反映物体空间形态的一个非常重要的指标。紧凑度值越大，形状越具有紧凑性。紧凑度的提高，有利于缩短物体内部之间的联系距离。通常认为，紧凑城市是一种尽可能充分利用已存在的城市空间的结果，被认为是一种结束城市蔓延危害的一种方法。紧凑度的公式为

$$c=2\sqrt{\pi A}/P$$

式中，c 指紧凑度；A 指物体面积；P 指物体轮廓周长。c 值在 0～1 之间，紧凑值越大，其形状越具有紧凑性；反之，形状的紧凑性越差。圆是一种形状最紧凑的图形，圆内各部分高度压缩，其紧凑度为 1；如果是狭长形状，其值一般小于 1。

6. 形状比

形状比反映面要素的带状特征，带状特征越明显则形状比越小。计算公式如下：

$$lp=\frac{a}{l^2}$$

式中，a 为区域面积；l 为区域最长轴的长度。

4.3.3 空间分析计算

空间分析是对地理空间现象的定量研究，通过一系列模型及算法，一方面生成新的数据；另一方面表现地理空间现象潜在的信息。空间分析是地理信息系统的核心。空间分析计算的方法有很多，本节简要介绍几种常用的统计分析方法。

1. 缓冲区分析

缓冲区是指空间对象的一种影响范围或者服务范围（吕妙儿等，2000）。空间缓冲区分析是围绕空间的点、线、面实体，在其周围建立一定宽度范围内的多边形。空间缓冲区可以采用矢量方式实现，也可以采用栅格方式实现。前者称为矢量缓冲区，后者称为栅格缓冲区（黄杏元等，2008）。其中矢量缓冲区按照图形特征的不同又分为点缓冲区、线缓冲区和多边形缓冲区。

矢量缓冲区的边界生成有多种算法，代表性的有角平分线法和凸角圆弧法。本节将对角平分线法进行介绍。基于角平分线的缓冲区建立有以下几个步骤：

（1）确定要建立缓冲区的线状或多边形对象，并提取线的坐标序列；

（2）确定左右侧的缓冲区距离 d1 和 dr；

（3）将提取线作为轴线，沿着轴线前进方向，依次计算各转折点的角平分线，若为线状对象，起点和终点的角平分线取自于起始线段和终止线段的垂线；

（4）在各个角平分线上，根据左、右缓冲距离 d1 和 dr 确定左、右侧缓冲点位置；

（5）将左、右侧缓冲点分别顺序相连，并且在起点和终点处，以 d1 和 dr 为直径向外作半圆，即构成了缓冲边界，其内部区域即为缓冲区。

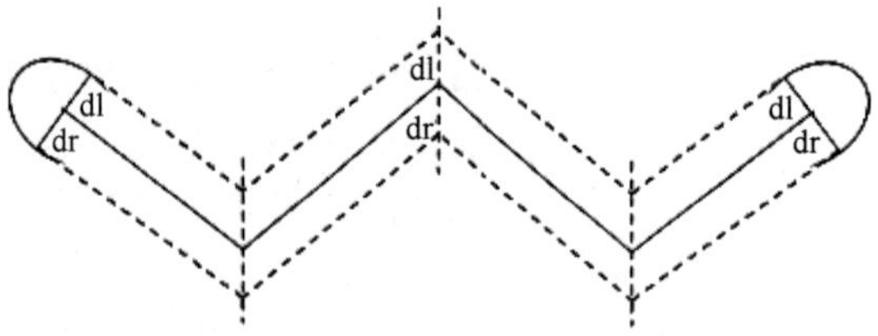

图 4-16 基于角平分线的缓冲区建立示例
（引自：周成虎等，2011）

基于栅格数据也可以进行缓冲区分析，主要步骤为：

（1）确定要做缓冲区的栅格单元；

（2）计算其他栅格到所要作缓冲区的栅格单元的距离；

（3）根据设定的缓冲区提取出符合条件的栅格单元；

（4）缓冲区分析是对点、线或者面按照设定的距离条件，围绕其要素而形成一定缓冲区多边形实体（生成的都是面），从而实现数据在二维空间得以扩展的信息分析方法。

在地理国情统计分析中，在地理国情统计数据预处理环节，利用缓冲区分析提取与统计单元相邻和相交的生产任务区块；在基本统计环节，利用缓冲区分析提取行政区划与管理单元区域范围内学校、医院、社会福利机构 1 km、3 km、5 km、10 km、20 km 缓冲范围内的行政村要素。在基本公共服务均等化综合统计分析时，涉及空间缓冲区分析的指标有高速出入口 500 m 半径范围的居民点、中学 1 000 m 半径范围内的居住小区覆盖率、绿地 3 000 m 半径内居民地覆盖率等；在区域经济潜能综合统计分析时，涉及空间缓冲区分析的指标有高速公路不同缓冲区范围内宜建荒漠裸露地面积、铁路不同缓冲区范围内宜建荒漠裸露地面积、不同坡度宜建荒漠裸露地面积等。

2. 可达性分析

在图论中，可达性是指在图中从一个顶点到另一个顶点的容易程度。在无向图中，可以通过识别图的连接分量来确定所有顶点对之间的可达性。可达性的意义十分广泛，有时空意义上的可达性，也有社会学、心理学上的可达性，它涉及人文地理学、城市规划、土地开发、城市交通、信息技术等领域（张莉等，2006）。可达性评价根据评价思路的不同，大体可划分为 3 大类，分别为设施法、活动法和效用法。可达性评价是一种有效的、综合的评价网络的方法，也是资源配置的重要基础。常用算法为：Floyd-Warshall、Thorup、Kameda 等算法。

Floyd-Warshall 算法（Floyd-Warshall algorithm）是解决任意两点间的最短路径的一种算法，可以正确处理有向图或负权的最短路径问题，同时也被用于计算有向图的传递闭包。Floyd-Warshall 算法的时间复杂度为 $O(N)$，空间复杂度为 $O(N^2)$。

Thorup 算法：对于平面有向图，一种更快的方法是如 Mikkel Thorup 在 2004 年提出的算法。计算复杂度为：$O(a(m,n)\log(m,n))$，其中 $a(m,n)$ 为增长速度非常缓慢的 inverse-Ackermann 函数。该算法还可以提供近似最短路径距离以及路由信息。

Kameda 算法：如果图形是平面的、非循环的，并且还表现出以下附加属性，则可以使用由 1975 年 T. Kameda 提出的更快的预处理方法：所有 0-indegree 和所有 0-outdegree 顶点出现（通常假设为外面），并且可以将该面的边界分割为两个部分，使得所有 0 个不等的顶点出现在一个部分上，并且所有的 0 度外的顶点出现在另一个部分上（即两种类型的顶点不交替）。

3. 网络中心度计算

为分析空间节点的重要程度，采用描述复杂网络结构特征的中心度指标进行分析，分别是中间（介）中心度、直线中心度和接近中心度，3 个指标均表示节点在整个网络中的重要程度，但其所要表示的重要程度含义及角度却有所不同。

1）中间（介）中心度

指网络中任意两个节点的最短路径中经过该点的数量比例之和，衡量点的中介作用。计算公式如下：

$$C_i^B = \frac{1}{(N-1)(N-2)} \sum_{j=1;k=1;j\neq k\neq i}^{N} \frac{n_{jk}(i)}{n_{jk}}$$

式中，N 为节点个数；n_{jk} 为两节点 jk 间的最短路径条数，$n_{jk}(i)$ 为两节点 jk 间的最短路径经过节点 i 的条数。

在道路网中，中间中心性越强的道路节点，表示最短路径通过次数越多，在整个网络中起到桥梁或枢纽转换作用也就越明显，具有越强的影响力和控制力，道路节点越重要。

2）直线中心度

衡量节点与其他节点的通达效率，即实际路线接近空间直线的程度。计算公式如下：

$$C_i^S = \frac{1}{N-1}\sum_{j=1;j\neq i}^{N}\frac{d_{ij}^{\mathrm{Eucl}}}{d_{ij}}$$

式中，N 为节点个数；d_{ij} 为节点 ij 间的实际路线距离；d_{ij}^{Eucl} 为节点 ij 间的空间直线距离。

3）接近中心度

该点与图中所有其他点的捷径距离（即捷径中包含的线数）之和的倒数，衡量节点的全局中心度。计算公式如下：

$$C_i^c = \frac{N-1}{\sum_{j=1;j\neq i}^{N} d_{ij}}$$

式中，C_i^c 为接近中心度；N 为节点个数；d_{ij} 为节点 ij 间的实际路线距离。

接近中心性是一个全局测度，能够揭示交通网络的中心。接近中心性指标可进一步描述道路节点与非直接连接道路节点的接近程度，指标值越大，表明该道路节点基本处于路网中心位置，服务范围也相对较大，可达性较好。由于接近中心性指标较高的节点至其他道路节点的可达性较好，在网络中交通流传播的速度和影响范围均较大，因此当接近中心性较高的道路节点附近出现拥挤或者交通事故时，为了减小其对整个路网的影响程度，可根据接近中心性指标快速确定事故影响范围，并在短时间内恢复交通。

在基本统计计算环节涉及到交通网络分析，以统计地理单元中行政区划与管理单元内高速公路出入口不同交通距离范围内行政村的占比为例，主要计算步骤为：先利用缓冲区分析，分别提取行政区划与管理单元区域内距离高速公路出入口 15 km、20 km、30 km、50 km 交通距离和直线距离范围内的行政村要素，然后计算缓冲距为交通距离的覆盖行政村数量与缓冲距为直线距离覆盖的行政村数量之比。

4. 服务区分析

服务区分析是指查找在设施点一定阻抗范围内的区域。服务区分析中包括两种分析模型：领域模型和空间引力模型。

邻域模型：遵循“最小努力”原则，假设所有人都愿意前往离自己最近的服务区，这就是领域模型的主要思想。邻域模型分成两个方向：一是顾客导向模型，即从顾客出发，搜索最近的服务点，并将该居民点纳入这个服务点的服务区；二是服务点导向模型，即从服务点出发构造泰森多边形，然后将泰森多边形与居民区进行叠置分析得到相应的服务区。

空间引力模型：又称 Huff 模型。是顾客以某个固定的概率选择服务点，而这一概率正比于该服务点的空间引力强度。空间引力模型主要是针对服务点是引力，并且考虑地理因素比较多，如障碍物、顾客习惯等。

服务区分析主要是商业选址中的一个分析概念，分析商场的服务范围，在城市规划中多用于公共设施的服务范围研究，除了考虑距离和空间可达性之外，还有公共服务设施本身的吸引力和服务能力等，也就是用到了引力模型。还有在区域规划中，多用来研究城市的服务范围或者说辐射范围，也是采用引力模型考虑距离和城市本身的指标来进行计算，有一点区位分析的概念。

5. 资源配置

资源分配是一种将需求按最近（远近按阻碍强度大小来确定）原则寻找配置中心（资源发散或汇集地）的分析方法（肖志娇等，2006）。其中，资源发散形式是由分配中心向四周输出，而资源汇集形式是由四周向分配中心集中（周成虎等，2011）。现实生活中，许多部门和行业都会遇到资源分配的问题，所以资源分配问题是资源配置的主要内容。

如图 4-17，假设一个货物配送区需在其范围内的 6 个城市（编码分别为 A，B，C，D，E，F）中，连线表示城市间的配送关系，连线权值表示城市之间运送货物所消耗的成本，求：中心配送仓库的位置。

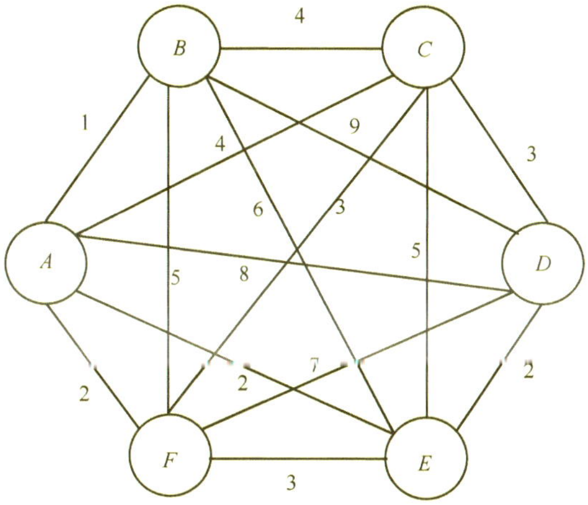

图 4-17　资源分配
（引自：周成虎等，2011）

（1）求出各结点之间的最小距离矩阵 $\boldsymbol{R}$：

$$\boldsymbol{R}=\begin{bmatrix}0&1&4&4&2&2\\1&0&4&5&3&3\\4&4&0&3&5&3\\4&5&3&0&2&5\\2&3&5&2&0&3\\2&3&3&5&3&0\end{bmatrix}$$

（2）选用地理网络中心点的数学表达式依次计算从城市 A，B，C，D，E，F 分别到其余各个城市的货物运送最大成本 MVV（i），若选择中位法求解方法，则须计算从城市 A，B，C，D，E，F 分别到其余各个城市的货物运送总成本 SVV（i），选择计算 MVV（i）：

$$\text{MVV}(A)=\max\{0，1，4，4，2，2\}=4$$
$$\text{MVV}(B)=\max\{1，0，4，5，3，3\}=5$$
$$\text{MVV}(C)=\max\{4，4，0，3，5，3\}=5$$
$$\text{MVV}(D)=\max\{4，5，3，0，2，5\}=5$$
$$\text{MVV}(E)=\max\{2，3，5，2，0，3\}=5$$
$$\text{MVV}(F)=\max\{2，3，3，5，3，0\}=5$$

（3）选取总成本最小结点（即城市 A）作为中心配送仓库。地理国情统计分析中的地理问题，譬如城镇体系问题、城市功能结构问题、交通问题、应急设施设施点布局优化等，都可以运用资源配置分析方法进行研究和分析。

6. 核密度分析

核密度分析（kernel density estimation）是在概率论中用来估计密度的函数，属于非参数检验方法之一，由 Emanuel Parzen（1962）和 Murray Rosenblatt（1971）提出，又名 Parzen window。Ruppert 和 Cline 基于数据集密度函数聚类算法提出修订的核密度估计方法。

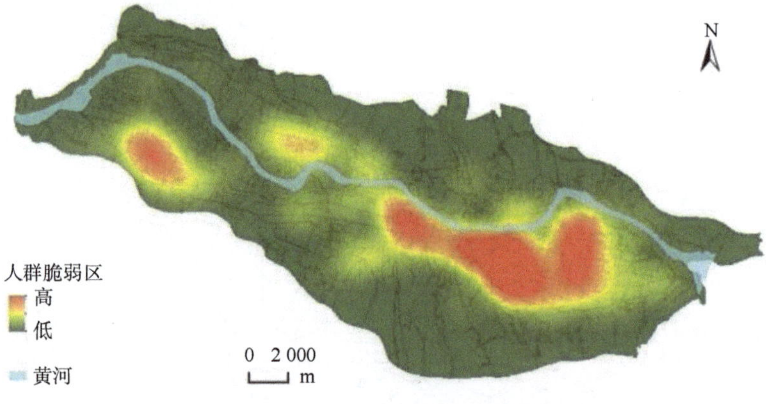

图 4-18　核密度效果图（以某区域人群脆弱性分布为例）

密度分析是一种空间平滑操作，可以对某个现象的已知量进行处理，依据在每个位置测量到的量和这些测量量所在位置的空间关系将这些量分散到整个区域中。例如，为了将一维道路线要素扩散到二维景观上，选择核密度分析方法（kernel density estimation, KDE）。假设 x_1、x_2、…、x_n 是具体的样本值，获得某点 x 处的密度值 $f(x)$，具体核密度估算公式如下所示：

$$f_n(x)=\frac{1}{nh}\sum_{i=1}^{n}k\left(\frac{x-x_i}{h}\right)$$

式中，n 为样本数；x_i 为独立样本；$x-x_i$ 为估计点到样本点 x_i 的距离；h 为带宽，$k\left(\frac{x-x_i}{h}\right)$ 为核函数。

由上式可知，核密度分析方法用于计算要素在其周围邻域中的密度，距离较近的对象，权重较大。它具有如下优点：

（1）此种方法遵循了 Tobler（2002）的地理学第一定律，即“任何事物都相关，只是相近的事物关联更紧密”，在考虑道路的影响时，增加了距离衰减来确定权重，结果更符合实际；

（2）这种方法将每条线上方均覆盖着一个平滑曲面。其值在线所在位置处最大，随着与线的距离的增大此值逐渐减小，在与线的距离等于指定的搜索半径的位置处此值为零。由于定义了曲面，因此曲面与下方的平面所围成的空间的体积等于线长度与属性字段值的乘积。因此，该方法不仅强调了本身道路的影响，也有效地考虑了周围廊道的影响，运用到道路中心度密度的计算中，可将全局范围内的中心度数值与局部范围内的道路密度相结合，更易于说明邻近要素间的综合内在关系。

4.3.4　常用统计方法在地理国情分析中的应用

地理国情数据中包含了大量信息，要发现这些信息中隐藏的规律或将数据信息转化为决策信息，就必须对这些资料进行统计分析。本节从统计分析方法论的角度出发，简要介绍几种常用的统计分析方法，具体方法不作详述。

1. 分组分析法

统计分组，是根据统计研究的目的，按照一定的标识将总体划分为若干不同的部分或组的一种统计方法。其目的是把总体中具有不同性质的单位区分开，把性质相同的单位合并在一起，保持各组内统计资料的一致性和组与组之间资料的差异性，以便进一步运用各种统计方法研究现象的数量表现和数量关系。

正确选择分组标识是进行统计分组的前提。在确定统计分组指标时，应根据研究的目的选择那些最能反映现象本质特征、有实际意义的分组标识。通过分组应达到以下目的：第一，划分现象的类型；第二，反映现象的内部结构；第三，分析现象之间的依存关系。

地理国情数据不同于其他的数据，具有明显的空间特征，因此，地理国情数据的分组主要有两类：一是按要素类别分组（例如盐碱地表、乔木林、路面、水域等）；二是按空间单元分组（例如按照地域、高程、坡度等）。

将若干个有密切联系的分组结合起来，从不同角度全面地反映总体内部构成。在地理国情的分组体系中，既有要素类别分组，也有空间单元分组；既有平行分组，也有复合分组。地理国情提供了多种分组分析的可能，应当根据分析研究的目的具体确定。

2. 对比分析法

对比分析法也称比较分析法，是把客观事物加以比较，以达到认识事物的本质和规律，并做出正确的评价。对比分析法通常是把两个相互联系的指标数据进行比较，从数量上展示和说明研究对象规模的大小、水平的高低、速度的快慢，以及各种关系是否协调。

按比较对象内容范围不同，可分为单项比较和综合比较（综合评价）。单项比较是指比较某种总体现象某一方面、某一局部，可以是单独一个统计指标，也可以反映某一方面、某一局部的若干指标将不同的分组，总体进行对比分析。综合比较是指对总体或若干方面的全面评价比较。按比较时间状况不同，可分为横向对比和纵向对比。横向对比，是通过对地区间、类型间、隶属关系间同一时间点的指标对比分析，从中发现问题，找出差距。而纵向对比是通过对同一指标在不同时间点的对比，以反映其动态发展变化情况。

在进行对比分析时，选择合适的对比标准是十分关键的。对比标准选择的合适，才能做出客观的评价，选择不合适，评价可能得出错误的结论。另外，运用对比分析法时，一定要注意同质性事物的可比性，不得把不同质的事物放在一起对比。所谓同质性，就是对比事物的性质是否相同，指标的定义范围是否一致。在运用普查资料与历史资料对比时，更要注意资料的同质性。

3. 结构分析法

结构分析法是指被研究总体内各部分与整体进行对比的分析方法。通过分析，可以说明地理要素在空间上或所属类别上的比例关系，揭示各部分之间的相互联系及其变化规律。结构相对指标的计算公式为

结构相对指标=总体某部分的数值/总体总量×100%

分析总体内各组成部分之间的相互关系，还可以计算比例相对指标，以反映总体中某一部分为另一部分的比率。其计算公式为

比例相对指标=总体中某一部分数值/总体中另一部分数值

结构分析法的优点是简单实用，但在实际经济分析时，考虑到地理现象既涉及自然又涉及人文，具有复杂性，很多比例关系在一定范围内会出现不稳定的现象（例如丰水期和枯水期的水面面积），因此分析比例结构时，不能就数字论数字，应联系多方面和多因素进行综合分析。

4. 平均分析法

平均分析法是运用计算平均数的方法来反映同质总体在具体条件下的一般水平。平均指标可用于同一现象在不同地区、不同部门或单位间的对比，还可用于同一现象在不同时间的对比。平均分析法的主要作用有二：第一，利用平均指标对比同类现象在不同统计单元之间的差异程度；第二，利用平均指标对比某些地理国情要素在不同历史时期的变化，说明其发展趋势和规律。

常用的平均指标有算术平均数、调和平均数、几何平均数、众数和中位数等，其中最为常用的是算术平均数。算术平均数是用总体各单位标志值总和除以总体单位个数后所得结果，是重要的基础性指标。平均数是综合指标，它的特点是将总体内各单位的数量差异抽象化，它只能代表总体的一般水平，掩盖了在平均数后各单位的差异。

用平均数指标分析问题时必须与测算标志的变动度相结合。而标志变动度是反映总

体单位之间在某数量标志上的差异大小。两者相结合才能对客观事物认识更全面、更深刻，并找出差距，查明造成差异的原因，进而提出解决问题的办法。一般来说，标志变动度越小，平均数指标的代表性越大。测度标志变动度主要有以下几种方法：全距与全距系数、平均差与平均差系数、标准差与标准差系数。

平均分析法要结合各种分组和指标对比来进行。例如分析不同地区的平均高程。

5. 强度分析法

强度相对指标是两种有密切联系但性质不同的总量指标之比值，用以说明各种社会经济现象的强度、密度或普遍程度。

强度相对数=某一总体总量/另一有联系的总体总量

经济普查资料结合一些其他指标如人口、面积、数量等，可以产生很多强度指标。这些强度相对指标分析的内容通常涉及与人民日常生活息息相关的一些情况。比如，不同地区的水网密度、破碎度、每万人医院数量、学校数量、体育场馆数量、每百平方公里加油站数量等。例如破碎度用于度量某一时刻景观破碎的程度，是生态学中的一个重要景观指标。其中自然生态空间破碎度的计算公式如下：

自然生态空间破碎度=自然生态要素图斑数量/自然生态要素总面积

一般来说，破碎度越高，自然生态空间被分割得越破碎，自然生态景观结构越复杂。强度分析若与对比分析结合起来，反映的问题就更加深入。比如通过对比分析不同地区的强度指标的结果，可以找出差距、寻求原因，提出改进目标等。

4.4　汇总与平差

地理国情统计分析以行政区划范围为基准单元，分别按照高程带、坡度带、地貌类型单元进行地形地貌、植被覆盖、水域、荒漠与裸露地、铁路与道路、居民地与设施、地理单元共十大类地理信息的基本统计计算与汇总处理。由于数据本身的生产与存储精度、拓扑阈值、计算前预处理、计算中指标建模、数值有效性、汇总累加等过程，会造成几何和属性两方面的不确定性问题，应采取一定的计算结果平差、多种形式的汇总方法处理来确保计算结果的逻辑一致性。

4.4.1　统计计算误差分析

地理国情统计分析的数据经过了数据采集、生产、入库、统计预处理加工、基于模型的统计计算和汇总、提取生成统计产品等多个步骤，生产环节数据的容差、数据的转换误差、计算环境的误差、模型的误差、成果的综合等每个环节都会对统计成果的精度造成一定程度的影响，详细分析如下。

1. 地理国情数据生产过程误差

地理国情国统计分析的源数据为地理国情监测成果数据。在地理国情数据采集生产阶段，对地理国情统计分析产生直接影响的误差为数据的采集误差和拓扑误差等设计误差。根据地理国情生产相关技术要求，地理国情数据设计的数据采集平面精度误差控制在 5 个像素以内，最大误差控制在 10 个像素以内，地表覆盖容限控制在 0.5 m 以内（国务院第一次全国地理国情普查领导小组办公室，2014）。除此之外，还有生产过程中的非设计误差，如影像数据误差、由于采集人员与操作方式的不同造成的误差、对于最小采集图斑的要求把握程度不同造成的误差、不同作业区之间由于采集标准不一致造成的误差、相邻图幅的接边误差、曲线的弯曲程度不符合规范要求造成的误差、数据格式转换误差、坐标转换误差、遥感影像解译误差、元数据采集误差等。这些误差通过误差的传递和扩散，直接或间接地影响到统计分析成果的精度。

2. 地理国情统计计算误差

地理国情统计分析的数据预处理和利用统计模型计算过程中会产生相应的误差。地理国情监测成果数据采用了基于任务区组织形式，与地理国情统计分析的基于行政区的组织形式相背，需要通过预处理对数据进行转换。预处理过程包含了大量的对数据的拼接和裁切过程，会造成拓扑重构，在计算过程中，由于计算机浮点运算能力的差异，导致计算精度的误差。

3. 地理国情统计成果数据修约误差

数据修约是指在进行具体的数字运算前，通过省略原数值的最后若干位数字，调整保留的末位数字，使最后所得到的值最接近原数值的过程。在地理国情统计中，在三个方面存在数据修约误差：一是基于图斑的计算过程中，地理国情统计对象为复杂破碎的图斑或大量的线条，统计的结果为图斑或线条结果的汇总，由于数据保留位数的限制，在汇总数和详细的图斑间会存在或大或小的误差；二是由低级别单元向高级别单元的汇总过程中，如由县级耕地面积汇总生成地市级耕地面积；三是不同单位的换算，如面积由平方米换算为平方千米。

4.4.2　计算结果平差

地理国情统计分析开展了地理国情要素面积/表面积的计算，但是由于计算精度和数据生产精度的限制，统计单元内各类图斑的面积/表面积汇总值，与统计单元的面积/表面积计算值相比，总有一定的出入，尤其是表面积，汇总值和直接计算值相差可能会更大。为了消除由于计算精度和数据生产精度而导致的汇总结果数据不一致问题，更合理地开展统计分析和综合评价，需在输出统计成果前，对各类地理国情要素面积/表面积汇总值进行平差处理。同时，基本统计分别按照规则地理格网单元、行政区划与管理单元、地形单元、地貌类型单元等多种统计单元开展计算汇总，各类统计单元统计结果之间也必须满足准确的逻辑关系，这对统计结果的平差处理工作提出了更高的要求。例如，在实际统计工作中，按不同类别统计单元，以及相同类别但不同级别统计单元汇总的统计结果往往都会存在一定的误差，都需要通过严谨、科学的平差方案来予以消除。

基本统计中间成果数据平差处理总体上先针对各类统计单元，分别开展汇总值平差处理，保证同类统计单元内部各类地理国情要素面积/表面积汇总值的逻辑准确性；然后以行政区划与管理单元汇总值为参考值，分别对其他统计单元开展平差处理，并在处理过程中保持同类统计单元内部汇总结果的逻辑一致性。而对于同一类统计单元而言，则首先处理高级别子类，然后再逐级处理低级别子类，最终实现各类统计单元内部汇总结果的逻辑准确性，以及各类统计单元之间结果的逻辑一致性。具体过程如下：

（1）基于 10 m DEM，计算高程带、坡度带统计单元面积/表面积，作为后续平差处理的控制值。

（2）基于统计用行政区划数据和 10 m DEM，计算县级行政区划单元椭球、表面面积，以其为控制值，以各高程带、坡度带为权重，开展高程带、坡度带面积/表面积平差处理。

（3）分别计算、汇总高程带、坡度带内各类地理国情要素面积/表面积，并参考（1）计算所得控制值，对统计单元区内各类地理国情要素面积/表面积汇总值开展平差处理。

（4）参考其他统计单元平差结果，分别将步骤（2）得到的平差结果进行调平处理，直到各种统计单元的汇总结果在逻辑上保持一致。

地理国情统计平差的流程如下。

1. 总体流程

首先对行政区划与管理单元的汇总值实施统计单元总面积/表面积与内部各种地理国情要素类面积/表面积汇总值的平差处理，保证各类要素面积/表面积汇总值与统计单元的面积/表面积计算值一致。

然后在与行政区划与管理单元覆盖范围完全重合的高程带和坡度带统计单元之间，开展汇总值平差处理，保证不同高程带、坡度带内的地理国情要素面积/表面积汇总值与行政区划与管理统计单元的汇总值一致。

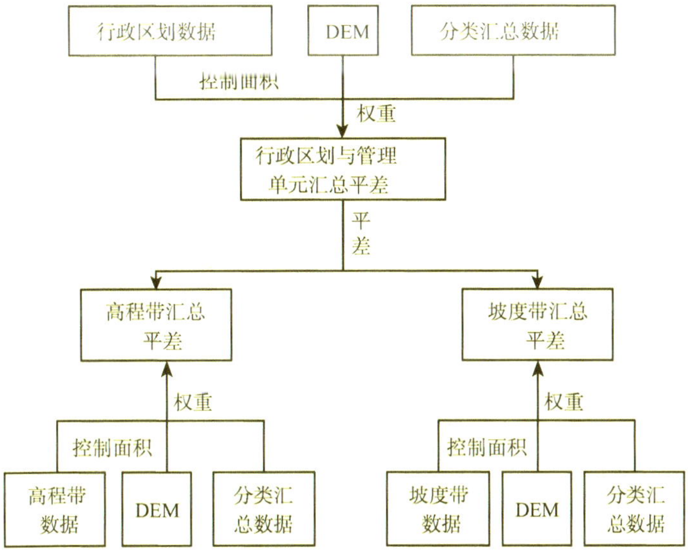

图 4-19 平差总体流程

2. 行政区划面积平差流程

首先计算县级行政区面积/表面积，作为后续平差处理的控制值。

以县为基本统计单元，分别计算、汇总各类地理国情要素面积/表面积，并参考县汇总值，分别对各类地理国情要素面积/表面积汇总值开展平差处理。

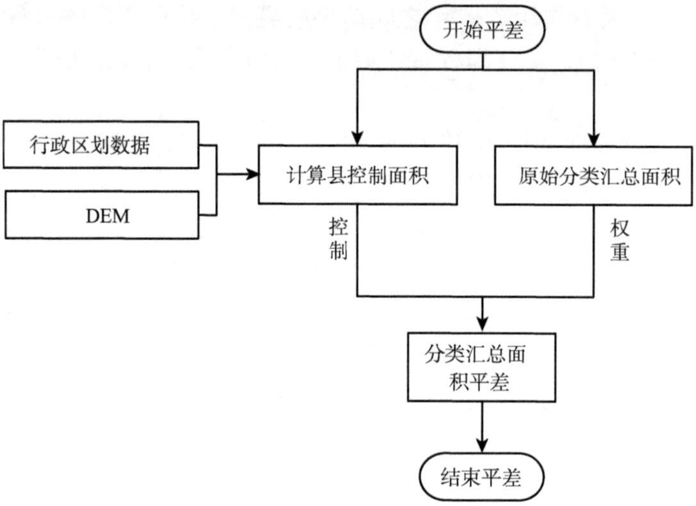

图 4-20 行政区划面积平差流程

3. 自然地理单元面积平差流程

自然地理单元包括地形单元（高程带和坡度带）和地貌类型单元。

首先计算自然地理单元面积/表面积，作为后续平差处理的控制值。

以县面积/表面积为控制值，以各自然地理单元为权重，开展自然地理单元面积/表面积平差处理。

分别计算、汇总自然地理单元内各类地理国情要素面积/表面积，并参考控制值，并对统计单元区内各类地理国情要素面积/表面积汇总值开展平差处理。

参考其他统计单元平差结果，分别将第二步得到的平差结果进行调平处理，直到各种统计单元的汇总结果在逻辑上保持一致。

4.4.3 统计汇总方法

统计汇总是统计资料或统计数据的汇集整理过程。为了能够反映调查对象分布的全貌，必须对统计资料进行汇总，即计算各组的单位数和标志值总量，并在此基础上计算总体单位数和标志值总量（李伟民，2002）。

地理国情统计汇总是指地理国情统计指标的汇总，即按照县级、地市级、省级至国家级，将低级别统计单元统计的结果自下而上逐级汇总形成高级别统计单元的统计结果。

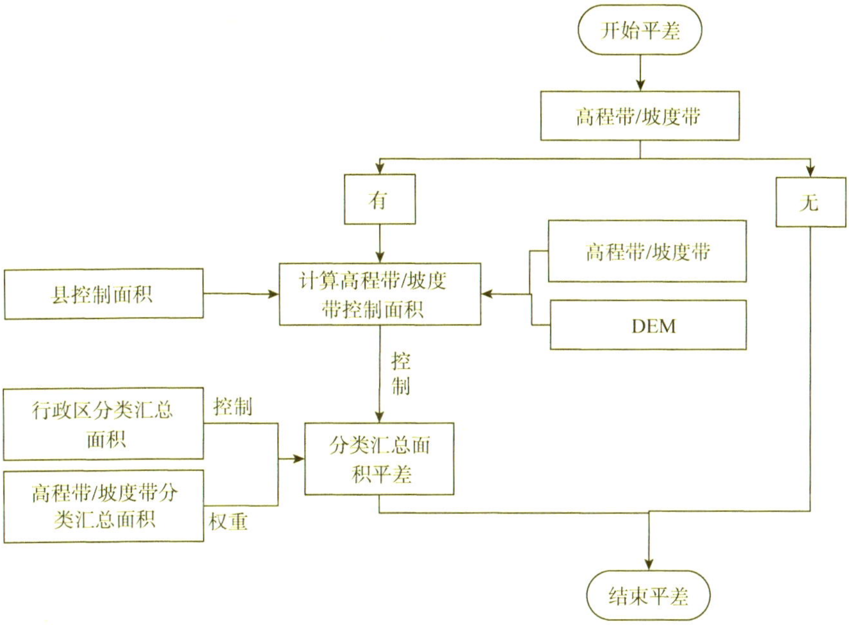

图 4-21　自然地理单元面积平差流程

根据统计内容、统计指标和统计单元的不同，汇总方式也不尽相同，根据地理国情基本统计汇总的实际情况，可归纳为直接汇总、重新计算和比较计算等三种类型的汇总方式。

1. 直接汇总

直接汇总是直接由低级别单元通过逐级汇总的方式形成高级别单元统计结果，指标有逐级汇总指标、地理实体指标、基于大范围自然地理单元和社会经济区域单元的指标、属性项指标和边界格网指标。

逐级汇总指标主要包括面积、表面面积、个数等指标，基于行政区划单元计算的按照行政单元逐级汇总，基于地形单元计算的按照地形单元分级合并汇总。

地理实体类指标主要包括面积，根据实体代码进行合并汇总。

基于大范围自然地理单元和社会经济区域单元的指标主要是面积、表面面积和个数指标，根据该类单元包含的基于完整行政区划单元计算的结果进行汇总。

直接将以覆盖的子区域为单元计算的相关指标的值分别相加求和。如图 4-22 所示，Q 区域覆盖 A、B、C、D、E、F 六个区域，若计算 Q 区域的面积，则

$$Q\text{面积}=A\text{面积}+B\text{面积}+C\text{面积}+D\text{面积}+E\text{面积}+F\text{面积}$$

属性项指标主要包括面积，对于面积，按照行政区划单元，根据属性项代码进行汇总。

边界格网指标主要包括个数、长度和面积，将处于两个行政单元相邻边界的具有同一格网代码的同一地理国情要素的计算结果合并。1 km×1 km 和 100 m×100 m 边缘跨界格网的处理及 10 km×10 km 格网的汇总方式具体如下。

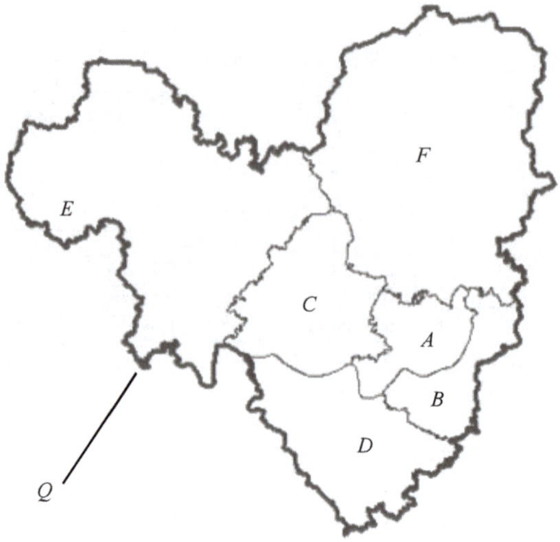

图 4-22　直接汇总

边缘跨界格网的处理。每个格网都有一个唯一的编码，根据该格网的代码和范围内每个要素及覆盖类型的地理国情分类代码，对格网内要素及覆盖类型的个数、面积和长度进行汇总。如图 4-23 所示，格网“019G294964”跨 *A* 和 *B* 两个区域，以 *CC* 码为 1001 要素的面积为例，*A* 和 *B* 区域分别计算了 1001 类型的面积，在汇总时，将两者直接相加求和，其他要素的汇总方式相同。

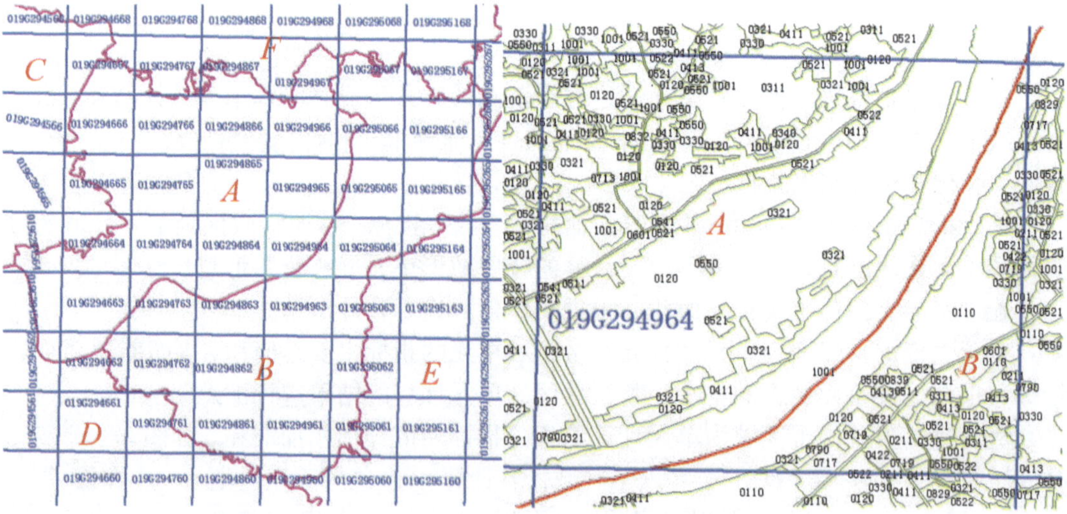

图 4-23　格网汇总

10 km×10 km 格网汇总。每个 10 km×10 km 格网包含 100 个 1 km×1 km 格网，且格网范围内的 1 km 格网代码都包含所属 10 km×10 km 格网的代码，通过代码能够找到包含的所有 1 km×1 km 格网。基于 1 km×1 km 格网计算了范围内的所有要素和覆盖类型的个数、面积和长度。基于 1 km×1 km 统计成果数据集，将格网范围内每个基于 1 km×1 km 格网计算的要素和覆盖类型的个数、面积和长度进行求和，即完成了 10 km×10 km 格网的汇总，汇总完成后将分别形成覆盖全国 1 km×1 km 和 10 km×10 km 的格网统计数据成果，如图 4-24 所示。

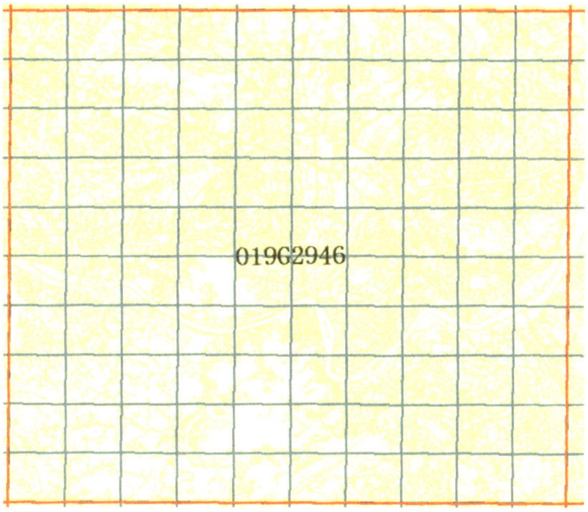

图 4-24　10 km 格网汇总

2. 重新计算

重新计算指标是指不能统计低级别单元汇总形成的指标，包括派生指标、长度、东西南北长度及跨不完整行政区划单元的边缘区域重新计算相应的统计指标等。

对于长度指标，在地理国情普查/监测数据库中，没有对处于分界线上的河流、水渠、公路、铁路等线状要素进行标识，在全国基本统计中对河流、水渠、铁路、道路等要素长度进行统计时，如果按照以县为最小统计单元，逐级汇总形成地市、省和全国的统计结果，将会造成重复统计。为保证每个统计单元不重复计算，针对线状要素的统计单独设计了统计方法。针对分布在两地区分界线上的河流、水渠、公路和铁路，在进行基于分县、分地市、分省、四大地区及全国的长度统计时，不同的统计单元分别单独计算，处在分界线上的线状要素每个地区各统计一次。

对于密度、占比、构成比和平整系数等派生指标，这些均由同一层级单元统计指标派生而得，无法直接汇总形成高级别单元的汇总结果。需要根据关联指标的汇总值重新结算获得。

对于东西南北长度，由于统计单元的不规则形状，无法汇总获得，需根据地市级、省级和国家级行政区划单元的界线重新进行东西和南北长度的计算，对于包含飞地的区域，分别按照主区域和整个区域分别计算东西和南北长度。

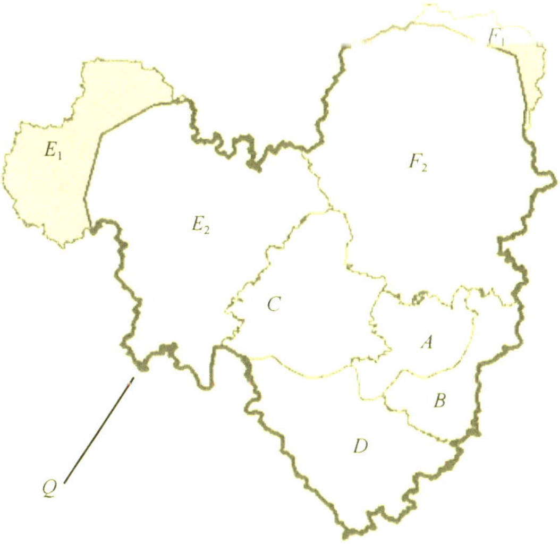

图 4-25　重新计算汇总

对于跨不完整行政区划单元的边缘区域重新计算相应的统计指标，直接将以覆盖的各级子区域的相关指标的值分别相加求和。如图 4-25 所示，Q 区域覆盖 A、B、C、D、E 区域的 E_2 子区域和 F 区域的 F_2 子区域，Q 面积=A 面积+B 面积+C 面积+D 面积+E_2 面积+F_2 面积。

3. 比较计算

比较计算是指可以通过低级别单元

的统计结果，经过比较后获得高级别统计单元的统计结果的方式。涉及指标有高程和四至点。

高程（最高高程、最低高程），将各低级行政区划单元的最高高程和最低高程分别进行比较计算得出高级行政区划单元的最高高程和最低高程。对于最高和最低高程，比较所包含子区域的最低高程，最小的数值即为该区域的最低高程；比较所包含子区域的最高高程，最大的数值即为该区域的最高高程。如图 4-26 所示，*Q* 区域包含 *A*、*B*、*C*、*D*、*E* 和 *F* 六个区域，分别比较六个区域的最低高程和最高高程，得到 *E* 区域的最低高程为最小值，则 *Q* 区域的最低高程为 *E* 区域的最低高程；同理，*C* 区域的最高高程为 *Q* 区域的最高高程。

对于平均高程，利用覆盖地市级、省级和国家级行政区划单元的 DEM 数据分别进行计算，得出各级行政单元的平均高程。

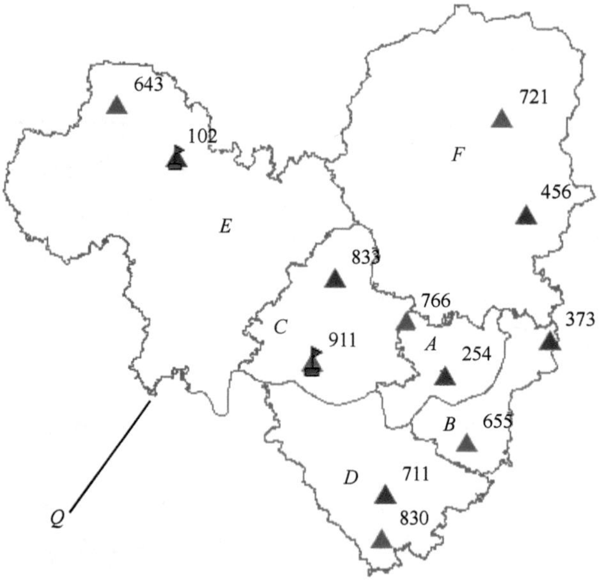

图 4-26　高程汇总

四至点，将各低级行政区划单元的四个顶点坐标分别进行比较计算得出高级行政区划单元的四个顶点坐标。比较所包含子区域的四个顶点，得出最东、最南、最西、最北四个顶点，即为该区域的四至点。如图 4-27 所示，*Q* 区域包含 *A*、*B*、*C*、*D*、*E* 和 *F* 六个区域，分别比较六个区域的四个顶点，得到 *F* 区域的最东（F_E）、*D* 区域的最南（D_S）、*E* 区域的最西（E_W）和 *F* 区域的最北（F_N）为 *Q* 区域的四个顶点。

对于包含飞地的区域，分别按照主区域和包含飞地区域计算，按主区域计算时（如图 4-28 所示），*Q* 区域包含 *A*、*B*、*C*、*D*、*E*、*F* 和 *I* 七个区域，其中 *I* 为飞地，分别比较 *A*、*B*、*C*、*D*、*E*、*F* 六个区域的四个顶点，得到 *F* 区域的最东（F_E）、*D* 区域的最南（D_S）、*E* 区域的最西（E_W）和 *F* 区域的最北（F_N）为 *Q* 区域的四个顶点。

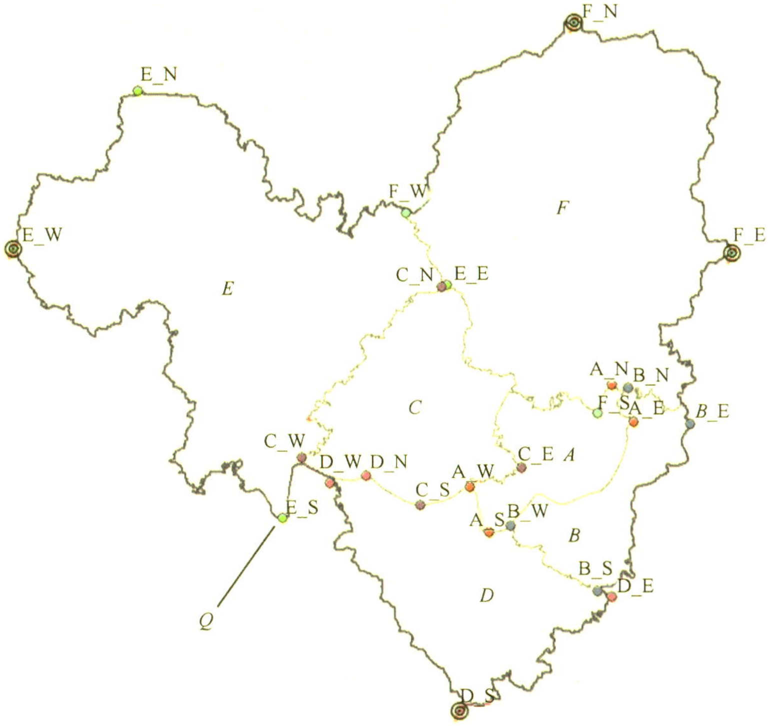

图 4-27　四至点汇总

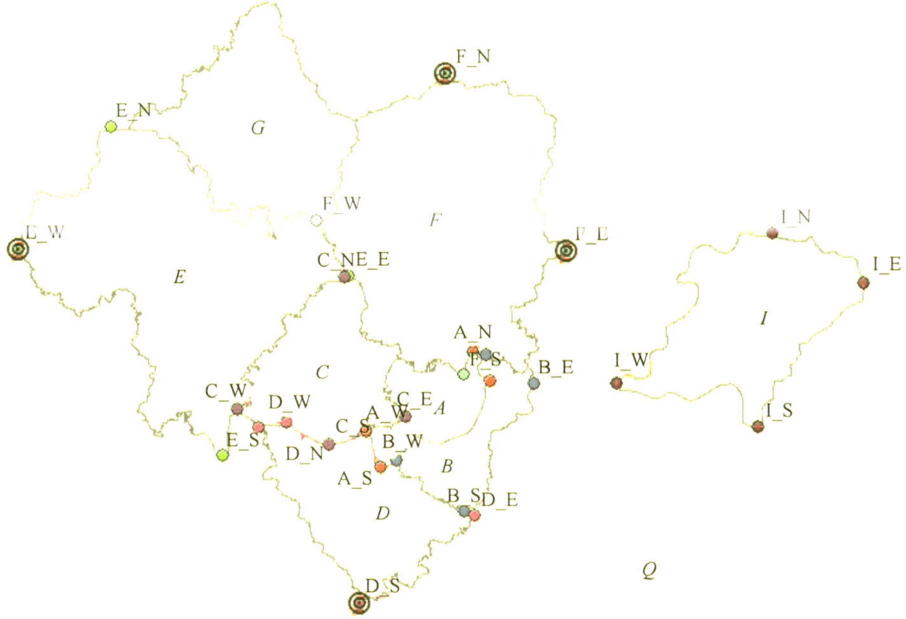

图 4-28　含飞地区域的主区域四至点汇总

按整个区域计算时如图 4-29 所示，Q 区域包含 A、B、C、D、E、F 和 I 七个区域，

其中 I 为飞地，分别比较 A、B、C、D、E、F 和 I 七个区域的四个顶点，得到 I 区域的最东（I_E）、D 区域的最南（D_S）、E 区域的最西（E_W）和 F 区域的最北（F_N）为 Q 区域的四个顶点。

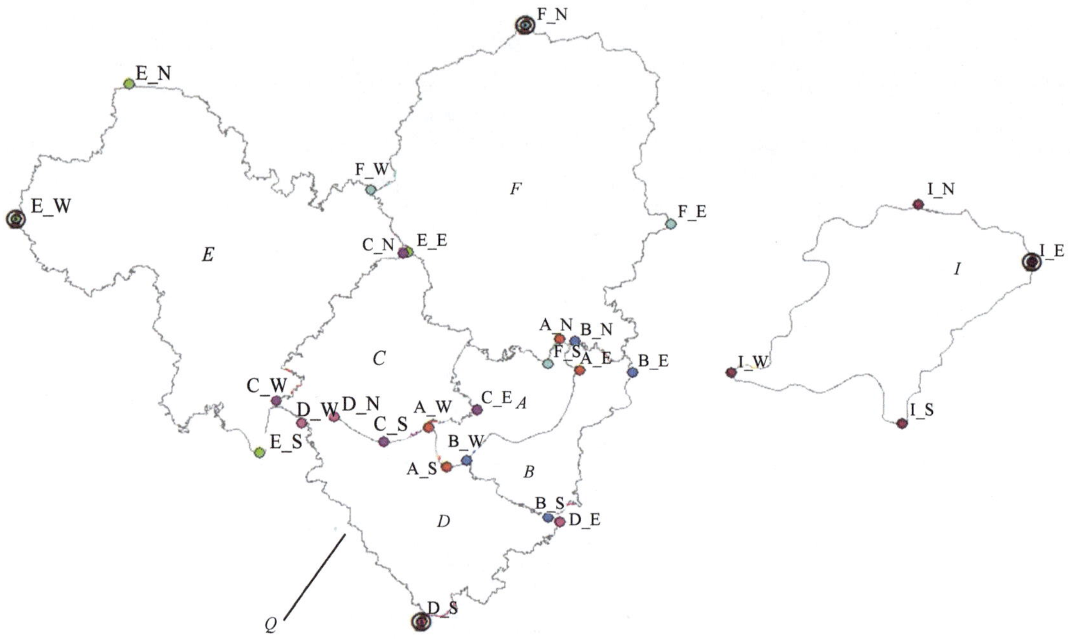

图 4-29　含飞地区域的整体四至点汇总

4.5　地理国情分析评价主要方法

地理国情分析评价是以地理国情信息为空间基准和地表信息基础，融合其他专题数据，通过分析评价发现数据背后的知识或找出规律，面向社会经济发展重大问题，研究区域内当前和今后一个时期具有前瞻性、战略性的社会经济发展重大问题，服务区域发展战略决策。一般来说，分析评价方法包括逻辑思维方法和数量关系分析方法（赵晓梅，2004）。逻辑思维方法强调分析的视角和维度，强调对事物的认识要从简单到复杂，从特殊到一般，从偶然到必然，从现象到本质。数量关系分析方法是运用统计学方法对客观现象的数量表现，包括社会经济现象的规模、水平、速度、结构比例、事物之间的联系进行分析的方法，强调模型或数学方法。分析评价从逻辑意义上分为两个层次：分析和评价。随着计算方法和计算能力的提高，目前的分析评价已经由过去的特定视角下的单分析模型线性评价向多视角多分析模型的综合评价转化。地理国情的全覆盖、多指标为开展多分析模型的综合评价提供了多视角环境。

4.5.1　空间统计分析模型与方法

空间统计分析的模型与方法相对较多，地理国情空间统计分析主要围绕地理认知、空间结构、空间关系与挖掘等方面展开。

1. 空间自相关模型

空间自相关是指一些变量在同一个分布区内的观测数据之间潜在的相互依赖性。空间自相关指标能够对变量空间分布的自相关强度进行检验。度量空间自相关性的指标有很多，可以分为全局指标和局域指标两种。全局指标用于验证整个研究区域的空间模式，局域指标用于反映一个区域单元上的某一属性值与邻近区域单元上同一属性值的相关程度。

1）全局空间自相关模型

全局空间自相关反映的是整个区域的空间集聚程度。表示全局空间自相关的指标和方法有很多，主要有 Moran's I、全局 Geary's C 和全局 Getis-Ord G，均通过比较邻近空间位置观察值的相似程度来测量全局空间自相关性，采用全局 Moran's I 统计量分析空间集聚性。

全局 Moran's I 的计算公式为

$$I=\frac{n\sum_{i=1}^{n}\sum_{j=1}^{n}w_{ij}(x_i-x)(x_j-x)}{\sum_{i=1}^{n}\sum_{j=1}^{n}w_{ij}\sum_{i=1}^{n}(x_i-\bar{x})^2}=\frac{n\sum_{i=1}^{n}\sum_{j=1}^{n}w_{ij}(x_i-\bar{x})(x_j-\bar{x})}{S^2\sum_{i=1}^{n}\sum_{j=1}^{n}w_{ij}}$$

式中，n 为空间位置的个数；x_i、x_j 是空间位置 i 和 j 的观察值；w_{ij} 表示空间位置 i 和 j 的位置关系，当 i 和 j 为邻近关系时，$w_{ij}=1$，反之，$w_{ij}=0$，$I\in[-1,1]$。

接下来用标准化统计量 Z 来检验 n 个空间位置是否存在自相关关系。Z 的计算公式为

$$Z=\frac{I-E(I)}{\sqrt{\mathrm{VAR}(I)}}=\frac{\sum_{j=1}w_{ij}(d)(x_j-\bar{x}_i)}{S_i\sqrt{w_i(n-1-w_i)(n-2)}},\quad j\neq i$$

式中，$E(I_i)$ 和 $\mathrm{VAR}(I_i)$ 为理论期望和理论方差。数学期望 $EI=-1/(n-1)$。当 Z 值显著大于 0 时，属于正的空间自相关，相似的观测值趋于空间集聚；当 Z 值显著小于 0 时，属于负的空间自相关，相似的观测值趋于分散；当 Z 值为 0 时，观测值呈独立随机分布。

2）局域空间自相关模型

无论是全局 Moran's I、全局 Geary's C 还是全局 Getis-Ord G 统计量，都只能够验证全局是否具有聚集性，而无法验证哪个研究区域有聚集性或者是何种程度的聚集。在局部空间自相关指标中，局部 Getis-Ord G 统计量要优于局部 Moran's I，一般选取局部 G

统计量进行空间冷热点分析。

$$G_i(d) = \frac{\sum_j w_{ij}(d)x_j}{\sum_j x_j}$$

式中，x_i、x_j 表示区域的观测值；w_{ij}（d）表示给定距离 d 的条件下 i、j 两者空间关系的权重矩阵。

Morans's I 指数集聚程度主要分为三种，包括高-高集聚（HH）、高-低集聚（HL）、低-低集聚（LL）。

2. 地理加权回归模型

地理加权回归（GWR）是一种改进的空间线性回归模型，它的主要优势在于把空间权重矩阵应用在线性回归模型中，可以形象地展示空间结构分异，是最有发展潜力的空间统计模型之一。

$$y_i = \beta_0(u_i, v_i) + \sum_{k=1}^{p} \beta_k(u_i, v_i)x_{ik} + \varepsilon_i$$

式中，y_i 为观测值；（u_i，v_i）为样点 i 的坐标；β_0（u_i，v_i）为 i 点回归常数；β_k（u_i，v_i）是 i 点上的第 k 个回归参数，是地理位置的函数；p 为独立变量个数；x_{ik} 为独立变量 x_k 在 i 点的值；ε_i 是随机误差。

由于地理加权回归参数在不同采样点上的值不相同，因此估计参数的个数远远大于观测个数，每个位置对应一组参数，n 个观测点就有 n 组参数，因此位置参数的个数为 $n\times$（p+1）。所以最小二乘法就不适用于估计未知的位置参数，然而可从非参数光滑方法中找到拟合该模型的可行思路。

假设回归参数所在地理区域是连续的，相邻地方的回归参数数值就非常接近。对于采样点 i，以它及其邻域采样点上的观察数据构成区域样本，这样构建多元线性回归模型，依然采用最小二乘法对这个小区域进行回归参数估计，得到回归参数估计 β_{ik}（k=0，1，2，…，p）。以此类推，对于其他采样点 i+1，构成另一个区域样本来估计。由于在回归分析过程中，使用了其他采样点上的观察数据来估计 i 点上的回归参数，估计得到的 i 点上的参数肯定会有相应的偏差。

显然，采用的回归估计子样规模越小，参数估计的偏差就越小，采用的回归估计子样规模越大，参数估计的偏差就越大。从降低偏差、提高准确度的角度考虑应尽量减小子样规模，但从子样规模的减小必然导致回归参数估计值的方差增加，精度又会随之降低。为了充分利用已有的观测值，并能减小子样规模扩大引起的偏差增加，对这种方法进行修正；在估算采样点 i 的回归参数时，其邻域内不同采样点观测值相对于它的重要性有所不同，距离 i 点越近的观测值重要性越大，越远的观测值重要性越小，所以提出加权最小二乘方法（weighted least squares，WLS）。方法的思路为：通过使式的值达到最小来估计 i 点的回归参数。

$$\sum_{j=1}^{n} w_{ij}\left(y_i-\beta_{i0}-\sum_{k=1}^{p}\beta_{ik}x_{ik}\right)^2$$

对 β_{ik}（k=0，1，2，…，p）的估计方法采用加权最小二乘法。这里，w_{ij} 是采样点 i 与邻域观察点 j 之间地理距离 d_{ij} 的单调递减函数，称为空间权函数。

在地理加权回归模型估计中，空间权重函数的选取非常重要，因为空间权重函数用来表示数据的空间关系，其规律是权重在一定区域内随着距离的增大而减小，Gauss 函数的思想是，选取一个连续单调递减函数来表示 w_{ij} 与 d_{ij} 之间的函数关系。满足要求的函数有多个，Gauss 函数因其普适性而得到广泛应用，其函数表达如下：

$$w_{ij}=\exp[-(d_{ij}/b)^2]$$

式中，b 称为带宽（band width），是用于进行解释 w_{ij} 与 d_{ij} 之间的函数关系的非负常数。

权函数带宽的确定和优化带宽 b 的大小将直接影响模型的运行结果。带宽 b 过大，回归参数估计的偏差过大，带宽 b 过小又会导致回归参数估计的方差过大，因此宽带 b 的选择是地理加权回归模型运算过程中至关重要的一个环节。

带宽 b 的选择分为固定型和调整型。固定型就是指带宽 b 是一个恒定值，固定型带宽 b 只适用于样本数据分布较为均匀的研究区。调整型带宽 b 适用于样本数据分布不均匀的研究区，带宽 b 按照一定的规则随着空间区域变动而变动，常用的规则是黄金选择法（golden section）。

表 4-5　空间权函数

函数名称	函数表达式
固定型 Gauss 函数	$w_{ij}=\exp(-(d_{ij}/b)^2)$
固定性 Bi-square 函数	$w_{ij}=\begin{cases}[1-(d_{ij}/b)^2]^2 & d_{ij}\leqslant b\\ 0 & d_{ij}>b\end{cases}$
调整型 Gauss 函数	$w_{ij}=\exp(-(d_{ij}/b_{i(k)})^2)$
调整型 Bi-square 函数	$w_{ij}=\begin{cases}[1-(d_{ij}/b_{i(k)})^2]^2 & d_{ij}\leqslant b_{i(k)}\\ 0 & d_{ij}>b_{i(k)}\end{cases}$

其中，$b_{i(k)}$是调整型带宽，表示属于样本点 i 的 k 个邻近点的最优带宽。同样，带宽 b 选择后还需要满足一定的准则，才能作为最终的最优带宽，常见的优化准则有 AIC 准则、BIC（贝叶斯信息准则）和交叉验证方法（CV）。其中，AIC 准则应用比较广泛，其公式为

$$\mathrm{AIC}=2n\ln\hat{\sigma}+2n\ln 2\pi+n\left[\frac{n+\mathrm{tr}(S)}{n-2-\mathrm{tr}(S)}\right]$$

这里帽子矩阵 $\boldsymbol{S}$ 的迹 tr（S）是带宽 b 的函数；σ是随机误差项方差的极大似然估计，对于同样的样本数据，使 AIC（AICc）值最小的地理加权回归权函数所对应的的带宽就是最优的带宽。黄金选择就是据此迭代之后得到的最优带宽。

同样，AIC 准则也是 GWR 模型显著性检验的方法，对于拥有相同自变量的不同模型而言，AIC（AICc）值越小，代表该模型拟合性能越好。

根据以上介绍，地理加权回归模型其实就是普通线性回归模型的扩展式，在回归参数之中添加数据的地理位置因子，将普通线性回归模型运用于实际分析中，并赋予变量因子权重，从而分析出变量与变量、变量与总量之间的相互关系。

3. 空间作用模型

空间相互作用(spatial interaction)是指区域间所发生各种社会要素的相互传输过程，通过这个过程，把空间上彼此分离的区域结合成具有一定结构和功能的有机整体。空间相互作用的主体包括城市和区域，也包括其内部的产业机构、商场超市、园林绿地等；空间相互作用的形式表现为一种联系和互动，通常用一个作用量来表达；空间相互作用的地域空间表现为地理实体作用空间的分割，通常用吸引范围来表达。在城市和区域内部，空间流频繁地发生着双向或多向流动，导致各种社会要素在空间上发生集聚和扩散，影响了城市和区域的结构、功能与发展变化。

1）传统空间相互作用模型

传统空间相互作用模型公式为

$$F_{ij} = \frac{KM_iM_j}{d_{ij}^2}$$

式中，F_{ij}是区域 i 与 j 之间的相互作用力；M_i和 M_j分别是区域 i 与 j 的“质量”，通常用区域人口规模表示；d_{ij}是区域 i 与 j 间空间直线距离；K 为常数。

近年来，传统空间相互作用模型不断受到国内外学者的关注，从而被广泛应用于各领域之中。但是该模型不具有实际意义，当两个地区之间因自然地理因素被阻隔时，实际距离会远远大于空间直线距离，从而导致相互作用力的计算结果被高估。因此，在分析区域空间相互作用效应时，需要对传统空间相互作用模型参数做出一些改进。

2）基于交通系统可达性的区域空间相互作用模型

综合考虑交通网络和地理环境因素，从动静结合的角度改进传统的空间相互作用模型，即采用多指标测度区域经济综合实力，以考虑地形起伏的交通距离作为通达距离，通过交通流量、道路属性特征、地形条件修正模型系数，构建考虑交通和地理环境因素的空间相互作用模型。传统空间相互作用模型用人口规模表示区域质量，这种方式反映出来的区域发展状况较为片面，董春等（2013）从人口、经济、基础设施等方面提炼出相关性较强的若干指标，并采用因子分析法求出一个能够全面反映区域发展能力的综合指标。鉴于采用直线距离存在的问题，董春等（2017）综合考虑公路、铁路、航空、水运四种主要交通方式，用交通距离代替直线距离，同时兼顾动态和静态的角度。交通距离计算公式定义为

$$D_{ij} = a * \mathrm{Dh}_{ij} + b * \mathrm{Dr}_{ij} + c * \mathrm{Da}_{ij} + d * \mathrm{Dw}_{ij}$$

$$a = \alpha_1 * \frac{\mathrm{Ph}_i}{\sum_{i=1}^{P} \mathrm{Ph}_i} + \beta_1 * \frac{\mathrm{Fh}_i}{\sum_{i=1}^{P} \mathrm{Fh}_i}$$

$$b = \alpha_2 * \frac{\mathrm{Pr}_i}{\sum_{i=1}^{P} \mathrm{Pr}_i} + \beta_2 * \frac{\mathrm{Fr}_i}{\sum_{i=1}^{P} \mathrm{Fr}_i}$$

$$c = \alpha_3 * \frac{\mathrm{Pa}_i}{\sum_{i=1}^{P} \mathrm{Pa}_i} + \beta_3 * \frac{\mathrm{Fa}_i}{\sum_{i=1}^{P} \mathrm{Fa}_i}$$

$$d = \alpha_4 * \frac{\mathrm{Pw}_i}{\sum_{i=1}^{P} \mathrm{Pw}_i} + \beta_4 * \frac{\mathrm{Fw}_i}{\sum_{i=1}^{P} \mathrm{Fw}_i}$$

式中，D_{ij}是区域 i 到 j 的交通成本距离；a、b、c、d 分别是公路、铁路、航空和水运的交通距离系数；Dh_{ij}、Dr_{ij}、Da_{ij}、Dw_{ij}分别是区域 i、j 之间的公路、铁路、航空、水运的长度；Ph_i、Pr_i、Pa_{ij}、Pw_i分别是区域 i 和 j 的公路、铁路、航空和水运的客运量；Fh_i、Fr_i、Fa_i、Fw_i分别是区域 i 和 j 的公路、铁路、航空和水运的货运量；α_i、β_i 为系数，且满足 $\alpha_i+\beta_i=1$；p 为地区个数。为减小误差，所有参数需标准化处理。

除了距离以外，运量指标也能够反映一个区域的交通系统可达性。客运中公路以日均长途汽车班次、铁路以日均火车车次、航空以日均航班数、水运以日均轮班次数为计算依据，并以各类型客运量比重为权重系数。货运则以最短运行时间为计算依据，并以各类型货运量比重为加权系数。进而定义空间相互作用系数。公式如下：

$$A_{ij} = \alpha_i * \mathrm{Ap}_{ij} + \beta_i * \mathrm{Af}_{ij}$$

$$\mathrm{Ap}_{ij} = x_h * \mathrm{Nh}_i + x_r * \mathrm{Nr}_i + x_a * \mathrm{Na}_i + x_w * \mathrm{Nw}_i$$

$$x_h = \frac{\mathrm{Ph}_i}{P_i} * \frac{\mathrm{Ph}_i}{\sum_{i=1}^{P} \mathrm{Ph}_i};\quad x_r = \frac{\mathrm{Pr}_i}{P_i} * \frac{\mathrm{Pr}_i}{\sum_{i=1}^{P} \mathrm{Pr}_i};\quad x_a = \frac{\mathrm{Pa}_i}{P_i} * \frac{\mathrm{Pa}_i}{\sum_{i=1}^{P} \mathrm{Pa}_i};\quad x_w = \frac{\mathrm{Pw}_i}{P_i} * \frac{\mathrm{Pw}_i}{\sum_{i=1}^{P} \mathrm{Pw}_i}$$

$$\mathrm{Af}_{ij} = y_h \frac{1}{\mathrm{Th}_i} + y_r \frac{1}{\mathrm{Tr}_i} + y_a \frac{1}{\mathrm{Ta}_i} + y_w \frac{1}{\mathrm{Tw}_i}$$

$$y_h = \frac{\mathrm{Fh}_i}{F_i} * \frac{\mathrm{Fh}_i}{\sum_{i=1}^{P} \mathrm{Fh}_i};\quad y_r = \frac{\mathrm{Fr}_i}{F_i} * \frac{\mathrm{Fr}_i}{\sum_{i=1}^{P} \mathrm{Fr}_i};\quad y_a = \frac{\mathrm{Fa}_i}{F_i} * \frac{\mathrm{Fa}_i}{\sum_{i=1}^{P} \mathrm{Fa}_i};\quad y_w = \frac{\mathrm{Fw}_i}{F_i} * \frac{\mathrm{Fw}_i}{\sum_{i=1}^{P} \mathrm{Fw}_i}$$

$$K_{ij} = \frac{A_{ij}}{\frac{1}{p}\sum_{i=1}^{P} A_{ij}}$$

$$K_i = \sum_{i=1}^{n} K_{ij}$$

式中，A_{ij}为区域 i 到 j 的可达性值；Ap_{ij}、Af_{ij}为客、货运通达性值；P_i、F_i为区域 i 的客、货运总量；Ph_i、Pr_i、Pa_i、Pw_i为区域 i 的公路、铁路、民航和水运客运量；Nh_{ij}、

Nr_{ij}、Na_{ij}、Nw_{ij} 为 i 到 j 的汽车、火车、飞机和轮船的日均班次；Th_{ij}、Tr_{ij}、Ta_{ij}、Tw_{ij} 为区域 i 和 j 之间汽车、火车、飞机和轮船的最短运行时间；Fh_i、Fr_i、Fa_i、Fw_i 为区域 i 的公路、铁路、民航和水运货运量；K_{ij} 为区域 i 对 j 的作用力系数；α_i、β_i 为系数，且 $\alpha_i+\beta_i=1$；p 为地区个数。为减小误差，所有参数需标准化处理。

例如在交通系统与区域间相互作用研究中，高速铁路对区域之间的联系不容忽视，其快速发展势必将影响人类和企业的空间行为模式，改变传统区域间经济联系的模式，影响区域之间相互作用强度和方向，并将重塑区域的经济空间格局。目前，国内外对于高铁空间效应的研究主要集中在三个方面：一是高铁缩短了城市间的旅行时间，产生“时空收敛”效应，并在很大程度上提高了城市的可达性水平，改变原有的区域空间结构；二是高铁改变了原有城市间人流在不同交通方式之间的重新配置，影响人类出行行为选择；三是高铁的发展对沿线城市经济发展和企业重新区位选择的影响研究。尽管国内外高铁的空间效应已有一些研究，然而高铁对城市空间相互作用强度影响的研究仍比较少。

在此基础上，可以借助区域间相互作用的引力模型，对比分析高铁修建及规划对区域内所有地级市和直辖市之间经济联系强度和方向的影响。引力模型作为一种分析和预测空间流的理论，在经济地理学的研究中，根据研究目的和所选择权重的差异，通常用引力模型来预测区域之间经济联系的强度，故又将其称为经济联系强度模型。经济联系强度模型既能反映经济中心城市对周围地区的辐射能力，也能反映周围地区对经济中心辐射能力的接受程度。具体的计算公式如下：

$$L_{ij}=\frac{\sqrt{P_i\times V_i}\times\sqrt{P_j\times V_j}}{T_{ij}^2}$$

式中，L_{ij} 表示两城市对间经济联系强度；P_i、P_j 分别表示 i、j 城市的人口总量，采用的是研究区域内城市全国第六次人口普查的城镇人口数据；V_i、V_j 分别表示 i、j 地区的经济总量，采用的是研究区域内城市市辖区的 GDP 总量；T_{ij} 表示两城市间的最短旅行时间。

城市对间经济联系强度衡量的是城市对之间的相互作用，采用该指标能反映高铁建设对城市对之间相互作用的影响，以期为不同区位条件的城市在高速铁路快速发展下的区域发展政策制定提供理论参考。

4. 空间聚类

聚类分析（cluster analysis）是研究“物以类聚”的一种方法，有人称之为群分析、点群分析、簇群分析等；在无先验知识的情况下，聚类分析技术是进行数据挖掘时的首选（李德仁等，2002）。而空间聚类是空间数据挖掘中的主要方法之一，是在一个比较大的多维数据集中根据距离的度量找出簇或稠密区域。空间聚类是指将一组具有相关性的空间实体依据一定的相似性度量准则划分成一系列由若干空间实体构成的，具有一定意义的空间簇，同一空间簇中实体尽可能相似，不同空间簇间的实体尽可能相异（邓敏，2011）。因而运用空间数据聚类方法来处理海量数据，对于提取大型空间数据库中有用的信息和知识具有十分重要的现实意义。空间聚类的目的在于判断空间数据库中是否存在空间簇，进而将空间聚类区分为两种类型：二维空间点集聚类和顾及专题属性聚类。

1）二维空间点集聚类

聚类分析中常用的距离有近 10 种（Han et al.，2007），最常采用的是欧氏距离。即点状地物或区域中心 p_i 的平面直角坐标为（x_i，y_i），则点 p_i 和 p_j 之间的，位置距离可以表达地物之间的邻近程度，可表示为

$$D_p = \sqrt{(x_i - x_j)^2 + (y_i - y_j)^2}$$

根据空间距离的测度，给出 K 平均聚类算法：设有 m 个点状空间物体，第 i 个物体的坐标向量为

$$\boldsymbol{p}_i = (x_i, y_i)^{\mathrm{T}}$$

其空间特征向量为

$$\boldsymbol{S}_i = (s_{i1}, s_{i2})^{\mathrm{T}} = \boldsymbol{P}_i^{\mathrm{T}} = (x_i, y_i)^{\mathrm{T}}$$

从两类直至每个样本为一类的系统聚类算法步骤及其他聚类方法，有兴趣的读者见文献（Han et al.，2007；林涛，2019）

2）顾及专题属性的聚类

灰色聚类（罗佑新，2001）是建立在灰数的白化函数生成基础上，将聚类对象对不同聚类指标所拥有的白化数，按 n 个灰类进行归纳整理，以判断该聚类对象属于哪一类的灰色统计方法。

记Ⅰ、Ⅱ、Ⅲ、…为聚类对象，i=1，2，…，n；

记 1#、2#、3#、…为聚类指标，j=1，2，…，m；

记 1、2、3、…为聚类灰类，k=1，2，…，n_1

灰聚类过程大致如下：

第一步　给出聚类白化数 d_{ij}：d_{ij} 表示第 i 对象关于第 j 类指标的实际样本值，确定样本矩阵 D。

第二步　确定灰类白化函数 f_{jk}：f_{jk} 表示第 j 个指标属于第 k 灰类的白化函数。f_{jk}（d_{ij}）为第 i 个聚类对象的第 j 个聚类指标属于第 k 个灰类的白化权函数值。

第三步　计算折算系数（聚类权）η_{ij}：

$$\eta_{ik} = \frac{c_{jk}}{\sum_{j=1}^{m} c_{jk}}$$

式中，m 为总的指标个数；c_{jk} 为门阈值。

最后，确定 σ_i：

$$\sigma_i = (\sigma_{i1}, \sigma_{i2}, \cdots, \sigma_{in_1})$$

其中

$$\sigma_{ik} = \sum_{j=1}^{m} f_{jk}(d_{ij})\eta_{jk}$$

式中，η_i 为总的灰类数

$$\sigma_{ik} = \max(\sigma_{i1}, \sigma_{i2}, \cdots, \sigma_{in_1})$$

则对象 i 属于第 k 灰类。

空间聚类作为一种有效的时空数据挖掘手段，在城市空间格局统计分析研究中具有重要作用。以地理国情数据为空间基准，利用二维点（面）模式的空间聚类方法以及顾及专题属性的聚类方法，从经济发达度、人口支持度、用地优化度、交通通达度等多个角度，对城市或城市群（如长江经济带城市群、京津冀城市群等）的区（县）级行政单元进行空间聚类和分级，研究城市或城市群的空间等级结构划分，分析城市空间体系的交互作用，并以此为依据开展城市以及城市群之间各项综合实力（经济、交通、人口、用地）的横向、纵向对比，探测不同层面城市空间格局的空间异质性，对研究城市及城市群的发展具有重要意义。

5. 熵模型

熵是热力学中的一个状态函数，通过分析某一个过程的熵变，可以判断该过程能否进行（Glen et al.，2001）。在孤立系统中发生的一切过程，只能沿着熵增加的方向进行，直到熵达到最大，系统处于平衡态。熵增加的过程就是系统从有序向无序变化的过程。

系统的熵值计算式为

$$S=K * \ln D$$

式中，K 为波尔兹曼常数；D 为系统宏观状态的热力学概率。

熵可以作为自然现象不可逆与无序的量度，自然景观之所以发生变化，由初始景观发展到终极景观，本质上取决于熵的积累，即熵的升高过程。如土地的自然景观，与当地的气候、土壤、地貌相适应，其变化过程为草地景观、灌木草地景观，最后转化为乔灌草组合的景观类型。景观内物种在不断增加，植物群落组成的斑块由大到小，最后转化为混杂均匀分布，从有序变成无序。当看不到景观异质性时，植物群落变为顶级群落，相应的景观也进入了稳定阶段，这时候景观的熵值达到最大。

假设林地景观变化是一个概率性的过程，则林地景观的熵变化趋势如下：发展活动（V=0），造林与森林再生之间相结合（$V=T$），森林再生（$V=R$），造林（$V=A$），保存活动（$V=N$）。

熵变化过程如图 4-30 所示。

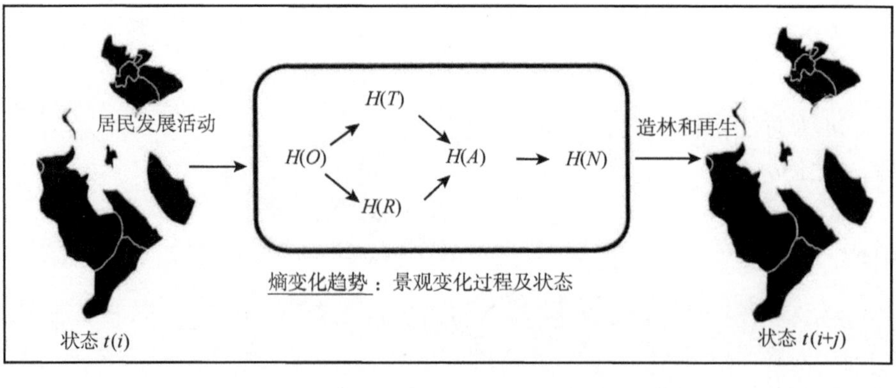

图 4-30　林地景观生态评价分析中的熵模型模拟

熵模型作为物理学的一个概念，用来测度系统的复杂性和均衡性。地理国情数据包含上百种地类，基于不同的研究目标，可以构建不同的系统。例如，将城市范围内的要素（房屋建筑、道路、水等）可以组成一个特定城市格局系统，将农村范围内的农业要素（例如耕地、交通、水等）可以组成一个特定农业格局系统。例如在城市格局系统中，一般来说城市结构和形态对城市的影响凸显，其研究的难点在于如何对城市结构和形态所产生的不同功能进行定量描述和数理分析。信息熵的高低可以反映土地利用的均衡程度，熵值越高，表明不同职能的土地利用类型数越多，各职能类型的面积相差越小，土地分布越均衡。当城市各用地类型面积相等，则熵值达到最大，表明城市土地利用达到均衡状态。信息熵模型的引入恰恰可为城市功能的定量化分析提供有效的描述语言，进而借助信息论和分形理论提出反映城市功能混合度概念及其空间形态的信息维（information dimension）方法，从而将城市功能研究推广到分数维（fractional dimension）分析。

首先，根据信息熵模型的基本原理，构建基于精细化各类土地利用面积数据的信息熵模型：假定建设用地总面积为 A，根据这些数据的具体名称，将其分为不同类型：公共管理与公共服务建筑、商业建筑、工业建筑、居住建筑、交通站场建筑、市政设施、仓储与物流建筑等 N 个类型，若各类型的个数分别为 A_1，A_2，…，A_n，则定义概率为

$$P_i = A_i / A = A_i / \sum_{i}^{N} A_i$$

显然有 $\sum_i P_i = 1$，于是得城市功能的信息熵公式为

$$H = -\sum_{i=1}^{N} P_i \times \log_2 P_i$$

式中，H 为信息熵，可以看出，$H \geqslant 0$。信息熵的高低可以反映城市功能的混合程度，熵值越高，表明功能类型越多，各功能类型的数量相差越小。

4.5.2　评价方法

一般来说，分析评估基本包括评价指标体系和评价因子控制以及评价模型三个必要环节。

1. 评价指标体系

指标体系设计是为了建立研究问题的评价体系，一般来说，指标体系的设计应遵循以下原则。

1）综合性和主导因素相结合原则

例如，对影响植物生长的因素很多，包括地形、地貌、土壤、气候、水文等自然因素，还有经济因素、生态因素和人为因素等。是否适合某一物种种植，取决于这些因素的综合作用，但没有必要选取所有的因素作为评价指标，要根据相关的知识和专家经验，综合分析，突出主要因素重点分析，使评价更加科学合理。

2）定性分析与定量分析相结合的原则

即为了进行综合评价，必须将研究问题的定性指标定量化、规范化。如果实在无法

定量化的指标，只能采用定性方法进行评价。

3）稳定性原则

评价指标应选择相对稳定的因子，使评价结果更稳定可靠。

4）空间变异性原则

选取的评价因子应该是在区域内变化较大的，并且随着该因子变化显著影响研究问题的因子，这样才能划分等级。如果选取的评价因子在空间上变异很小，评价结果的分异性就相对微弱，较难进行等级划分。

5）可操作性原则

选取的评价指标应该具有数据可获取性、可测性和可比性，易于量化。如果评价指标没有数据的支持，就无法实现综合评价的目的。

评价因子选取时遵循稳定性、主导性和综合性原则，结合地理国情数据，以农作物产量为例进行说明，分别从地形条件、气候条件、土壤理化性质 3 个层次上选择了海拔高度、坡度、土壤质地、土属种类、土壤有机质、太阳光照、农作物种子类型、农产品种类、种植密度等多个因子（图 4-31）。

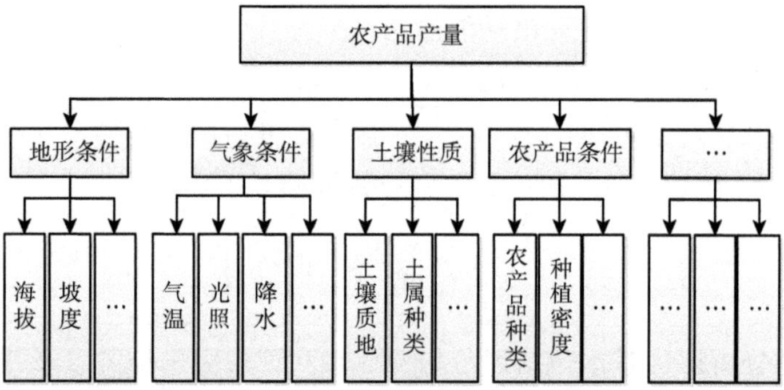

图 4-31　农产品产量评价指标因子

2. 评价因子筛选

评价因子筛选一般常用主成分分析法。主成分的概念最早由英国生物统计学家 Karl Pearson 于 1901 年提出，当时仅限于非随机变量的讨论，之后由霍特林（Hotelling）于 1933 年将其扩展到随机变量。在众多领域的研究中，人们为了避免遗漏重要的信息，往往选取与之有关的较多的指标进行分析，由于指标过多，并且指标之间彼此可能存在一定的相关性，因而所得的统计数据反映的信息在一定程度上有重叠，给运算和分析问题带来不必要的麻烦，还可能存在主观片面性，不能很好地抓住事物的主要矛盾。

主成分分析（principal component analysis）就是考虑各指标之间的相互关系，利用"降维"的思想在力保数据信息损失最少的原则下，将多个指标转换为少数几个互不相关的综合指标（称为主成分），对多变量数据进行最佳综合简化的多元统计方法。其中，分类变量和连续变量均可以参与两步聚类分析。

每个主成分均是原始变量的线性组合，且各个主成分之间互不相关，这就使得主成分比原始变量具有某些更优越的性能。主成分分析不能看作是研究的结果，而应该在主成分分析的基础上，继续采用其他多元统计方法来解决实际问题。在主成分分析中，将原始数据进行标准化处理，再计算样本数据相关矩阵，根据相关矩阵求出其特征值和特征向量，并计算贡献率，选择主成分。在应用时，一般取累计贡献率为 80%以上比较好。

3. 评价因子权重

权重是某一评价因子在整个评价过程中相对重要程度。不同的评价因子对评价目标影响各异。常用的确定权重的方法有经验专家评分法、层次分析法、回归分析法、主成分分析法和因子分析法等多种方法。

1）*层次分析法*

层次分析法（analytic hierarchy process，AHP）是美国运筹学家匹茨堡大学教授萨蒂（T. L. Saaty）于 20 世纪 70 年代初，在美国国防部研究“根据各个工业部门对国家福利的贡献大小而进行电力分配”课题时，应用网络系统理论和多目标综合评价方法，所提出的一种层次权重决策方法，是一种定性与定量相结合的实用决策分析方法。

这种方法在对复杂的决策问题的本质、影响因素及其内在关系等进行深入分析的基础上，利用较少的定量信息使决策的思维过程数字化，从而为多目标、多准则或无线性结构特性的复杂决策问题提供简便的决策方法。该方法能将人们的思维过程数学化、系统化，便于人们接收，并且计算过程中所需定量信息较少。

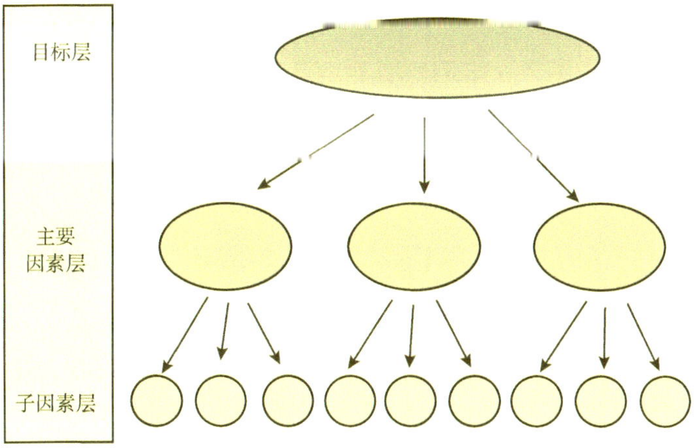

图 4-32　层次分析结构

其基本原理是对评价系统的有关方案各种要素分解成若干层次，并以同一层次的各种要求按照上一层要求为标准，进行两两判断比较和计算，求出各要素的权重。根据综合权重按最大方案确定最优方案。该方法对目标（因素）结构复杂且缺乏必要数据的决策问题尤为有效，在世界范围内得到重视和广泛的应用。

层次分析法的具体步骤为：

第一步　对构成评价问题的目标（准则）及因素等要素建立多级递阶结构模型；

第二步　在多级递阶结构模型中，对属同一级的要素，用上一级的要素为准则进行两两比较后，根据判断尺度确定其相对重要度，并据此建立判断矩阵。

对于递阶层次结构中各层的元素可以依次相对于与之有关的上一层元素，进行两两比较，从而建立一系列的判断矩阵。判断矩阵 $\boldsymbol{A}=(a_{ij})_{n\times n}$，具有下述性质：

$$a_{ij}>0\ ,\quad a_{ij}=\frac{1}{a_{ji}}\ ,\quad a_{ii}=1\ \ (i,j=1,2,\cdots,n)$$

式中，$a_{ij}(i,j=1,2,\cdots,n)$，代表元素 U_i 与 U_j 相对于其上一层元素重要性的比例标度。判断矩阵的值反映了人们对各因素相对重要性的认识，一般采用 1～9 比例标度对重要性程度赋值。标度及其含义如下表所示。

表 4-6　层析判断矩阵构造方法

标度	含　义
1	表示两个元素相比，具有同等重要性
3	表示两个元素相比，前者比后者稍微重要
5	表示两个元素相比，前者比后者明显重要
7	表示两个元素相比，前者比后者强烈重要
9	表示两个元素相比，前者比后者极端重要
2，4，6，8	表示上述相邻判断的中间值
倒数	若元素 i 与元素 j 的重要性之比为 a_{ij}，那么元素 j 与元素 I 重要性之比为 $a_{ji}=1/a_{ij}$

第三步　计算单一层次下元素的相对权重并进行一致性检验。矩阵 $\boldsymbol{A}$ 的最大特征根为 $\lambda_{\max}$，其相应的特征向量为 W。解判断矩阵 $\boldsymbol{A}$ 的特征根问题，最大特征根及其对应的特征向量通常应用方根法来求解，具体步骤如下。

（1）计算矩阵各行各元素乘积

$$m_i=\prod_{i=1}^{n}a_{ij}\ ,\quad i=1,2,\cdots,n$$

（2）计算 n 次方根 $\overline{\omega}_i=\sqrt[n]{m_i}$

（3）对向量 $\overline{\omega}=(\overline{\omega}_1,\overline{\omega}_2,\cdots,\overline{\omega}_n)$，进行规范化

$$\hat{\omega}=\frac{\overline{\omega}_i}{\sum_{j=1}^{n}\overline{\omega}_j}\ ,\quad j=1,2,\cdots,n$$

得到 $\hat{\omega}=(\overline{\omega}_1,\overline{\omega}_2,\cdots,\overline{\omega}_n)^{\mathrm{T}}$，为所求特征向量近似值，即各因素权重。

（4）计算矩阵的最大特征值 $\lambda_{\max}$；

$$\lambda_{\max}=\frac{1}{n}\sum_{i=1}^{n}\frac{(A\hat{\omega})_i}{\omega_i}$$

其中，$(A\hat{\omega})_i$ 为向量 $A\hat{\omega}$ 的第 i 个元素。

（5）计算判断矩阵一致性指标，并检验其一致性

为检验矩阵的一致性，定义 $\mathrm{CI}=\dfrac{\lambda_{\max}-n}{n-1}$。当完全一致时，CI=0。CI 愈大，矩阵的一致性愈差。对 1～9 阶矩阵，平均随机一致性指标 RI 见下表。

表 4-7　平均随机一致性指标

阶数	1	2	3	4	5	6	7	8	9
RI	0	0	0.58	0.90	1.12	1.24	1.32	1.41	1.45

当阶数≤2 时，矩阵总有完全一致性；当阶数＞2 时，CR=CI/RI，称为矩阵的随机一致性比例。当 CR＜0.10 或在 0.1 左右时，矩阵具有满意的一致性，否则需重新调整矩阵。

2）德尔菲法

德尔菲法是采用背对背的通信方式征询专家小组成员的预测意见，经过几轮征询，使专家小组的预测意见趋于集中，最后做出符合市场未来发展趋势的预测结论。德尔菲法又名专家意见法或专家函询调查法，是依据系统的程序，采用匿名发表意见的方式，即团队成员之间不得互相讨论，不发生横向联系，只能与调查人员发生关系，以反复的填写问卷，以集结问卷填写人的共识及搜集各方意见，可用来构造团队沟通流程，应对复杂任务难题的管理技术。此方法在确定权重过程中，不仅适用于存在不确定性和主观信息的情况，还允许以合乎逻辑的方式运用经验、洞察力和直觉的优点，被广泛应用。

以农产品产量评价影响研究为例，利用层次分析法和德尔菲法相结合，对选取的评价因子各项权重进行确定后的结果如下表所示。

表 4-8　农产品产量影响因子评分及权重

评价因子	评分标准或等级	评分值	权重
坡度/（°）	0～5	4	0.15
	5～8	3	
	8～10	1	
	10～15	5	
	15～25	7	
	≥25	2	
高程/m	≤100	2	0.05
	100～200	7	
	200～300	5	
	300～500	3	
	＞500	1	

续表

评价因子	评分标准或等级	评分值	权重
光照/（Wh/m^2）	150 197～718 304	1	0.286
	718 304～889 004	2	
	889 004～1 019 136	3	
	1 019 136～1 125 321	4	
	1 125 321～1 210 432	5	
	1 210 432～1 293 608	7	
	1 293 608～1 513 615	6	
种植密度	低密度	3	0.15
	中密度	5	
	高密度	1	
土属种类	片麻岩	7	0.19
	洪冲击	5	
	砾岩	3	
	灰岩	1	
	无信息	4	
土壤质地	砂壤质	7	0.049
	中壤质	3	
	轻壤质	5	
	砂质	1	
Zn/（mg/kg）	0.5～1	1	0.05
	1～3	5	
	>3	3	
Cu/（mg/kg）	0.2～1	3	0.03
	1～1.8	5	
	>1.8	1	
K/（mg/kg）	50～100	5	0.01
	100～150	3	
	150～200	1	
Mn/（mg/kg）	5～15	3	0.004
	15～30	5	
	>30	1	
P/（mg/kg）	10～20	2	0.011
	20～40	3	
	>40	1	
Qn/（g/kg）	≤0.5	2	0.006
	0.5～0.75	7	
	0.75～1	5	
	1～1.5	4	
	1.5～2	1	
	>2	3	

续表

评价因子	评分标准或等级	评分值	权重
Fe/（mg/kg）	10～20	1	0.009
	>20	3	
Om/（g/kg）	6～10	3	0.005
	10～20	5	
	20～30	1	

4. 评价模型

1）因子加权评分法

当各种评价因子对作物生长适宜性影响程度相差很明显时，用直接叠加求综合适宜度就不合适，因此引入加权评分法，对影响作用大的因子赋予较大的权值。然后在各单因子分级评分的基础上，对各个单因子的评价结果进行加权求和，得到其综合适宜性评分值，一般以分数越高表示越适宜。目前，最常用的基本模型是权重修正法，针对表 4-8，其加权叠加公式为

$$S=\sum_{i=1}^{14} w_i x_i$$

式中，S 为农作物生长适宜性等级；x_i 为第 i 种评价因子得分；w_i 为第 i 种评价因子的权重。

2）模糊综合评判法

模糊集合理论（fuzzy sets）的概念于 1965 年由美国自动控制专家查德（L. A. Zadeh）教授提出，用以表达事物的不确定性。模糊综合评判法是一种基于模糊数学的综合评价方法。该方法根据模糊数学的隶属度理论把定性指标转化为定量指标，即用模糊数学对受到多种因素制约的事物或对象做出一个总体的量化评价。综合评价的目的是希望能对若干对象按一定意义进行排序，从中挑出最优和最劣对象，为决策者提供参考。它具有结果清晰、系统性强的特点，能较好地解决模糊的、难以量化的问题，适合非确定性问题的解决。其数学模型由三个要素组成：

（1）因素集 $U=\{u_1,u_2,\cdots,u_n\}$

（2）评判集 $V=\{v_1,v_2,\cdots,v_n\}$

（3）单因素判断 $\underset{\sim}{f}:U\to F(V)$，$u_i \mapsto f(u_i)=(r_{i1},r_{i2},\cdots,r_{im})\in F(V)$

模糊映射 $\underset{\sim}{f}$ 可诱导出模糊关系 $R_{\underset{\sim}{f}}\in F(U\times V)$，即 $R_{\underset{\sim}{f}}(u_i,v_j)=f(u_i,v_j)=r_{ij}$，而由 $R_{\underset{\sim}{f}}$ 构造模糊矩阵 $\boldsymbol{R}$

$$\boldsymbol{R}=\begin{bmatrix} r_{11} & r_{12} & \cdots & r_{1m} \\ r_{21} & r_{22} & \cdots & r_{2m} \\ \cdots & & & \vdots \\ r_{n1} & r_{n2} & \cdots & r_{nm} \end{bmatrix}$$

称 $\boldsymbol{R}$ 为单因素评判矩阵，称（U，V，R）构成一个模糊综合评价模型；U、V、R 是

此模型的三个要素。

（4）综合评判。对于权重$\boldsymbol{A}=(a_1,a_2,\cdots,a_n)$，运用加权平均模型$M$（·，+）进行合成运算，可得综合评判：

$$\boldsymbol{B}=\boldsymbol{A}\circ\boldsymbol{R}$$

式中，$\boldsymbol{A}$是个参评因子的权重；$\boldsymbol{R}$是单因素评判矩阵，它类似于一个如图 4-33 所示的转换器。输入一个权重分配$A\in F(U)$，输出一个综合评价$\boldsymbol{B}=\boldsymbol{A}\circ\boldsymbol{R}\in F(V)$

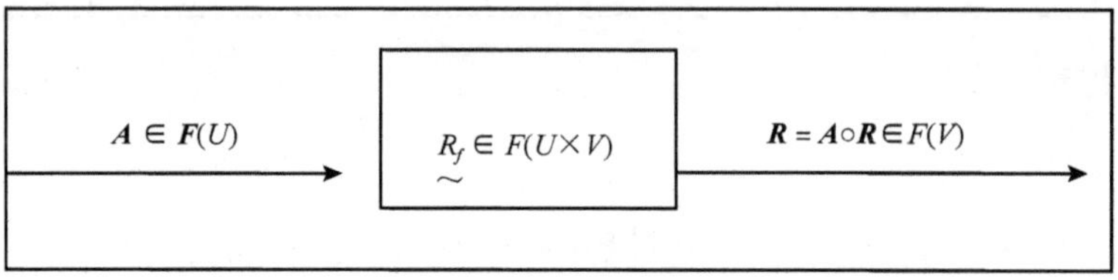

图 4-33　模糊转换器

模糊综合评判方法基本步骤（黄杏元，2008）如下。

a）确定评价对象的因素集和评判集

因素集$U=\{u_1,u_2,\cdots,u_n\}$={海拔，坡度，坡向，地表曲率，地形湿度指数，太阳辐射量，土壤类型，土壤质地}，

评判集$V=\{v_1,v_2,\cdots,v_n\}$={最适宜，比较适宜，一般适宜，不适宜}。

b）建立隶属函数

隶属函数的确定对评价结果至关重要，隶属函数的选择具有模糊性，如何确定每个因子的隶属函数类型，将在一定程度上影响因子量化分级的结果。隶属度函数建立多半都借助经验来进行评判。

c）评价因子权重的确定

以上一步筛选的关键因子集U为基础，确定参评因子的权重。权重是用来衡量评价因子对评价目标的影响程度或贡献率。为了保证评价精度和评价结果的准确性要给各个因子赋予合理的权重。模糊综合评判中赋权的方法很多，常用的主要有专家打分法、序次分配法、频数统计分析法、主成分分析法、层次分析法以及模糊逆方程法等。对各因子权重的定量化受较多因素影响，由于积累的历史数据不多，尤其是各评价单元的历年来详细的专题数据很难获取，因此需要结合专家经验来评定影响因子的权重。

d）获得模糊综合评判矩阵

$$\boldsymbol{R}=\begin{bmatrix}R_1\\R_2\\\vdots\\R_n\end{bmatrix}=\begin{bmatrix}r_{11}r_{12}\cdots r_{1m}\\r_{21}r_{22}\cdots r_{2m}\\\cdots\\r_{n1}r_{n2}\cdots r_{nm}\end{bmatrix}$$

为每一个评价对象建立综合评价矩阵 $\boldsymbol{R}$，其中 R_i 为第 i 个因素 u_i 的单因素评价，r_{ij} 表示第 i（$1 \leqslant i \leqslant n$）个因素 u_i 在第 j（$1 \leqslant j \leqslant n$）个评语 v_j 上的频率分布，常用的处理办法是将其进行归一化处理，使之满足 $\sum_{j=1}^{m} r_{ij} = 1$。

（5）模糊综合评判。为了使评判结果更合理，要综合考虑所有的因素，这就需要进行模糊综合评判。由步骤 3、4 计算出权重 A 和各个因素的评判矩阵 $\boldsymbol{R}$，将其进行综合评判，模型为

$$B = A \circ \boldsymbol{R}$$

式中，B 为评语集 V 上的模糊综合评判集。

（6）求各个评价对象的综合分值。为了达到综合评价的目的，需要将综合评价结果 B 转换为综合分值 M，然后按 M 值大小进行排序，选出最优者。在实际应用中几种常用的模糊综合评判模型有（吕斌，2006；徐广才，2010）：

① 模型 $M(\wedge, \vee)$ 为主因素决定型

$$b_j = \bigvee_{i=1}^{n} (a_i \wedge r_{ij}) \quad (j = 1,2,3,\cdots,m)$$

由 a_i 与 r_{ij}（i=1，2，…，n）中的某一个来确定（先取小、后取大运算）综合评判结果 b_j 的值，着眼点是考虑主要因素，这种运算有时出现决策结果不宜分辨的情况。

② 模型 $M(\cdot, \vee)$ 为主因素突出型

$$b_j = \bigvee_{i=1}^{n} (a_i \cdot r_{ij}) \quad (j = 1,2,3,\cdots,m)$$

与模型 1 比较相近，区别在于用 $a_i \cdot r_{ij}$ 代替了 $a_i \wedge r_{ij}$。在本模型中，对 r_{ij} 乘以小于 1 的权重 a_i，表明 a_i 是在考虑多因素时 r_{ij} 的修正值，与主要因素有关，忽略了次要因素。

③ 模型 $M(\wedge, \oplus)$ 为主因素突出型

$$b_j = \bigoplus_{i=1}^{n} (a_i \wedge r_{ij}) = \sum_{i=1}^{n} (a_i \wedge r_{ij}) \quad (j = 1,2,3,\cdots,m)$$

这里运算 $\oplus$ 为有界和，即 $a \oplus b = \min(1, a+b)$。由于权重分配满足

$$\sum_{i=1}^{n} a_i = 1, \quad 0 \leqslant a_i \leqslant 1, \quad 0 \leqslant r_{ij} \leqslant 1$$

所以
$$\sum_{i=1}^{n} (a_i \wedge r_{ij}) \leqslant 1$$

故有
$$\bigoplus_{i=1}^{n} (a_i \wedge r_{ij}) \leqslant 1$$

④ 模型Ⅳ $M(\cdot, +)$—加权平均模型

$$b_j = \sum_{i=1}^{n} (a_i \cdot r_{ij}) \quad (j = 1,2,3,\cdots,m)$$

该模型对所有因素依权重大小均衡兼顾，适用于考虑各因素起作用的情况。

在农产品产量影响研究中，采用因子加权评分方法，计算得到某地区农作物产区适宜性评价值为 2.442～7.15。采用 Natural Breaks 分类法将其分为 3 类，即农作物高产区、

中产区、贫瘠区，如表 4-9、图 4-34、图 4-35 所示。

表 4-9　某地区农作物产区适宜性综合评价分级赋值表

适宜性综合得分范围	适宜性分级
2.442～4.999	贫瘠区域
5.0～6.999	中产区域（中等区域）
7.0～7.15	高产区域（优良区域）

图 4-34　地区农产品产量适宜性分值分布图

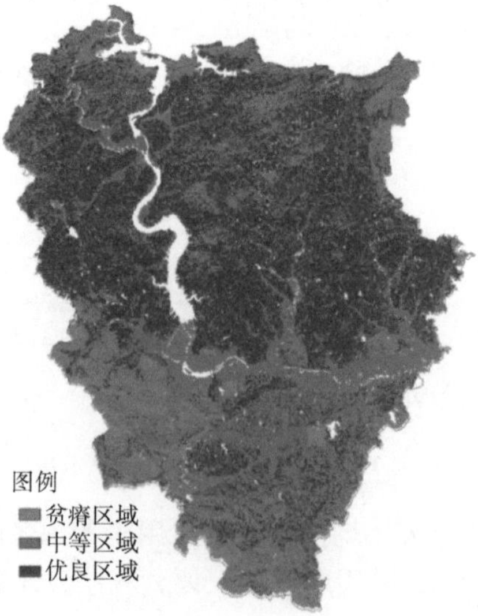

图 4-35　地区农产品产量适宜性分级图

第5章　高性能并行计算技术

随着物联网、移动互联网、云计算的蓬勃发展，信息技术与人类社会活动的方方面面不断交叉融合，遍布各地的智能传感设备、移动设备、电子商务网站、社交网络与社会媒体每时每刻都在产生价值丰富、类型各异的数据，大数据时代已然到来。各类传感器的日益普及、通信技术的飞跃以及网络基础设施的高速发展，正在引发众多行业的根本性变革，而大数据中约80%的数据与空间位置密切有关（李清泉等，2014）。随着对空天地一体化对地观测传感网、地理信息系统（GIS）技术、物联网技术、基于位置的服务（LBS）技术、计算机技术与网络技术的飞速发展，海量跨领域数据呈爆炸性增长（吴炳方等，2016）。刘经南等（2014）指出，逐步实现的对全球、全天候、全天时、全方位的空间数据获取，日渐成为获取地理空间数据，快速响应和预警各类灾害、资源安全等重大事件，应对全球可持续发展，开展持续性地理国情监测等重大问题的基础。

在具备了传统地理信息系统所提供的空间数据采集、管理、处理、分析、建模和显示的技术条件基础上，有必要进一步拓展大规模数据业务处理链条，在数据调度、空间划分、地表建模、多时态数据分析与可视化方面设计与开发相应的关键技术，支撑实现从自然地表要素数据现状到变化信息的高速计算处理、分析与渲染表达。

5.1　统计计算数据分析

5.1.1　数 据 规 模

大数据时代，数据密集型科学已成为新科学范式（Hey et al.，2009）。针对地理信息的数据挖掘和知识发现成为热点，地理空间的思维方式已成为科学的世界观和方法论。地理信息服务的价值从基础数据和技术支撑层面正逐步向认识世界、改造世界的科学理论和哲学思想层面升级（周星等，2013）。张继贤等（2016）指出，随着我国地理国情普查与监测工作的深入开展，所获取的各种数据、资料以及处理形成的各类数据产品的规模不断扩大，从数据量、增长速度、准确度和应用价值看，地理国情数据已成为天然的大数据。通过持续监测可为国家生态文明建设、社会经济发展提供高精度的地理国情时空大数据，数据规模每年可达数亿条（高崟，2018）。一方面，地理国情大数据在很大程度上解决了数据源短缺问题，使得过去一些因为数据短缺而无法实施的分析计算变得可行。另一方面，为支持相应的空间分析与计算，必须配备有与之相适应的高效的数据存储和分析计算能力，同时对计算结果进行深度分析和挖掘，以形成相应的知识和统计规律（张晓祥，2014）。地理国情大数据提供了分析与挖掘核心知识的地理宝库，而密切相关的高性能并行计算手段与大数据分析方法是开展以上工作的基础条件。

从信息内容来看，地理国情广泛涉及了地理区域划分、地形地貌特征、道路交通网络、江河湖海分布、土地利用与土地覆盖、城市布局和城镇化扩张等在内的自然和人文地理要素（李德仁等，2012）。从数据形式来看，地理国情大数据包括了高分辨率遥感影像数据、基础地理信息数据、地理国情普查数据、地理国情监测变化数据、各类地面观测数据等类型（张继贤等，2016）。其中，可直接用于统计分析的各类矢量数据包括了覆盖我国陆域范围的地表覆盖数据、各级道路网数据、水网数据及各类基础设施数据。以第一次全国地理国情普查成果数据为例，共获取由 12 个一级类、58 个二级类、135 个三级类、2.6 亿个图斑构成的海量地理国情信息，存储规模已超过 300 GB。同时，全国范围的 10 m 格网数字高程模型数据（digital elevation model，DEM）也已达到 TB 级别。在常态化监测阶段，随着监测精度的快速提高，各年度所形成的统计分析数据将快速累加，单一年度的统计分析必然面临着极大的计算强度挑战。与此同时，不同年度监测数据的变化统计与趋势分析计算，必然导致整体计算强度呈现非线性生长。

5.1.2　计算强度估计

根据地理国情统计分析的设计内容要求，主要针对点、线、面三种基础类型矢量图斑数据进行空间运算和汇总统计，具体包括个数统计、长度、面积、占比高程范围等基础指标和大部分指标的变化量的统计计算。

表 5-1　地理国情统计分析核心算法时间复杂度分析

序号	指标类型	涉及运算种类	时间复杂度	数据量	计算时间估计/h
1	个数	空间查询	$O(n^2)$	10^7	20～50
		数量统计等	$O(n)$	10^7	5～12
		质心提取	$O(n\times m)$	10^7	30～50
2	长度	图层裁切	$O(n^2\times m^2)$	10^8	80～120
		图层叠加	$O(n^2\times m^2)$	10^8	80～120
		长度计算	$O(n\times m)$	10^8	30～60
3	椭球面积	图层裁切	$O(n^2\times m^2)$	10^9	200～300
		图层叠加	$O(n^2\times m^2)$	10^9	150～200
		面积计算	$O(n\times m)$	10^9	30～50
4	表面面积	图层裁切	$O(n^2\times m^2)$	10^9	200～300
		图层叠加	$O(n^2\times m^2)$	10^9	150～200
		表面面积计算	$O(n\times m\times D)$	10^9	500～800
5	占比	数据库查询	$O(1)$	10^5	10～20
		数量比例统计	$O(1)$	10^5	10～20

续表

序号	指标类型	涉及运算种类	时间复杂度	数据量	计算时间估计/h
6	高程	栅格数据拼接	$O(D)$	10^4	60～120
		栅格数据裁切	$O(D)$	10^4	60～120
		最高高程	$O(D)$	10^4	1～2
		最低高程	$O(D)$	10^4	1～2
		平均高程	$O(D)$	10^4	100～150
核心处理总时间估计					1 397～2 136

注：n 代表图斑个数；m 代表图斑坐标点个数；D 代表 DEM 数据栅格像元规模。

考虑到统计分析会涉及多类统计单元，包括行政区划单元（如全国、省级、地级、县级等），自然地理单元（高程带、坡度带、地貌类型）等，需要按要求对生产数据进行计算前的大量预处理操作，如拼接、裁切、空间查询、高程统计等，分别对应了基础性的空间分析操作。通过核算数据复杂度和数据量进行估计，同时去除冗余性的操作时间（如椭球面积计算与表面面积计算均会涉及到相同的拼接裁切操作，可一次预处理后完成多类计算），完成全国数据规模的相应统计指标计算任务约耗时 1 397～2 136 h，折合时间在 58～89 天，即 2～3 月。同时，考虑多期数据的对比分析（叠加计算）和转移矩阵提取、分布式环境下的数据分配与迁移代价、成果汇总与输出、以及部分特殊地区的数据调整和重算，整体耗时会超过 3 个月。

综上，为确保常态化监测阶段快速开展监测基本统计计算，并辅助形成后续的成果制作和应用，应必须采用高效的数据并行计算策略，优化统计分析框架和各项关键技术，支撑统计分析任务的快速实施。

5.2　高性能计算

高性能计算（high performance computing，HPC）是指在多处理器或计算机集群环境下，把一个大的普通问题根据一定的规则分为许多小的子问题，在不同核心或节点上进行计算，而这些小问题的处理结果，经过处理可合并为原问题的最终结果。由于这些小问题的计算一般是可以并行完成的，从而可以缩短问题的处理时间（迟学斌等，2007）。高性能计算、超级计算（super computing）与并行计算（parallel computing）是同义词，因为任何高性能计算和超级计算总离不开并行技术（陈国良等，2015）。

何清等（2014）指出，并行计算已成为处理大数据的主流方法，其基本思想是，将一个任务分解成若干个小任务并协同执行以完成求解的过程，是增强复杂问题解决能力和提升性能的有效途径。因此，为服务于国家和地方的地理国情普查及基础性地理国情监测统计分析工作，同时重点应对地理国情大数据的数据密集与计算密集双重特征，必须立足于高性能计算设施，采用先进的并行计算技术，设计与研发可支持地理国情统计分析的高效计算模型。

5.2.1　并行计算技术

现代处理器的发展已经达到了 4 GHz 左右的极限时钟速度，处理器制造商另辟蹊径，从依靠提高时钟频率或者利用指令级并行处理技术的发展思路，转移到向处理器内添加更多核心的发展思路（Cook，2012）。在地理大数据与地理计算性能需求背景下，选择与利用高端并行计算设备是解决地理统计计算任务的必选之路。孙大为等（2014）指出，并行计算科学中主要研究的是空间上的并行问题，从程序和算法设计人员的角度来看，并行计算又可分为数据并行和任务并行两类。

1. 数据并行概念

陈国良等（2015）指出，数据并行是指对数据集中不同元素同时执行相同操作的计算类型，其研究重点在于，如何将数据集中的元素分配到多个不同的计算节点，以实现不同线程或者进程同时对数据集的不同部分进行操作。因此，数据并行需要将数据按照一定的策略划分成若干块分别映像到不同的处理机上，每一台处理机运行。同样的处理程序对所分派的数据进行同时处理。大部分并行处理均采用这种处理方式，尤其是对于计算复杂性很高的问题进行并行处理，如流体力学计算（朱国林等，2002）、图像处理（吕捷等，2004）等。在这种处理方式中，不同的处理机在计算过程中需要进行一定量的通信。因此，在这种并行处理方式中，也需要根据问题的特点设计合理的并行处理算法，以减小处理机间的通信对并行处理性能的影响。

2. 任务并行概念

任务并行则是一种粗粒度的并行方法，它指同时运行的一个或多个异步操作任务（李红云等，2000）。在该模型下，每一个线程或者进程执行一个分配到的任务。任务并行编程模型把任务作为并行的基本单位，提供任务划分和同步的编程接口，把任务划分和同步工作交给程序员来调度完成，而用户则可以把应用程序划分出大量细粒度任务。这样，具体每个任务是并行执行还是串行执行、在哪个物理核上执行以及如何实现任务之间的同步则由运行时系统来决定。任务并行编程模型提倡嵌套的递归任务，并引入以任务窃取为核心的用户级线程调度，实现程序的高性能和动态的负载平衡（王蕾等，2013）。

地理大数据（spatial big data）背景下，各种数据分析与应用往往涉及繁重的 I/O 操作与密集的计算。在数据处理中，缓慢的 I/O 访问速度以及长时间的数据读写操作往往成为地理算法性能提升中不可忽略的限制。在对高复杂度程序进行并行优化时，加速比作为基础的度量标准被广泛采用。根据阿姆达尔定律（Amdahl's law）可知，程序中无法并行化部分会成为整体性能提升的限制。阿姆达尔定律对加速比的定义为

$$S = 1/(1-a+a/n)$$

式中，a 代表并行计算部分所占的比例；n 代表并行度。这样，当 $1-a=0$ 时（即程序被完全并行化），最大加速比 $S=n$；当 $a=0$ 时（即程序无法并行化），最小加速比 $S=1$；当

$n\to\infty$时，极限加速比 $S\to1/(1-a)$，即加速比上限。例如，若串行代码占整个代码的 50%，则并行处理的总体加速比不可能超过 2。阿姆达尔定律加速比公式已经被学术界广泛接受。这意味着在多核计算时代，研究者以及架构师应尽量缓解算法中串行瓶颈（serial bottleneck）所造成的性能提升限制（Hill and Marty，2008）。

5.2.2 高性能地理计算

目前，高性能地理计算已经成为地理信息科学领域的重要研究方向。伦敦大学学院地理系教授 Longley 等（1998）认为，地理计算（GeoComputation）概念应该分别从研究者与实践者的角度来理解，其定位可以包括两个不同的方面：①地理工具箱（Couclelis，1998），即利用计算机来解决地理学中所遇到的问题；②能动性技术（Gahegan，1999），用来衔接各种抽象功能与数据和应用。地理计算概念创始人 Stan Openshaw 认为，地理计算是利用高性能计算技术来解决当前无法解决、甚至未知的空间问题，是继 GIS 之后的革命性发展（Openshaw et al.，1996；Gahegan，1999）。这样，地理计算被定义为：基于各种类型的地理数据，在科学方法范畴内开发相关的地理工具来解决各类问题。地理计算的特殊性可以从三个方面来认识：空间信息、计算强度与思维方式。

作为地理信息科学核心内容之一，地理计算的主要研究包括地理信息处理与管理、地理数据挖掘、地理过程建模模拟以及支持这些处理与分析的软件工程和计算体系等。在地理大数据背景下，解决数据密集与计算密集双重挑战的关键在于充分利用高性能计算技术，形成体系化的地理计算解决方案（刘纪平等，2014；刘纪平等，2016）。从计算过程来看，地理计算包含了数据处理、空间分析、过程模拟等多种类型的空间操作。而这些复杂过程一般需要耗费较长的计算时间。由此可见，高性能计算已成为解决地理计算时间复杂性的有效方法。在高性能计算设施环境下，为了满足用户针对特定领域复杂问题的处理需求，需要将多个具有专门功能的地理计算任务以及地理空间数据资源按照特定的业务流程逻辑组合起来，形成地理计算作业流程。

在目前的数据背景、计算需求背景以及高性能计算设备快速发展趋势下，研究如何利用高性能计算提高地理计算效率具有十分重要的理论意义与应用价值。在小规模地理数据时代，经典的串行算法侧重于提供更科学的计算结果，对计算性能没有过多的要求。如今，空间特性的存在使得大规模地理数据的处理面临多方面的计算复杂性。尤其对基于矢量数据的地理计算，研究难点都体现在空间划分、任务调度、并行性分析等方面。因此，如何有效地衔接大规模空间数据的统计分析计算与高性能计算技术，构建地理国情高性能统计分析框架，具有十分重要的理论与应用研究价值。

5.3 地理国情高性能统计分析框架

李维森（2013）指出，地理国情监测需要综合利用全球卫星导航定位、航空航天遥感、地理信息系统等现代测绘技术，结合各时期已有测绘成果档案，对地形、水系、交通、地表覆盖等要素进行动态和定量化、空间化的监测，并统计分析其变化量、变化频率、分布特征、地域差异、变化趋势等，形成反映各类资源、环境、生态、经济要素的空间分布及其发展变化规律的监测数据。地理国情统计分析承担了从各类地表覆盖和地理国情要素数据中提取地理信息、挖掘规律知识的重要作用。因而，统计分析必然面临着大规模多时态数据的计算密集和I/O密集的双重挑战（董春等，2014）。

图5-1所示为地理国情高性能统计分析技术框架。针对海量地理国情基础数据和专题数据，设计了集存储、计算和通信一体化的可伸缩性平台，以提供高效的存储和计算服务。开发了可支持空间大数据调度与统计计算的系列关键技术，实现地表建模、近似计算、多时态数据变化分析和多源数据综合分析的关键功能。通过服务建模、数据挖掘和应用分析，实现了面向自然资源监管和生态环境保护的统计信息服务。

数据源层，负责管理基础数据、专题数据与统计数据。其中，基础数据包括了各类地表覆盖数据、地理国情要素数据、数字高程模型数据等空间数据。专题数据包括了国家级新区监测数据、海岸带监测数据、城市扩张监测数据、自然生态空间变换监测数据、交通网络变化监测数据、污染源空间分布监测数据等空间数据。统计数据包括了不同地区、不同年份的经济、人口等社会经济要素数据。其中，基础数据、专题数据为空间数据，统计数据为非空间数据。

存储计算一体化层，负责上述各类数据的存储与分析调度。针对各类空间数据与非空间数据，基于各类高性能计算集群，通过服务器虚拟化、存储虚拟化、网络虚拟化等一系列技术，构建具有数据适应性、计算适应性和服务适应性的存储服务和高性能计算框架。其中，存储服务可根据数据的规模、格式以及统计计算需求，选择适宜的数据库构建空间数据存储。在此基础上，提供了针对不同数据库、不同数据源的访问适配器，封装了数据层面的异构特征与不一致性，向上提供了统一的访问接口。高性能计算框架提供了三种主流的并行计算模式，包括Hadoop系统支持的MapReduce编程接口、Spark系统支持的Stream编程接口和MPI与OpenMP相协作的编程范式。三种并行模式可分别应对大规模数据批量计算任务、动态数据增量化计算和自定义化算法优化等需求。

关键支撑技术层，负责提供数据调度与统计计算功能。该层用于支持开展各类指标计算与统计分析，是地理国情统计分析软件的核心组成部分。其中，数据调度实现了分布式空间索引功能；支持对多源数据进行融合处理；支持空间数据协同调度；支持空间数据内存化处理。统计计算功能提供了高精度地表建模、金字塔近似计算、时序数据重叠分析、多源数据综合分析等计算模块。

5.3.1　统计分析物理集群通信框架

在计算设施方面，地理国情大数据统计分析依赖于高性能的集群涉密计算环境。通过配置高端工作站、大容量硬盘与高速通信设备，搭建起高性能封闭计算环境，以确保计算性能与数据安全。根据国家级计算的地理国情数据规模与计算强度，集群涉密计算系统设计包含了40台计算节点。整个系统分为5类功能节点，即任务规划服务器、数据预处理服务器、计算工作站、汇总/计算服务器、备用服务器。内部结构如图5-2所示。

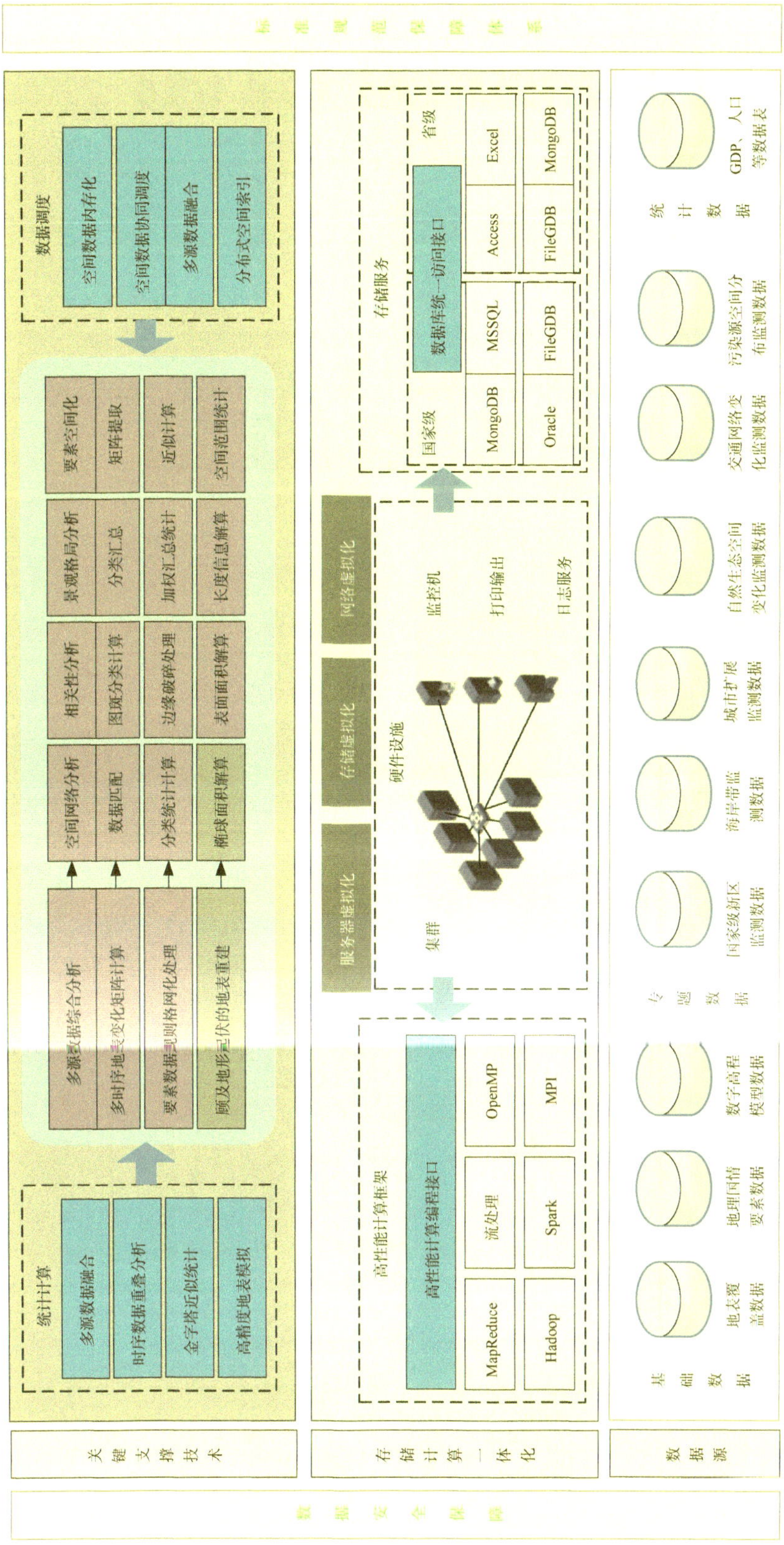

图5-1　地理国情高性能统计分析框架

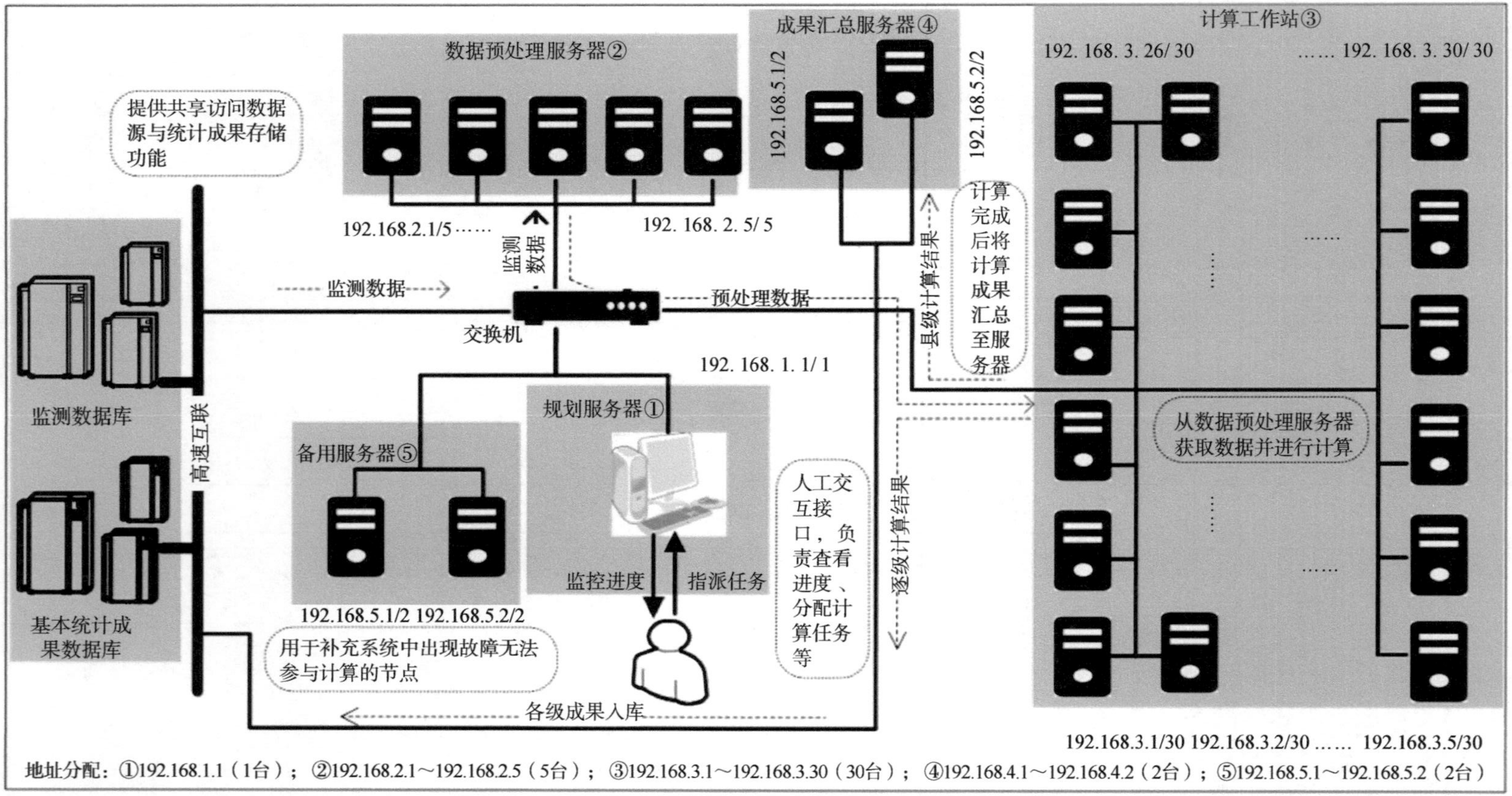

图5-2　地理国情大数据统计分析物理通信框架

图 5-2 的集群中，左侧数据存储服务器，右侧即为 5 类集群节点。任务规划服务器主要负责管理整个集群系统；数据预处理服务器负责从存储系统提取数据并进行组织管理，然后将数据集分发至计算工作站；计算工作站主要负责执行统计计算；汇总服务器负责中间结果的分级、分类汇总及相关计算；备用服务器主要负责补充出现故障的计算节点。

表 5-2　高性能计算集群系统节点功能划分

服务器分类	功能介绍
任务规划服务器	（1）人工交互管理整个集群系统 （2）自动调度集群节点统计任务 （3）分析计算日志并对错误进行通知
数据预处理服务器	（1）连接数据存储系统，提取数据 （2）数据组织管理 （3）分发数据至计算工作站
计算工作站	（1）对获取到的数据进行统计计算 （2）以日志方式实时记录计算状态
汇总服务器	（1）对计算中间成果层级汇总、计算 （2）将成果提交统计成果库进行存储
备用服务器	（1）备用节点，补充任意故障节点

5.3.2　地理国情数据空间划分机制

结合近年来开展的地理国情统计分析工作发现，采用数据分治的并行方式是应对海量复杂空间统计任务的有效策略。而如何实现高效的空间划分是加速整个统计计算与数据吞吐效率的关键（Kang et al.，2014b）。

白洪涛（2010）指出，主流的空间划分方法是将二维或三维空间划分为多个子空间，各子空间可以进行独立的查询与处理。从空间索引来看，直接的空间划分方法主要可以分为四类（Samet et al.，1985），即基于最小绑定矩形的层次划分方法[如 B 树（Comer，1979），R 树（Guttman，1984）等]、非相交单元划分方法[如 R+树（Sellis et al.，1987），Cell tree（Günther，1988）]、规则网格划分方法（Brix，2011）、四叉树划分方法。经比较这四类方法可发现，方法一实施过程中不同地理对象的绑定矩形之间存在空间范围重叠；方法二中不同空间对象所属分区之间不存在相互重叠，但同一空间对象可能被划分至多个不同的子区域中；方法一与方法二具有较强的数据依赖性，被广泛应用于空间查询中。这意味着执行需要组合数据与空间操作的任务时，上述两种方法存在诸多困难，如叠置分析。相比之下，方法三与四不仅可以保持不同计算对象所属分区不存在重叠，同时可以获得较高的数据独立性。方法三与四均通过规则的划分来实现空间范围分割。方法三划分得到统一大小的分块，方法四划分得到 2 的幂次方大小的数据分块。方法三对于均匀分布数据具有良好的适用性，而方法四则对于任意分布数据具有较好的适用性。一般情况下，数据分布呈现非均匀分布，因此方法四更具有良好的适用性。方法三与方法四均适合于空间集合运算（如交集、并集、差集等），因此对需要组合不同空间操作的多处理任务是理想的选择。

针对全国大范围的统计分析任务，采用了行政单元、四叉树和图斑剖分相结合的基本划分策略。即在全国范围尺度，统计数据以县级行政单元作为界限完成粗粒度单元划分，各单元分别对应一定的统计计算任务。这里，为准确评估计算量，统计计算选取各单元内的地表覆盖图斑量、坐标数、图斑面积等基本参数作为计算强度评估的标准：

$$f(p) \propto \{L_O(p), L_V(p), L_A(p), \ldots\}$$

式中，$f(p)$ 为单一统计单元 p 的计算复杂度估计；$L_O(p)$ 为 p 内的图斑个数；$L_V(p)$ 为 p 内的坐标点个数；$L_A(p)$ 为 p 的几何面积。具体优化某项操作时，应选取适当的参数或组合项来拟合时间消耗。参数的筛选可通过皮尔森相关系数（Pearson correlation coefficient，ρ）来确定各因子与实际耗时的关系，并据此对两者关系进行多项式拟合：

$$\rho = \frac{\operatorname{cov}(X+Y)}{\sigma_X \sigma_Y}$$

地理国情统计分析是一项典型的多任务组合统计运算，不同任务之间存在并列关系或协作关系。因此，通过多项式拟合可实现时间复杂度到归一化绝对耗时的统一转换，从而建立起各任务区计算强度估计（参见 5.1.2）到计算时间的估计。通过时间累积可为任务区均衡划分提供依据。

$$T = T_{P1}(f_1) + T_{P2}(f_2) + T_{P3}(f_3) \ldots T_{Pn}(f_n)$$

式中，$T_{Pi}(f_i)$ 为当前任务区不同计算任务的多项式拟合时间，通过累加运算得到任务的总耗时估计。

通过上述分析可知，根据各项统计指标计算所对应的时间复杂性，通过多项式拟合完成多类统计任务的复合表达，最后根据计算资源的数量和负载能力，可实现全国大范围数据的初级分配。

如图 5-3 所示，完成了国家级、省级、地市级、乡镇级的统计范围划分。在此基础上，对各最下单元内的数据进行四叉树层次划分，最终形成的层次划分域分别对应一定的原子计算任务（即：该任务不再跨进程进行划分）。具体分配和调度任务时，应按照当前计算资源数量（如 CPU 核数、CPU 主频、内存空间等）进行实施。将已知的空间范围等分成四个相等的子空间，此时判别各个子空间是否满足深度或者其他停止分割要求。对于未满足停止分割要求的子空间，以递归方式进行深度遍历分裂，直至所有子空间全部满足停止分割要求。四叉树的结构比较简单，并且当空间数据对象分布比较均匀时，具有比较高的空间数据插入和查询效率，便于开展数据快速提取和并行化处理。四叉树层次划分对应了中粒度划分，便于实现数据图层内多图斑集合的快速分配。

开展统计指标计算时，不同图斑在坐标量、几何形状复杂程度方面可能存在显著差异性。细粒度的空间划分将构成复杂图斑的坐标集合进行剖分，形成系列的条带碎片。如图 5-4 所示为表面面积指标计算时，图斑被细粒度切分，从而形成负载较为匀称的计算子项。此时，单一图斑的计算任务，可在同一进程内进行执行；而同一进程内，则可根据当前 CPU 的使用率，动态分配至多个线程实现表面面积的并行求解。计算完成后，再根据图斑标识进行一次性汇总累加完成图班级的细粒度并行计算。

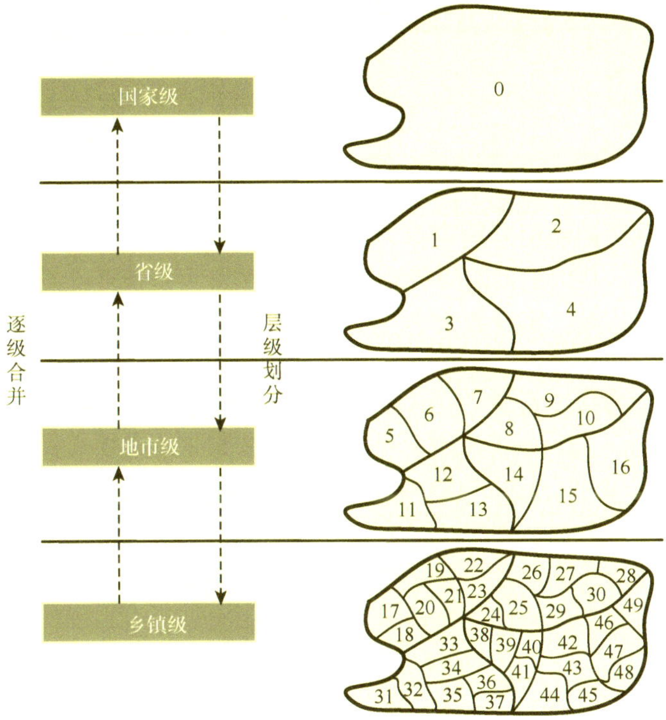

图 5-3　基于行政单元的空间划分

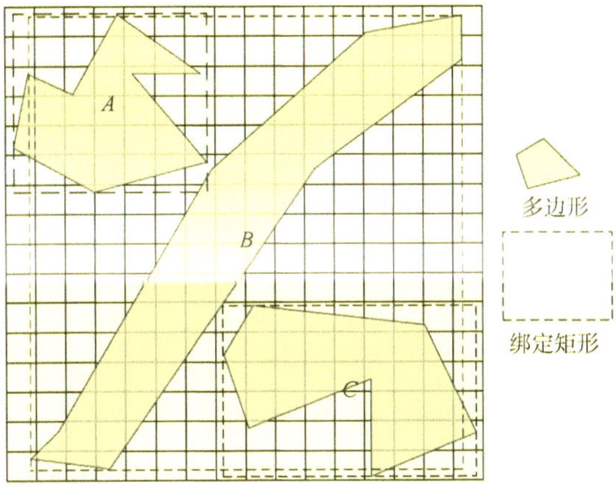

图 5-4　复杂图斑的坐标集合剖分

在上述过程中，由于图斑计算强度分布的异质性问题，现有的负载均衡策略均是以CPU、内存、进程等参数的占用率来评估当前的负载情况，难以采用静态分配方法直接实现大量条带的均衡划分。因此，采用了一种轮询调度算法（round-robin scheduling），以固定大小的线程池动态拾取剩余计算条带。调度过程中，CPU 可实现全程近似满负荷运转。

5.3.3　空间数据异步并行调度方法

刘纪平等（2016）指出，从空间数据的并行处理角度来看，地学算法并行化主要基于空间划分与任务调度策略来完成。由于地理国情统计分析需要处理大体量的矢栅数据，即使大任务被划分为多个子任务，计算中仍旧隐含了大量耗时较长、操作频繁的数据读写过程，限制了性能提升效率。

针对上述问题，利用规则网格将数据从范围划分为数以百计乃至更多的分块，且采取一定的数据冗余策略，实现各分块空间临近范围内的完整数据输入，确保不同分块的计算独立性。对于栅格数据，规则网格划分一般不会破坏输入完整性；对于矢量数据，采用多重分配机制将边界对象（boundary crossing object）冗余分配给多个与其相关的分块任务（Kang et al.，2014a）。如图 5-5 所示，在数据分块划分基础上，设计了包含数据读取（reader）、写入（writer）和计算单元（compute unit，CU）的三类模块。reader 负责连续从数据源读取数据，并组织成一系列分块流，并将其传递至 CU。经 CU 处理后再由 writer 输出到内存或者文件中。整个调度过程中，计算过程与数据访问过程异步重叠，可显著缓解读写造成的性能瓶颈。

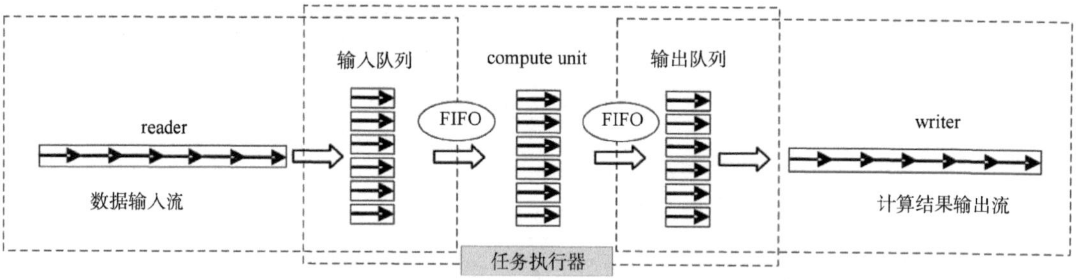

图 5-5　地理国情分块数据异步并行调度

地理数据空间划分是实现地理计算问题并行解决的基础。空间划分构建了多个相互独立的子任务，如何调度多个子任务是实现数据并行处理的第二个环节。一般情况下，可以将任务调度方法分为静态调度（static scheduling）与动态调度（dynamic scheduling）两类（Sinnen，2007）。在静态调度中，处理器资源分配与子任务的任务排序均是预先确定好的。对于子任务之间具有相互依赖关系，且子任务之间可能需要进行通信的情形，静态调度方式较为适宜。相反，在动态调度中，某个具体子任务由哪个处理器执行以及何时执行完全由运行时系统决定；动态调度适合于被划分的子任务之间没有相互依赖关系的情形，即子任务相互独立。

5.3.4　统计算法的并行化实现

为充分发挥多核计算机的性能优势，地理国情统计分析采用了线程级并行计算技术对基本统计的计算模型进行了优化，包括行政区划与管理单元、高程带、坡度带、地貌类型单元下的各类点、线、面对象的个数、长度、面积、表面面积的计算。根据统计范围的不同，分别采用进程级并行与线程级并行。具体技术流程如下。

表 5-3　数据分块调度算法伪代码

初始化变量	分块队列 I_Block_Queue，当前大小 I_Block_Size=0 结果队列 O_Block_Queue，当前大小 O_Block_Size=0 设置队列最大容量 Queue_MAX=CPU 核心线程数 当前处理分块标识：I_Block_N=0，O_BLOCK_N=0，C_BLOCK_N=0

```
Parallel run with N thread
    Set tid=前线程 ID
    If tid = 0 Then
        运行 Reader
    Else If tid = 1 Then
        运行 Writer
    Else
        执行 Compute Unit
        If I_Block_N，O_BLOCK_N，C_BLOCK_N = Stream_Size
            结束运行
        Else
            打印错误，结束运行
        EndIf
    EndIf
```

1. 数据集计算量评估与划分

根据数据量的不同，将用于统计的数据以县级行政单元为基础进行计算量评估。评估参数包括单元内部的地表覆盖图斑数量、各类地理要素的个数等。评估结果为各类指标的计算时间，通过累加方式，可直接得到各区县单元下的计算时间估计值。

2. 计算资源分配

将全国区县根据计算量进行动态划分，确保各计算工作站获得较为均衡的统计计算作业负载。在计算集群内，采用进程级并行实现资源调度，开辟与工作站数量相同的任务数，动态执行不同县级单元下的统计计算任务。通信的对象设计包括单个 Master（主节点）与若干 Slave（计算单元）。其中 Master 实现任务划分及任务分配到 Slave，Slave 完成具体的计算任务。

在该阶段，通信过程可分为通信初始化、任务分发、计算、汇总和资源释放五个主要环节。通信初始化环节，Master 节点首先获得本机的 CPU 配置情况并开辟多个并行通信线程，每个线程创建一个命名管道监听（等待）连接，用于监听多个 Slave 节点的连接信号，并向网络中发送计算单元查询消息。任务分发环节，Master 节点向各 Slave 节点发送状态测试请求，若 Slave 节点返回为 1，则认为该 Slave 节点当前可用，并将计算任务请求通过管道发送给 Slave 节点。若 Slave 返回值为 0，则认为当前 Slave 节点处于忙碌状态，Master 节点此时将继续发送请求给下一个 Slave 节点。若某个 Slave 节点多次请求均无响应，则认为该节点出现宕机情况。此时，Master 节点将更新计算节点状态表，删除该节点，为下次任务分配做准备。此外，系统允许通过注册节点状态表的方式动态加入新的计算节点。在子节点执行计算任务环节，Slave 节点开始执行通过管道获取到的任务，并将节点状态注册到计算节点状态表中，即标记当前 Slave 节点的计算状态。此外，Slave 节点定时向管道中写入工作状态及任务完成进度，以备主节点查询。当 Slave 节点完成分配任务后，计算结果将被写入管道中，同时将标识消息置为 1。在计算结果汇总环节，Master 节点将所有从 Slave 节点传送回来计算结果依次写入到结果文件中。最后一个环节中，系统将关闭所有管道连接，释放资源。

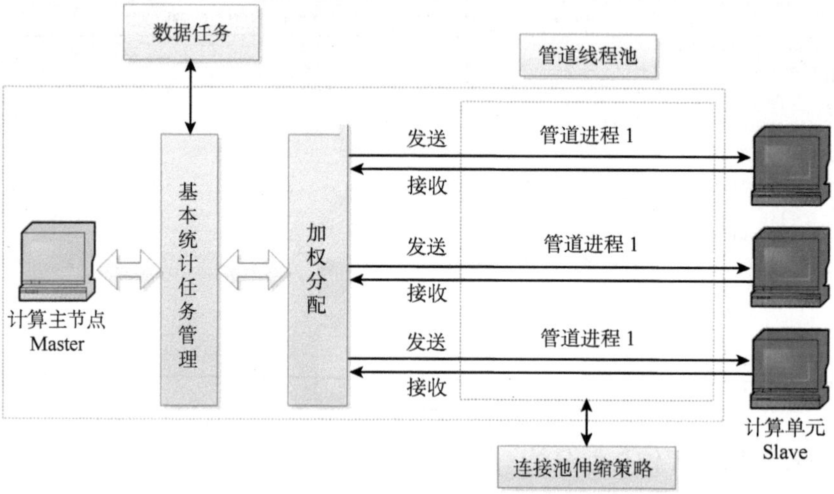

图 5-6　区县单元下的进程级并行框架

在上述过程中，Master 节点始终需要维护三个列表：任务列表、结果列表以及结果标识列表。任务列表记录了所有将被分配的计算任务。某个任务计算完成后，结果将被写入到结果列表中，同时在结果标识列表中标识该任务的完成状态。在所有计算任务分配完成后，等待一定时间（根据任务决定），重新扫描任务标识列表，判断是否还有未完成的任务（由于宕机造成），以重新进行分配。此外，Master 节点中多线程通信，必须进行加锁与解锁（或临界区）。由于在计算过程中，多个计算节点各自独立的完成面积计算，得到的结果在写入磁盘文件时必须解决数据冲突问题。通过加锁机制阻止并发写入内存中的结果列表。全部计算结束后，统一顺序化写入到磁盘文件中。

3. 指标级并行计算

在各工作站内，根据 CPU 核心数设置相应的并行线程数。通过动态调度，同时处理响应数据集不同分区的指标计算任务。由于地理国情监测统计计算的统计分析算法全部基于标准 C++语言实现，与线程级并行库 OpenMP 具有天然的耦合性。OpenMP 库提供了高层抽象应用的开发接口，程序开发人员通过添加 pragma 来表明需要实现并行位置，OpenMP 可自动实现资源锁定和并行调度。

4. 成果分类汇总计算

地理国情矢量要素的数量庞大，直接计算得到了反映点、线、面状要素的个数、长度、面积的海量中间结果列表。分类汇总则是在此基础上按照不同的单元、属性进行分类汇总。经过实测比较发现，非关系型数据库 MongoDB 在汇总效率方面明显高于传统的关系型数据库（如 Access、SqlServer 等）。MongoDB 数据库实现了数据内存映射机制，具有高效的查询效率。MongoDB 数据库在基本统计过程中统计汇总功能使用 Map/Reduce 方式来完成。由于 Group 聚合有两个限制：①返回结果集不能超过 16 MB；②一次不能处理键值超过 10 000 的数据。而地理国情统计计算中，大部分图层的图斑量远超 10 000，因此在统计过程中采用 Map/Reduce 代替 Group 聚合方法来实现数据统计，最终接得到分类计算成果。

在大数据统计分析框架下，通过实现线程级的并行计算方法，全面优化了基本统计所涉及的各项耗时较高的计算指标，如面积、表面面积、矢栅叠置运算、海量记录分类汇总等基础的操作工具。因此，在开发统计分析业务软件框架时可按照模板化的思路进行业务与计算分离设计。这样，可根据具体的统计分析业务需求组合所需的计算功能指标，满足定制化的统计分析作业要求。

5.4　高效能计算技术

高效计算模型与关键技术是支撑开展国家级和省级监测统计计算与分析任务的技术核心，主要涉及数据高效访问、多源数据集成处理、高精度地表建模与指标计算、多时序地表覆盖变化分析、快速统计计算服务、地理国情信息服务建模、地理国情数据可视化等整个统计分析业务的计算与应用链条。在地理国情大数据统计分析框架下，设计并实现了针对以上需求的系列关键技术，并最终集成至地理国情统计分析软件体系内，以支撑统计分析计算的高效开展。

5.4.1　分布式空间索引策略

李绍俊等（2017）指出，在大数据条件下，应将空间索引技术从算法层面提升到方法策略层面，才能解决空间大数据的高效检索问题。以单一年度的全国地理国情数据为例，矢量化的地表覆盖与地理国情要素数据规模超过 2.4 TB（张继贤等，2016），几何对象数量可达到十亿以上。为实现数据的高效访问，可按照统计单元的层级关系构建索引策略。在统计单元体系中，设计包括“国、省、市、县”四级的树状索引策略。最上层为根节点，查询范围对应了分省界限范围。最下层为叶节点，其范围对应了实际的地表覆盖数据层和地理国情要素层。在分布式环境下，叶节点同时记录了数据所在的物理存储目录。

在数据入库时，应按照数据的二维空间范围和所对应的行政单元级别，初始化导入至对应节点的数据库（分布式环境下，可能分别位于不同的计算节点）。入库完毕后，对各数据层构建图斑粒度的空间索引，并挂接至空间索引策略下。常采用的空间索引包括了 R 树、四叉树、格网索引等。数据更新时，应同步更新图斑粒度空间索引；如数据发生迁移，则应同步更新空间索引策略。按范围访问数据时，从根节点依次向下查询，最终精确筛选出结果数据集。具体策略如图 5-7 所示。

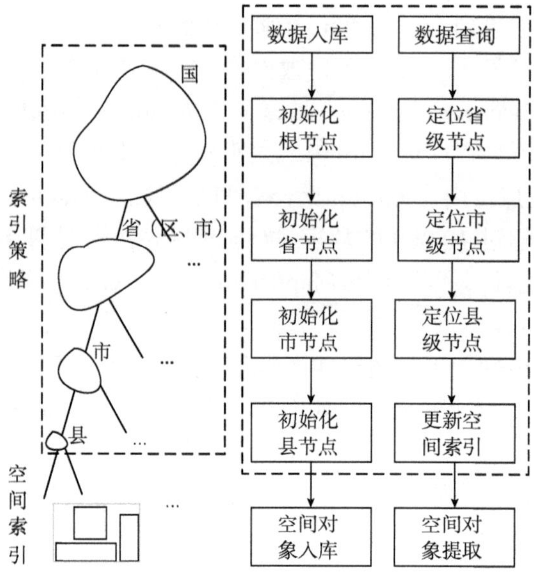

图 5-7　多层级统计单元下的分布式空间索引策略

5.4.2　地理国情大数据集成和融合

地理本体能够以机器理解的形式，明确表达各类专家知识及整个分类过程，将分类过程与计算机数据结构相连接，建立模拟人类感知过程的本体模型来实现遥感影像的计算机自动分类（Gruber，1993；Lüscher et al.，2009）。李德仁等（2018）指出，地理国情大数据是典型的多源异构数据，传统的集成方法不利于信息共享和互操作，进而严重制约了后续的计算与分析，基于地理本体的大数据集成和融合技术提供了有效降低甚至解决这种困难的途径。

结合地理国情大数据的特点与应用需求，基于地理本体理论和技术设计了数据集成和融合技术方法，以实现数据管理与精准服务。本体网络描述语言（web ontology language，OWL）提供了数据与分析需求的形式化语义描述功能（Delgado et al.，2013）。因而，充分利用本体具有的信息共享优势，可以驱动相关信息的自动组织，实现对终端用户建模（董南等，2017）。如图 5-8 所示，采用语义模型映射的方法，包括映射规则和模型，构建地理国情点状、线状、面状、复合要素几何对象和现实世界自然地理要素（种植土地、林草覆盖、荒漠与裸露地、水域）、人文地理要素（交通网络、居民地与设施）实体的地理国情大数据映射关系，通过形式化表达，构建形成统计分析地理本体（王晓璇等，2011；栗斌，2014）。利用本体将来自多个数据源的数据（包括结构化数据和非结构化数据）进行转换和集成，从点状、线状、面状、复合类型原始存储格式转化为地理国情自然、人文地理要素数据实体对象和相关的属性，包括概念（类别）、位置、时间等对象属性及其之间的关联关系。此处的地理国情本体内容涵盖了地理国情大数据对象、任务的关系及其相关属性，其本体数据不仅包括点状、线状、面状、复合要素等

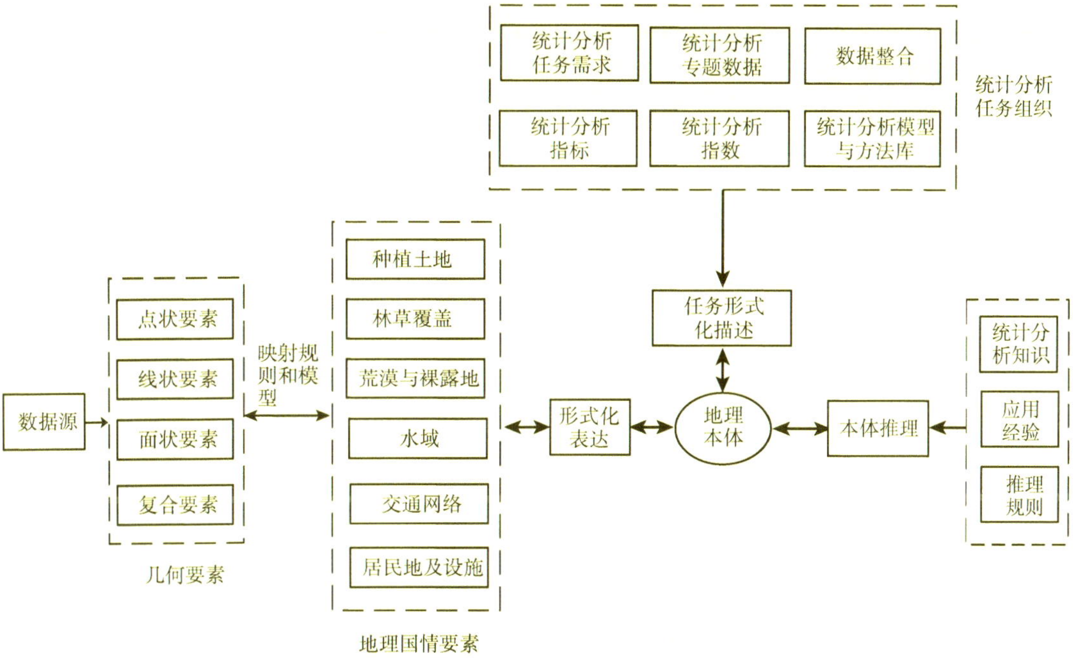

图 5-8　基于本体的地理国情大数据集成和融合

不同类型数据，还涵盖了统计分析指标、模型方法、指数等内容，并基于统计分析技术人员的知识、经验和推理等，对各类数据源的自动添加、删除、修改及其映射等操作功能进行简化，通过这种地理本体数据模型的灵活设计，很大程度简化了统计分析大数据集成和数据融合过程，有助于实现统计分析领域的智能化。基于这种本体驱动的统计分析数据集成和融合分析过程，再结合可视化技术，有助于在地理国情大数据中发现辅助决策信息。

5.4.3　计算密集化的内存映射模式

左尧等（2017）指出，内存计算技术的发展为高性能地理计算问题带来了新的解决方案，并在大数据分析和数据挖掘领域成为近年来的重要研究方向。高性能内存计算是利用计算节点上的存储空间形成一体的分布式内存空间，并将访问次数较多的文件缓存至该区域，通过规范的文件接口进行访问，从而降低计算任务的读写开销和延时，加强负载均衡，以提高整体的运行效率（Corbett et al.，2013）。与传统数据仓储技术相比，内存计算技术在即时分析方面有更高的灵活性和更强的运算性能（Shi，2010）。内存计算作为数据处理加速的一个手段，其主要适用于数据访问密集型的应用。相比传统方法，内存计算可显著提升数据频繁操作的效率，充分发挥多核并行计算性能。尤其对大规模数据进行实时分析和运算时，可近实时进行预处理、建模和分析。

地理国情大数据的时空特性使得专业化的统计分析具备了典型的计算密集型特质，其中所涉及的大部分数据处理逻辑或空间分析算法的复杂度均可达到 $\boldsymbol{O}(n^2)$ 甚至 $\boldsymbol{O}(n^3)$。

因此，在处理最细粒度统计单元时，可在本地内存允许的情况下，将相关数据图层按照通用的空间数据结构进行组织，一次性加载至内存。对于栅格数据，可根据空间范围分配同构内存阵列进行存储；对于矢量数据，按矢量对象结构和长度顺序拷贝至内存。图 5-9 所示为空间数据图层的内存化表达，内存图层，可避免频繁数据访问造成的 CPU 饥饿现象。根据多类不同统计单元的实际测试发现，平均计算性能可提升 30%以上。

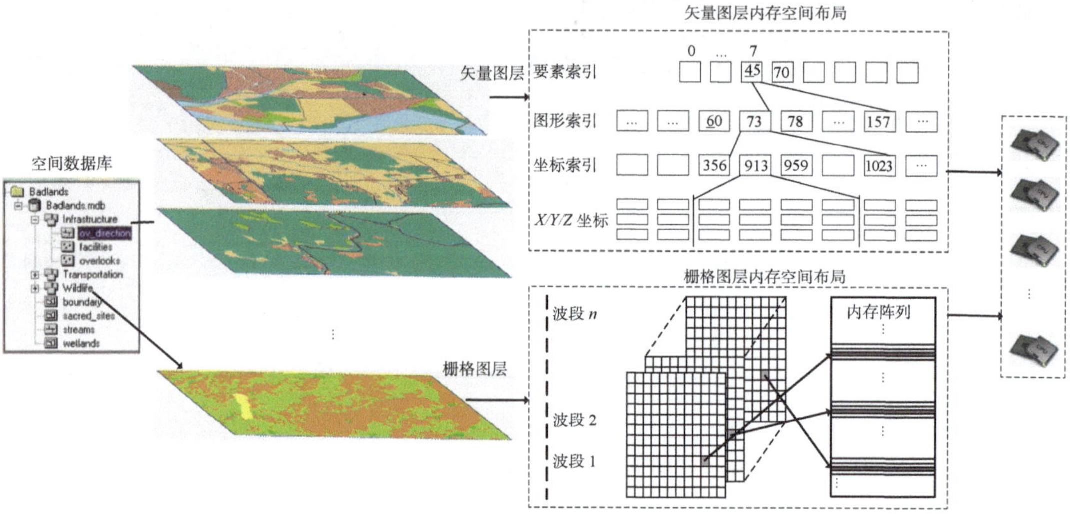

图 5-9　空间数据图层内存化表达

5.4.4　高精度起伏地表建模与度量计算

在国土资源调查、水利、林业、农业、环保等各行业的普查（调查、清查）中，地表表面面积是极为重要的基础性指标。陆表资源和地表过程都以地球表面为载体，但是通常为了研究的简化和方便，绝大多数研究是基于投影面，即将地球简化成一个标准的椭球体而不考虑地表实际的起伏。实际上，投影面积和实际面积（即表面面积）存在差异，这种差异在平原地区、地形起伏平缓的地区可能较小，但是在山区可能会较大。我国山地面积占国土面积的 2/3 以上，基于椭球面积和基于表面积的研究结果可能出现非常大的差异，根据第一次全国地理国情普查基本统计结果发现，我国部分区县椭球面积与表面积相对差异甚至可以达到 20%，这种差异对于国家陆域生态系统的资源调查（如林业资源调查，粮食估产）带来了较大的不确定性。

结合中国陆域地表形态分区，根据各样区地貌形态的地形构造特征，分析地形结构复合状态下局部表面面积模型组合模式与选取准则，建立了基于不规则三角网的高精度表面面积模型，形成具有不同地形特征适应性的地表建模方法。为支撑大范围的高精度地表资源分类估算，设计并实现了基于单任务多线程的并行化统计方法。计算流程参见图 5-10。在全国 10 m 格网宽度的 DEM 数据基础上，通过构建不规则三角网，实现了起伏地表下的精确模拟。进而以二维的封闭区域为限制范围，采用水平和垂直的 DEM

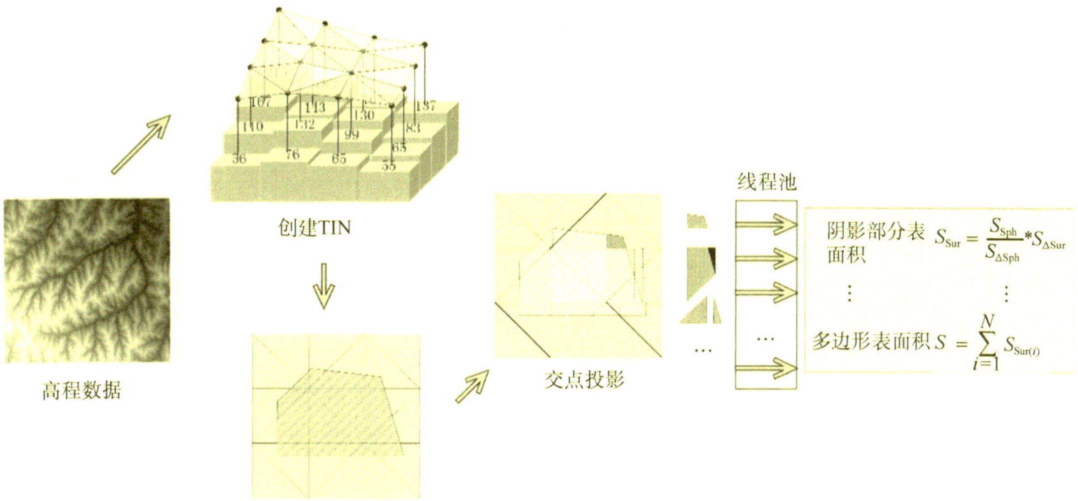

图 5-10　地表建模与多线程表面面积计算

格线为分割线，实现空间域的深度剖分。同时，结合封闭多边形的坐标点位置进行水平投影，生成系列的三角形或梯形单元，进而通过积分计算得到相应的图斑面积。由于不同的三角形或梯形单元相互独立，在切分完成后直接将计算任务抛入至线程池进行并行计算，最后一次性汇总得到图斑表面面积。根据实际测试，在 12 核心的 CPU 环境下，平均可达到 6 倍左右加速比。

5.4.5　多时序地表覆盖矩阵计算方法

刘纪远等（2018）指出，土地利用/覆被变化是表征人类活动对地球表层系统影响的最直接的表现形式，在全球环境变化过程中扮演着非常重要的角色。作为地表变化的的定量表达方式，转移矩阵可全面分析区域土地利用变化的数量结构特征与各用地类型变化的方向，因而广泛应用于土地利用变化和模拟（刘瑞等，2010）。地理国情统计分析中，常态化的地理国情监测生产了多个年度的地表覆盖本底数据，利用地表覆盖转移矩阵可具体刻画地表覆盖类型变化的结构特征与变化方向，便于了解研究期初的各地表覆盖类型流失去向和研究期末的各地表覆盖类型的来源与构成。如表 5-4 所示为地表覆盖一级类在两个不同年份的面积变化描述结构表。该表已作为监测基本统计软件的报表成果模板。

在全国或省级范围尺度开展任意两期地表覆盖数据转移矩阵计算，面临高强度的计算负载与数据分区的不均衡性。在多核计算节点内，采用并行进程池进行任务管理，通过异步调度机制确保了空闲进程及时获取到任务加载指令，实现了多个计算任务的异步并行。如图 5-11 所示，首先根据处理器核数设定进程池大小，然后开展相应的数据匹配和数据裁切，确保两期地表覆盖数据具有相同的空间范围。以并行方式进行数据叠加运算，形成多属性复合图层，进而在多个进程中完成面积计算，经汇总形成相应的地表覆盖转移。

表 5-4　地表覆盖转移矩阵（一级类）

项目		年份 2						
		种植土地	林草覆盖	房屋建筑（区）	…	水域	总计	转出量
年份 1	种植土地							
	林草覆盖							
	房屋建筑（区）							
	…							
	水域							
	总计							
	转入量							

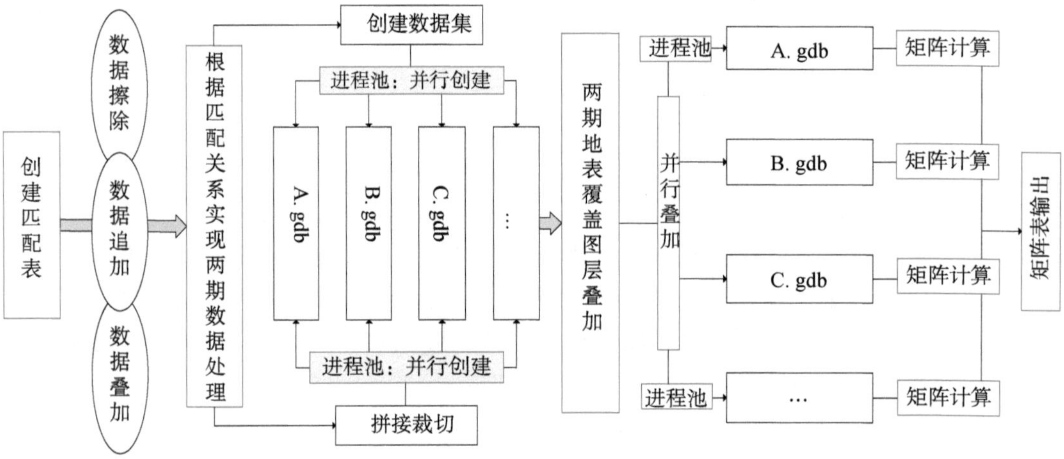

图 5-11　大规模地表覆盖转移矩阵计算流程

5.4.6　矢量金字塔支持的近似实时统计

矢量数据一般通过记录坐标的方式来尽可能地表达地理实体的空间位置。矢量数据常见的金字塔组织结构是将矢量数据转换成位图，由若干行和列的位图组成多分辨率层次的金字塔结构，这意味着其数据结构由矢量数据结构转换成了栅格数据结构（齐东兰等，2015）。因此，传统的金字塔技术难以支持后续统计计算需求。

为满足大范围地表覆盖数据的快速分类统计需求，在对原始数据基础上进行格网化处理和预先统计计算，经汇总得到各格网单元的各地表覆盖分类信息，建立起矢量格网金字塔的基态数据。基态数据格网的宽度通常可根据计算精度要求进行设定。基态数据格网经逐级汇总可得到上一级单元分类统计信息，重复汇总至单一格网或与最小显示范围相适应即可。不同级格网具有相独立的显示尺度，统计查询可根据当前显示级别，自适应切换输入格网层以加速完成分类信息的提取。完整格网可直接分类累加，边缘破碎格网应根据空间叠置分析推算面积占比进行地表分类的加权分配。图 5-12 所示为地表覆盖格网统计分析界面。

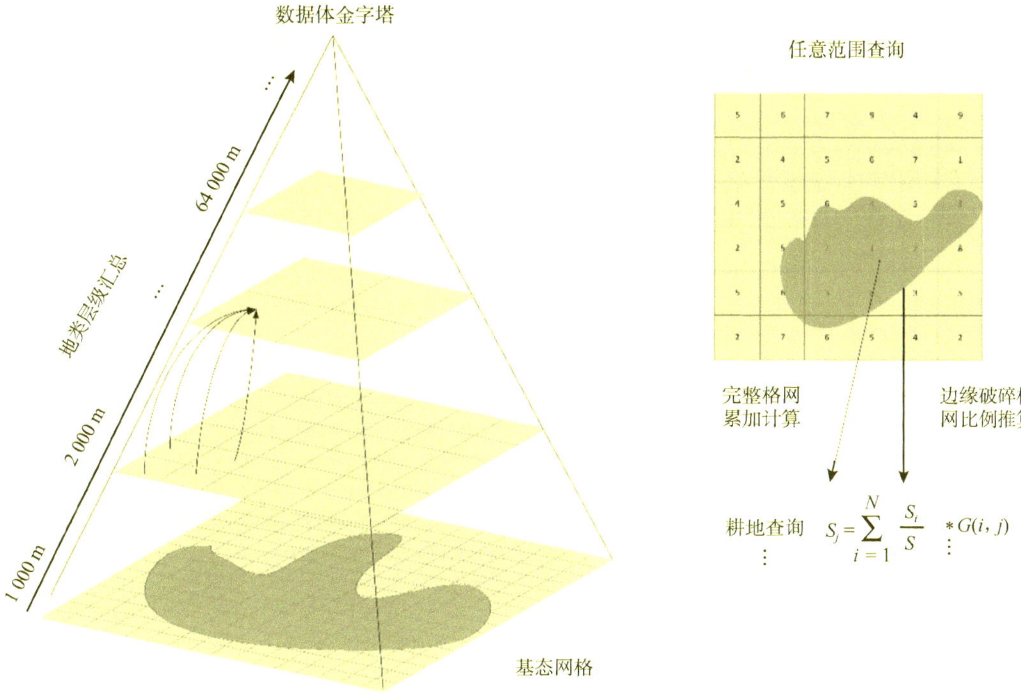

图 5-12　地表覆盖格网金字塔构建与统计计算

根据实际应用测试，1 000 m 格网宽度下多次查询的平均精度可达到 78%以上；100 km^2 以内查询范围的平均响应时间小于 0.1 s。如图 5-13 所示为地表覆盖数据的矢量金字塔组织方式与近似统计计算。根据查询范围，可近实时统计空间范围内所包含各级地类面积。

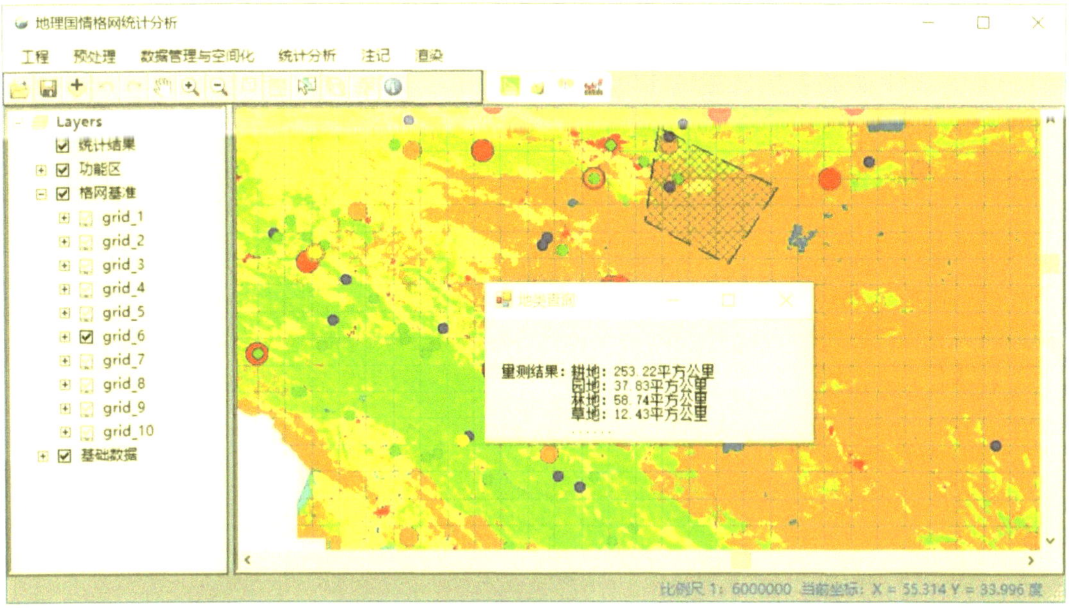

图 5-13　地表覆盖格网金字塔数据组织与近实时统计查询

5.4.7　多时态空间数据的高速切片渲染

随着遥感、测绘技术的快速发展，空间数据的观测尺度和精度不断提高。多时态的海量遥感影像、大规模矢量数据的获得变得更加容易，如何结合高性能计算模型，设计高效的并行构建影像、矢量地图瓦片算法和存储模型，是提高海量空间数据快速可视化和数据访问的关键。可视化是在数字化的背景中产生的，其作用是在人机交互的情况下发挥人脑的形象思维功能（高俊，2000）。此外，多时态地表数据的快速累积，使得快速提取变化信息成为重要研究趋势。黄培之等（2004）指出，通过对多期地表现状进行深入的分析，可以知道地表客观实体随时间变化所发生的空间关系的变化。

针对地理国情海量的高分辨率遥感影像、地表覆盖和地理国情要素数据，设计了集符号化定制、并行数据切片、分布式存储、服务分发、空间对比、地图漫游等功能于一体的地理国情数据可视化服务。服务设计遵循 OGC 的 WMS（web map service）标准接口，可实现跨平台、跨浏览器的快速部署，支持多期数据双视图动态拖动展示与对比，实现了任意不同时期数据的实时对比与叠加。整个地图服务的发布与功能调用流程如图 5-14 所示。

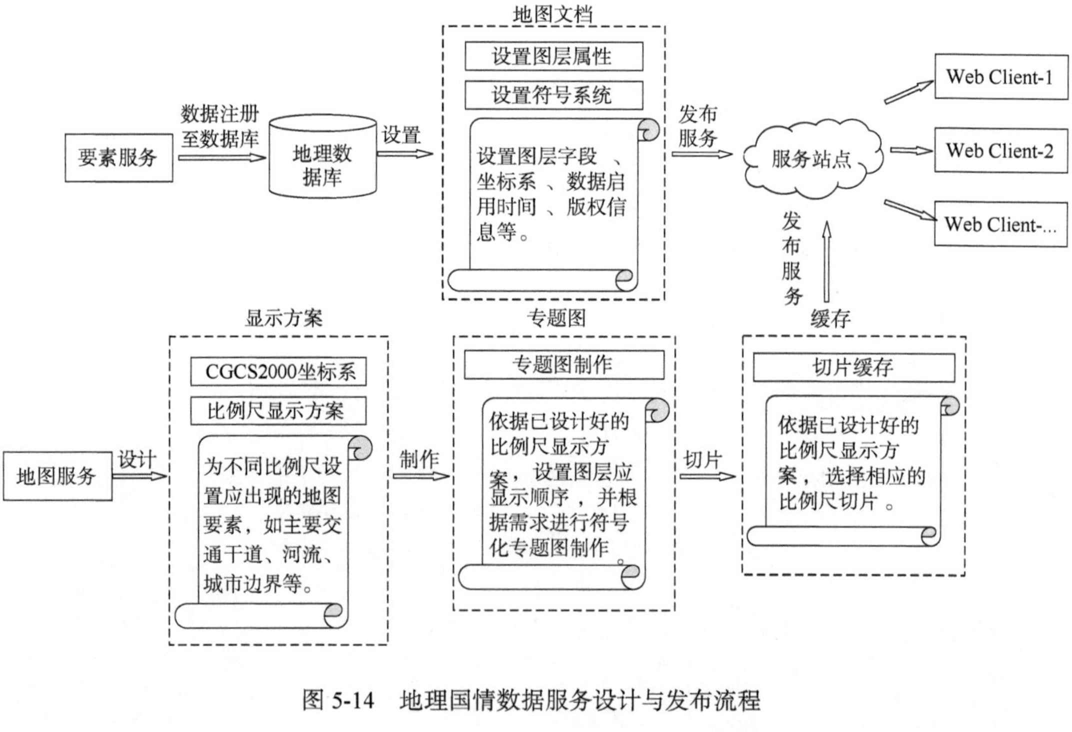

图 5-14　地理国情数据服务设计与发布流程

矢量数据的渲染计算量与坐标点个数呈正相关关系。针对大范围矢量数据，按照空间范围进行标准瓦片划分，利用相应的坐标点个数进行计算强度标定并进行任务瓦片排序。采用动态调度策略，优先渲染负载较重的瓦片，确保最终异步并行处理进程/线程的结束时间近似相同。

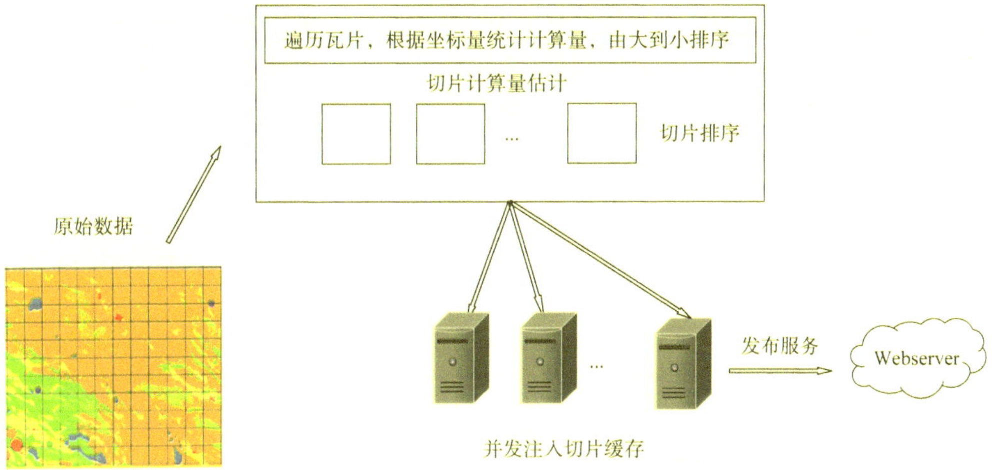

图 5-15　大范围矢量空间数据的切片并行生成机制

针对多期历史数据，采用双视图瓦片地图联动的形式进行对比分析，拖动或缩放其中任意一个视图时；另一视图做同步变换。同时，基于服务器端的高性能设施提供了实时叠置计算功能，支持边界数据的在线叠置计算与统计分析。

图 5-16　大规模矢量数据切片渲染（上海浦东新区）和在线叠置分析（青海湖历史范围叠加）

5.5　计算效率分析

地理国情统计分析是典型的数据密集与计算密集型应用，大规模的数据读写与分析计算，必然对外部的硬件条件和专业的算法模型产生极高要求。因此，通过配置高性能的工作站集群，并选用高效的编程语言开发实现了并行化的统计计算模型，结合高效的算法调度策略，实现了计算性能的大幅优化。

5.5.1　关键算法优化分析

根据 5.1.2 计算强度估计，整个统计分析的计算效率取决于图层裁切、图层叠加、缓冲区生成等空间分析操作和椭球面积计算、表面面积计算、地表覆盖转移矩阵生成等相关指标统计。因此，为发挥各项关键技术在整个统计分析软件系统中的关键作用，应从叠加计算、缓冲区计算、表面面积计算等多个方面进行既有算法重构。对比了面状图斑空间求交、求并、求差、表面面积计算与调度等方面的优化结果。

测试环境为一台 DELL PRECISION T5500 工作站，配备 2 路 6 核 Intel Xeon E5645 处理器，基本配置如表 5-5 所示。由于 CPU 对超线程技术的支持，最大可用的线程数为 CPU 核心数 2 倍。

表 5-5　应用测试环境

CPU 核心数	CPU 线程数	CPU 主频	操作系统	物理内存
12	24	2.40 GHz	×64 位 Microsoft Windows 7	16 GB DDR3-1600 ECCSDRAM

1. 地理国情面状图斑缓冲区计算优化

测试数据集为水域要素图层，其中包含 56 177 个多边形要素。数据本身所有的拓扑错误均通过 ArcGIS 进行预处理。为全面分析并行缓冲分析性能，这里对该测试数据进行了 5 组不同缓冲半径的测试。首先，利用 ArcGIS 中的缓冲分析功能进行测试，计算结果可用于评价并行方法的计算效率与精度，测试得到的计算时间如表 5-6 所示。

表 5-6　大规模水域要素缓冲区计算耗时对比

序号	缓冲半径/度	计算时间/s
1	1.00E−06	3 459
2	1.00E−05	3 497
3	1.00E−04	3 264
4	1.00E−03	1 682
5	1.00E−02	22 995

随着缓冲半径的变化，输出的缓冲区多边形的个数随之发生变化。在较大的半径下，缓冲分析更可能消耗较多的计算时间（如缓冲半径为 1.00E−02 度）。此时，随着缓冲半径的增加，更多的结果多边形会发生相互融合。

随着计算线程数的增加，数据处理时间显著降低。对于同样的线程数，较大的缓冲半径则会消耗相对较多的计算时间。根据表 5-7 可知，随着缓冲半径的增大，输出多边形的个数逐渐减少；这与计算时间的表现完全一致，其原因是缓冲区多边形融合所对应的计算量有所增加（这对应了整体的计算强度的增加）。相比较而言，串行算法（单个执行线程）的执行效率已经超过 ArcGIS。此外，并行的缓冲分析算法在性能上保持了较好的可伸缩性。在 12 核环境（线程数为 24）下，算法加速比平均超过 8。

表 5-7　缓冲分析算法不同缓冲半径下的数据融合比例

序号	缓冲半径/度	输出多边形个数/度	融合比例/%
1	1.00E-06	52 124	7.2
2	1.00E-05	52 046	7.4
3	1.00E-04	47 901	14.7
4	1.00E-03	34 333	38.9
5	1.00E-02	4 199	92.5

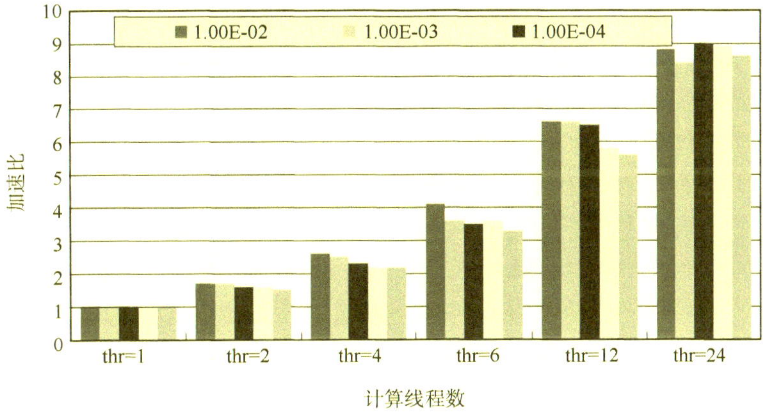

图 5-17　不同线程数、不同缓冲半径下水域要素并行计算性能加速比

2. 地理国情面状图斑叠加分析计算优化

并行叠加的测试数据集包含两个多边形图层。第一个数据图层包含 563 133 个多边形；第二个数据图层包含 2 461 个多边形。对比了基于并行叠置求交算法与 QGIS 软件中的求交模块、ArcGIS 中的求交模块的计算效率与结果精度。在单一节点的硬件环境下，通过 QGIS 软件计算两个图层交集所花费的时间为 2 004 s。在 ArcGIS 中，所花费的时间为 1 343 s。从计算效率上来看，ArcGIS 高于 QGIS。

随着并行线程数的增加，并行叠加计算的加速比明显提升，并且保持了较好的伸缩性。在 24 线程下，最高加速比为串行算法的 8.8 倍。这一效率是 QGIS 软件中求交功能的 14.7 倍，ArcGIS 软件中求交功能的 9.9 倍。

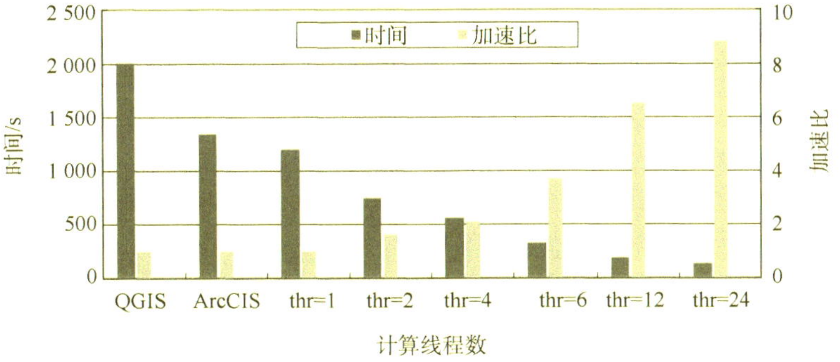

图 5-18　不同线程数并行叠置分析算法的计算加速比

3. 表面面积计算优化

表面积计算是通过将矢量多边形图层与 DEM 图层进行叠置，并据此精确计算每个多边形覆盖范围的地表表面积。在计算过程中发现，传统的并行方法可以在一定程度上提高计算效率，但随着线程数的提高，计算性能受限于 I/O 过程的高耗时占比。其原因是该算法在调度过程存在两方面不足：①频繁与重复的栅格数据读取操作使得磁盘性能成为整个计算过程的瓶颈；②部分绑定矩形范围大的多边形会造成极高的内存使用率。

测试数据选用了湖南省株洲市株洲县的坡度带矢量多边形数据与DEM栅格数据进行测试分析。该数据为地理国情基本统计中的实际应用数据，其中坡度带图层包含 8 933 891 个多边形。实验从计算时间与内存消耗两个角度，对比了非流式表面积计算方法与流式调度框架下表面积计算方法的计算效率。

首先对比了非流式调度中表面计算在串行与并行两种模式下的计算效率。由表 5-8 可以看出，在非流式调度中，并行算法可以获得约 6.8 倍加速比。由于 I/O 操作效率低下，且与计算过程相互独立，计算效率难以进一步提高。在相同的硬件环境，借助流式调度引擎实现的表面积计算算法获得了较为理想的计算效率。在流式调度中，实验同样对比了串行与并行两种模式下的计算效率。串行模式中，引擎会分配个独立的并行处理线程，分别负责数据读取、表面积计算与面积结果汇总。与非流式处理相比，计算时间约可以缩短 50%左右。并行模式中，流式处理平均缩短时间 40%以上。

表 5-8　表面积计算中时间对比　（单位：s）

非流式处理			流式处理				串行效率提升/%	并行效率提升/%
串行	并行	加速比	分块大小	串行	并行	加速比		
102 733	15 060	6.82	200^2	48 226	8 817	5.47	53.1	41.5
			500^2	49 451	8 778	5.63	51.9	41.7
			1000^2	48 225	8 903	5.42	53.1	40.9
			2000^2	48 374	8 117	5.96	52.9	46.1
			5000^2	50 938	8 444	6.03	50.4	43.9
			10000^2	51 659	8 558	6.04	49.7	43.2

在计算过程中，采用数据分块思想将栅格数据与对应的矢量数据对应划分并连续载入内存，并在处理完后释放相应内存空间，由此避免了大图斑并行处理带来的内存超限问题。从表 5-9 可以看出，随着分块的增大，内存的使用峰值呈现先减小然后迅速增大趋势。在数据分块范围较小时，势必会产生较多的分块；而分块与多边形之间的依赖关系的记录也会增加。继而引发更加频繁的分块调度、多边形求交计算以及对应的面积计算，势必带来较大的内存波动。在数据分块较大时，每个分块本身的数据量迅速增加。当并行处理多个大的分块意味着更多的内存消耗。在极限情况下，即将所有多边形数据、DEM 数据（作为一个分块）以及所表达的拓扑依赖关系一次性载入内存。

表 5-9　表面积计算中内存峰值对比　　（单位：MB）

非流式调度		流式调度		
串行方法	并行方法	分块大小	串行方法	并行方法
2 357	16 391	200^2	318	433
		500^2	164	335
		1000^2	171	486
		2000^2	218	933
		5000^2	547	4 296
		10000^2	722	16 235

5.5.2　大规模地表覆盖转移矩阵计算

在对关键算法进行并行优化基础上，实现了大规模地表覆盖转移矩阵计算功能。计算过程涉及数据拼接、裁切、图层叠加、面积计算、矩阵提取等多个环节，几乎涵盖了地理国情基本统计的主要数据操作与指标运算。以全国 31 个省（自治区、直辖市）的县级单元的 2016 年、2017 年两期地表覆盖数据为基础，计算与提取了全国不同行政单元下的各级地类的转移矩阵成果。该计算任务是多时态地理国情大数据变化监测的关键环节，可同时提供地类现状与变化轨迹信息，用于制作地理国情要素分布与变化强度图件。

在包含 15 个节点的分布式环境下，基于空间划分机制，实现了对全国数据的空间划分，形成了与节点规模对等的 15 个子任务。各子任务的分配信息如表 5-10 所示。

表 5-10　转移矩阵计算任务空间划分结果

计算机 IP 地址	区县个数/个	子任务计算量/s	切分代价/s	子任务总占比/%
192.168.3.1	176	78 737.800	7 834.684	6.52
192.168.3.2	212	78 945.698	2 513.631	6.13
192.168.3.3	189	78 111.003	6 984.443	6.43
192.168.3.4	327	83 135.226	13 525.892	7.28
192.168.3.5	294	82 848.954	8 524.572	6.88
192.168.3.6	333	80 668.012	7 148.928	6.61
192.168.3.7	207	83 146.467	6 905.600	6.78
192.168.3.8	268	83 042.980	6 721.402	6.76
192.168.3.9	197	82 401.041	11 897.392	7.10
192.168.3.10	106	80 064.289	11 565.392	6.90
192.168.3.11	176	79 672.611	12 012.495	6.90
192.168.3.12	212	78 525.364	2 017.754	6.06
192.168.3.13	189	78 805.905	3 550.061	6.20
192.168.3.14	327	80 616.409	5 116.888	6.45
192.168.3.15	294	82 511.703	10 519.652	7.00

由表 5-10 可知，整体计算被均衡划分为 15 个子任务，数据划分本身会带来一定的额外开销，约占到任务耗时的 10%左右。划分后各子任务耗时约占总体任务的 6.06%到 7.28%，均衡性表现较为理想。在此基础上，将各子任务在相应的节点进行驱动执行，整体计算时间如表 5-11 所示。

表 5-11　转移矩阵计算任务分布式计算结果

计算机 IP 地址	子任务总计算量/s	实际并行计算时间/s	加速比
192.168.3.1	86 572.484	16 713.703	5.180
192.168.3.2	81 459.329	21 245.131	3.834
192.168.3.3	85 429.326	18 003.370	4.745
192.168.3.4	96 661.118	18 944.093	5.102
192.168.3.5	91 373.526	17 064.811	5.354
192.168.3.6	87 816.940	18 688.152	4.699
192.168.3.7	90 052.067	17 794.495	5.061
192.168.3.8	89 764.382	18 774.252	4.781
192.168.3.9	94 298.433	19 458.336	4.846
192.168.3.10	91 629.681	16 454.875	5.569
192.168.3.11	91 685.106	18 048.192	5.080
192.168.3.12	80 543.118	17 363.678	4.639
192.168.3.13	82 355.966	18 177.326	4.531
192.168.3.14	85 733.297	19 216.351	4.461
192.168.3.15	93 031.355	16 692.415	5.573
平均	88 560.409	18 175.945	4.872

由表 5-11 知，分布式集群环境下，整体计算时间大幅度降低，平均计算时间为 5.05 小时，最低加速比为 3.83，最高为 5.57，不同节点间的最大耗时差异为 4 790 s。考虑耗时最长计算节点，整体耗时约为 5.9 h，相对于单机环境下的非并行模式，整体加速比超过 57 倍。

5.5.3　国家级统计计算效率分析

通过对以上多个基础算法进行并行优化，以统计分析业务为导向进行关键技术封装，完成了可支撑统计分析操作的基础工具集的设计与开发。经过实际应用测试比较，单一节点的处理过程经并行优化后计算时间平均可缩短 75%以上。在计算集群环境下，完成全国 31 个省（自治区、直辖市）的主要统计计算任务约耗时 6 天左右，确保了统计分析计算任务的快速、高效完成。

表 5-12 所示为国家级统计计算的分阶段处理效率优化情况。从整体计算时间来看，数据预处理、指标计算和成果汇总分别占整体耗时的 27.7%、68.7%和 3.6%。其中，数

据预处理阶段主要采用多进程方式实现了分布式并行计算，平均效率提升 10 倍以上。指标计算阶段主要采用多线程方式实现了多核并行计算，平均效率提升 17 倍以上，优于数据预处理的性能提升。成果汇总阶段主要采用多节点/进程方式实现并行，平均效率提升 3 倍以上。

表 5-12　国家级统计计算效率优化统计

计算阶段	工作内容	操作类型	耗时评估/h	并行模式	实际耗时（平均）/h	提升比率
预处理	拼接、裁切	Merge Clip	280～420	进程	26.4	＞10.6
	自然地理单元提取	Rasterize Vectorize	200～400	进程	13.7	＞14.6
	数据组织	I/O	30～55	进程	5.6	＞5.4
指标计算	个数统计	Attribute Query	55～112	线程	5.2	＞10.6
	椭球面积统计（含转移量）	Area Intersect	550～820	线程	20.5	＞26.8
	表面面积统计	Surface Area Vectorize（DEM）	500～800	线程	22.9	＞21.8
	椭球长度计算	Length	40～60	线程	9.4	＞4.3
	其他指标计算	Comparison	122～194	线程/进程	16.1	＞7.6
成果汇总	地表覆盖结果汇总	DB Query	30～50	节点/进程	7.8	＞3.8
	要素统计结果汇总	DB Query	30～50	节点/进程	9.6	＞3.1
	报表输出	I/O	7～8	节点/进程	3.6	＞1.9
总任务处理时间			1 844～2 969	—	140.8	＞13.0

相比于本章 5.1.2 节对时间复杂度的估计，整体计算效率实现了大幅度提高，可有效支撑国家级地理国情大数据统计分析工作的实施。在整个统计计算过程中，所实现的上述高性能并行计算技术是常态化监测阶段持续开展统计分析的技术保障，为业务化统计分析软件平台的研制、使用和推广提供了坚实的基础。

第 6 章　统计分析软件平台

针对地理国情大数据的时空特征和计算应用需求，设计了高性能统计分析框架，构建了解决地理国情大数据集成管理、高效统计计算、地理国情要素量算、复杂地表建模、多样化空间分析与深度数据挖掘的核心技术体系。在此基础上，依据地理国情监测（包括普查与常态化监测）的总体设计要求、地理国情统计分析总体框架和相关的技术规定，开发了具有自主知识产权和可完整支持地理国情统计分析工作的系列技术软件，形成了面向地理国情监测的地理国情统计分析软件平台。使用该平台可有效支撑全国与地方开展地理国情大数据的统计分析工作，可直接生成或辅助形成服务各级政府、有关部门及社会公众的数据集、报告、图件等系列成果。

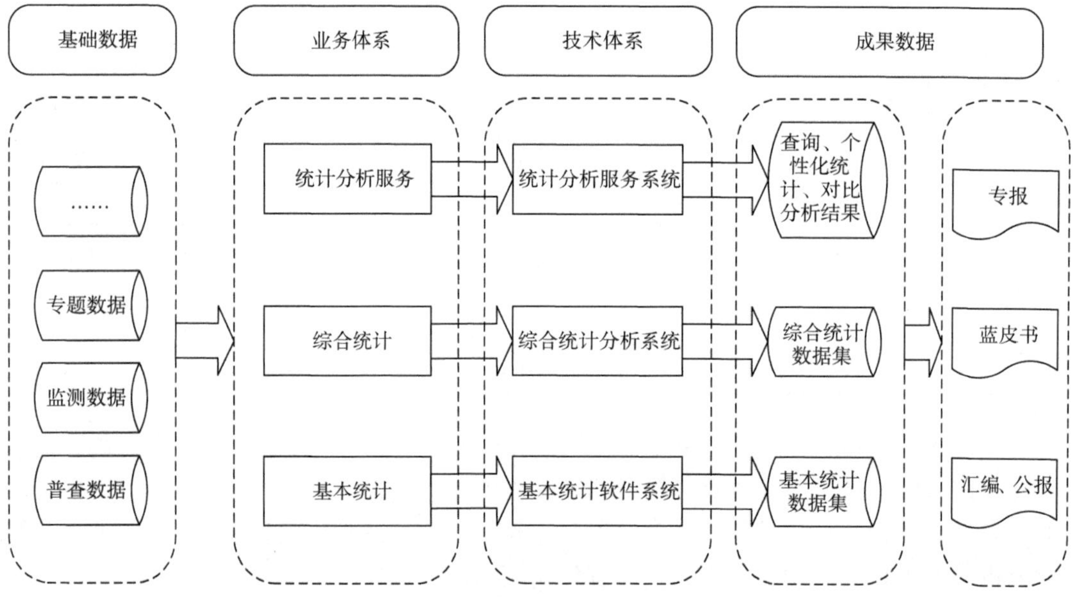

图 6-1　地理国情统计分析软件平台框架

地理国情统计分析软件平台是一个以地理国情统计分析全过程为主线的业务支撑平台，涵盖数据分析整合、指标计算汇总、综合分析对比、成果查询展示、个性化统计服务等环节的系统工程，包含基础数据、统计分析业务体系、技术系统和成果数据四个部分，基础数据是地理国情监测成果数据以及社会经济专题数据及其他公开的标准数据，统计分析业务体系指基本统计指标计算、综合统计指标分析和统计分析成果服务，技术系统是每个业务体系对应的支撑系统，即基本统计软件系统、综合统计分析系统和统计分析服务系统，成果数据指经过基本统计和综合统计分析形成统计分析数据成果、文档成果及面向不同需求的产品。

地理国情统计分析软件平台，可实现国家级和省级地理国情普查和基础性监测的基本统计和综合统计计算，通过对基础数据资源和统计分析成果的整合，构建统计分析服务系统，实现综合查询、检索、对比分析、个性化统计及定制化服务等功能，满足不同层级用户的需要。与通用型地理信息系统平台的最大的不同是，其运行的自动化程度及计算的高效性，基本统计和综合统计分析采用了基于工作流的组装自动运行模式，大大简化工作流程，提供了工作效率。为实现统计分析任务在内容、指标和形式上个性化服务，平台功能操作具备了强大的灵活性，经过简单的配置，即可满足不同部门及行业的统计分析的定制化需求。

6.1　软件平台需求

统计分析是地理国情监测过程中国家和各省都需要完成的工作任务。通过统计分析，形成多层级、多类型的统计分析成果和数据产品。统计分析工作专业性强，工作量大，需要在软件平台的辅助下才能完成。目前国内国际主流地理信息系统平台软件多为通用的工具型地理信息系统软件，完成地理国情统计分析工作需要大量的人工参与，对于地理国情统计分析中专业化的计算模型尚不能直接实现，需要自主开发。

6.1.1　总 体 需 求

按照第一次全国地理国情普查总体设计，地理国情统计分析包含基本统计、综合统计分析和专题分析评价三个阶段，基本统计主要生成基本地理国情信息，数据源及基本统计成果均为标准化数据，生产流程化、自动化程度要求高；综合统计分析主要以基本统计成果为基础形成地理国情指标指数，工具化要求高，生产过程专家参与程度强；专题分析评价主要以基本统计、综合统计分析成果及其他专题数据为基础形成专题分析报告，生产过程专家全程参与。每个阶段的数据源、业务流程和成果存在明显的差异，但又有内在的联系，因此，针对不同业务阶段的实际情况，分别构建基本统计和综合统计分析两个生产型子系统，用来支撑完成基本统计和综合统计分析任务；同时考虑统计分析成果的应用服务，构建统计分析服务系统，三个系统有机结合，形成统一的地理国情统计分析软件平台。

6.1.2　功 能 需 求

地理国情统计分析软件平台包含基本统计、综合统计分析和服务系统三个子系统，每个子系统的功能有不同的侧重。

基本统计系统主要实现在不同单元下的地理国情统计基本指标的计算和汇总，

即地理国情监测获取的地理国情要素数据和地表覆盖分类数据的面积、长度、个数等基本指标的统计和逐级汇总，形成数据集、报表和汇编等基本统计成果。基本统计系统主要用来支撑完成国家级和省级的基本统计工作。针对国家级，需要实现包括县级、地市级、省级和国家级等四个级别的基本统计计算与汇总，形成全国基本统计数据集和统计数据汇编等成果和产品。针对省级，需要实现省级范围内包括县级、地市级和省级等三个级别的基本统计计算与汇总，形成省级基本统计数据集、报表和报告等成果。

综合统计分析系统主要实现地理国情综合统计分析指标的计算和综合统计分析指数的提取。综合统计分析的统计范围、统计主题和统计指标等具有任意性，针对任意范围的统计，综合统计分析软件应能支持统计单元、内容及指标的灵活配置，并能生成相应的统计成果。综合统计分析软件主要用来支撑完成国家级和省级的综合统计分析工作，针对不同级别的用户，应能根据用户定义的专题实现相关指标、指数的计算和成果的生成。

统计分析服务系统是面向终端用户的在线服务系统，主要实现地理国情监测成果的查询、展示及个性化的统计分析。服务系统应能支持统计成果的在线检索，能够实现统计成果的多维度组合查询；能支持统计分析成果的在线可视化表达；能支持统计分析产品的在线发布和检索；能支持小范围的地理国情要素数据和地表覆盖类型数据的在线基本统计。

6.1.3 用户需求

对于开展地理国情监测的单位，软件平台的开发不仅满足国家级基本统计的需求，也要满足省级基本统计的需求，对于发达地区及具有特殊需求的地方，还应满足地级或县级基本统计的需求，因此，软件面向的用户包括国家、省（自治区、直辖市）、地市（州、盟）和县（市、区、旗）等类别。

除此之外，软件的扩展性能够满足国土、林业、农业等行业的统计需求，面向的用户还应包括具有空间数据统计需求的国土等行业部门用户。

6.1.4 数据量测算

地理国情监测数据范围为中华人民共和国境内陆地国土（不含香港特别行政区、澳门特别行政区和台湾省），即我国内地 31 个省、自治区、直辖市所辖陆地范围。数据包括源数据、过程数据和成果数据。

1. 源数据量

满足地理国情基本统计需求的源数据包括全国 10 m DEM 数据和年度监测成果数据。数据情况如下表。

表 6-1　源数据量表

序号	数据类型	数据量	备注
1	DEM 数据	1.8 TB	
2	年度监测成果数据	普查约 300 GB 监测每年约 600 GB	监测包含变化数据

其中，根据已开展完成的地理国情监测各省（区、市）汇交的数据，2015 年地表覆盖图斑数量超过 2.6 亿个，2018 年地表覆盖图斑数量超过 2.7 亿个，具体如下表所示。

表 6-2　地表覆盖图斑数量表

序号	地区	图斑数量/万个	
		2015 年	2018 年
1	北京市	77.77	82.19
2	天津市	142.88	140.37
3	河北省	887.14	922.86
4	山西省	760.23	785.76
5	内蒙古自治区	904.71	966.31
6	辽宁省	688.73	701.25
7	吉林省	548.69	555.94
8	黑龙江省	748.69	770.92
9	上海市	82.32	79.88
10	江苏省	1 195.15	1 264.59
11	浙江省	705.62	705.11
12	安徽省	1 250.01	1 257.34
13	福建省	469.03	491.23
14	江西省	876.59	918.01
15	山东省	1 238.85	1 342.89
16	河南省	780.96	832.47
17	湖北省	1 385.35	1 423.05
18	湖南省	1 870.42	1 933.57
19	广东省	1 092.84	1 144.84
20	广西壮族自治区	1 226.83	1 281.88
21	海南省	196.52	216.64
22	重庆市	1 024.76	1 057.39
23	四川省	2 140.95	2 226.88
24	贵州省	1 328.19	1 361.57
25	云南省	1 642.18	1 716.93
26	西藏自治区	442.66	467.18

续表

序号	地区	图斑数量/万个	
		2015 年	2018 年
27	陕西省	738.94	783.46
28	甘肃省	899.94	921.07
29	青海省	211.22	219.30
30	宁夏回族自治区	107.78	116.52
31	新疆维吾尔自治区	587.69	610.98
合计		26 253.66	27 298.37

2. 过程数据量

源数据不能直接用于基本统计计算，需要基于源数据进行一定的处理，形成用于基本统计的过程数据。过程数据包括年度过程数据和年度变化过程数据，其中，基本统计过程数据包括首次计算、一检和二检过程数据，数据量情况如下表。

表 6-3　基本统计过程数据量表

序号	数据类型	数据量
1	基本统计过程数据	每年约 2 TB
2	一检过程数据	每年约 2 TB
3	二检过程数据	每年约 700 GB
4	转移矩阵统计过程数据	每年约 600 GB

3. 统计成果数据量

国家级基本统计成果中，统计单元包括行政区划单元（国家、省、地市、县）、地形单元（高程带、坡度带）、地貌类型单元（平原、山地、丘陵、台地）和社会经济区域单元，统计对象包括地理单元（21 个）、地表覆盖（130 个一、二、三级类）和地理要素（33 个图层），统计指标包括针对点、线和面状要素的共 21 个指标。每年度数据量测算如下表。

表 6-4　基本统计成果数据量表

统计对象	统计单元	单元数量	要素数量	数据条数（万条）	备注
地表覆盖	行政单元	3 240	130	42.12	包括转移矩阵
	高程带	5		210.6	
	坡度带	10		421.2	
	地貌单元	4		168.48	
	四大地区	4		0.5	
	社会经济区域单元	1	58	0.75	

续表

统计对象	统计单元	单元数量	要素数量	数据条数（万条）	备注
地理单元	行政单元	3 240		0.32	
	高程带	5		1.62	
	坡度带	10		3.24	
	地貌单元	4		1.30	
	社会经济区域单元	12	5	19.44	
	自然地理单元	3	5	4.86	
地理要素	行政单元	3 240	85	27.54	
	高程带	5	10	16.20	
	行政单元（属性）	30	94	913.68	
	社会经济区域单元	1	58	0.49	
合计				1 831.90	每年度数据量

6.1.5　安全性需求

由于地理国情监测数据比例尺和精度与 1∶5 万或 1∶1 万基础地理数据相当，地理国情监测数据为涉密数据，对系统安全性有较高要求。

（1）系统需运行于符合保密要求的涉密网（涉密信息系统的分级保护管理秘密级以上要求）环境中。

（2）系统需要有严格的用户和使用权限要求。

（3）建立定期备份机制，系统应具备相应的备份与恢复功能，要求保持系统数据最新，并保证因软硬件故障或人为侵入而导致系统数据库破坏、数据丢失的情况下，有效地恢复数据。

（4）要求具备完备的日志功能。

（5）系统访问应该设置必要的安全防火墙和病毒防护。

6.1.6　性能需求

地理国情统计分析具有数据密集性和计算密集性的特点，时间集中，计算量大，对于计算的效率要求很高，需要充分发挥利用软件和硬件资源的效应，使计算、存储、流程执行效率达到最高。

为满足并行计算的需求，计算终端在内存和 CPU 的配置上应按最高要求。

计算终端和服务器端需考虑不断增长的数据需求以及备份需求，配备足够的数据存储设备，并具备扩充能力。

数据库系统应能够支持大量数据的快速存取。

6.1.7　扩展性需求

地理国情监测开展过程中，各省（区、市）在进行数据生产时，除了满足国家的需求外，还需要满足本身的数据需求，往往在数据采集方案中体现了本省（区、市）的特色。基本统计软件应能够支持省情的统计，支持省级增加内容和指标的计算；在综合统计分析方面，不同的级别、不同的地区所构建的专题不同，综合统计分析软件应能适应专题的自定义和构建，并支持相应指标的计算；展望未来的自然资源监测，数据不再仅仅是地理国情数据，对于国土等其他数据的统计分析也应该能够支持。这就要求软件应具有良好的扩展性，做到主题、指标、内容和单元的可扩展。

6.1.8　可靠性需求

地理国情统计分析的可靠性涉及多个方面：一是用来支撑统计的统计分析模型库，要求模型算法能够适应不同类型不同来源数据的计算，容错率要高，达到数据精度要求；二是软件的运行可靠性，在计算过程中系统要能够做到流畅运行，尽可能减少错误导致的中断问题的发生，并要详细记录运行过程日志，做到可以回溯追踪；三是成果及产品的可靠性，应保证统计结果的正确和生成的统计分析产品的正确。

6.2　软件平台设计

根据对地理国情统计分析软件平台的业务需求分析，设计并确定软件平台的总体架构、功能结构和数据流程。

6.2.1　总体结构

地理国情统计分析软件平台的架构设计遵循平台化、组件化的设计思想，采用统一的数据交换、统一的接口标准。

地理国情统计分析软件平台基于先进的多层架构模型和 SOA（service-oriented architecture）架构模型。多层架构可以搭建松散耦合、易于复用、可扩展性强的应用，除了方便软件开发的组织和实施外，也便于日后系统的维护和扩展。而 SOA 架构模型则可以更好地满足系统的组件化、互操作、模块化、可伸缩等特性，实现当前或今后地理国情统计分析中更多的资产重用，快速响应业务需求变化。

平台由下到上分为四层主框架：基础设施层、数据资源层、服务支撑层及应用展现层，系统总体架构图如图 6-2 所示。

地理国情统计分析软件平台各层都紧密地架构在统一的安全保障系统上，其业务流程和技术实现等都遵循统一的标准规范。

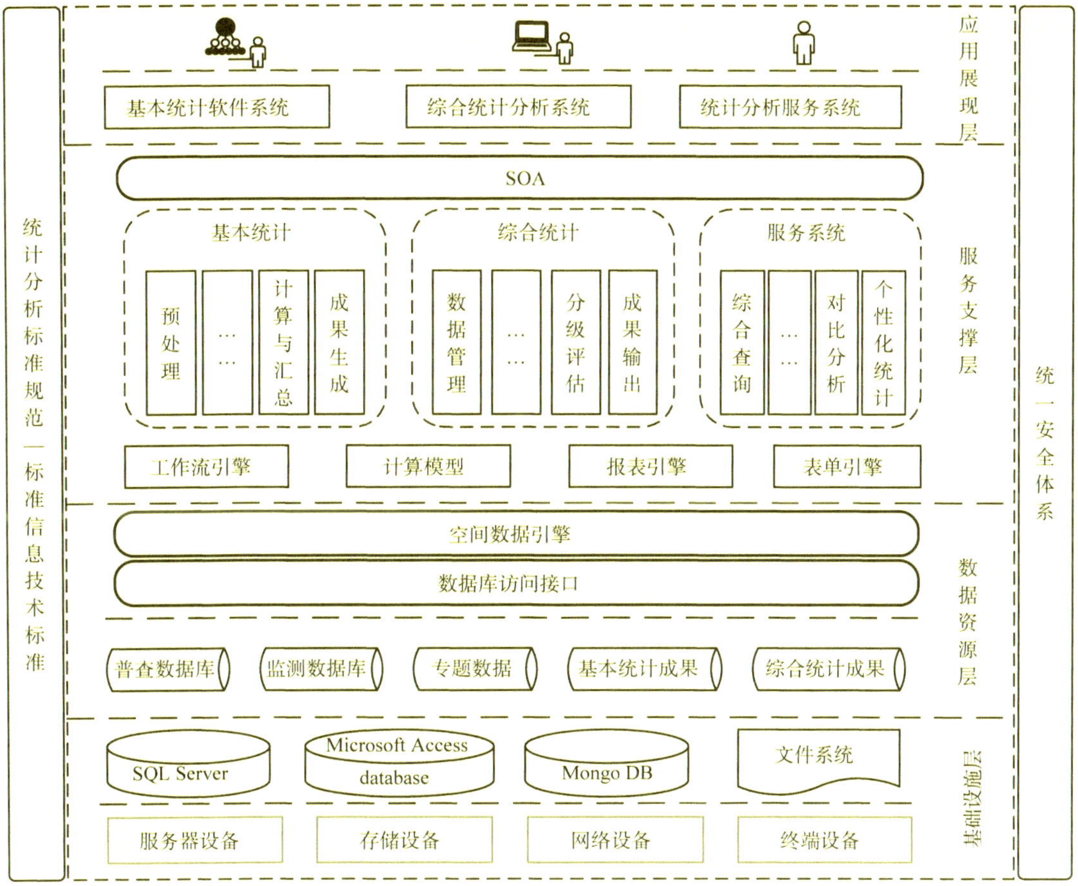

图 6-2　地理国情统计分析软件平台总体架构

应用表现层主要包含三个子系统的用户操作界面。应用表现层技术采用图形用户界面（GUI）和 Web 浏览器结合的方案，对于用户参与度不高的基本统计和综合统计分析界面采用图形用户界面（GUI），对于统计分析服务系统采用 Web 浏览器界面。应用表现层各类界面为用户提供了与软件内核进行交互的接口，实现了软件的可视化交互与控制。

服务支撑层是软件设计开发的核心部分，服务支撑层采用组件化和基于 Web Service 的面向服务架构（SOA）的思想，在工作流程引擎、计算模型、报表引擎等基础上，根据业务设计需求将系统的功能分别封装为功能组件和 Web 服务，通过统一的访问接口实现对数据资源的操作，并支撑客户端应用的构建。

数据资源层包括提供地理国情统计分析源数据及统计成果数据的存储和管理能力，包括普查数据、监测数据、专题数据、基本统计成果数据和综合统计分析结果数据及其数据访问接口。对于普查及监测等空间数据，通过空间数据引擎提供的空间数据处理接口、功能接口、数据访问接口等模块实现对数据库中空间数据的存、取、查询等操作。对于专题数据、基本统计和综合统计分析成果等结构化数据，则可以直接通过 ADO. NET

提供的标准数据库访问接口实现对数据库的增、删、改、查等操作。

基础设施层构建在涉密信息系统下，主要由服务器设备、存储设备、网络安全设备及计算终端设备等硬件设备及用于支撑应用系统的开发和数据存储的SQLServer等数据库管理系统和文件系统构成。

6.2.2　功能结构

地理国情统计分析软件平台在功能设计上主要包含基本统计软件系统、综合统计分析系统和统计分析服务系统三个子系统，实现基本统计指标的计算、综合指标的分析及面向不同类型用户的服务。

1. 地理国情基本统计软件系统

地理国情基本统计软件系统主要实现基本统计指标的计算和成果的生成，主要功能包括数据预处理、统计单元的提取、统计配置、统计计算与汇总、统计成果生成及系统配置、日志管理等。

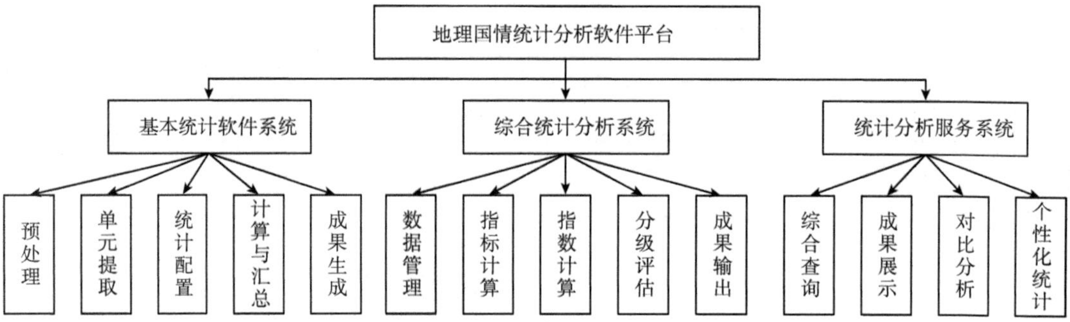

图 6-3　地理国情统计分析软件平台功能结构

2. 地理国情综合统计分析系统

地理国情综合统计分析系统主要实现综合统计分析指标的计算、综合指数的生成和分析评估。主要功能包括多源数据管理、综合主题指标计算、综合主题指数构建、成果生成及分析评估。

3. 地理国情统计分析服务系统

地理国情统计分析服务系统主要实现基本和综合统计分析成果的查询、个性化的统计服务。主要功能包括综合查询、对比分析、成果展示、在线统计等。

6.2.3　数据流程

平台的数据流程如图 6-4 所示。

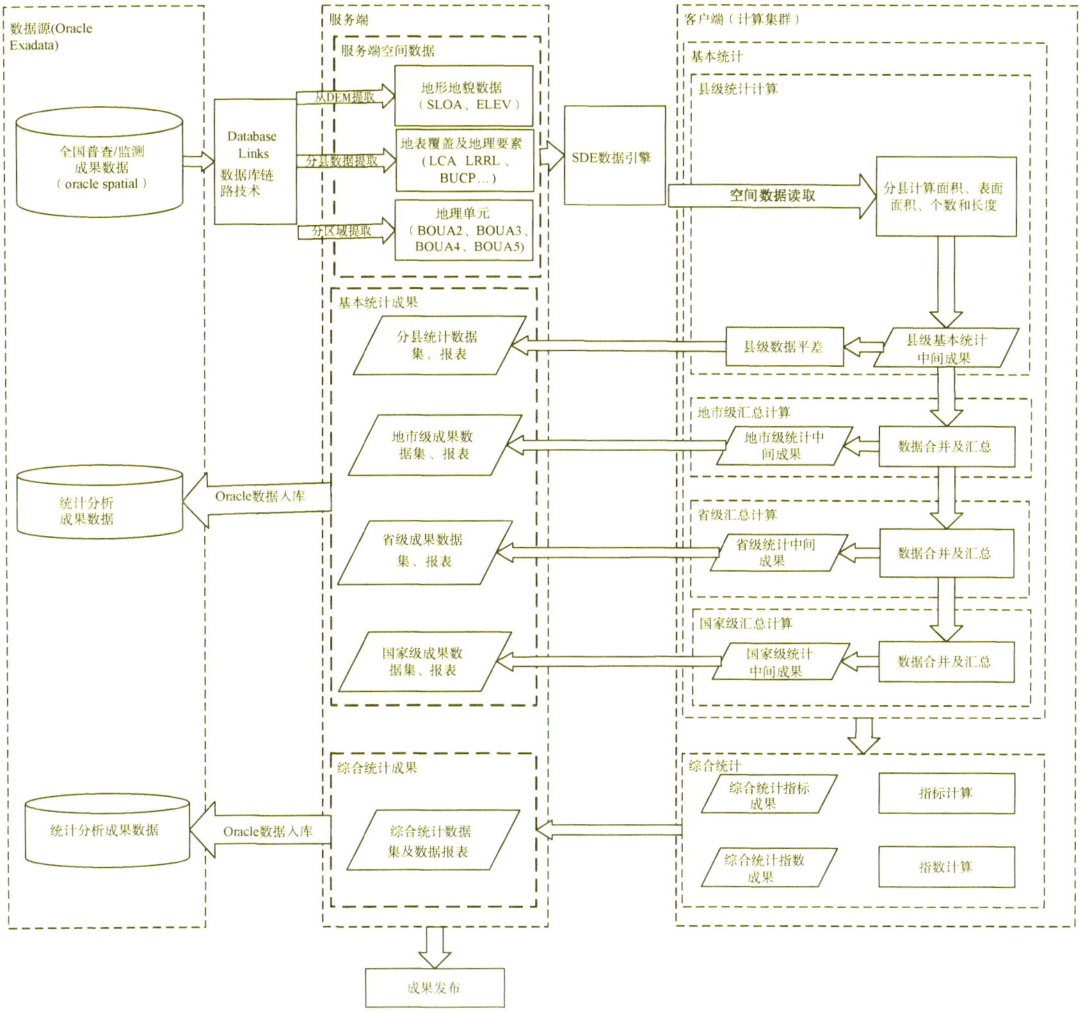

图 6-4　地理国情统计分析软件平台数据流程

基于全国地理国情监测数据库，经过数据的提取、转换，获取用于统计分析的规范化地形地貌、地表覆盖、地理要素及地理单元数据，通过地理国情基本统计计算汇总、综合统计分析计算过程，形成县、地市、省及国家级统计分析数据集、数据表，按照建库的要求，提取生成统计分析成果数据并入库，形成全国地理国情统计分析数据库，进一步形成发布成果并对不同级别用户进行开放使用。

6.3　软件平台实现

依托国家级和省级地理国情监测统计分析工作，设计开发了由地理国情基本统计软件系统、地理国情综合统计分析系统和地理国情统计分析服务系统构成的地理国情统计分析软件平台。

6.3.1　基本统计软件系统

基本统计软件系统主要实现地理国情监测获取的地理国情要素数据和地表覆盖类型数据的基本统计计算和汇总，提取生成基本统计成果和数据产品。主要功能包括数据预处理、统计单元提取、统计配置、统计计算与汇总和统计成果生成，形成规范化的数据产品。

1. 流程控制

根据基本统计工作的实际业务性质，基本统计软件流程设计采用了分类和分级相结合的流程控制方法，具体统计流程如图 6-5 所示。

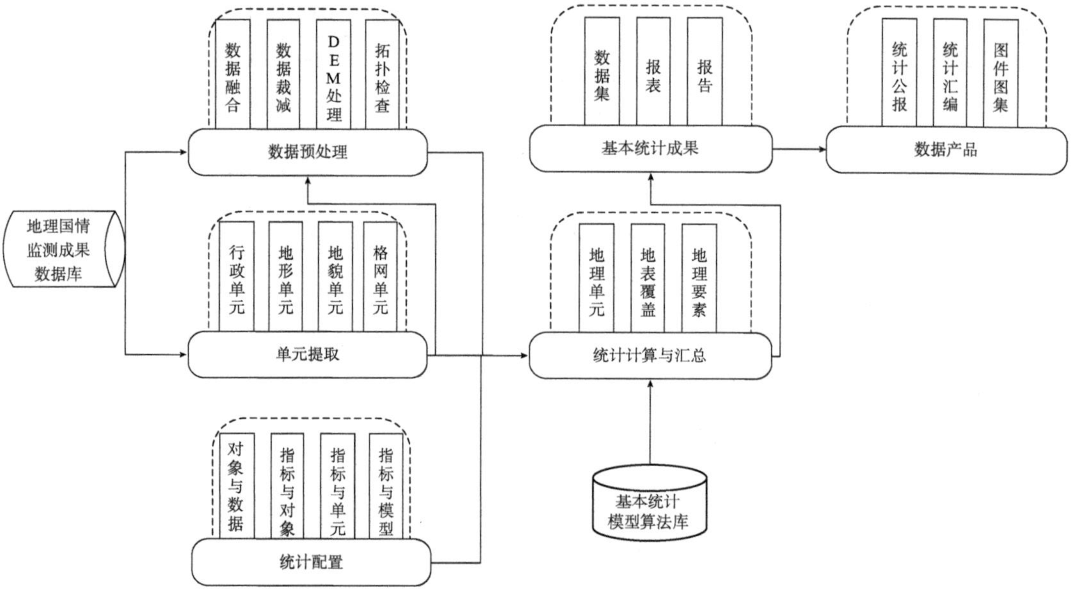

图 6-5　基本统计流程

从分类角度，基本统计流程分为预处理流程、基本统计计算流程、基本统计汇总流程和成果生成流程四个方面；从分级角度，基本统计流程分为县级、地市级、省级和国家级基本统计计算汇总流程。分级和分类即相互独立又相互联系，通过两类流程的共同协作，构建起由县级计算流程和汇总单位的逐级汇总流程组成的整个基本统计工作流程。

基本统计汇总是以基本统计计算结果和预处理结果为基础，逐级汇总计算形成的高级别单元的统计成果。在国家级计算中，针对行政区划与管理单元、社会经济区域单元和自然地理单元分别具有不同的汇总流程。

1）行政区划与管理单元汇总流程

国家级基本统计以地级行政区划单元、省级行政区划单元和国家级行政区划单元为统计单元，基于分县基本统计成果数据、地市级汇总成果数据、省级汇总成果数据，完成分地市、分省和国家的地表覆盖类型、地理要素、地理单元和地理实体的面积、表面面积、长度、个数等指标的逐级汇总，高程（最高高程、最低高程、平均高程）、四至点、东西和南北长度、平整系数、占比和构成比等指标的逐级计算。对由于计算精度和原始 DEM 数据精度而导致的汇总结果数据不一致问题，通过平差方案来消除误差，确保统计成果一致性和正确性。

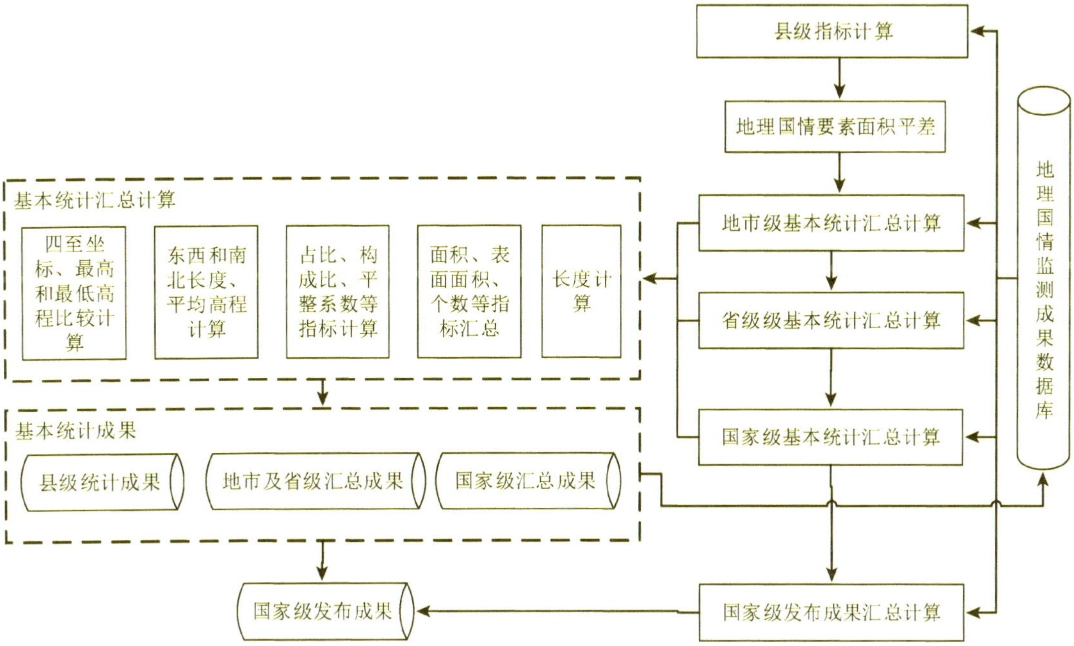

图 6-6　国家级基本统计汇总流程

2）社会经济区域单元汇总流程

基于县级、地市级和省级行政区划单元的基本统计成果数据，以从监测数据提取的社会经济区域单元为统计单元，完成地理国情要素的表面面积、面积、长度和个数等指标的汇总。

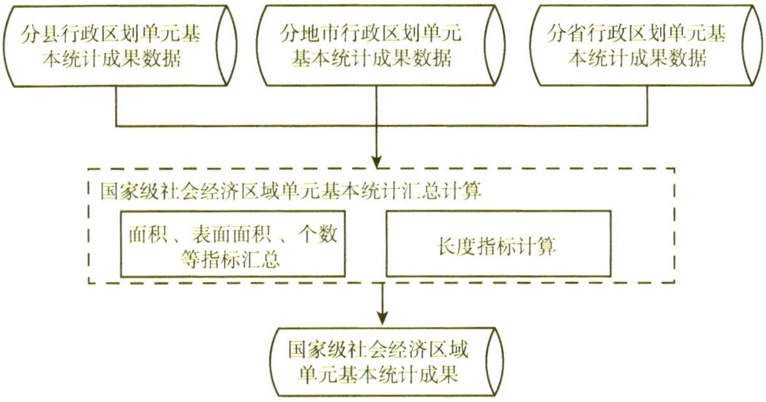

图 6-7　社会经济区域单元汇总流程

3）自然地理单元汇总流程

基于分县基本统计成果数据，按照全国高程带和坡度带分级标准和地貌单元分类标准，完成分地市、分省和国家的地表覆盖、地形地貌、水域等地理国情要素在不同高程带、坡度带和地貌单元的面积、表面面积等指标的逐级汇总。

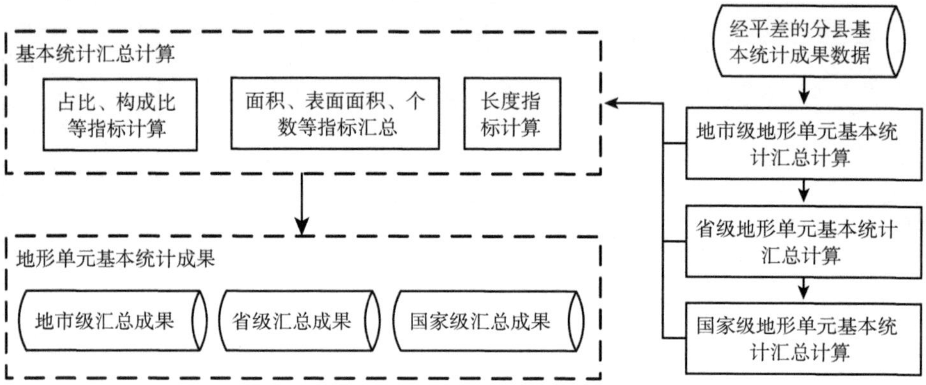

图 6-8　自然地理单元汇总流程

对于自定义高程带和坡度带的指标汇总方式如下：

以自定义高程带或坡度带分级范围为基础，确定包含的各个标准分级，将以各个标准分级的高程带或坡度带为单元计算的地表覆盖、地形地貌、水域的面积、表面面积等指标分别相加，得出以自定义高程带或坡度带为单元的各个指标汇总值。

4）规则地理格网单元汇总流程

基于分县的 1 km×1 km 规则格网成果数据，完成县级边界格网地理国情要素面积、长度、个数等指标的汇总，生成各地市 1 km×1 km 格网成果数据。

基于分地市的 1 km×1 km 规则格网成果数据，完成地市级边界格网地理国情要素面积、长度、个数等指标的汇总，生成各省（区、市）1 km×1 km 格网成果数据。

基于分省（区、市）的 1 km×1 km 规则格网成果数据，完成省级边界格网地理国情要素面积、长度、个数等指标的汇总，生成全国 1 km×1 km 格网成果数据。

基于分县的城市中心城区 100 m×100 m 规则格网成果数据，完成县级边界格网地理国情要素面积、长度、个数等指标的汇总，生成各城市中心城区 100 m×100 m 格网成果数据。

分别基于分县、分地市和分省的 1 km×1 km 规则格网成果数据，完成地市、省和全国 10 km×10 km 格网地理国情要素面积、长度、个数等指标的汇总，生成分地市、省和全国的 10 km×10 km 格网成果数据。

2. 任务规划

基本统计软件采用了基于任务驱动的计算模式，包括串行进度任务驱动和并行计算任务驱动两种方式。串行进度任务驱动是通过统计内容、统计单元、统计指标、统计模型间的逻辑关系构建起的一个个具体执行任务顺序执行的驱动方式，主要用于计算过程和汇总过程的执行，并行计算任务驱动是包括：①基于计算集群的按区域的并行计算；②基于终端计算资源的按单个具体任务的并行计算。

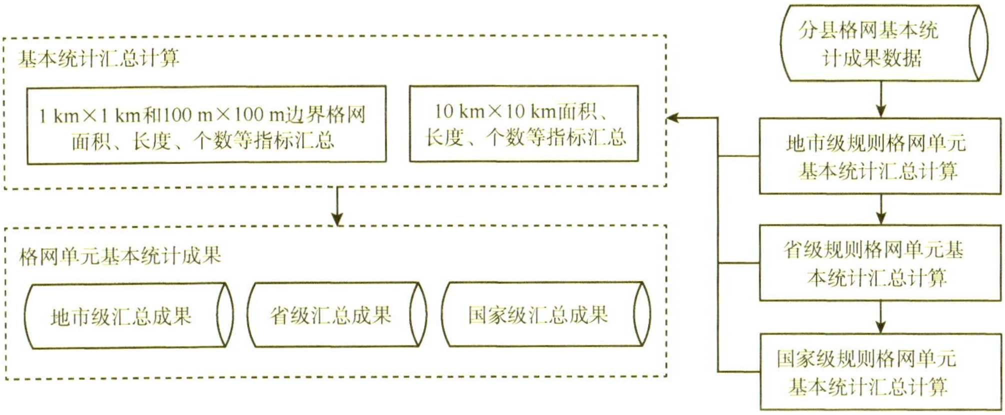

图 6-9　规则地理格网单元汇总流程

任务规划是驱动地理国情基本统计软件能够顺利运行的核心功能，通过任务规划，驱动软件完成计算任务。

统计配置功能实现了串行进度任务驱动中统计内容、统计单元、统计指标、统计模型间的逻辑关系的构建，是基本统计软件扩展性的关键所在，通过该功能，对任意单元、统计对象和统计指标都能够支持进行统计。

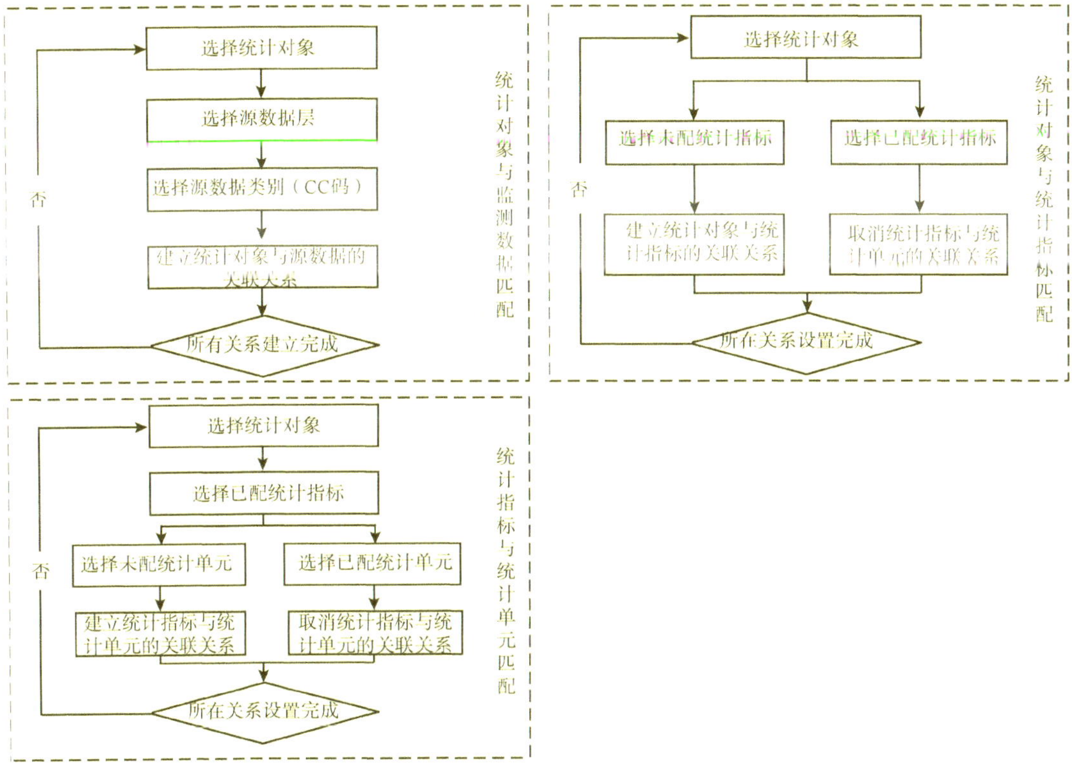

图 6-10　基本统计配置流程

并行计算任务驱动通过空间数据异步并行调度方法和统计算法的并行化具体实现。

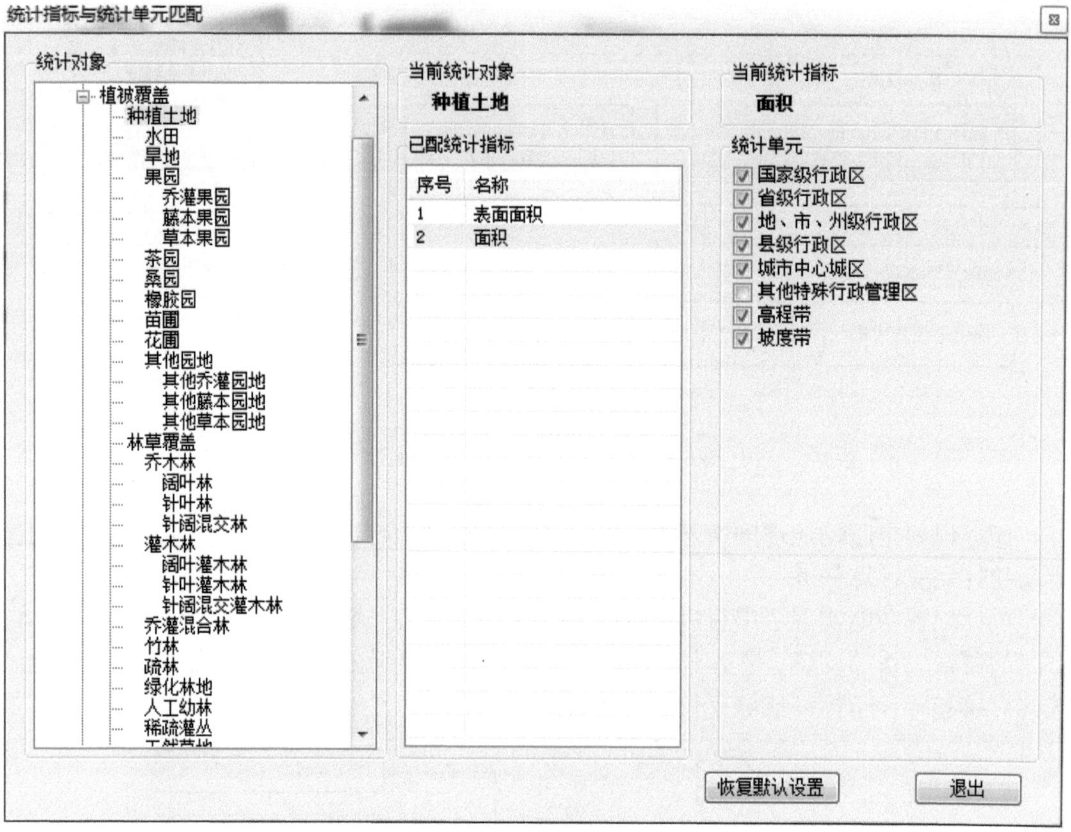

图 6-11　基本统计配置界面

3. 数据组织切分

地理国情监测成果数据以省（区、市）为单位按任务区进行生产，成果数据按分区的方式组织提交并存储，而地理国情统计分析是以行政区划为单位组织生产，两者在数据的组织方式和呈现方式上不一致。在统计分析前，需要按统计分析的要求以行政区划为单位对数据进行重新组织切分。重新组织后的数据为按行政区划范围构建的分县、地市、省和国家及各社会经济单元的地理数据集。每个地理数据集里面包含地理国情监测采集的与统计范围一致的所有图层。

1）DEM 数据的处理

DEM 数据按 1∶50 000 标准分幅的形式存储，地理国情统计分析采用的是基于行政单元的统计方式，需要将分幅 DEM 数据按县级行政范围进行重新组织。

DEM 的重新组织需要解决两个问题。

一是 DEM 图幅数量。地理国情统计分析模型中的表面面积模型每个象元的计算都与周边像元具有密切的关系，合并的 DEM 图幅要大于统计的范围。在分析覆盖统计范围的 DEM 时，首先统一按 5 个像元对统计范围做缓冲区，再与 1∶50 000 图幅接图表进行叠加分析，获取该统计范围相关的 DEM 数据。

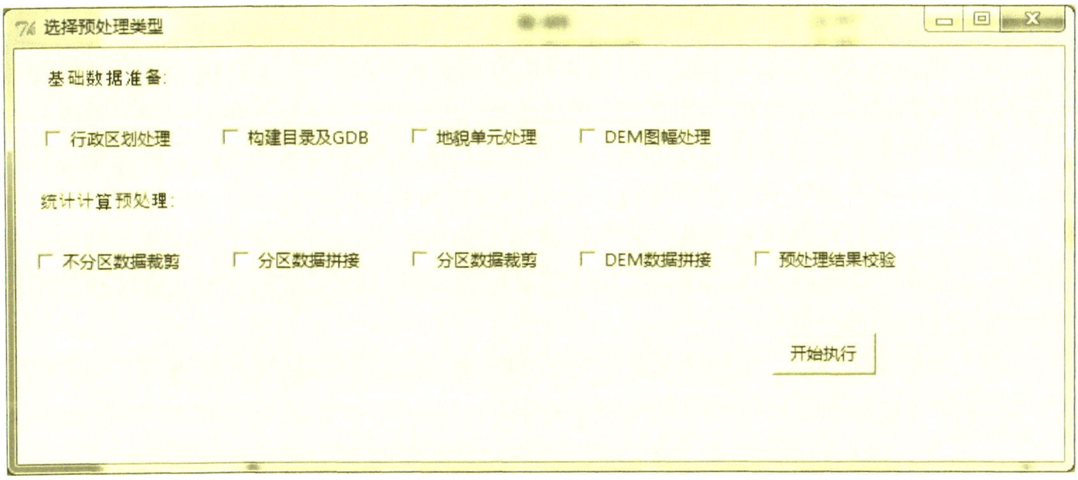

图 6-12　基本统计预处理

二是合并顺序。每幅 DEM 与相邻 DEM 之间的边界具有不同像元数量的重叠部分，在进行多幅 DEM 的合并时会造成重采样问题的发生，不同的合并方式结果会有或大或小的差异。为此，在进行 DEM 合并时确立了统一的技术路线，即按对覆盖统计范围的 DEM 数据按行列进行排序，逐幅进行合并。

2）分区数据的处理

分区数据是指地理国情监测成果按生产任务区范围组织的数据图层，包括地表覆盖类型、公路、乡村道路、城市道路、水域（线）、构筑物（线）等图层。对于、点状和面状要素，按县级行政范围进行重新组织，对线状要素，各级单元都需重新组织。

分区数据的重新组织需要解决的三个问题及方法。

一是确定统计范围的相关任务区。确定范围的统计分析必须获取该范围内完整的源数据，否则会造成统计结果的不完整。针对原始数据按任务区组织的情况，首先对统计范围与任务区矢量数据进行叠加分析，获取与统计范围相关的任务区。

二是数据的合并。根据获取的与统计范围相关的任务区，分区数据图层分别进行合并处理。在此，为保证数据在物理上不发生变化，在合并时采用追加的方式。

三是数据裁切。按统计范围对合并的数据进行裁切处理，提取出与统计范围一致的数据。

3）不分区数据的处理

不分区数据是指按全国范围组织的数据图层，包括公路构网、铁路、铁路构网、水域（线）（构网）、水域（面）、构筑物（点、线、面层）、地理单元等图层。不分区数据的预处理只需按统计范围对每一层进行裁切处理，提取出与统计范围一致的数据。同样，对于点状和面状要素，按县级行政范围进行重新提取；对线状要素，各级单元都需重新提取。

在国家级基本统计中，统计单元包括行政区划与管理统计单元、自然地理单元、规则地理格网单元和社会经济区域单元。

4）统计单元的提取与生成

（1）规则地理格网单元提取。根据 3.3.1 节描述的方法制作全国 10 km、1 km 规则地理格网和城市区域 100 m 格网。规则地理格网以分带形式存在，在提取时，首先将统计范围与分带矢量数据进行叠加分析，确定该统计区域落在哪几个带内，再用统计范围界线裁切相关的分带格网，获取该统计范围内的格网单元。

（2）行政区划管理单元提取。地理国情监测库中的图层中包含了国家级、省级、地市级、县级和乡镇级行政区划单元，统计分析中使用的行政区划管理单元直接在地理国情监测库中的图层中提取。

（3）地形单元提取。地理国情统计分析中地形单元包括高程带和坡度带，地形单元在 DEM 的基础上经过一些列的操作提取获取。

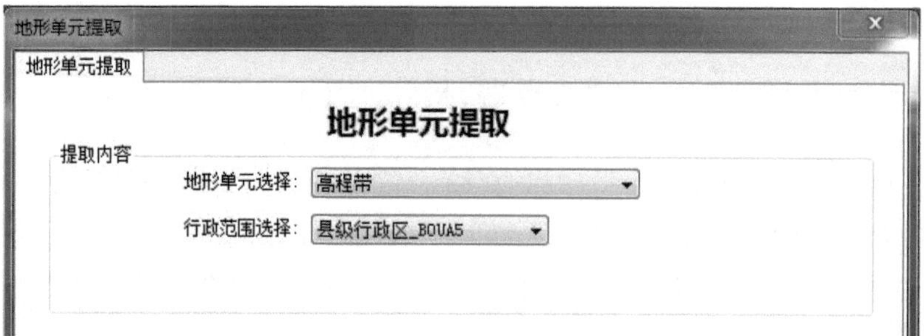

图 6-13　地形单元提取

高程带提取。基于统计范围的全覆盖 DEM 数据，按照全国分级标准[参照 3.3.2]区间对 DEM 数据进行重分类，将重分类的数据进行矢栅转换，生成高程带矢量数据，根据统计分析的需要，完善属性信息，增加 GRIDCODE 和 CC 两个属性字段，GRIDCODE 字段用于存储高程分级值，CC 值代表高程带类型。

坡度带提取。基于统计范围的全覆盖 DEM 数据，利用二次拟合曲面坡度算法模型针对每个 DEM 像元计算其坡度值，按照全国分级标准[参照 3.3.2]区间对 DEM 数据进行重分类，生成坡度带数据。

（4）地貌类型单元提取。为便于使用，在国家级和省级统计分析中，采用属性融合的方法将地貌类别相同的多边形合并，类别保留到二级。利用统计范围界线对地貌单元数据进行裁切，获取统计范围的地貌类型单元。

4. 高效统计计算与汇总

根据配置的单元、对象及指标，统计计算功能主要用来高效、快速完成计算工作。系统采用了包含基于工作流的功能组装模式、基于任务调度模式、并行计算模式和基于 Mongo 的快速存取模式的多项统计策略。

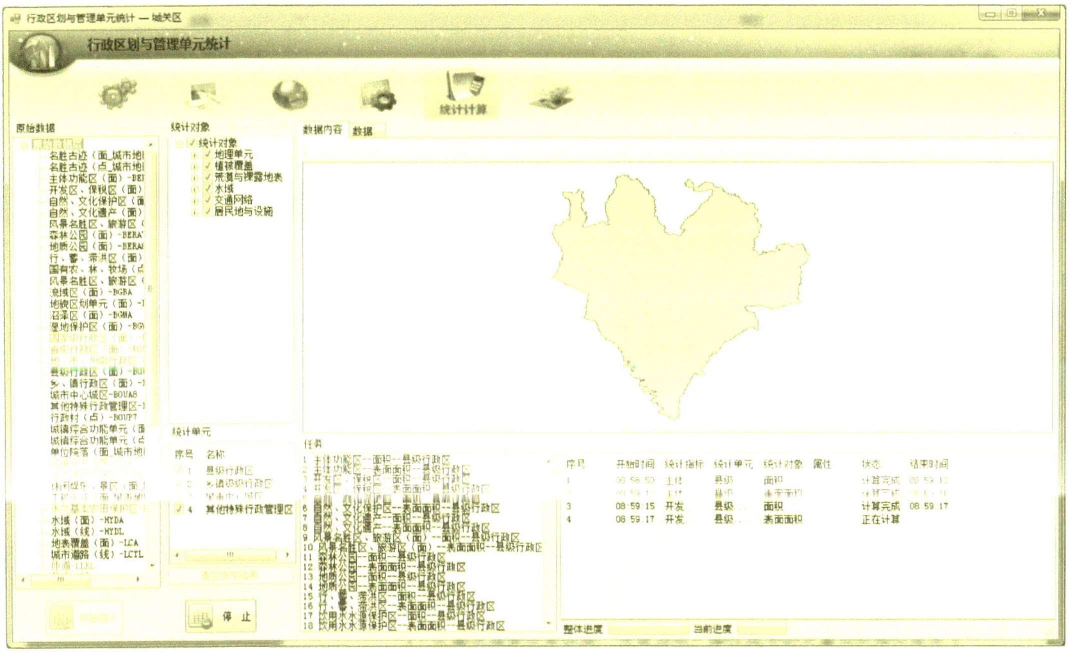

图 6-14 基本统计计算

1）基于工作流的功能组装模式

完成一个地区的基本统计计算需要多个功能的组合操作才能完成，人工操作效率很低。为此系统开发了一键计算功能和批量计算功能，一键计算功能将单元提取、统计计算、成果生成等功能组建成自动化工作流，通过系统自动驱动运行，无需人工干预；批量计算功能将平行的多个统计地区的统计任务组成可自动顺序执行的序列任务，相当于多个一键计算的顺序执行。

图 6-15　基本统计批量计算

2）基于任务调度模式

根据统计配置建立的单元、对象和指标的逻辑关系，在系统中将每个关系作为一个小的计算任务，所有的计算任务就是一个地区的统计任务队列，按顺序逐个执行，执行过程中，详细记录任务执行的进度情况。

3）基于 Mongo 的快速存取模式

地理国情计算过程中，所涉及的计算量可以用海量来形容。计算过程中有大量的数据查询和插入操作，所以需要考虑到数据库系统的存取速度、对并行存储的支持等因素。

Mongo DB 是一种非关系型数据库（NoSql），Mongo DB 实现了内存映射引擎，也就是说，Mongo DB 在运行的时候会将所有的数据文件映射到内存中，程序的大部分操作并不是在硬盘上执行，而是直接在内存中执行。同时 Mongo DB 实现对内存的实时监控，若系统内存不足 Mongo DB 会将部分数据回写到硬盘上释放内存。由于内存操作比读写硬盘效率要高，Mongo DB 在查询等方面有着出色的表现。经与 SqlServer 的比较发现，Mongo DB 查询效率上远远高于 SqlServer（袁卫平，2015）。

在地理国情基本统计中，多处应用了 MongoDB 数据库。一是存储基础数据以及统计结果。地理国情数据量庞大，对表面面积计算需频繁查询图斑信息和 DEM 数据关联实现计算，同时将数据结果保存至表中。ArcGIS 属性表查询效率极低，无法满足计算过程中频繁的查询操作。Mongo DB 实现数据内存映射，具有高效的查询效率，在数据量庞大的情况下，执行 Update 操作效率远远优于关系型数据库。由于地理国情统计分析是基于并行计算的，因此对数据并行操作的支持也是地理国情统计分析软件采用 MongoDB 的一个重要原因。二是中间缓存数据。因为地理国情计算的过程中产生大量的中间结果数据，统计软件频繁读取对存取效率也有很高的要求，因此同样利用 MongoDB 查询效率取得了很好的效果。三是并行计算任务分配存储。软件计算过程中采用 MongoDB 作为任务分配管理存储数据库，在数据量较大的情况下任务的分配速度也有一定的提升。

4）并行统计计算汇总模式

系统采用了基于区域切分的集群并行计算和基于多核的算法级并行计算两种混合模式的高效统计策略。

国家级基本统计计算的基础是基于最小统计单元的县级统计计算，按照计算环境终端数量及县的数量进行计算任务分配，实时跟踪每个终端的计算进度，对于闲置的终端系统自动分配计算区域，直至计算完成。

对于每个终端切分的工作流统计计算功能实现了本书第 5 章所述高速并行计算模型，用于本书第 4 章所述基本统计模型的快速统计，尤其是表面积的统计，大大提升了统计的效率。

5. 过程跟踪

地理国情基本统计计算是一项工序繁杂、数据规模大、计算资源多以及统计时间长的生产工作，其计算过程非常繁琐和复杂，进而对于整个计算过程的管理也会变得非常复杂。统计流程中的每一个阶段是否按计划执行和计算进程当中对于每一个计算任务是否正常完成为过程跟踪的核心部分。系统构建了强大的日志采集与分析管理体系，跟踪记录整个过程的数据处理情况、计算汇总情况及成果输出情况，并构建了分析规则。

1）数据处理过程跟踪

数据处理过程是保证统计分析数据源正确的关键环节。在数据处理过程中，主要涉及统计单元的提取、统计要素的拼接与切分，对每个环节的处理过程和执行状况进行了记录，如在单元提取中，记录了坡度带提取的每个过程开始和结束时间、是否执行成功、未成功的步骤错误内容等。

2）计算过程跟踪

计算过程是整个地理国情统计的核心部分。对于计算工程的日志进行了细分，包括计算过程日志和计算过程的错误日志，在过程日志中记录了任务的开始和完成时间、任务是否执行成功、任务所在地区、任务统计单元、任务统计对象和任务统计指标等，错误日志在包含过程日志内容的基础上，记录的错误的详细情况。

3）成果生成过程跟踪

基本统计成果对地理国情统计的成败起决定性作用，每一个数值都必须做到准确无误。在提取成果过程中，日志的记录达到了数据指标级，对于每个数据指标数据的分类代码、分类名称、所属地区、所属单元、提取的方式、语句、提取起止时间、具体数值等均作了详细记录。

4）日志分析规则

建立统计分析日志分析规则库，主要针对过程的错误问题进行筛查提取，进而指导对执行过程的排查分析和改正。

6. 模板化统计成果自动生成

基本统计成果包括基本统计数据集、基本统计报表及统计数据汇编和统计公报两个数据产品。报表、报告及统计数据汇编均采用模板化产品自动生成方法。

系统构建了指标提取规则关系库，建立了报表、报告及数据汇编的指标与数据集的原始指标的提取规则及公式，通过模板建立了数据的显示和打印格式，通过软件将数据填入后直接形成可印刷的产品。

在基本统计完成后，系统自动生成基本统计数据集。基本统计数据按县、地市、省和国家等行政区划分别进行组织，每个行政区域不分级别各有一个数据集。数据集里面存储了整个统计过程产生的数据成果，以二维表的形式呈现。省级以 Access 数据库存储，国家级以 SQL Server 数据库存储。

统计报表是按统计报表模板的格式，通过报表生成功能，经过组织从数据集里提取出相关数据填充到报表模板形成的。报表按行政区级别进行组织，每个行政区域不分级别各有一套报表，以 Excel 格式存储。

统计数据汇编是按照汇编方案的要求，设计制作了汇编模板，开发专门的数据汇编工具自动生成，排版格式均已按打印模式设好，可直接打印。可生成 Excel 和 PDF 两种格式。

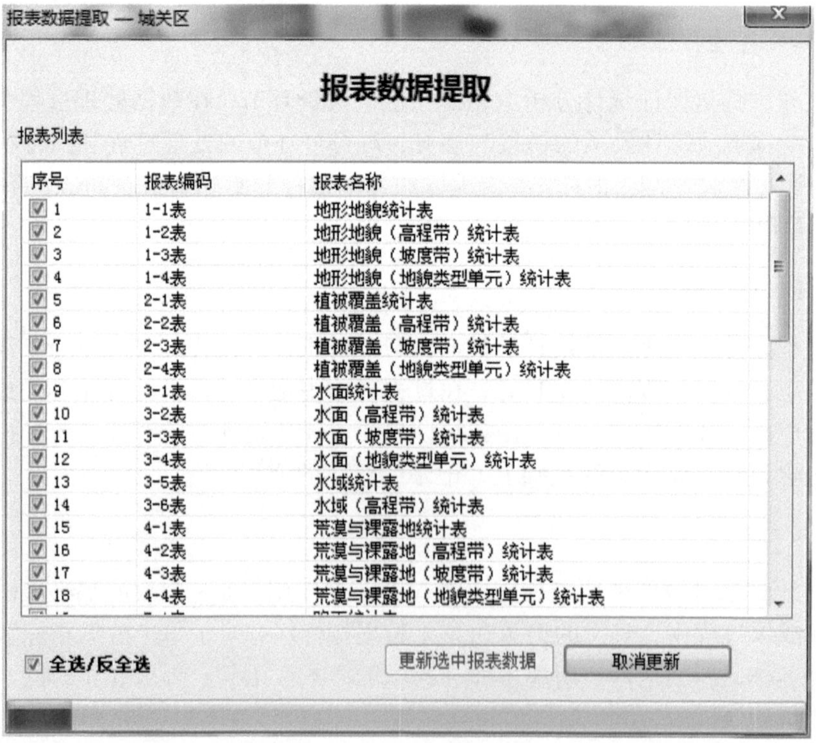

图 6-16　统计结果生成

6.3.2　综合统计分析系统

地理国情综合统计分析系统立足于地理国情各类成果数据与社会经济专题数据，通过空间叠加分析、网络分析、相关性分析、景观格局分析、人口空间化等方法，辅助挖掘地表自然与人文地理现象的空间分布规律与地理知识。系统具有地理数据与社会经济数据的统一融合管理、综合统计分析指标的流程化与自动化计算、综合统计分析指标与指数的多元化定权模式、综合统计分析指标与指数的自定义分级评估等显著特点。主要功能包括数据管理、指标计算、指数计算、分级评估和统计成果生成等功能。综合统计分析计算流程如下。

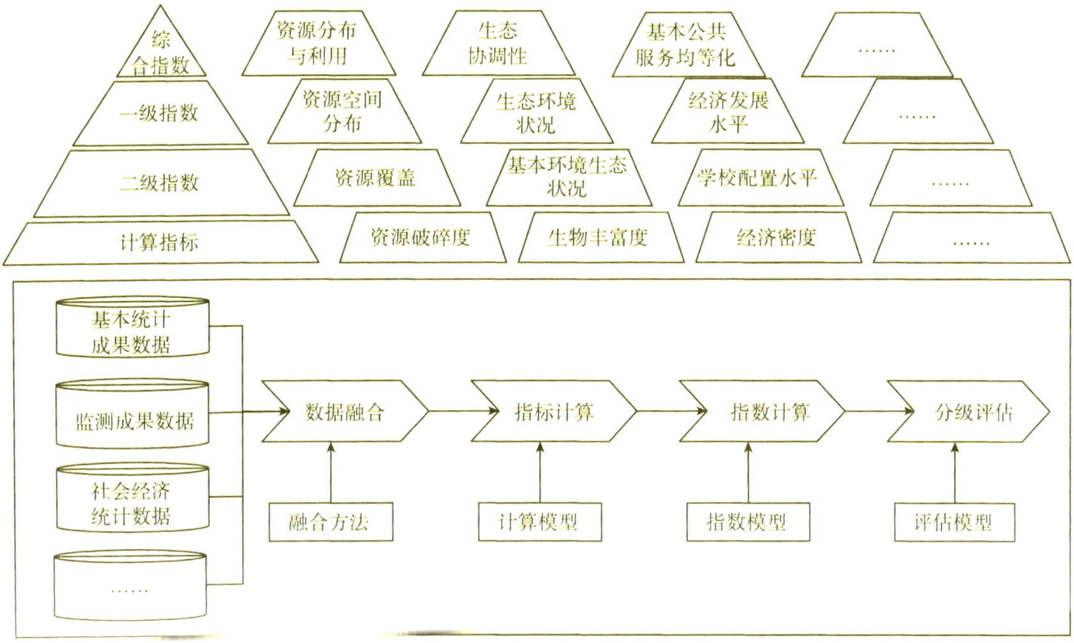

图 6-17　综合统计分析系统流程

1. 多源数据集成管理

用文件型存储系统与关系型数据库系统相耦合的集成方案，通过采用地理编码技术、空间数据快速坐标转换与投影变换方法，以多种方式实现空间数据的关联和快速集成；采用结构化数据与非结构化数据统一存储方法，建立了描述多层次、多类型地理国情要素及相关社会经济要素位置信息、属性信息及其内在联系信息的数据逻辑模式，实现了对地理国情监测数据、基础测绘数据、要素属性数据、国民经济社会发展数据的有机管理及空间数据与非空间数据的导入、导出、查询及可视化等系列功能（见图 6-18）。

图 6-18　多源数据集成管理

2. 综合主题指标计算

综合统计分析系统构建了完整的指标算法体系，在面对具有较强专题性的计算需求时，应允许用户根据需求对指标进行筛选；同时，大范围数据的综合统计分析应提供批量化作业模式，减少操作人员频繁交互。

综合统计分析系统根据计算模型的结构和逻辑特性，将每一项统计算法封装为独立的模块，形成综合统计分析模型组件库。在此基础上，综合统计分析软件实现了模板化可配置计算功能，允许用户从所实现的分析指标库中，筛选具有一定针对性的指标计算模块，从而满足特色指标体系的构建需求。在指数计算层次，可通过自定义定权模式，确定某项指数是否参与层级计算。在软件交互方面，实现了一键式计算与批量计算模式。其中，一键式计算可针对确定统计单元的统计任务，通过单一按键，一次性完成全部指标的顺序化执行，有效避免频繁的手工交互，极大提高作业效率。批量计算模式则针对多区县乃至多地市统计任务，设计通过批量化作业方式一次性完成当前框选统计单元的预定义计算，该方式适用于地市级乃至省级统计任务的大规模作业需求。

在国家级综合统计分析中，针对五大综合主题进行计算，实现了层次化综合统计分析指标数据集的快速生成。同时，支持按需配置的指标筛选机制与灵活多样的算法定制能力，允许辅助决策人员根据地域特征进行特色化统计主题构建与分析。

3. 综合主题指数构建

在国家级综合统计分析中，基于五大主题的指标数据集，实现了均衡定权、自定义定权与层次分析法定权等三种模式下的多级指数构建体系，完成了综合统计分析信息到决策知识的深度挖掘与提取。

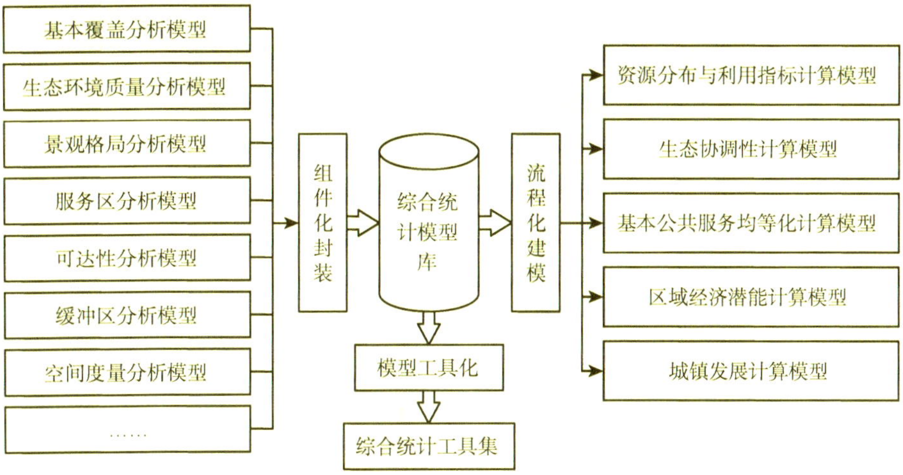

图 6-19　综合统计分析系统构建模式

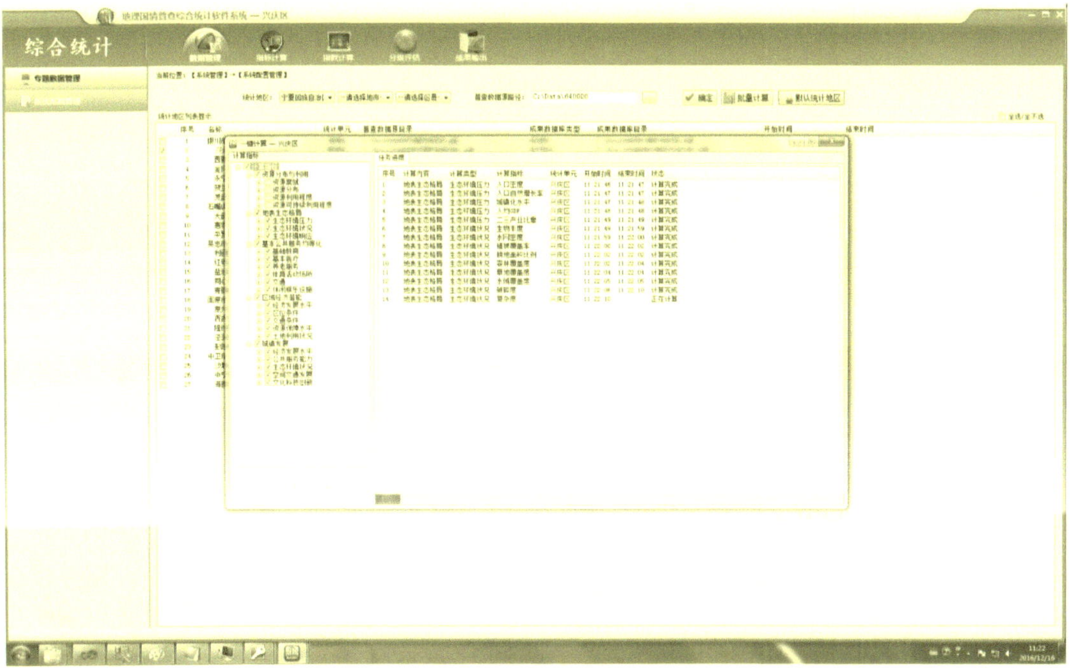

图 6-20　综合主题指标计算

综合统计分析指标涉及资源分布与利用、地表生态格局、基本公共服务均等化、区域经济潜能、城镇发展等五大主题，各主题分别对应了二级、三级主题的指数。为实现各主题指标与指数的优劣程度评价，需对指标与各级指数进行分权设置，以客观反映次级指数对上一级指数的贡献量。而综合统计分析指标涉及的领域知识及专家知识较多，难以进行系统化、定量化的决策评价。

鉴于该需求，软件设计并实现了三种模式的定权机制：均衡定权、自定义定权与层次分析法定权，以满足不同层次用户需求。其中，均衡定权使得同级指数具有相同的贡献价值；自定义定权允许用户在总值约束下根据需求手动为各项指数赋权。这两种定权模式满足了一般的计算需求。而层次分析法是将决策问题按总目标、各层子目标、评价准则、备择方案的顺序分解为不同的层次结构，然后用求解判断矩阵特征向量的办法，求得每一层次的各元素对上一层次某元素的优先权重，最后再进行递阶归并，形成各备择方案对总目标的最终权重。层次分析法适用于系统复杂性高、学科知识跨度大的评估问题，尤其适用于综合统计分析指标定权这一无结构特性的系统评价任务。

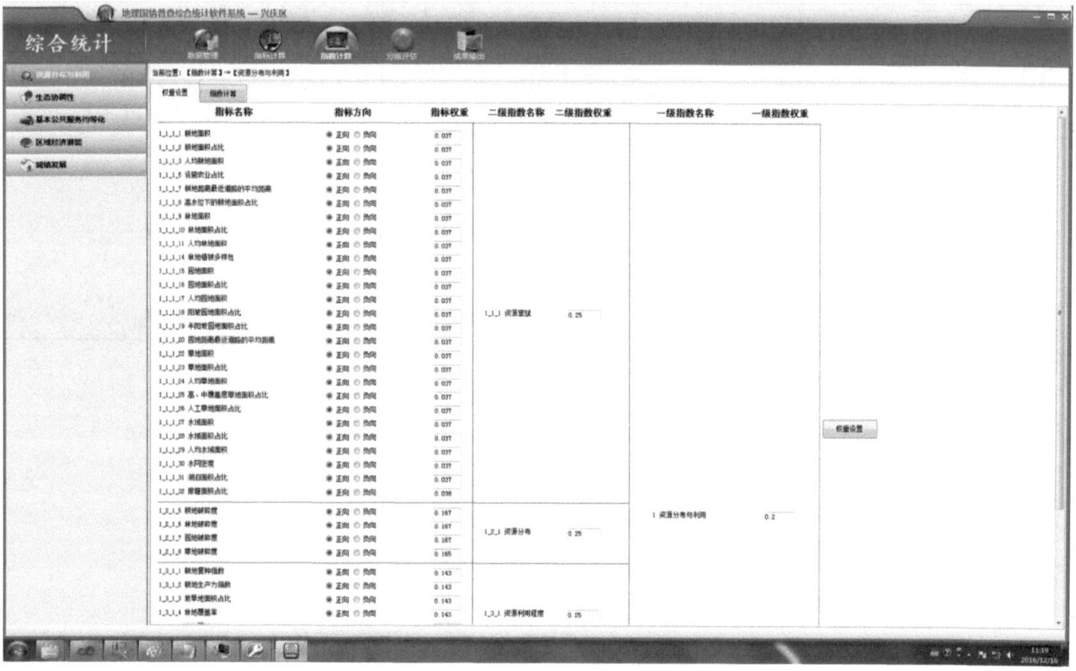

图 6-21　综合主题指数构建

4. 报表输出与分级评估

针对指标与指数数据集成果，可按照五大主题进行分表输出。同时，允许用户根据自定义需求进行各主题的数值分区设置，并按照统计范围进行分区设色，形成具有明显对比效果的分级制图，并以二维栅格图形式进行可视化输出。

6.3.3　统计分析服务系统

地理国情统计分析服务系统从计算、分析、展示、服务等方面考虑，定位地理国情统计结果分析、服务发布与成果输出、统计查询与专题展示、大数据挖掘分析、实时统计计算、二次开发等六个方向。

解决地理国情统计结果的分析挖掘、其他行业在监测结果上的应用分析、在线小范围实时统计分析计算、统计结果直观展示及网络服务发布、快速二次开发应用等几大问题。

系统包括统计结果的查询、任意区域的在线统计、成果输出和可视化及与部门的对比分析等功能。

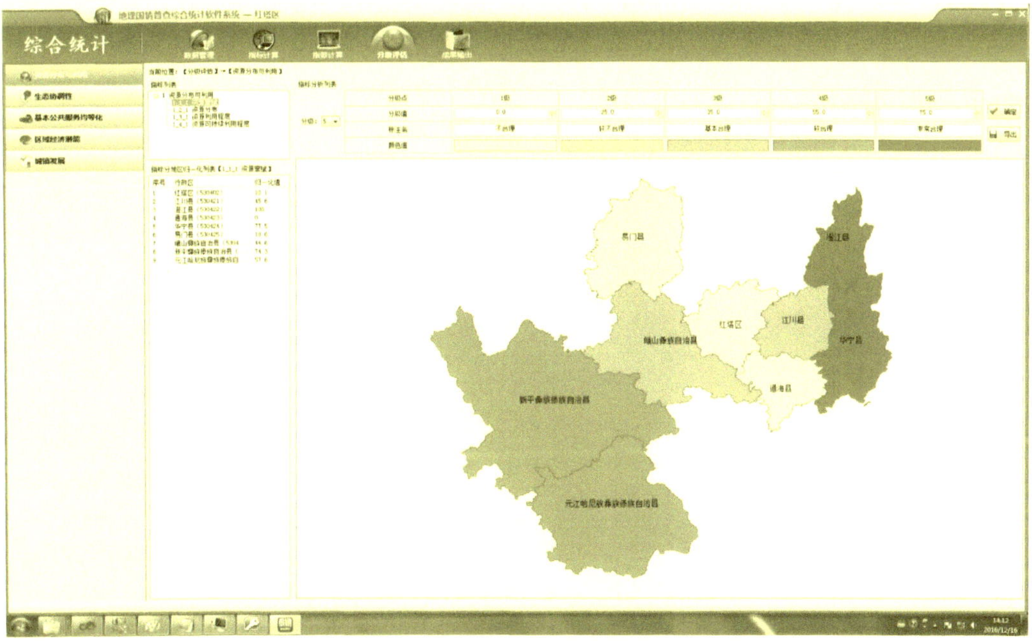

图 6-22　报表输出和分级评估

a）统计结果查询：针对地理国情监测过程中统计生成的基本统计和综合统计分析成果，结合监测成果数据，实现在线的按单元、按区域、按指标的查询、检索和展示。

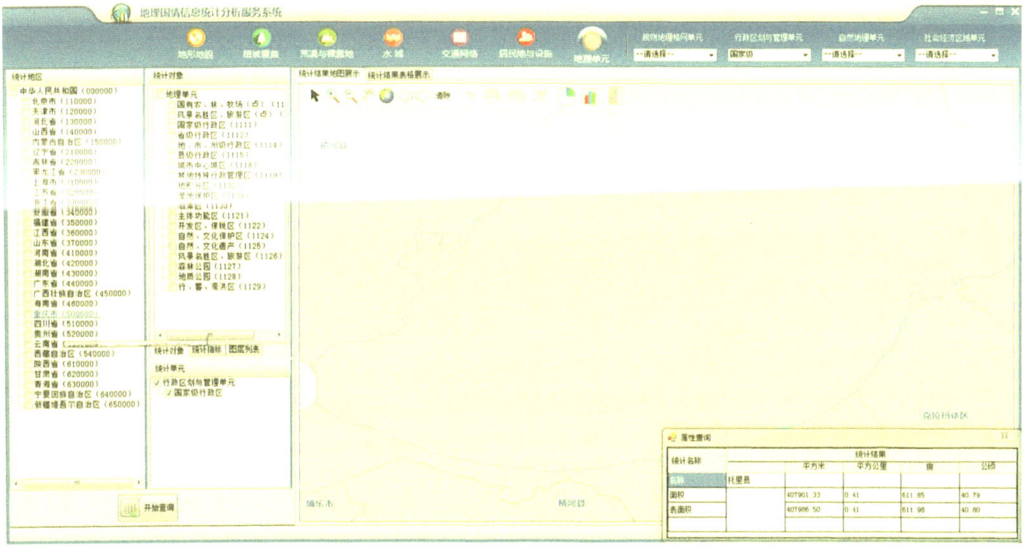

图 6-23　统计查询

b）任意区域的在线统计：集成地理国情基本统计模型算法，针对划定的任意形状的区域，可实现在线的面状、线状和点状要素的适时统计计算，并按照统计要素的层级对统计结果进行展示。

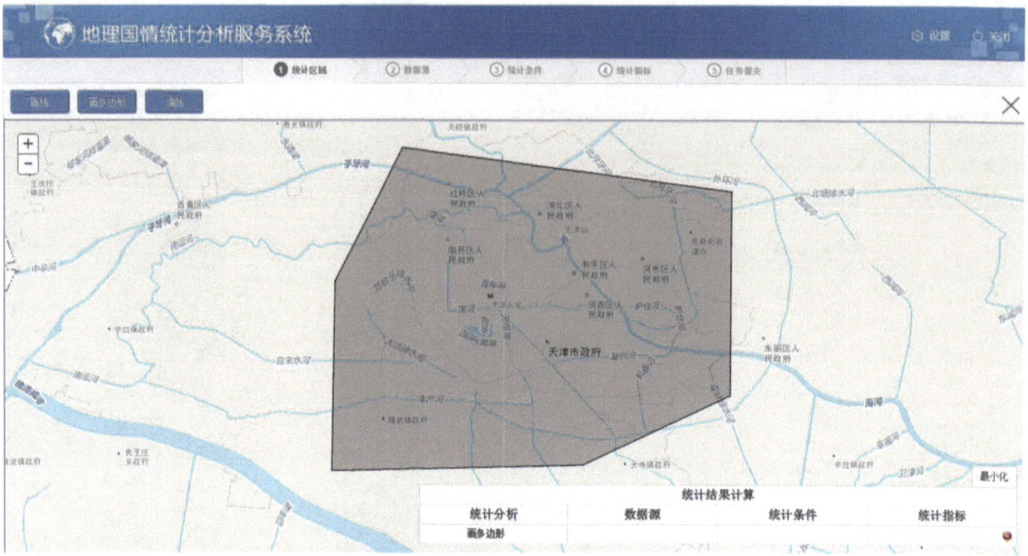

图 6-24　在线统计

c）定制化的成果输出和可视化表达：系统提供了有针对性的统计分析定制服务功能，可根据实际应用需求，向社会公众、专业部门、各级政府提供多层次、多角度、实时在线的统计分析服务，提供统计分析成果的在线统计图、统计地图及统计表格的组合可视化表达并输出。

d）与部门的对比分析：基于地理国情监测成果数据及基本统计成果，实现与相关业务部门已经开展完成的土地、水利、林业、农业、卫生、教育、交通、民政等普查或专题数据的对比分析。

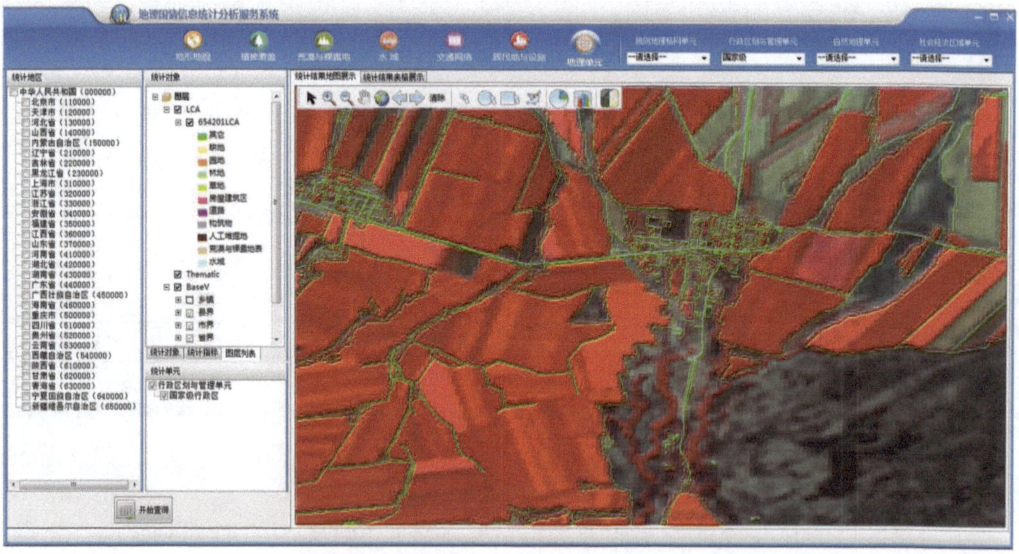

图 6-25　对比分析

6.4　软件平台测试

地理国情统计分析软件平台是应用于地理国情统计分析实际生产和服务的应用型软件平台，是国家级和省级开展地理国情统计分析的工作平台，平台的易用性、稳定性、结果的正确性、可靠性、高效性等是统计分析工作顺利开展的有效保证。为保证软件的质量，必须对平台开展系统化的测试。

6.4.1　软件功能测试

根据地理国情统计分析软件平台的特性、需求、设计方案，测试软件是否满足设计需求，是否能正确工作，运行是否稳定，用户界面是否友好，保证对用户的好的使用体验。

1. 测试内容

1）基本统计软件系统功能测试

功能测试内容涵盖系统配置、数据预处理、统计单元提取、统计配置、统计计算与汇总、成果输出等六个功能模块。系统配置包括数据连接及环境变量设置、日志管理、高程/坡度分级管理、系统初始化等功能；数据预处理包括 DEM 数据预处理、分区数据处理和不分区数据处理；统计单元提取包括行政区划与管理单元提取、地形单元提取和地貌类型单元提取；统计配置包括统计对象与监测数据匹配、统计对象与统计指标匹配、统计指标与统计单元匹配等功能；统计计算与汇总包括行政区划与管理单元统计、地形单元统计、地貌单元统计、一键计算与汇总、批量计算与汇总等功能；成果输出包括基本统计数据集生成、基本统计报表生成、基本统计报告生成等功能。

2）综合统计分析系统功能测试

功能测试内容涵盖数据管理、指标计算、指数计算、分级评估、成果输出等五个主要功能模块。数据管理包括数据专题数据管理、普查数据管理、系统配置管理功能；指标计算、指数计算和分级评估包括资源分布与利用、地表生态格局、基本公共服务均等化、区域经济潜能、城镇发展功能模块；成果输出实现了指标成果与指数成果的报表输出。

3）统计分析服务系统功能测试

功能测试内容涵盖统计结果的查询、任意区域的在线统计、成果输出和可视化及与部门的对比分析等主要功能模块。

2. 测试方法

软件的功能测试采用了内部测试、外部对比测试和第三方委托测试等三种方式。

1）内部测试

内部测试是在开发过程中和前往各省（区、市）用户单位现场开展的测试，包括单元测试、集成测试、确认测试、系统测试、用户测试和回归测试。①单元测试，是针对软件设计的最小单位——程序模块或功能模块进行正确性检验的测试工作，主要目的是检验程序各模块是否存在各种差错，是否能正确地实现其功能，满足其性能和接口要求。②集成测试，是在单元测试的基础上进行的一种有序测试，主要是检验软件单元之间的接口关系，以期望通过测试发现各软件单元接口之间存在的问题，最终把经过测试的单元组成符合设计要求的软件。③确认测试，是验证软件的功能和性能及其他特性是否与用户的要求一致。④系统测试，是为判断系统是否符合要求而对集成的软、硬件系统进行的测试活动，它是将已经集成好的软件系统，作为基于整个计算机系统的一个元素，与计算机硬件、外设、某些支持软件、人员、数据等其他系统元素结合在一起，在实际运行环境下，对计算机系统进行一系列的组装测试和确认测试。⑤用户测试，以用户为主的测试，软件开发人员和质量保证人员参加，由用户设计测试用例。不是对系统进行全覆盖测试，而是对核心业务流程进行测试。⑥回归测试，是指修改了旧代码后，重新进行测试以确认修改没有引入新的错误或导致其他代码产生错误。

2）外部对比测试

选择能够完成与地理国情统计分析软件平台同样功能的软件进行对比测试。以满足软件正常运行为条件，在具有相同硬件及相同操作系统的环境下，基于黑盒测试方法对两套软件开展对比测试。在对比测试中，分别采用不同地区、不同地形、不同规模的数据设计测试用例，两套软件运行相同测试用例，分别对软件功能的完整性和统计计算的效率、可靠性、准确性和完整性进行对比测试。

3）第三方测试

委托专业的软件测试单位针对软件开展功能、人机交互界面和性能测试。在测试过程中，功能、人机交互界面和性能测试均采用黑盒测试技术。测试时根据软件相关设计文档和需求，定义系统的测试需求，并对测试需求进行逐层细化；定义测试项，确保测试项完全覆盖到系统所有功能点。针对细化后的测试项，设计测试用例，确保每个测试项被测试用例充分覆盖，并保证每个测试用例在整个测试过程中至少被执行一次。测试用例设计采用等价类划分方法，将相似输入划分成等价类，从每个等价类中选取有代表性的输入数据设计测试用例，每一个等价类至少被一个测试用例覆盖。根据测试过程中所发现的软件问题进行有效修复和处理。

6.4.2 模型测试

模型测试是对基于模型统计结果的验证。

1. 测试内容

模型测试的内容共包括点状要素、线状要素、面状要素、地理实体、地形单元等 5 个方面的基本统计结果验证测试。

（1）点状要素基本统计验证包括个数、密度等 2 项结果验证；

（2）线状要素基本统计验证包括长度、表面长度、密度等 3 项结果验证；

（3）面状要素基本统计验证包括面积、表面面积、占比、构成比、四至坐标、东西和南北长度、最高高程、最低高程、平均高程、地表平整系数等 10 项结果验证；

（4）地理实体基本统计验证包括长度、面积等 2 项结果验证；

（5）地形单元基本统计验证包括高程带、坡度带等 2 项结果验证。

2. 测试方法

针对不同结果验证项的特点，分别设计不同方法实现相关结果计算，并将计算结果与地理国情基本统计软件系统计算结果进行差值比较。

（1）对于涉及长度（即大地线长度）的结果验证项，依据贝赛尔曲线公式开发大地线长度计算工具，实现长度计算。南北长度计算，将四至点的最南端和最北端坐标规划到同一经度上，然后采用贝赛尔曲线公式计算南北长度；东西长度计算，将四至点的最东端和最西端坐标规划到低纬度点上，计算东西向长度。

（2）对于涉及面积（即椭球面积）的结果验证项，依据《理国情普查基本统计技术规定》附录公式开发椭球面积计算工具，实现面积计算。

（3）对于涉及表面长度、表面面积、个数、四至坐标、极值及平均值的结果验证项，采用 ArcGIS 相关功能，实现统计计算。其中表面长度、表面面积等需投影到平面坐标系进行解算，验证的用例数据投影均采用高斯-克吕格投影。

（4）对涉及交通距离的结果验证项，采用上述长度计算方法，利用 ArcGIS 分析与人工分析相接合的方式，实现交通距离计算及相关统计。

（5）对涉及密度、占比、构成比、地表平整系数等的结果验证项，在上述长度、面积、表面面积计算基础上，采用人工方法进行统计。

第 7 章　成果及全流程质量控制

质量控制是为使产品或服务达到质量要求而采取的技术措施和管理措施方面的活动，质量控制的目标在于确保产品或服务质量能满足要求。地理国情统计分析形成的成果形式多样，包括数据集、报表、报告、图件等，对计算的精确性、正确性要求高。为保证地理国情统计分析成果的正确性、科学性和可靠性，需采取有效的质量控制方法对成果数据进行质量控制。

7.1　统计分析成果

地理国情数据是各部门开展政策制定、科学决策、高效治理的基础信息，这就要求地理国情统计分析成果能够满足不同行业、不同层次用户的多样化需求。围绕国家重大战略和工程的实施，充分考虑国家宏观决策、专业部门和社会大众关注的重点和热点，科学设计统计内容指标，注重体现地理国情数据全面、客观、精确、空间化的特点，采用科学、高效的统计方法，直接服务于国家、区域经济社会发展。地理国情统计分析成果体系既与现行的基础测绘成果有明显区别，也与其他专题部门的普查成果存在显著的不同，它是一套创新的成果体系。从内容上看，地理国情统计分析成果体系由县、地市、省、国家四级行政区划单元、社会经济区域单元和其他单元构成，并按照基本统计、综合统计分析、变化统计分析、专题分析形成不同类别的相应成果体系；从形式上看，地理国情统计分析成果表达可以分为数据库、报告、图件和信息系统等类型。

7.1.1　统计分析成果数据库

地理国情统计分析成果数据库包括基本统计台账和成果数据集。基本统计台账是基于地理国情数据进行计算得出的原始性统计结果数据集合。以基本统计台账和地理国情数据为基础，充分考虑国家宏观决策、专业部门和社会大众关注的重点和热点，进一步形成统计分析成果数据集。

1. 基本统计台账

（1）基于不同级别行政区划与管理单元的地形地貌、植被覆盖、水域、荒漠与裸露地、交通网络、居民地与设施等统计对象相关基本统计指标计算、汇总的结果；

（2）基于不同类型自然地理单元的植被覆盖、水域、荒漠与裸露地等统计对象相关基本统计指标计算、汇总的结果；

（3）基于不同类型社会经济区域单元的地形地貌、植被覆盖、水域、荒漠与裸露地、交通网络、居民地与设施等统计对象相关基本统计指标计算、汇总的结果；

（4）基于不同尺度规则地理格网单元的植被覆盖、水域、荒漠与裸露地、交通网络、居民地与设施、地理单元等统计对象相关基本统计指标计算、汇总的结果。

2. 成果数据集

成果数据集分为基本统计数据集和综合统计分析数据集。

基本统计成果数据集涵盖地理国情普查自然、人文七类要素，分为行政区划、地形地貌和地表覆盖 3 类统计对象，共 400 余个统计指标。

表 7-1　基本统计成果内容指标

序号	统计对象	统计指标	统计单元
1	行政区划	东西与南北长度、四至点	全国和 31 个省（区、市）
2	地形地貌	不同高程带、坡度带的面积、表面面积	全国、4 大地区、31 个省（区、市）
3		高程差	31 个省（区、市）
4		地貌类型的面积、表面面积	全国、4 大地区、31 个省（区、市）
5	地表覆盖	地表覆盖分类面积	全国、一级流域、31 个省（区、市）、优化开发区城市中心城区、副省级城市和省会城市中心城区
6		沼泽区、湿地保护区的面积	全国、重点生态保护区、限制开发区
7		自然地表（自然地表包括植被覆盖、水域、荒漠与裸露地）的面积	全国、4 大地区、31 个省（区、市）、主体功能区
8		人文地表（人文地表包括交通网络、居民地与设施）的面积	全国、4 大地区、31 个省（区、市）、主体功能区、副省级城市、国家级新区
9		植被覆盖的面积、表面面积	全国、六大行政区域、4 大地区、31 个省（区、市）、主体功能区
10		不同坡度、不同高程带条件下耕地、林地、园地、草地的面积、表面面积	全国、4 大地区、31 个省（区、市）、农产品主产区
11		温室、大棚面积	全国、31 个省（区、市）
12		灌木林、草地的面积、表面面积	重点生态功能区
13		绿化林地、绿化草地面积	城市中心城区
14		行政村到学校、医院、福利机构的距离	全国、31 个省（区、市）
15		居住小区到学校、医院、福利机构的距离	全国、31 个省（区、市）
16		房屋建筑区面积及占比、构成比	全国、31 个省（区、市）、副省级城市和省会城市中心城区
17		高密度低矮房屋、低密度低矮房屋、高密度多层及以上、低密度多层及以上、超高层独立房屋建筑面积及占比	优化开发区、重点开发区、地级以上城市城区、大城市城区
18		露天采掘场面积、分类面积、个数	全国、优化开发区、31 个省（区、市）、地级以上城市
19		水域面积及构成比	全国、31 个省（区、市）
20		河网密度	31 个省（区、市）、流域单元

续表

序号	统计对象	统计指标	统计单元
21	地表覆盖	湖泊的个数、面积	全国、31 个省（区、市）、流域单元、重点生态功能区、高原
22		水库的个数、面积	全国、31 个省（区、市）、流域单元、重点生态功能区、农产品主产区、不同高程带
23		冰川与常年积雪面积	全国、31 个省（区、市）、不同高程
24		荒漠与裸露地分类面积、表面面积	全国、4 大地区、31 个省（区、市）、重点生态功能区、农产品主产区、禁止开发区
25		道路面积、占比以及分类道路密度	全国、4 大地区、31 个省（区、市）、优化开发区、国家级新区

综合统计分析成果数据集涵盖地表资源分布与利用、生态格局、区域经济潜能、基本公共服务均等化、城镇发展等 5 个分析主题。

表 7-2　综合统计分析成果内容指标

统计分析对象	指标
地表资源分布与利用	耕地面积占比
	人均耕地面积
	平坡地耕地面积占比
	缓坡地耕地面积占比
	斜坡地耕地面积占比
	陡坡地耕地面积占比
	河湖高水位线范围内的耕地面积占比
	林地面积占比
	人均林地面积
	乔木林比例
	灌木林比例
	乔灌混合林比例
	坡度 25°以下林地面积占比
	坡度 25°～45°林地面积占比
	坡度 45°以上林地面积占比
	园地面积占比
	人均园地面积
	阳坡、半阳坡园地面积占比
	草地面积占比
	人均草地面积
	高、中覆盖度草地面积占比
	人工草地面积占比

续表

统计分析对象	指标
地表资源分布与利用	水域面积占比
	人均水域面积
	河网密度
	湖泊、库塘面积占比
	冰川与常年积雪面积占比
	耕地聚集度
	林地聚集度
	园地聚集度
	草地聚集度
	耕地垂直分布指数
	林地垂直分布指数
	园地垂直分布指数
	草地垂直分布指数
	耕地复种指数
	盐碱地面积占比
	沙质地面积占比
	土地侵占面积占比（露天采掘场、堆放物）
地表生态格局	生物丰度
	水网密度
	植被覆盖率
	林地覆盖度
	草地覆盖度
	水域覆盖度
	破碎度
	复杂度
基本公共服务均等化	城镇居住小区数量、行政村数量及城乡居民地合计数量
	小学校区数量、中学校区数量
	城镇居住小区、行政村、居民地就近小学校区入学平均交通距离
	小学校区不同服务半径内：城镇居住小区、行政村、居民地数量/面积/人口覆盖率
	中学校区不同服务半径内：城镇居住小区、行政村、居民地数量/面积/人口覆盖率
	医院数量；一级医院、二级医院、三级医院数量
	医院不同服务半径内：城镇居住小区、行政村、居民地数量/面积/人口覆盖率
	各类福利机构的数量
	社会福利机构不同服务半径内：城镇居住小区、行政村、居民地数量/面积/人口覆盖率
	路网密度
	人均道路里程

续表

统计分析对象	指标
基本公共服务均等化	高速公路出入口不同服务半径内：城镇居住小区、行政村、居民地数量/面积/人口覆盖率
	港口、长途汽车站和火车站等交通枢纽不同服务半径内：城镇居住小区、行政村、居民地数量/面积/人口覆盖率
	各类体育活动场所的数量
	体育活动场所不同服务半径内：城镇居住小区、行政村、居民地数量/面积/人口覆盖率
	各类休闲娱乐景区数量
	休闲娱乐景区不同服务半径内：城镇居住小区、行政村、居民地数量/面积/人口覆盖率
	年度常住人口及结构
	年度国民经济产值及构成
	年度社会支出及构成
区域经济潜能	经济密度
	人均 GDP 增长率
	单位面积各类型产业产值
	单位面积高新技术产业产值
	地貌类型面积占比
	地形起伏度
	区域临海性
	经济联系隶属度
	区域各类型主体功能区面积占比
	与主要经济中心的相对距离
	铁路网络密度
	各等级公路网络密度
	城市道路网络密度
	乡村道路网络密度
	拥有铁路数量
	拥有高速公路数量
	拥有国道数量
	拥有港口数量
	拥有机场数量
	距火车站的最短交通距离
	距高速公路出入口的最短交通距离
	距港口的最短交通距离
	距机场的最短交通距离
	不同坡度堆放物与盐碱地面积
	高速公路不同范围内宜建荒漠裸露地面积
	铁路不同范围内宜建荒漠裸露地面积

续表

统计分析对象	指标
区域经济潜能	不同坡度宜建荒漠裸露地面积
	废弃房屋建筑区面积
	人均耕地面积
	人均园地面积
	人均林地面积
	人均草地面积
	成长型城市数量占比
	成熟型城市数量占比
	衰退型城市数量占比
	再生型城市数量占比
	多层房屋建筑占比
	低矮房屋建筑占比
	高密度房屋建筑占比
	废弃房屋建筑区占比
	建设用地开发率
	人均建设用地面积
	单位建设用地第二、三产业产值
城镇发展	人均建设用地面积
	单位建设用地产出
	人均 GDP
	人均基本教育设施拥有量
	学校服务半径内居民地覆盖率
	人均医疗设施拥有量
	医院服务半径内居民地覆盖率
	人均福利设施拥有量
	人均休闲娱乐设施拥有量
	植被覆盖率
	绿化草地覆盖率
	水面覆盖率
	人均水面面积
	人均绿化草地面积
	人均绿化林地面积
	生活污水处理率
	生活垃圾无害化处理率
	道路密度
	人均道路面积

续表

统计分析对象	指标
城镇发展	对外交通道路数量
	对外交通枢纽站个数
	道路面积率
	交通枢纽个数
	高等院校数量
	每万人在校大学生数
	文化旅游用地面积比
	科技文化从业人口比
	科学技术支出占财政支出比

7.1.2 统计分析报告

主要包括公报、统计数据汇编、蓝皮书和专题分析评价报告四种类型报告。其中，公报不涉及涉密信息，反映普查与基础性监测的地理国情要素的最基本的数量和分布信息，以及对普查与监测时点、方法、质量控制措施、发布单元及指标解释等进行说明。统计数据汇编内容最为详细，包括基本统计成果数据集的主要内容，以表格、地图的形式全面反映不同等级行政区划单元、不同类型自然和社会经济区域单元内地理国情要素的数量。蓝皮书全面反映资源分布与利用、生态格局、基本公共服务均等化、区域经济潜能、城镇发展等五个专题形成的综合统计分析成果，系统地描述自然资源禀赋与利用、地表生态格局、基本公共服务均等化、区域经济发展和城市建设的空间分布整体状况，对比地域之间差异，在宏观尺度上反映生态环境与经济发展的关系、自然要素与人文要素的耦合程度，为我国国土资源优化配置、生态文明建设、城镇化发展、区域经济规划、发展战略实施与宏观规划的决策者、操作者、研究者和关注者提供全面、系统、翔实的数据和分析结果。专题分析评价报告是围绕资源、生态、社会、民生等类别，以领导关注、公众关心的重大问题为专题目标，阐述相应地理国情专题要素的主要现状、专题分析结论、存在问题及相关建议等，由专题描述、现状、结论、问题、建议等几个部分组成，以文字为主，并以统计表、统计地图配合展现内容，揭示经济社会发展与自然资源环境内在联系和规律，为国家重大战略、重要工程提供决策依据。

7.1.3 统计分析成果图件

图件是展现统计成果的重要可视化手段，以地图、统计图表等形式直观、形象地呈现地理国情要素的空间分布特征。根据用途和使用对象不同，图件成果包括挂图、图册、报告用图等类型。其中报告用图主要包括公报用图、统计数据汇编用图和蓝皮书用图。其中图册以要素分布图、统计地图、统计图表等形式，展现不同统计单元地形地貌、植被覆盖（耕、园、林、草）、水域、荒漠与裸露地、居民地与设施、交通等要素的空间分布特征及相关统计信息。

表 7-3　基本统计图册内容及形式

序号	图名	内容
	地形地貌	
1	中国地势	主图：全国海拔分级分布 底图：行政区划 附图：全国海拔分级构成
2	中国坡度	主图：全国坡度分级分布 底图：行政区划 附图：全国坡度分级构成
3	中国地貌类型	主图：中国地貌类型分布 底图：行政区域 附图：中国地貌类型构成
	地表覆盖	
4	中国地理国情现状	主图：中国地表覆盖（一级类）分布 底图：行政区划 附图：中国地表覆盖类型构成
	植被覆盖	
5	中国植被覆盖	主图：中国植被覆盖分布+晕渲 底图：行政区划 附图：中国植被覆盖构成
6	中国植被覆盖分类统计	主图：各省植被覆盖构成 底图：各省植被覆盖占比
7	中国耕地	主图：中国耕地分布 底图：行政区划 附图：中国耕地构成
8	中国耕地坡度分布	主图：耕地在不同坡度带上分布 底图：行政区划 附图：中国耕地坡度构成
9	中国耕地分类统计	主图：各省耕地构成 底图：各省耕地占比
10	农产品主产区耕地分类统计	主图：各农产品主产区耕地构成 底图：农产品主产区耕地占比 附表：农产品主产区耕地构成
11	中国林地	主图：中国林地分布 底图：行政区划 附图：中国林地构成
12	中国林地分类统计	主图：各省林地分类构成 底图：中国各省（区、市）林地占比 附图：中国林地构成

续表

序号	图名	内容
13	国家重点生态功能区林地分类统计	主图：各国家重点生态功能区林地构成 底图：国家重点生态功能区
14	中国草地	主图：中国草地分布 底图：行政区划 附图：中国草地构成
15	中国草地分类统计	主图：各省（区、市）草地分类构成 底图：各省（区、市）草地占比
16	国家重点生态功能区草地分类统计	主图：各重点生态功能区草地构成 底图：重点生态功能区草地面积占比
17	中国园地	主图：中国园地分布 底图：行政区划 附图：中国园地构成
18	中国园地分类统计	主图：各省（区、市）园地构成 底图：各省（区、市）园地占比
19	农产品主产区园地分类统计	主图：各农产品主产区园地构成 底图：农产品主产区园地面积占比 附图：农产品主产区园地构成
水域		
20	中国水域	主图：中国水域分布 底图：行政区划 附图：中国水域分类统计
21	中国水域分类统计	主图：各省（区、市）水域分类面积构成 底图：各省（区、市）水域面积占比
22	一级流域水域分类统计	主图：各流域水域分类面积构成、河流河网密度 底图：各流域水域面积占比
23	国家重点生态功能区水域分类统计	主图：各生态功能区水域分类面积构成、河流河网密度 底图：各生态功能区水域面积占比
24	农产品主产区水域分类统计	主图：各农产品主产区水域分类面积构成、河流河网密度 底图：农产品主产区水域面积占比
荒漠与裸露地		
25	中国荒漠与裸露地	主图：中国荒漠与裸露地分布 底图：行政区划 附图：中国荒漠与裸露地构成
26	中国荒漠与裸露地分类统计	主图：各省（区、市）荒漠与裸露地分类构成 底图：各省（区、市）荒漠与裸露地面积占比
27	优化开发区荒漠与裸露地分类统计	主图：荒漠与裸露地分类构成 底图：荒漠与裸露地面积占比
28	重点开发区荒漠与裸露地分类统计	主图：荒漠与裸露地分类构成 底图：荒漠与裸露地面积占比

续表

序号	图名	内容
29	重点生态功能区荒漠与裸露地分类统计	主图：生态功能区荒漠与裸露地分类构成 底图：各单元荒漠与裸露地面积占比
	交通网络	
30	中国道路分布	主图：中国道路分布 底图：行政区划
31	中国道路面积分类统计	主图：分省道路面积构成 底图：分省道路面积占比 附图：中国道路面积构成
32	国家级新区道路面积分类统计	主图：国家级新区道路面积构成 底图：国家级新区道路面积占比
33	优化开发区道路面积分类统计	主图：优化开发区道路面积构成 底图：优化开发区道路面积占比
34	中国道路长度	主图：分省分类道路长度 底图：分省道路长度 附图：中国分类道路长度
35	国家级新区道路长度	主图：国家级新区分类道路长度 底图：国家级新区道路长度
36	优化开发区道路长度	主图：中国优化开发区分类道路长度 底图：中国优化开发区道路长度
	居民地与设施	
37	中国房屋建筑（区）	主图：中国房屋建筑分布 底图：行政区划 附图：中国房屋建筑构成
38	中国房屋建筑（区）分类统计	主图：各省（区、市）房屋建筑（区）分类构成 底图：各省（区、市）房屋建筑（区）面积占比 附图：中国房屋建筑（区）分类构成
39	优化开发区房屋建筑（区）分类统计	主图：优化开发区房屋建筑（区）分类构成 底图：优化开发区房屋建筑（区）面积占比
40	国家重点开发区房屋建筑（区）分类统计	主图：重点开发区房屋建筑（区）分类构成 底图：重点开发区房屋建筑（区）面积占比
41	中国露天采掘场分类统计	主图：各省（区、市）露天采掘场分类构成 底图：各省（区、市）露天采掘场面积占比 附图：中国露天采掘场分类构成
42	优化开发区采掘场分类统计	主图：优化开发区露天采掘场分类构成 底图：优化开发区露天采掘场面积
43	国家重点生态功能区采掘场分类统计	主图：国家重点生态功能区露天采掘场分类构成 底图：各单元采掘场面积占比
44	重点开发区采掘场分类统计	主图：重点开发区区露天采掘场分类构成 底图：各单元采掘场面积占比

续表

序号	图名	内容
地理单元		
45	中国行政区地理概况	主图：四至点坐标 底图：行政区域 附表：1. 各省（区、市）东西、南北长度 2. 中国四至点坐标

7.1.4 统计分析信息系统

主要包括基本统计信息系统和综合统计分析信息系统。其中基本统计信息系统是以地理国情监测成果数据库、基本统计成果数据库为基础构建，实现基本统计成果的查询、检索和展示；同时可根据应用需求，实现基于任意统计单元的基本统计定制服务。综合统计分析信息系统以监测成果数据库、基本统计成果数据库、专题数据库、综合统计分析数据库为基础构建，实现综合统计分析成果的查询、检索和展示；同时可根据应用需求，实现基于不同级别行政区域单元及不同类型自然地理单元、社会经济区域单元的综合统计分析定制服务。

7.2 统计分析质量影响因素分析

影响地理国情统计分析质量的因素很多，概括起来主要包括数据源、统计分析软件和统计分析操作过程等三个方面。

1. 数据源

数据源是统计分析的对象，其质量直接影响统计分析成果的质量。一般的数据质量控制是分级控制的，抽样样本的质量达到一定的等级（如达到质量综合评价分 60，质量评定为合格）就通过质量检验；对于统计分析而言，如果数据质量分没有到达 100 分，统计成果的质量就会受到影响。因此，地理国情数据采集生产和数据成果建库时，应避免以下问题的发生。

1）统计单元不完整

主要表现为部分行政单元行政区划代码错误、部分飞地缺失或者存在重叠。

2）数据局部缺失

由于常态化监测沿用普查生产的 DEM 数据，每年监测数据采集时，沿海部分地区海岸线发生变化，造成海岸线变化大的部分区域 DEM 数据缺失。

3）数据分类不完整

部分地区二级类图斑未细化到三级类，从而造成全国三级类的统计成果不完整。这些二级类主要包括果园、其他园地、乔木林、灌木林、天然草地、人工草地、多层及以上房屋建筑区、低矮房屋建筑区、多层及以上独立房屋建筑、硬化地表、水工设施、固化池、露天采掘场、堆放物、建筑工地、冰川与常年积雪等 16 个二级类。

4）属性赋值不正确

地理国情要素的属性项中存在无意义的赋值问题。道路、水域、城镇综合功能单元、构筑物等要素图层的属性项中，存在诸如回车符、斜杠及反斜杠、–999999、–7777、空值等多类无意义属性值，造成属性统计结果不正确，如按道路的技术等级、宽度等的统计。

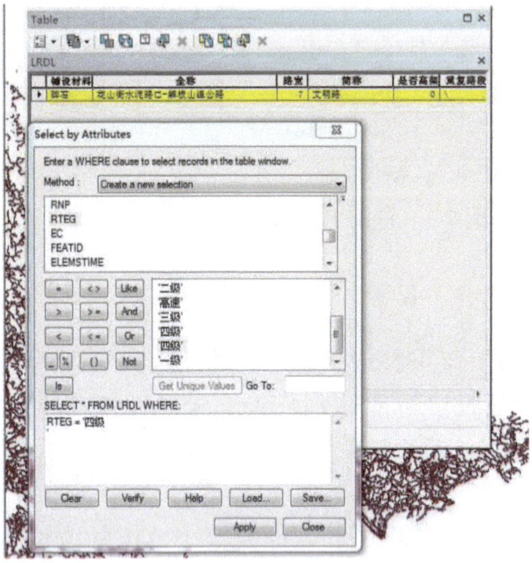

图 7-1　属性值中存在回车符

又如，城市道路的路宽存在“–8888888”，公路中的国道、省道和县道的路宽存在“–7777777”及 Null 值，技术等级和上下行存在“\”和 Null 值，铁路的上下行存在“–”。

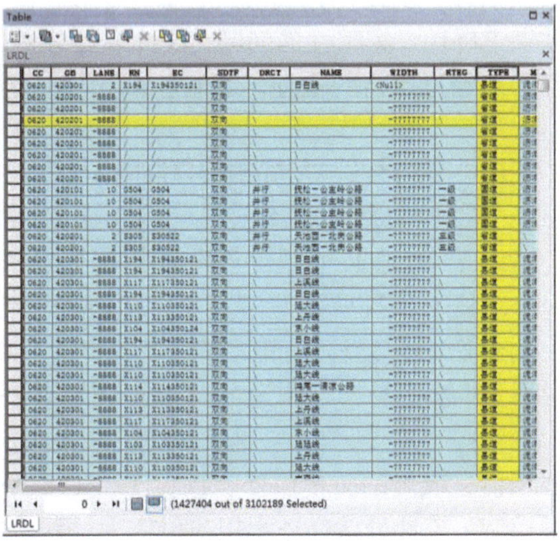

图 7-2　道路宽度（width）值为“–7777777”

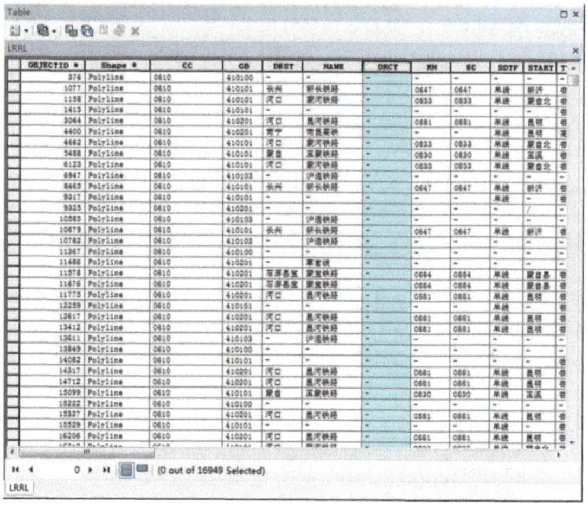

图 7-3　铁路上下行（DNCT）值为“–”

5）图斑或边界存在重叠、裂隙

部分图斑存在较小的图斑重叠或裂隙，重叠间隙或裂隙约为 0.01 m 左右（满足数据库建库的容限要求），但其长度可能达到几十千米，最终可能引发较大的面积差异。

2. 统计分析软件

不同的软件，在统计指标的算法、统计数值小数位的取位、数据的平差方法等方面可能存在不同，从而造成统计结果的差异。因此，统计分析工作的承担单位应采用统一的经过权威机构认证的统计分析软件。

3. 统计分析的操作过程

统计分析包括数据预处理、统计计算、数据汇总、成果制作等流程，每一流程都可能存在错、漏等影响成果正确性、完整性的问题，因此统计分析应实行全过程的质量控制，每个流程的结果都必须经过严格的检查，才能进入下一个流程。

7.3　统计分析质量控制的要求

严格实行“两级检查、一级验收”制度。统计分析任务承担单位负责统计分析成果质量的“两级检查”，其中项目承担部门负责一级检查，项目法人单位负责二级检查。委托第三方——测绘产品质量检验测试部门组织统计分析成果质量验收，统计分析成果的质量检验执行国务院普查办制定的《地理国情普查检查验收与质量评定规定》。

在严格执行测绘地理信息成果的质量检查验收制度和要求基础上，着重做好贯穿于统计工作的全过程质量控制。统计分析任务承担单位作为过程质量控制的主体，应根据各阶段统计工作的特点和要求，划分好过程质量控制的关键工序和结点，制定好各工序质量控制的内容、方法和要求，并在具体实施过程中做好工作日志。

为确保统计分析成果的科学性、一致性、完整性、正确性和权威性，在地理国情统计分析工作过程中，必须采取严格的质量监督与管理措施。统计分析质量管理遵循以下基本原则。

1）统一规范原则

统计分析应遵循统一的技术规范、标准和方案。其中，基本统计的内容、指标依据《基础性地理国情监测基本统计技术规范》执行。监测基本统计的各方面要求、统计原则、作业流程及作业方法依据本规程实施，各单位各部门不得自行制定统计标准。

2）全过程质量控制原则

构建监测基本统计全过程质量监督管理机制，将质量监督管理工作贯穿到统计工作各个阶段，包括数据预处理、统计计算、成果校核、报告编制、图件制作等各个环节，并对各阶段成果质量负责。参照“两级检查、一级验收”制度，确保统计分析成果一次性验收合格率为 100%。统计分析成果按照作业员自查、质量控制组一检（抽样率：100%）、任务承担单位组织二检（抽样率：30%），最后委托第三方测绘产品质量检验测试部门进行验收的方式落实该制度。

3）专家全程参与指导

聘请不同领域的专家全程参与作业指导，及时解决统计分析方案设计、统计分析计算、报告编写、图件编制过程中的疑难问题，确保统计分析成果的正确、科学、权威。

7.4　统计分析质量控制的方法

统计分析的质量控制主要包括数据源质量控制和统计分析结果质量控制两个方面。

数据源质量控制主要是依据“地理国情普查数据技术规定”“地理国情普查数据库建库方案”等技术标准的要求，检查数据的图形关系和属性信息是否符号质量要求。

统计分析结果质量控制先采用质量控制图（QCC）方法对全国省级数据进行整体把握、全局控制，检查数据是否有错误，发现并排除异常值。QCC 是以作图的方式来表达受管理的质量指标。然后利用正态分布图方法对没有异常值的数据进行内部对比，以统计指标面积为例，在单元面积内部对比中，以行政单元面积为真值，将高程带面积、坡度带面积、地貌单元面积与行政单元面积进行内部对比。正态分布图可以检查内部质量问题，排查内部错误，确保县级数据的正确性。最后利用第三方软件中的面积计算功能对内部对比中产生差异的县级数据作单独检核，查看是否具有一致性，以验证内部对比后统计分析成果数据的正确性，保证了基本统计结果数据的正确性、真实性和可靠性。

质量控制图（QCC）是对生产过程中产品质量状况进行实时控制的统计工具，是质量控制中最重要的方法；主要用于分析判断生产过程的稳定性，及时发现生产过程中的异常现象，把测得的数据点一一描述在控制图中。若数据点落在两条控制界线之间，且排列无缺陷，则表示过程在控制状态；否则数据结果有异常，需检验数据的可靠性。

根据控制图设计原理，利用地理国情统计计算的面积、长度、个数等指标和已经公开发布的相对应的统计数据之间差值，计算差值占统计计算面积、长度、个数等的百分比。由于差异百分比服从正态分布，采用大数控制法对差异百分比进行分析。

以省级行政区面积控制为例说明利用 QCC 进行大数控制的方法。统计计算省级行政区面积和民政部门发布的行政区面积之间差值，省级行政单元面积差异百分比的波动服从正态分布（正态性假设）；其次，根据 3σ 准则，若差异百分比 X 服从正态分布 $N(\mu,\ \sigma^2)$，其中 μ 为差异百分比的平均值，σ 为差异百分比的标准差，根据正态分布概率性质，则有 $P\{\mu-3\sigma,\ \mu+3\sigma\}=99.73\%$，即（$\mu-3\sigma,\ \mu+3\sigma$）为 X 的实际取值范围。据此原理，若对 X 设计控制图，则中心线为 $\mathrm{CL}=\mu$，上下控制界限分别为 $\mathrm{UCL}=\mu+3\sigma$，$\mathrm{LCL}=\mu-3\sigma$。由 3σ 准则可知，数据点落在控制界限以外的概率仅为 0.27%。因此，在基本统计计算正常生产过程中，结果数据值是不会超过控制界限的；若超过，则认为计算过程发生异常。

QCC 可用于对统计计算汇总数据进行质量检查，从控制图可以直观地判别产生差异问题的省份以及省级数据质量好坏，检查数据异常，使得基本统计计算成果在大数方面得到质量控制，保证成果数据质量的正确性。

7.4.1　不同统计维度之间的精细对比

地理国情统计分析的统计单元有行政区划单元、自然地理单元、社会经济区域单元、规则网格等多种单元，而且每类单元还有不同的等级，如行政单元有省、地、县、乡等，国家级统计的基本单元是县级行政区划单元；统计分析的数据源地表覆盖数据有 3 个等级分类。不同统计维度之间的精细对比是从统计结果与源数据之间、不同单元之间、基于不同单元计算的统计指标之间、父类与子类之间、总项结果与分项结果之间等多个维度进行校核。

不同统计维度之间的精细对比是确保统计分析成果质量的关键环节，为了保证县统计结果的完整性和一致性，主要针对不同类型统计单元的面积和表面面积，基于不同类型统计单元计算的地表覆盖和地理要素的面积、长度、个数等指标，采用绝对差值比较、相对差值比较、横向比较、纵向比较、交叉比较等方法分别对平差前和平差后的结果全部进行校核。其中：

（1）县级行政区划单元面积校核，分别与公里格网、地貌单元面积进行对比。

（2）地表覆盖分类型校核，分别计算县级行政区划单元与地貌类型单元地表覆盖面积、县级行政区划单元与公里网格单元地表覆盖面积的总体差异、平均差异、总体差异率。

（3）地表覆盖分类型表面面积校核，对县级行政区单元和地貌类型单元地表覆盖一至三级类表面面积分别进行两两对比，计算两者表面面积总体差异、平均每县差异、总体差异率。

（4）地理要素分类型校核，对县级行政区划单元与地貌类型单元水域、交通网络、城镇综合功能单元及其子类的面积、长度和个数进行对比。

（5）地理要素按属性分项校核，如公路的总长度，与不同路宽的公路长度合计数的一致性。

7.4.2　不同软件计算结果的对比

采用不同的统计分析软件进行对算，并从统计计算指标的完整性和正确性方面，将统计结果与计算结果进行对比，对差异部分进行分析。主要包括地表覆盖校核、地理要素校核和行政单元校核。

1. 地表覆盖校核

对县级行政区划单元地表覆盖八大类及其子类的面积与其他软件进行对比，分析区县的差异情况，并核查统计结果与公里格网结果的平均差异情况。

对种植土地、林草覆盖、荒漠与裸露地地表覆盖 3 个大类及其子类表面面积与其他软件进行对比，分析区县的差异情况，并核查统计结果与县级行政区单元平均差异情况。

2. 地理要素校核

针对基于县级行政单元统计的水域、交通网络和城镇综合功能单元等地理要素类型的面积、长度及个数与其他软件进行对比，统计个数、长度、面积的总体差异，并进行抽样比对，分析统计结果与原始数据的一致性。

3. 行政单元校核

对行政区划单元的面积、表面积、东西南北长度、高程等指标进行对比，统计绝对差异和相对差异情况。

7.4.3　与专业部门数据对比

收集利用其他部门已经开展完成的土地、水利、林业、卫生、教育、交通、民政等普查或专题数据，与地理国情统计分析成果进行深入、系统地对比分析，验证地理国情监测成果的科学性、准确性和实用性。

一方面采用绝对值和相对值的比较、单一指标和交叉指标的对比以及一级指标和二、三级指标的结合对比；另一方面，采用统计对比和空间对比、个体对比和区域对比、重点对比和一般对比等方式的结合，侧重地理国情地表覆盖数据与其他部门专题数据的对比。对比分析的流程见图 7-4。

1. 结果的对比分析

将统计的结果与地理国情统计的结果进行对比，并针对差异，做出合理的解释说明。

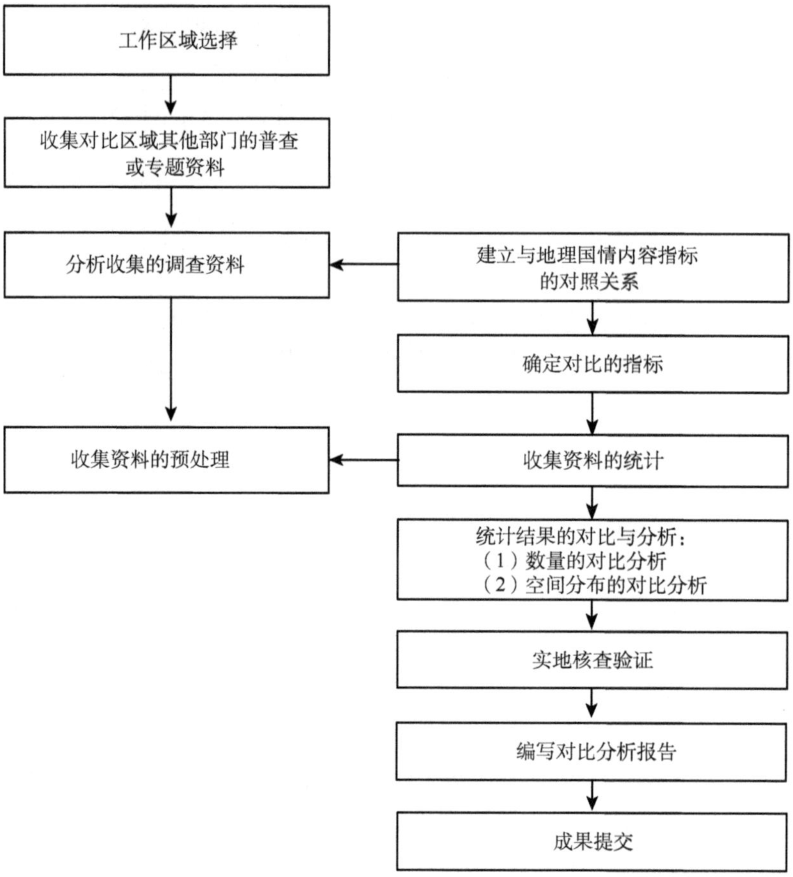

图 7-4　与专业部门数据对比分析流程

1）数量的对比分析

通过对比，主要分析比较面积、个数等数量的差异。以耕地为例说明，其他类别可参考。

表 7-4　耕地面积对比分析成果表样

地类	二调面积	国普面积	差值	差值率/%	重叠面积	仅国普有	仅二调有
耕地							
旱地							
水田							

注：差值=地理国情普查面积成果−其他普查（调查）面积成果，负值表示减少，正值表示增加；差值率=（地理国情普查面积成果−其他普查（调查）面积成果）/地理国情普查面积成果，以百分比表示；“仅国普有”表示国普为耕地，二调为其他地类的面积；“仅二调有”表示二调为耕地，国普为其他地类的面积。

2）空间分布的对比分析

通过对比，分析出对比地类共同分布的区域及数量，在国情普查中为对比地类而在其他部门调查中为其他地类分布的区域、类别及数量，以及其他部门调查中为对比地类而在国情普查中为其他地类分布的区域、类别及数量。

采用土地利用变更转移矩阵的方式，定量分析国土二调各级类中地表覆盖分类数据构成情况、类间的来源去向关系，并对耕地进行定量分析。

2. 成果差异解释说明

在对比基础上，进一步用具体数量指标和影像对比等查找分析差异的原因，可以尝试从以下几个方面对对比结果的差异进行分析：

（1）普查内容与指标：内容与指标的定义是否一致；

（2）统计单元：行政区划界线是否变更，精度是否一致；

（3）普查时间：普查的时间与季节是否一致；

（4）专题资料：数据源、类型、分辨率、时相等是否一致；

（5）技术方法和途径：普查的技术方法是否一致；

（6）统计方法：统计的方法是否一致，如统计的长度/面积是投影长度/面积还是椭球长度/面积？是直接统计还是通过逐级汇总进行统计？是基于矢量统计还是基于栅格统计等。

深化成果差异的解释说明和实证对比，体现各类原因（分类、数据源、指标、时态等）所造成数据误差的量化说明。差异示例。

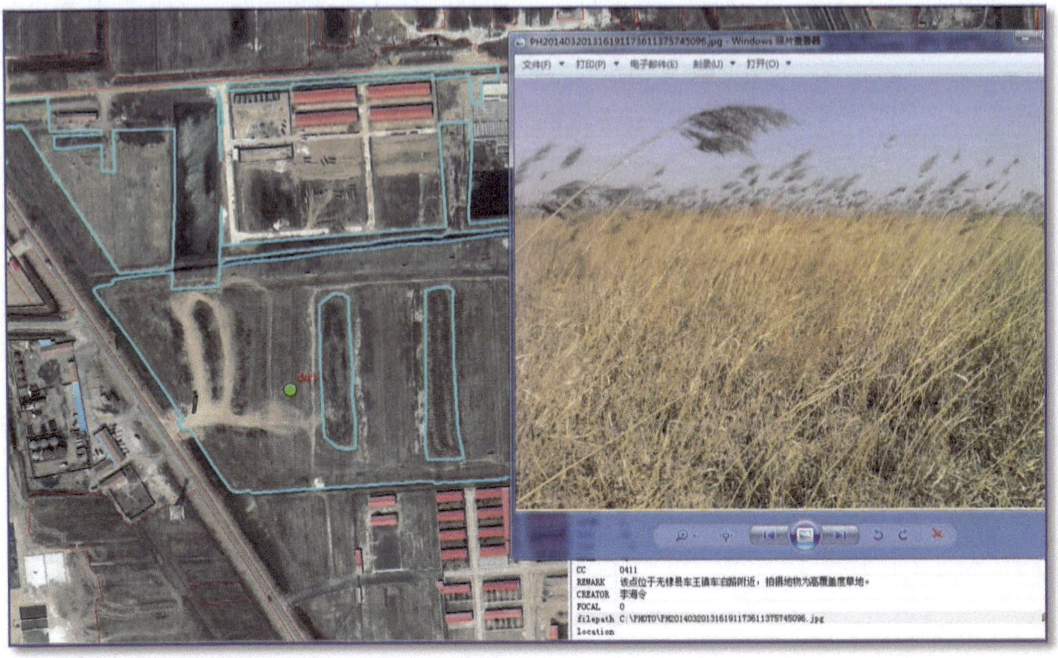

图 7-5　示例一

注：地理国情侧重自然属性，土地利用数据为耕地，由于撂荒长草，地理国情中采集为草地

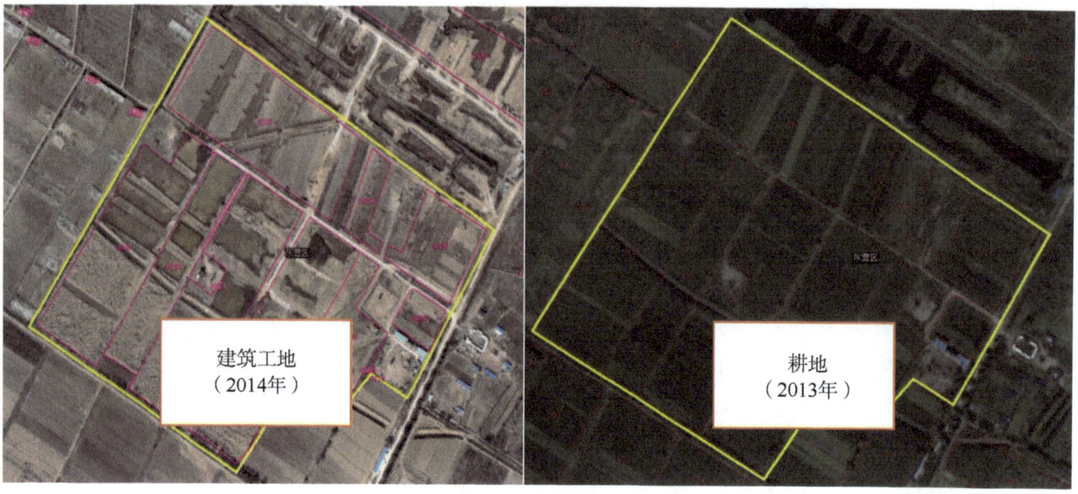

图 7-6　示例二

注：时间不一致导致两类数据差异，土地利用数据现势性为 2013 年（右图），地理国情数据为 2014 年（左图）

3. 实地核查验证

对于调查时间比较接近的同区域图斑为不同类别的矛盾现象，有条件的单位可开展实地核查验证，找出造成差异的真正原因。

应用外业在线平台移动端在实地逐一对抽取的差异图斑进行定位、拍照和情况记录，共同核实了解每块样本的实地状况。

图 7-7　外业调查路线图

图 7-8　实地样本照片，草地沙化（左图），草地被侵占开垦变成旱地（右图）

7.5　统计分析成果质量控制内容

质量控制覆盖统计分析整个统计过程和重要成果种类。质量控制过程包括前期准备的质量控制、生产过程的质量控制、验前成果质量控制等内容。检查内容包括文档资料的完备性（项目设计书、单位资质、上岗人员名单、检查记录等）、数据成果的完备性（数据集、报告、图件）和数据成果精度，具体质量控制内容见图 7-9。

7.5.1　数据源质量控制内容

在开展统计计算前，首先对数据源进行完整性检查。通过查阅有关专业生产技术总结、元数据、数据检查与验收记录，对数据的范围、坐标系、空间拓扑关系、属性等内容进行核查。对于缺失或存在问题的数据，及时联系数据提供单位进行补充或修改。

1）数据覆盖范围的检查

对照检查 DEM、地表覆盖、地理国情要素等数据范围与统计单元的数据范围，确保两种数据范围一致或者地理国情数据大于统计单元的数据范围；同时，需要检查统计分析范围内地表覆盖、DEM 等数据是否完整，确保没有缺、漏。

2）数据坐标系检查

按照《地理国情普查基本统计技术规定》（GDPJ 02—2013）的要求，参与统计分析的空间数据的坐标系统必须为 2000 国家大地坐标系。为保证所有参与分析的数据图层坐标系统保持一致，需要对数据层的坐标系进行逐一检查，并对坐标系有问题的数据进行更正。

3）地表覆盖和交通网络拓扑关系检查

重点检查地表覆盖数据图斑是否存在裂隙或重叠，检查地理国情要素中交通网络是否符合要求。

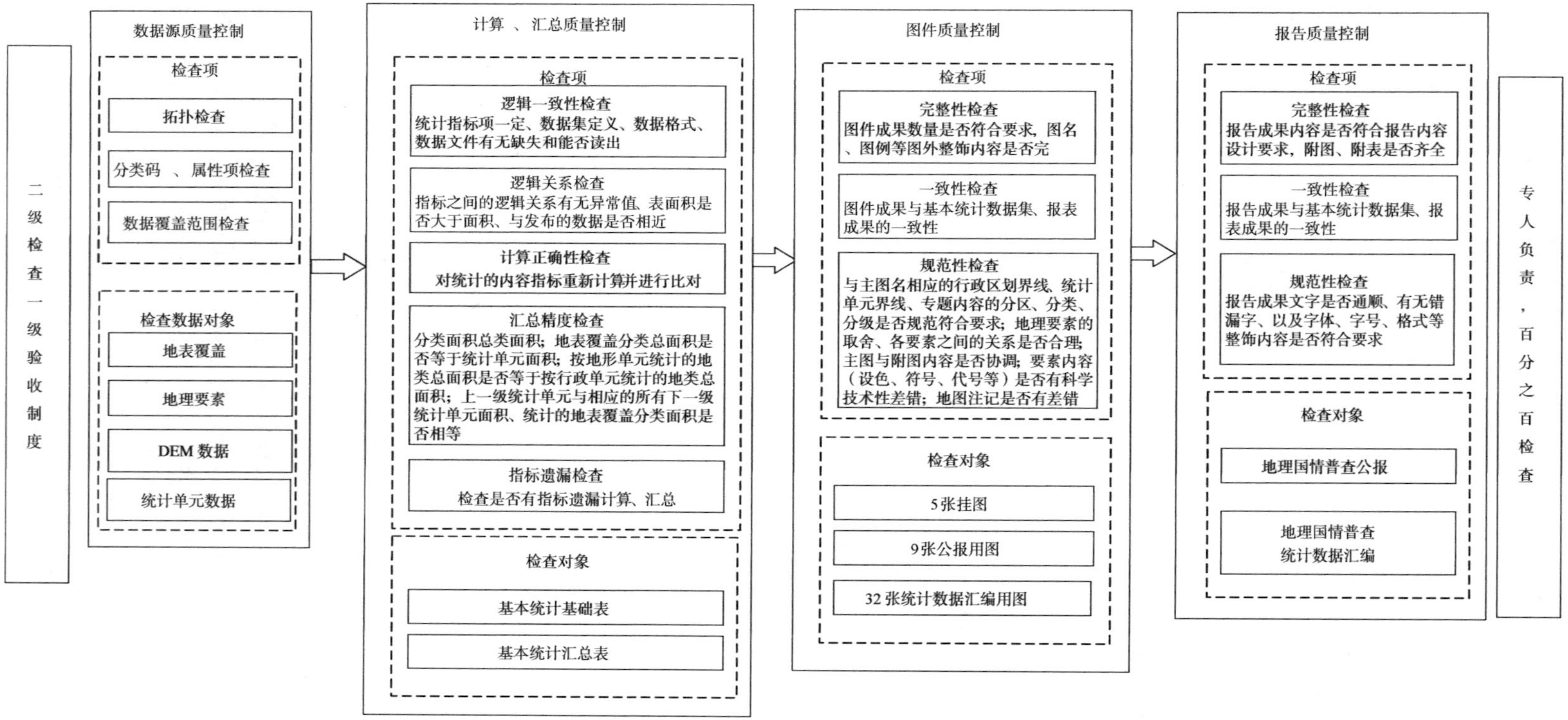

图7-9　统计分析质量控制内容

4）地理国情要素属性项的检查

地理国情要素的统计指标大部分涉及要素的属性信息，如分类、长度、宽度等，检查属性信息中是否有异常值，如是否存在回车符、斜杠及反斜杠、–999999、–7777、空值等多类无意义属性值。如果有异常值存在，需要与数据提供单位一起进一步核查。

5）专题数据的检查

地理国情综合统计分析和专题分析评价，需要结合社会经济等专题数据开展分析。专题数据的检查主要是对收集的融合各年龄段人口数、常住人口数、户籍人口数、GDP、专业教师数、学生数、养老床位数、环保投资等部门数据的完整性、以及它们的空间数据的属性信息的完整性、准确性、可靠性等的校正和检查。

7.5.2　统计分析数据集质量控制

统计分析数据集成果检查包含总体概查与样本抽查，主要方法包括逻辑关系符合性判定检查、抽样重复计算、跨区域抽样组建统计单元等正确性判定检查。检查人员应认真填写相关统计过程的质量问题记录表，对发现的系统性、倾向性质量问题，应及时总结记录。统计分析数据成果质量检查内容见表 7-5。

表 7-5　统计分析数据成果质量检查项及检查内容

质量元素	质量子元素	检查项	检查内容	检查方法
数学基础	大地基准	坐标系统	检查坐标系统是否符合要求	内部检查
	高程基准	高程基准	检查高程基准是否符合要求	内部检查
	数据单位	数据单位	检查坐标、长度、面积单位是否符合要求	内部检查
	小数点位数	小数点位数	检查坐标、长度、面积、占比、构成比等指标的小数位数是否符合要求	内部检查
逻辑一致性	概念一致性	统计项	检查统计指标定义是否符合要求（如名称、类型、长度、顺序数等）	内部检查
		数据集	检查数据集（层）定义是否符合要求	内部检查
	格式一致性	数据格式	检查数据文件格式是否符合要求	内部检查
		数据文件	检查数据文件是否缺失、数据无法读出	内部检查
		文件命名	检查数据文件名称是否符合要求	内部检查
	逻辑关系	逻辑关系	检查经度、纬度是否在合理范围(中国所在地理范围)	
			检查高程是否在合理范围:最大高程≥平均高程≥最小高程	
			个数≥0；长度≥0；面积≥0；密度≥0；0≤占比≤1	
			检查相同要素（植被覆盖、荒漠与裸露地表、地理单元）表面积是否大于面积	

续表

质量元素	质量子元素	检查项	检查内容	检查方法
计算正确性	统计精度	计算精度	对统计的内容指标重新计算，重新计算后的统计结果与提交的统计结果进行比对。 有效位前数据一致，则认为数据保持一致，误差率＞0.1%判定为不一致	与重新计算的结果比对
		汇总精度	检查汇总统计的内容指标是否符合要求。 具体检查分类面积是否等于总类面积；地表覆盖分类总面积是否等于统计单元面积；按地形单元统计的地类总面积是否等于按行政单元统计的地类总面积；上一级统计单元与相应的所有下一级统计单元面积、统计的地表覆盖分类面积是否相等	内部检查
完整性	遗漏	指标遗漏	检查是否有指标遗漏计算、汇总情况	内部检查

7.5.3　统计分析报告质量控制

报告成果是在权威的数据、先进和公认的技术方法的基础上，根据地理国情统计分析的定位和相关要求，通过数据处理、评价单元选取、指标计算、统计分析与分析评价方法等过程进行指标指数计算，形成系列分析报告成果。通常，报告内容包括背景、目的及意义、内容、概况、技术流程、分析结果等内容，报告整体框架清晰，文字表述规范、精确、清晰；在文档编写过程中，采用组内和组间的成员自查、互查，负责人审查，及时发现错误并修改。

报告成果中所采用的方法需科学严谨，避免采用有争议的方法，分析结果侧重于客观公正地反映区域地理国情特征和区域内地理国情差异。此外，统计分析的各项分析指标应采用常用的单位，做到标准统一。应做好日常记录，便于核查和分析，保障统计分析方法的科学合理，标准统一。

报告中的分析结果既要符合科学规律，又要与区域的地理国情相符合，还要与国土、水利、交通、农业等其他行业部门数据成果进行比对与验证。因此，在数据处理过程中，舍去不符合实际的数据与分析结果，确保报告的分析结果的真实可靠。

统计分析报告成果质量检查内容见表 7-6。

表 7-6　统计分析报告成果质量检查项及检查内容

质量元素	质量子元素	检查项	检查内容	检查方法
完整性		完整性	检查报告成果内容是否符合报告内容设计要求，附图、附表是否齐全	内部检查
一致性		一致性	检查报告成果与统计分析数据集、报表成果的一致性	参考数据比对
规范性		规范性	检查报告成果文字是否通顺、有无错漏字、以及字体、字号、格式等整饰内容是否符合要求	内部检查

7.5.4　统计分析图件质量控制

统计分析图件的质量检查内容主要包括图件的完整性、一致性和规范性等 3 个方面，具体的检查内容见表 7-7。

表 7-7　统计分析图件成果质量检查项及检查内容

质量元素	质量子元素	检查项	检查内容	检查方法
完整性		完整性	检查图件成果数量是否符合要求，图名、图例等图外整饰内容是否完整	内部检查
一致性		一致性	检查图件成果与统计分析数据集、报表成果的一致性	参考数据比对
规范性		规范性	检查与主图名相应的行政区划界线、统计单元界线、专题内容的分区、分类、分级是否规范符合要求；地理要素的取舍、各要素之间的关系是否合理；主图与附图内容是否协调；要素内容（设色、符号、代号等）是否有科学技术性差错；地图注记是否有差错	参考数据比对

7.6　统计分析成果质量评定

7.6.1　单位成果质量评定

统计分析成果单位成果质量评定采用合格、不合格评定。按照 7.5.3 质量评定指标的规定对检查项、质量子元素、质量元素进行评分，对单位成果质量不计算得分。当所有质量元素得分均大于等于 60 分时，单位成果质量评定为合格，否则，单位成果质量评定为不合格。

7.6.2　批成果质量判定

统计分析成果批成果质量判定通过判定条件确定批成果的质量等级，判定条件如表 7-8。

表 7-8　统计分析批成果质量判定条件

质量等级	判定条件
批合格	详查、样本外概查中未发现不合格的单位成果
批不合格	详查、样本外概查中发现不合格单位成果
	存在伪造成果现象或技术路线存在重大偏差

7.6.3　质量评定指标

地理国情统计分析成果质量评定指标包括统计分析数据成果质量评定指标、统计分析报告成果质量评定指标和统计分析图件成果质量评定指标，详见表 7-9、表 7-10 和表 7-11。

表 7-9　统计分析数据成果质量评定指标

质量元素	代码	质量子元素	检查项	检查内容	检查结果	技术要求	合格条件	合格后计分方法	质量元素分值	备注
数学基础	01	大地基准	坐标系统		符合/不符合	按技术规定执行	符合	S=100	100	
		高程基准	高程基准							
		数据单位	数据单位							
		小数点位数	小数点位数							
逻辑一致性	02	概念一致性	统计项	检查统计指标定义是否符合要求（如名称、类型、长度、顺序数等）	符合/不符合	按技术规定执行	符合	S=100	100	
			数据集	检查数据集（层）定义是否符合要求						
		格式一致性	数据格式	检查数据文件格式是否符合要求	符合/不符合	按技术规定执行	符合	S=100		
			数据文件	检查数据文件是否缺失、数据无法读出						
			文件命名	检查数据文件名称是否符合要求						
		逻辑关系	逻辑关系	检查经度、纬度是否在合理范围	符合/不符合	按技术规定执行	符合	S=100		
				检查高程是否在合理范围：最大高程≥平均高程≥最小高程						
				个数≥0；长度≥0；面积≥0；密度≥0；0≤占比≤1						
				检查相同要素（植被覆盖、荒漠与裸露地表、地理单元）表面积是否大于面积						

续表

质量元素	代码	质量子元素	检查项	检查内容	检查结果	技术要求	合格条件	合格后计分方法	质量元素分值	备注
计算正确性	03	统计精度	计算精度	对统计的内容指标重新计算，重新计算后的统计结果与提交的统计结果进行比对	符合/不符合	按技术规定执行	符合	S=100	s	有效位前数据一致，则认为数据保持一致，误差率>0.1%判定为不一致
			汇总精度	检查汇总统计的内容指标是否符合要求。 具体检查分类面积是否等于总类面积；地表覆盖分类总面积是否等于统计单元面积；按地形单元统计的地类总面积是否等于按行政单元统计的地类总面积；高级统计单元与相应的所有低级统计单元面积、统计的地表覆盖分类面积是否相等						
完整性	04	遗漏	指标遗漏	检查是否有指标遗漏计算、汇总情况	$r=n/N\times100\%$	$r_0=3\%$	$r\leqslant r_0$	$s=60+40/r_0\times(r_0-r)$	s	r 为错误率，r_0 为错误率限值。n 为错误要素个数，N 为单位成果要素总数。以下非特别说明均为此含义

表 7-10　统计分析报告成果质量评定指标

质量元素	代码	质量子元素	检查项	检查内容	检查结果	技术要求	合格条件	合格后计分方法	质量元素分值	备注
完整性	01	完整性	完整性	检查报告成果内容是否符合报告内容设计要求，附图、附表是否齐全	符合/不符合	按技术设计执行	符合	S=100	100	
一致性	02	一致性	一致性	检查报告成果与基本统计数据集、报表成果的一致性	符合/不符合	按技术设计执行	符合	S=100	100	
		规范性	规范性	检查报告成果字体、字号、格式等整饰内容是否符合要求	符合/不符合	按技术设计执行	符合	S=100	取 s 的最小值	
				检查报告成果文字是否通顺、有无错漏字	$r=n/N\times100\%$	$r_0=0.1\%$	$r\leqslant r_0$	$S=60+40/r_0\times(r_0-r)$		

表 7-11　统计分析图件成果质量评定指标

质量元素	代码	质量子元素	检查项	检查内容	检查结果	技术要求	合格条件	合格后计分方法	质量元素分值	备注
完整性	01	完整性	完整性	检查图件成果数量是否符合要求，图名、图例等图外整饰内容是否完整	符合/不符合	按技术设计执行	符合	S=100	100	
一致性	02	一致性	一致性	检查图件成果与基本统计数据集、报表成果的一致性	符合/不符合	按技术设计执行	符合	S=100	100	
规范性	03	规范性	规范性	检查与主图名相应的行政区划界线、统计单元界线、专题内容的分区、分类、分级是否规范符合要求；地理要素的取舍、各要素之间的关系是否合理；主图与附图内容是否协调；要素内容（设色、符号、代号等）是否有科学技术性差错。	符合/不符合	按技术设计执行	符合	S=100	取 s 的最小值	
				地图注记是否有差错	$r=n/N\times100\%$	$r_0=1\%$	$r\leqslant r_0$	$S=60+40/r_0\times(r_0-r)$		

第 8 章　地理国情统计分析实践

实践是地理国情统计分析推广应用的灵魂和核心，是检验统计分析技术和成果的“抓手”。统计分析实践紧紧围绕国家和地方社会经济发展的热点、重点，围绕服务国家重大战略和重大工程、国土空间开发、生态文明制度体系建设、社会治理和民生保障等方面需求，在地理国情统计分析软件平台的支撑下，基于全国地理国情普查/监测数据库，运用相关统计分析模型和方法库，开展地理国情基本统计、综合统计分析、专题分析与评价等统计分析工作，形成了国家级与省级普查公报、统计数据汇编、统计报表、蓝皮书、图件、信息系统等重要成果（图 8-1），充分发挥地理国情普查/监测成果多种形式的应用价值。

本章着重论述国家统计分析工作内容及其在国家级新区开发与监测、草原生态保护、审计署资源审计、最高人民检察院公益诉讼等方面的应用情况，展现地理国情统计分析成果服务的广度和深度。

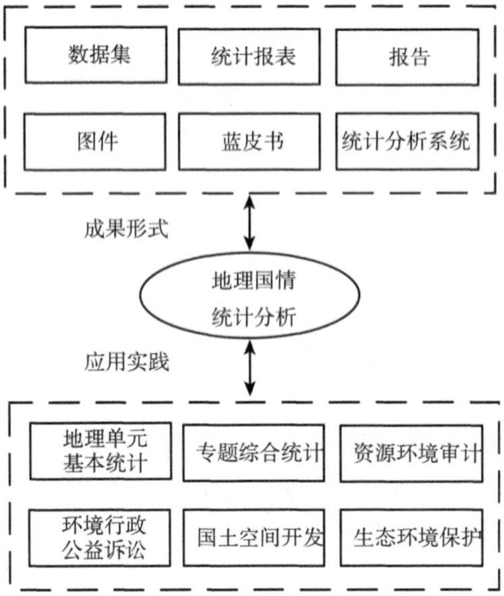

图 8-1　地理国情统计分析系列成果

8.1　组 织 管 理

本书编著者所在的中国测绘科学研究院作为国家统计分析项目的直接承担单位，以地理国情普查/监测数据库为基础，开展完成了 2015 年以来的各年度国家级统计分析工作，并组织指导全国各省级普查/监测单位和其他相关单位实施地方统计分析工作。

为保证统计分析工作的顺利实施，提高工作效率，抽调专人组建统计分析组，组建了专业的工作团队，制定了管理规定，明确了职责。地理国情普查/监测统计分析的组织体系见图 8-2，由领导小组和下设的技术组和专家咨询组构成。

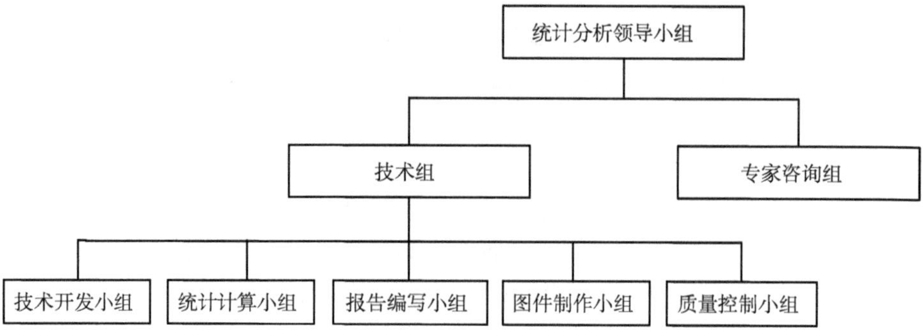

图 8-2　统计分析组织架构

领导小组的职责是负责统计分析工作的总体把控、进度安排、组织协调、数据保障、督查和质量管理等。

技术组的职责是完成统计分析软件开发、指标计算、汇总、校核、数据入库，以及公报、统计数据汇编等报告编制和图件制作等具体工作，并根据工作需要下设技术开发小组、统计计算小组、报告编写小组、图件编制小组、质量控制小组等五个工作小组，负责人由管理经验、科研实力强的技术负责人担任。

专家咨询组的职责是为统计计算指标、报告内容和图件形式设计、成果制作、分析等提供专业咨询和审核，帮助解决工作中出现的问题，成员涵盖国土、测绘、林业、农业、交通、环保、统计、水利、教育、规划等行业单位、学科领域。

8.2　计算环境建设

为满足国家地理国情统计分析计算任务的要求，搭建了以 32 台高性能工作站和 10 台服务器为核心的集群计算环境，并安装了统计分析软件和其他相关软件。高性能工作站用于执行分区数据统计计算，服务器提供交互接口、数据管理、裁切和分发、汇总、备份等功能。

8.3　基本统计

基本统计工作流程主要分为技术规定和方案编写、软件研发、基本统计计算、成果设计与制作（报告编写与编制、图件设计与制作）、质量检查与控制、对比分析、技术培训与指导、成果应用等环节，其中各环节均有质量控制措施，确保基本统计的科学性与正确性。主要工作流程参见图 8-3。

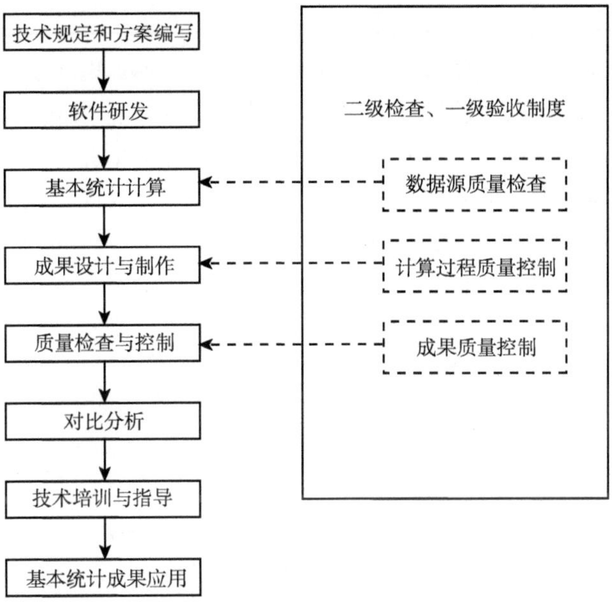

图 8-3　基本统计工作流程

8.3.1　技术规定和方案编写

工作推动，技术先行。中国测绘科学研究院牵头先后完成了《地理国情普查基本统计技术规定》(GDPJ02—2013)、《地理国情普查基本统计成果主要内容》、《全国地理国情普查基本统计工作方案》、《地理国情普查基本统计报告编写规定》(GDPJ16—2015)、《地理国情普查成果图技术规定》(GDPJ17—2016)、《基础性地理国情监测基本统计技术规程》(GDPJ04—2018)等系列技术规定、方案的编写，对基本统计工作的工作流程与技术方法、工作内容、质量管理、组织实施、成果内容和制作等进行了说明，此外还编写出版了《地理国情普查基本统计》培训教材，这些技术文献均经多方征询专家意见后不断修改，通过了评审或审查，统一下发到全国各相关生产单位，用于指导地方开展基本统计工作。

8.3.2　软件研发

软件是完成基本统计工作的必要支撑工具。中国测绘科学研究院自主研制、完成了全国地理国情基本统计软件的设计与开发工作。其中，为保证基本统计成果的准确性、科学性，完成了 4 大类（面积对比、长度计算、交通距离测试、软件效率测试）共 8 个基本统计关键技术试验，包括软件表面面积与 ArcGIS 表面面积/投影面积对比试验、软件椭球面积与 ArcGIS 投影面积对比、东西和南北长度试验、坡度带的地表覆盖表面面积计算效率试验、居民地最近距离学校、医院、福利机构统计测试试验、高速公路出入口服务范围统计测试试验、软件计算效率比较测试试验。以上关键试验为基本统计软件的研发和应用奠定了基础。

软件基于国情普查/监测数据，以并行计算技术为核心，集成了其他成熟的计算机技术、地理信息技术，在以统计模型/算法的科学性、数据的精确/准确性为优选的前提下，兼顾数据、用户、硬件等差异，按照技术规定要求，完成数据预处理、统计单元提取、统计配置、统计计算、统计成果输出等五个流程操作，形成规范化的基本统计成果。该软件业已通过国内权威软件测试实验室的专业测试，并作为权威的地理国情基本统计软件，在国家及地方百余个地理国情生产单位推广使用。

8.3.3　基本统计计算

主要包括数据预处理、统计计算与汇总等工作。

1. 数据预处理

完成用于计算的基础数据准备，包括分幅 DEM 数据拼接、分区和不分区 DLG 数据提取、省（区、市）、市、县及主要城市单元提取、格网数据生成、高程带、坡度带、地貌类型单元及主体功能区（优化开发区、重点开发区、农产品主产区、重点生态功能区等）单元制作等。

2. 统计计算与汇总

统计计算与汇总分为分县指标计算、平差处理和单元汇总 3 个阶段。

1）分县指标计算

基于 100 m 和 1 km 规则格网、县级行政区划单元、自然地理单元和社会经济区域单元等四类统计单元，计算完成地理国情地表覆盖和要素相关的面积、表面面积、长度、个数、占比、构成比、高程、四至点、东西南北长度等 21 个统计指标的计算。

2）平差处理

由于 DEM 数据精度和浮点计算精度等影响，不同统计单元之间、同一单元内部不同覆盖之间面积，尤其是表面面积数值会有微小差异，为了确保同一统计范围内各统计单元之间、统计单元与统计要素之间面积/表面面积数据完全一致，分别计算县级行政区划、地貌类型、高程带和坡度带等统计单元面积，并以基于县级行政区划单元统计的各地表覆盖类型面积作为控制面积，进行相应的面积平差处理，实现各单元间面积汇总值的逻辑一致性。

3）单元汇总

单元汇总包括 4 类单元的汇总，即行政区划与管理单元的汇总、社会经济区域单元的汇总、自然地理单元的汇总、规则格网单元的汇总，形成不同统计单元的汇总数据结果。

8.3.4　成果设计与制作

1. 公报编制

公报是面向全社会公开发布、反映普查要素宏观、基本成果的政府权威报告。公报形式和内容在参考水利、国土、农业、环境、人口、经济等行业普查公报基础上，结合地理国情的特点，紧扣“国发〔2013〕9 号文”要求，发挥测绘行业技术优势，采用图文并茂的方式展现地理国情普查的主要要素，反映我国地理国情的基本现状，表述通俗易懂，便于社会公众了解我国地理国情“家底”，并发挥地理国情监督检核作用，促进部门间信息交流与共享，为政府相关部门提供辅助决策服务。

1）公报分类体系

针对种植土地、林草覆盖、房屋建筑（区）、道路、构筑物、人工堆掘地、荒漠与裸露地、水域、地理单元等普查大类，紧扣“国发〔2013〕9 号文”要求中的七大自然和人文地理国情要素，划分为地形地貌、植被覆盖、水域、荒漠与裸露地等自然地理国情要素，铁路与道路、居民地与设施、地理单元等人文地理国情要素，并建立两者的对应关系。

2）单元选取、指标考虑原则

发布单元和指标的选取充分结合国家重大规划与战略。在充分分析多层次、不同类型单元类型和特征的基础上，有针对性地选取单元发布指标，利用科学的理论、模型与方法，建立反映数量特征和分布特征的统计指标发布体系。

3）总体框架

公报分为开篇说明、正文、编制说明等三个部分。

公报中有关空间分布的描述。由于我国地域辽阔，自然环境和地理分布存在巨大差异，基于水平空间和垂直空间的视角，结合自然和人文要素类型特征，围绕不同地区、不同海拔分级、不同坡度分级、不同地貌类型等维度描述和分析自然和人文要素的数量、分布状况及地域差异。

2. 统计数据汇编

统计数据汇编是全国地理国情普查/监测基本统计台账，以大 16 开文本报告的形式，全面、翔实地收录全国地理国情普查/监测基本统计成果数据的指标统计，以数据统计表为主，配以专题地图，从信息高度密集的统计数据和信息空间分布可视化两个角度，图文并茂，全面、系统、准确地记述我国的地理国情基本现状，是最全面、最翔实的地理国情信息资料，是各级政府部门、科研事业单位了解地理国情的重要参考资料。

统计数据汇编的框架和内容。在全国空间范围内，以空间尺度和行政区划为主线，分层次、分地区进行逻辑组织和编写。在组织形式上按照省、市、县组织数据，按照我国的经济区划划分原则，共包括以下 5 篇 10 册（中国测绘科学研究院，2015）：①全国概况篇 1 册；②东北地区篇 1 册。本篇包括东北地区的黑龙江、吉林、辽宁 3 个省的基本统计成果数据；③东部地区篇，分上、中、下 3 册。本篇包括东部地区的北京、天津、上海、河北、山东、江苏、浙江、福建、广东、海南共 10 个省、直辖市的统计成果数据；④中部地区篇 2 册，分上、下 2 册。本篇包括中部地区的山西、河南、湖北、安徽、湖南、江西共 6 个省的统计成果数据；⑤西部地区篇，分上、中、下 3 册。本篇包括西部地区的内蒙古、新疆、宁夏、陕西、甘肃、青海、重庆、四川、西藏、广西、贵州、云南共 12 个省、自治区、直辖市的统计成果数据。

每篇章内容由前言、正文和尾部（编制说明、主要名词解释与说明）三部分构成。

3. 图件编制

图件制作主要包括数据缩编、底图校核更新、制图编辑、检查审查、修改定稿等五个环节，包括挂图、报告用图等类型。其中：

挂图 5 幅，双全开，包括全国地理国情现状图、全国地貌类型图以及京津冀、长三角、珠三角等地区地理国情现状图，宏观反映全国范围及国家重点关注区域的地理国情空间分布。其中，全国地理国情现状图（1：400 万），以面域填充表示地表覆盖，以点、线符号及其注记表示地理国情要素，以灰度地貌晕渲为背景表示地势起伏，以统计图表表达各类要素面积、占比等统计分析结果；全国地貌类型图（1：400 万），全面反映我国各种地貌类型的空间分布，并以统计图展现地貌类型面积构成；京津冀、长三角、珠三角地理国情现状图（1：56 万、1：62 万、1：33 万）分别反映国家三个重点关注区域的地形地貌、地表覆盖和地理国情要素的空间分布，以及各类主题要素的统计分析结果。

报告用图与公报、统计数据汇编等报告内容相呼应，图文并茂，准确直观地反映各专题要素的空间分布状况及基本统计成果。其中，公报用图包括 3 张总图（地理国情现状、海拔分级、坡度分级）、6 张专题图（种植土地、林草覆盖、水域、荒漠与裸露地、铁路与道路、居民地与设施），均为 A3 幅面，比例尺均为 1：1 600 万；统计数据汇编用图包括 1 张全国地理国情现状图和 31 张分省地理国情现状图。

8.3.5　质量检查与控制

根据“二级检查、一级验收”的工作要求，针对地理国情普查/监测基本统计成果完成了一检、二检，以及最终的检查验收。

在一检、二检工作中，采用人机交互检查与程序自动检查相结合的方式，以县级行政区划为抽样单位，按照地理国情普查/监测过程质量检查与监督抽查、检查验收与质量评定相关要求，按 20%的比例进行随机抽样，每个地区都有样本分布，样本总量为 572 个。经过抽样检查，基本统计成果数据均合格，成果的数据组织、数据格式、数据精度、数据内容等均符合技术设计要求，可以交验。

8.3.6　对比分析

收集国土、水利、林业、交通、卫生专业部门的相关数据，开展地理国情统计分析成果与专业部门发布成果在数据分类、技术流程、空间分布、数量等方面的对比研究，分析对比结果的一致性和差异性，查找原因，用以验证地理国情统计分析成果的科学性、准确性和实用性。

对比分析的工作流程主要包括资料收集、对比分析内容确定、对照关系建立、数据处理和统计、结果比对、对比结果一致性差异分析等步骤。

经过普查与监测统计分析实践，先后完成了与土地、水利、林业、农业、卫生、教育、交通、统计等部门发布成果的对比，重点完成了全国分省抽样 31 个县以及福建、浙江、山东等省与土地变更调查数据的对比工作，对差异原因进行了分析与总结。

8.3.7　技术培训与指导

截至 2018 年年底，先后举办了 20 次（含承办、联办）、3 300 余人次参加的面向多层次、多类型地理国情相关技术人员的基本统计技术培训。通过历次培训，为促进基本统计软件在全国各地区的应用推广，推动基本统计工作的顺利实施夯实了基础。

在基本统计日常工作中，通过 QQ 群、电话、邮件和现场交流服务等方式，对全国各地区基本统计工作中出现的问题进行了技术指导，尽量在第一时间解决，做到“每件事情有答复，每个问题有解决”。

8.3.8　应用实例

地理国情基本统计应用实例较多，典型成果就是地理国情普查公报，分为国家、省、市三个层次，涵盖地形地貌、植被覆盖、荒漠与裸露地、水域、铁路与道路、居民地及设施、地理单元等地理国情自然、人文要素，本章举例如下。

1. 全国地理国情普查公报

地理国情普查在新中国成立以来尚属首次，全面查清了我国各类地理国情要素的现状和空间分布特征。地理国情普查公报作为普查的重要成果之一，面向社会公开发布，是社会公众、政府部门了解国情、掌握国情家底的权威资料。首先，可以宏观了解我国地理国情要素的总体数量、构成和空间分布，又可以微观了解我地理国情要素在不同海拔、不同坡度、不同地貌类型上的数量和分布。其次，既可以通过公报中的表格定量地了解理国情要素数量特征，还可以从公报的文字描述和插图定性了解地理国情要素在空间区域的分布差异。同时，公报的发布可以在一定程度上解决不同部门间管理数据的不全面、不协调、不一致等问题，为政府科学决策与日常管理提供公共基础数据，从多个维度为相关部门提供信息支撑，满足国家开展主体功能区规划、生态红线划定、多规合

第一次全国地理国情普查

公　报

国家测绘地理信息局

国　土　资　源　部

国　家　统　计　局

国务院第一次全国地理国情普查领导小组办公室

2017 年 4 月

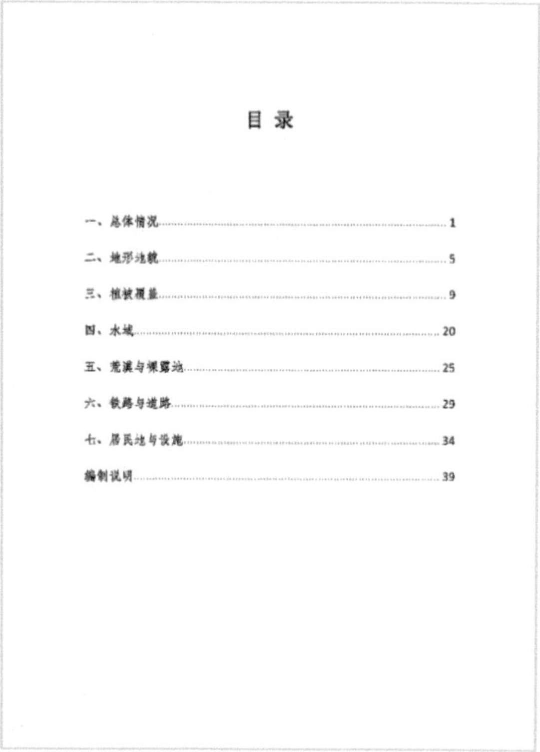

目 录

一、总体情况……1

二、地形地貌……5

三、植被覆盖……9

四、水域……20

五、荒漠与裸露地……25

六、铁路与道路……29

七、居民地与设施……34

编制说明……39

图 8-4　全国地理国情普查公报（封面和目录）

一协调以及区域功能监督管控等生态文明建设相关工作对全面、准确反映地表覆盖现状数据的紧迫需求。此外，公报发布前多次征求了行业专家意见，公报中的数据与主要行业部门的数据都进行了对接。

1）普查范围

按照普查和调查惯例，本次普查范围为我国境内的陆地国土（31 个省、自治区、直辖市所辖陆地范围），不包括香港、澳门特别行政区和台湾地区（国务院第一次全国地理国情普查领导小组办公室，2017）。同时，考虑到与有关专项工程的衔接，本次普查不包括我国沿海岛屿（海南岛除外）、台湾及其包括钓鱼岛在内的附属各岛、澎湖列岛、东沙群岛、西沙群岛、中沙群岛、南沙群岛以及其他一切属于中华人民共和国的岛屿。但在普查实施中，为更好地满足沿海省份经济社会发展需要，在国家海岛（礁）测绘工程（一期）建设成果基础上，按内容指标要求增加了沿海有人居住岛屿，形成了相关数据。

2）标准时点

本次地理国情普查的标准时点为 2015 年 6 月 30 日（国务院第一次全国地理国情普查领导小组办公室，2017），不同于传统普查和调查工作的标准时点（一般为 12 月 31 日），主要原因是由于我国地域广阔、普查内容复杂多样和地理现象变化频繁，使得本次普查标准时点核准工作异常艰巨。为满足数据的全面性、共用性以及工作的可行性、时效性等要求，综合考虑普查对象特点、地域季节特点、技术途径、经费投入、工期要求、应用需求等多方面因素，最终确定 2015 年 6 月 30 日作为普查时点。本着“全面覆盖、突出重点、规范一致”的原则，分类别、分区域采取对策，按照统一的标准要求，在有限时间内获取了全国范围内符合时点要求的成果。

3）数据来源

本次普查采用优于 1 m 分辨率的遥感影像，收集整合多行业专题数据，通过“室内分析判读、野外实地调查”等技术方法，获取了由 10 个一级类、58 个二级类和 135 个三级类共 2.6 亿个图斑构成的海量地理国情信息，根据标准时点，以我国资源三号高分辨率测绘卫星影像为主要数据源，对普查数据进行了统一时点核准（国务院第一次全国地理国情普查领导小组办公室，2017）。采用空间数据库建模、云计算等技术，构建全国地理国情普查数据库。公报数据是以全国地理国情普查数据库为基础，采用空间分析与统计分析相结合的方法，通过集中统计计算和汇总，形成统计分析成果数据集，再经过提取、单位转换等过程生成公报数据。

4）主要指标统计方法

公报中的主要统计指标类型为椭球面积和椭球长度，不同于常用的投影面积/长度，基于我国 CGCS2000 参考椭球计算得到。其中：

面积统计：统计县域范围内各类面状要素面积以及不同海拔分级、坡度分级、地貌类型内各类面状要素面积；按照行政区划单元，通过逐级汇总形成省级、全国各类面状要素面积和四大地区各类面状要素面积及相应的不同海拔分级、坡度分级、地貌类型内各类面状要素面积。

长度统计：考虑河流、水渠、公路和铁路等部分线状要素存在分布在两地区分界线上的现象，采用逐级汇总的方式会造成统计单元内部出现重复统计的现象。因此，在进行基于分县、地市、省、四大地区及全国线状要素的长度统计时，不同的统计单元分别单独计算，保证统计范围内处在分界线上的线状要素每个地区各统计一次。

5）部门对接

为避免公众对地理国情普查数据和其他部门普查或调查数据的不同而产生歧义，混淆对地理国情的认识，在公报发布前已经与国土、水利、农业、林业、统计、住建、交通、铁路等相关部门完成了数据对接，部分数据存在一定的差异。造成差异的原因主要包括三个方面：一是同名分类的认定标准不同；二是技术指标不同，主要体现在小面积图斑归并的差异；三是数据采集时点不同，部分地物已经发生了变化，造成结果的不同。

6）公报内容示例

此处以公报中的路面与铁路为例说明，后者是国民经济的“血管”，统计其不同类型要素面积和长度意义重大。全国路面面积、铁路长度的构成及空间分布见图 8-5。

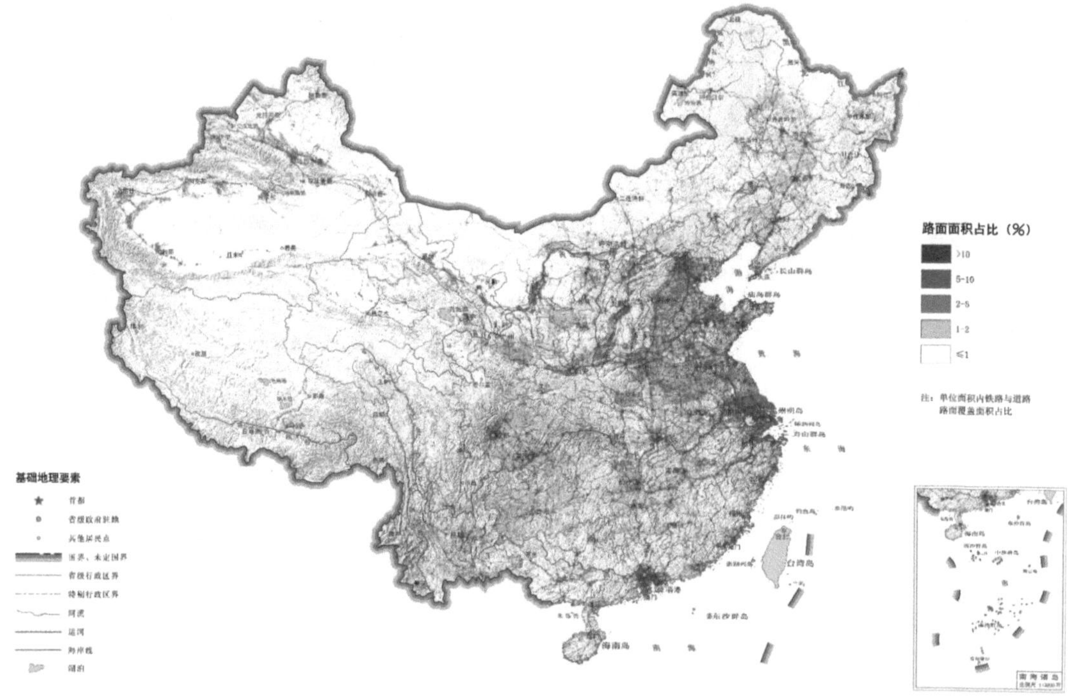

图 8-5　全国铁路与道路分布图

（国务院第一次全国地理国情普查领导小组办公室，2017）

（1）路面。全国铁路与道路的路面面积为 5.92 万 km²。从地区分布看（见表 8-1），按面积统计，41.05%的路面分布在西部地区，28.55%分布在东部地区，21.45%分布在中部地区，8.95%分布在东北地区。路面面积较大的内蒙古、山东、新疆、江苏、云南等五省区占全国的 30.41%，路面面积较小的海南、上海、天津、北京、宁夏等五省区市占全国的 3.89%（国务院第一次全国地理国情普查领导小组办公室，2017）。

表 8-1　四大地区路面面积及其构成

地区名称	面积/万 km²	构成比/%
东部地区	1.69	28.55
中部地区	1.27	21.45
西部地区	2.43	41.05
东北地区	0.53	8.95
合计	5.92	100.00

从海拔分布看（见表 8-2），按面积统计，74.33%的路面分布在低海拔区域，23.14%分布在中海拔区域，2.36%分布在高海拔区域，0.17%分布在极高海拔区域。

表 8-2　不同海拔路面面积及其构成

海拔分区	海拔分级	面积/万 km^2	构成比/%
低海拔区域	1 000 m 以下	4.40	74.33
中海拔区域	1 000（含）～3 500 m	1.37	23.14
高海拔区域	3 500（含）～5 000 m	0.14	2.36
极高海拔区域	5 000（含）m 以上	0.01	0.17
合计		5.92	100.00

从坡度分级看（见表 8-3），按面积统计，68.92%的路面分布在 5° 以下区域，5.91%分布在 25° 以上区域。

表 8-3　不同坡度路面面积及其构成

坡度分类	坡度分级	面积/万 km^2	构成比/%
平坡地	0°（含）～2°	3.30	55.74
较平坡地	2°（含）～5°	0.78	13.18
缓坡地	5°（含）～15°	0.97	16.39
较缓坡地	15°（含）～25°	0.52	8.78
陡坡地	25°（含）～35°	0.26	4.39
极陡坡地	35°（含）以上	0.09	1.52
合计		5.92	100.00

从地貌类型看（见表 8-4），按面积统计，50.34%的路面分布在平原，20.94%分布在山地，14.70%分布在台地，14.02%分布在丘陵。

表 8-4　不同地貌类型路面面积及其构成

地貌类型	面积/万 km^2	构成比/%
平原	2.98	50.34
台地	0.87	14.70
丘陵	0.83	14.02
山地	1.24	20.94
合计	5.92	100.00

（2）铁路。全国铁路路网总长度为 11.65 万 km。从地区分布看（见表 8-5），按长度统计，西部地区铁路路网累计最长，东北地区累计最短。铁路路网累计长度较长的内蒙古、河北、黑龙江、新疆、辽宁等五省区占全国的 31.67%，铁路路网累计长度较短的上海、海南、西藏、天津、北京等五省区市占全国的 3.52%。从铁路路网密度看，天津、北京、上海 3 个直辖市路网密度超过 600 km/万 km^2，西藏、青海、新疆 3 个省区路网密度低于 50 km/万 km^2（国务院第一次全国地理国情普查领导小组办公室，2017）。

从海拔分布看（见表 8-6），按长度统计，78.71%的铁路分布在低海拔区域，20.00%

分布在中海拔区域，1.29%分布在高海拔区域。

表 8-5　四大地区铁路路网、公路累计长度及其构成

地区名称	铁路		公路	
	路网长度/万 km	构成比/%	长度/万 km	构成比/%
东部地区	2.70	23.18	55.79	27.21
中部地区	2.69	23.09	47.94	23.39
西部地区	4.58	39.31	82.56	40.27
东北地区	1.68	14.42	18.72	9.13

表 8-6　不同海拔铁路路网、公路累计长度构成比

海拔分区	海拔分级	铁路构成比/%	公路构成比/%
低海拔区域	1 000 m 以下	78.71	73.84
中海拔区域	1 000（含）～3500 m	20.00	23.01
高海拔区域	3 500（含）～5000 m	1.29	3.00
极高海拔区域	5 000 m（含）以上	0.00	0.15
合计		100.00	100.00

2. 省级地理国情普查公报

此处以江苏省地理国情普查公报内容为示例说明。

江苏省第一次地理国情普查

公　报

江苏省测绘地理信息局

江苏省国土资源厅

江苏省统计局

江苏省第一次地理国情普查领导小组办公室

2017 年 9 月

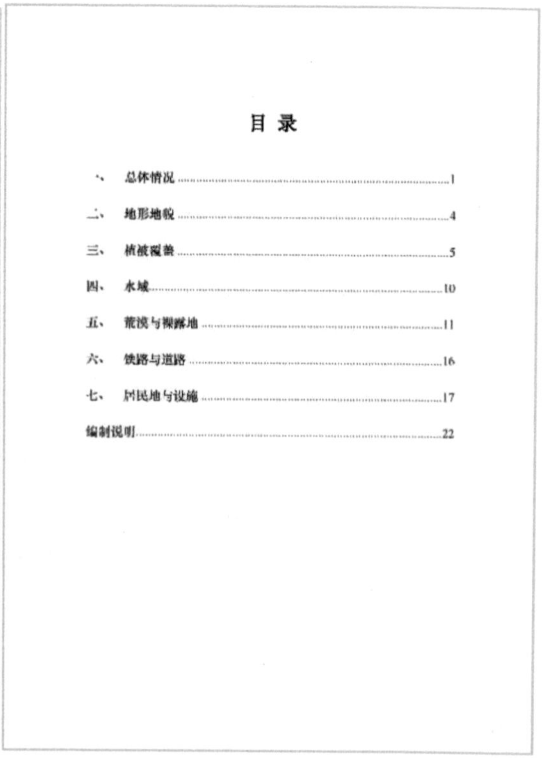
目　录

图 8-6　江苏省地理国情普查公报（封面和目录）

江苏省种植土地面积 50 314.07 km^2（7 547.11 万亩[1)]），占全省陆地面积的 48.74%。种植土地主要包括水田、旱地、果园、茶园、桑园、苗圃、花圃和其他经济苗木（表 8-7）。种植土地以水田为主，共 26 631.56 km^2（3 994.73 万亩），占种植土地总面积的 52.93%；其次为旱地，共 18 772.97 km^2（2 815.95 万亩）（江苏省第一次地理国情普查领导小组办公室，2017）。

表 8-7　种植土地分类型面积及其构成

种植土地类型	面积/km^2	占比/%
水田	26 631.56	52.93
旱地	18 772.97	37.31
果园	1 240.12	2.46
茶园	221.62	0.44
桑园	389.12	0.77
苗圃	3 042.70	6.05
花圃	8.32	0.02
其他经济苗木	7.66	0.02
合计	50 314.07	100.00

从空间分布看，全省中部和东北部以水田为主，东部沿海地区和西北部以旱地为主，南部和西南部则苗圃分布较多（见图 8-7）。

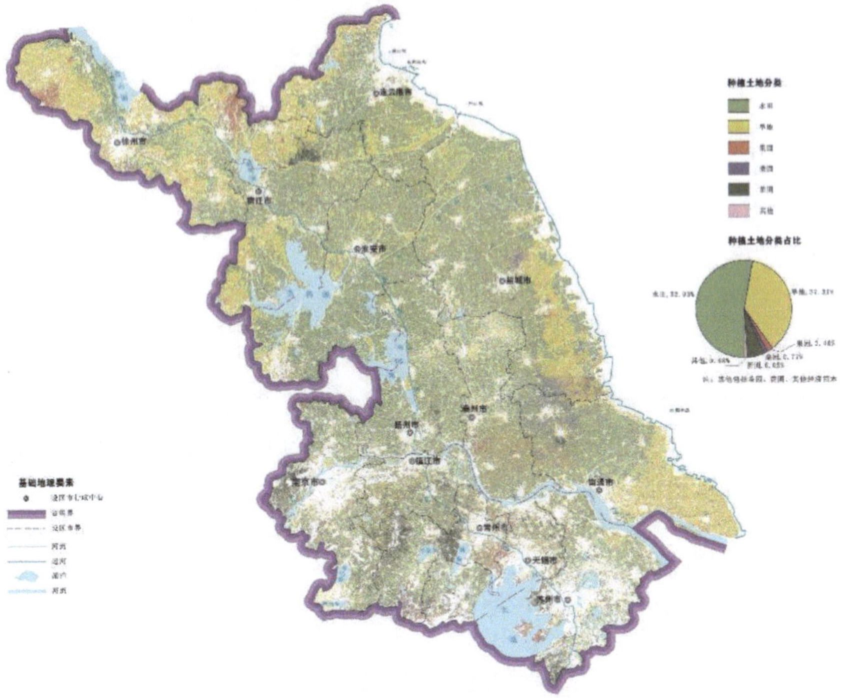

图 8-7　江苏省种植土地分布图

1）1 亩≈666.7 m^2，下同

从地区分布看，按面积统计，苏北地区为 30 301.95 km^2，占该地区陆地面积的 56.86%；苏中地区为 11 285.68 km^2，占该地区陆地面积的 51.65%；苏南地区为 8 726.44 km^2，占该地区陆地面积的 31.07%（江苏省第一次地理国情普查领导小组办公室，2017）。

3. 市级地理国情普查公报

此处以杭州市地理国情普查公报内容为示例说明。

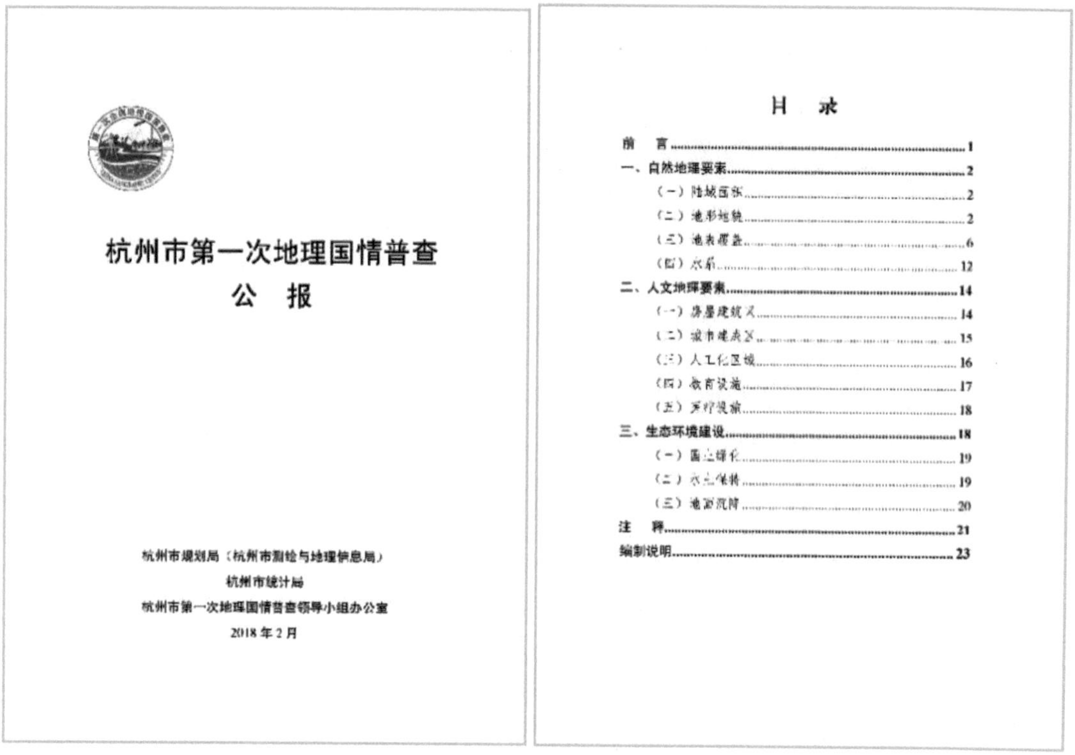

杭州市第一次地理国情普查

公　报

杭州市规划局（杭州市测绘与地理信息局）

杭州市统计局

杭州市第一次地理国情普查领导小组办公室

2018 年 2 月

目　录

图 8-8　杭州市地理国情普查公报（封面和目录）

全市林地面积为 10 660.08 km^2（106.60 万 hm^2）。其中，乔木林面积为 5 932.21 km^2（59.32 万 hm^2），灌木林面积为 1 003.31 km^2（10.03 万 hm^2），乔灌混合林面积为 1 712.89 km^2（17.13 万 hm^2），竹林面积为 1 834.18 km^2（18.34 万 hm^2），其他林地面积为 177.48 km^2（1.77 万 hm^2）。乔木林中，阔叶乔木林 1 633.13 km^2（16.33 万 hm^2），针叶乔木林 3 768.93 km^2（37.69 万 hm^2），针阔混交林 530.16 km^2（5.30 万 hm^2）。林地主要分布于杭州山区、杭州西南部丘陵等地区（杭州市第一次地理国情普查领导小组办公室，2018）。

表 8-8　各区林地面积

行政区域	面积/km^2	行政区域	面积/km^2
上城区	6.37	江干区	28.88
下城区	4.03	拱墅区	14.77

续表

行政区域	面积/km²	行政区域	面积/km²
西湖区	120.19	余杭区	435.15
滨江区	11.02	富阳区	1 266.01
萧山区	273.11	临安区	2 263.44

8.4　综合统计分析

综合统计分析是在基本统计工作基础上，结合社会经济部门专题数据，运用统计分析模型与方法库所实施的跨领域、综合性统计分析，其工作流程主要分为技术方案编写、资料收集与分析、数据处理及指标指数计算、分级评估与结果分析、成果设计与制作、成果质量控制、技术培训与指导、成果应用等环节。主要工作流程参见图 8-9。

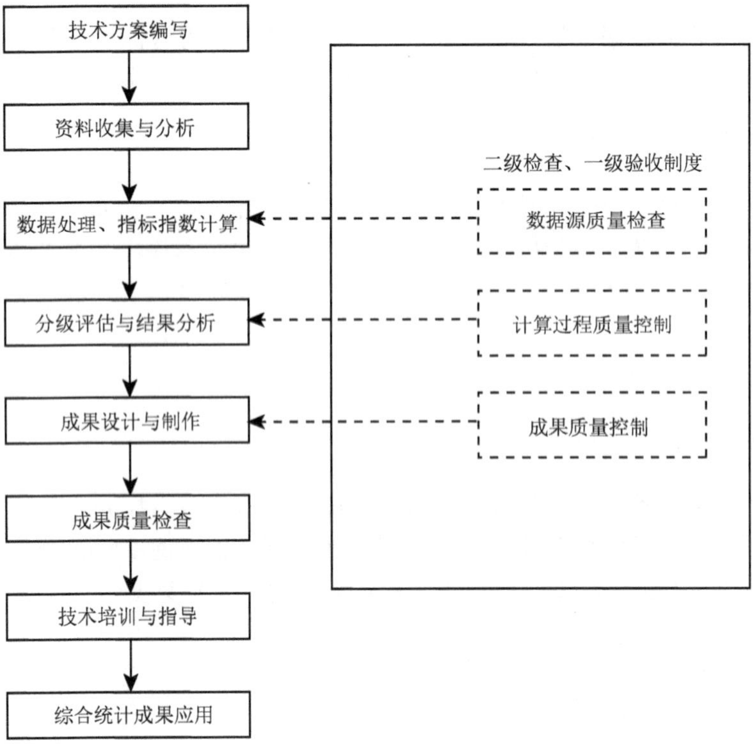

图 8-9　综合统计分析工作流程

8.4.1　技术方案编写

中国测绘科学研究院牵头完成了《地理国情普查统计分析总体技术方案》《地理国情普查统计分析工作方案》《基础性地理国情监测综合统计分析工作方案》等系列相关

方案的编写，对综合统计分析工作的组织实施、工作流程、工作内容、技术方法、主要成果设计和制作、质量管理等内容进行了说明。这些方案均经多方征询意见不断修改，通过了专家评审。

8.4.2 资料收集与分析

基于综合统计分析工作的目标与任务，首先进行资料收集与分析，包括以下内容。

1. 地理国情普查成果数据

包括 DEM 数据、地貌类型数据、地表覆盖和要素等普查数据，以及基本统计成果数据，在综合统计分析前应准备好这些成果数据，并组织有关人员认真核实，确认数据满足综合统计分析需求。

2. 基础性监测成果数据

包括基础性监测数据、基本统计数据，应预先结合分析目标与任务需求，充分查阅有关文档、元数据等资料，掌握监测成果数据。

3. 其他专题资料

根据需要，收集与报告编写有关专业部门资料，如人口、交通、经济、土地利用、水、林业等，用于辅助统计分析工作。运用科学的方法对资料进行分类或分组、汇总，使之系统化和条理化，并以索引的形式集中、简明地反映数据资料的总体情况。

8.4.3 数据处理、指标与指数计算

1. 数据处理

按照技术方案要求，针对所收集的数据，通过数据提取、数据组织重构、分类代码转化、坐标系转换等数据整合处理，形成基础性监测基础数据（*.gdb 格式），基础性监测基本统计成果（*.mdb 格式）及专题资料数据，构成基础数据。

1）基础性监测数据提取与处理

（1）创建输出目录以保存各级 GDB 数据目录；
（2）创建省级、地市级、县级 GDB 数据；
（3）不分区数据裁切及提取；
（4）分区数据拼接与裁切；
（5）DEM 数据拼接处理。

将县界与 DEM 分幅表数据叠加后的图层按 PAC 和图幅号进行合并；根据合并后的数据得到与每个层相交的分幅 DEM 图幅号，按图幅号顺序把分幅 DEM 拼接在一起，统一命名为 DEM，并保存在分县 GDB 数据库中，拼接后不需按县界裁切。

2）专题统计数据处理与入库

主要包括专题统计资料数据录入、数据单位转换、建立与空间数据关联、数据校核等步骤。

（1）收集专题统计资料时坚持“权威数据来自权威部门”的原则，分析每类数据的来源，收集相应的专业部门资料，保证数据的权威性和质量；收集资料的时点尽可能与普查数据一致。

（2）统计数据库采用表格存储。如果收集的统计资料是电子格式则直接导入数据库中；如果收集的统计资料是纸质的，则分页扫描，通过自动识别软件转换成表格数据。

（3）对统计数据的单位按照标准进行转换，建立与空间数据的关联。

（4）对数据的完整性、一致性、正确性进行检查，保证数据的正确、可靠。

2. 指标计算

基于地理国情普查/监测数据及其基本统计成果数据，结合社会经济数据，综合运用空间量算、区位熵模型、网络分析方法、景观格局指数等定量计算方法和模型，计算资源分布与利用、生态格局、基本公共服务均等化、区域经济潜能、城镇发展等方面的综合统计分析指标，反映自然资源、生态、社会、经济等要素的空间分布、空间格局、覆盖程度、通达性、基础设施配置水平、空间相关性，为构建地理国情综合指数和综合评价奠定基础。

3. 指数计算

基于指标计算结果，采用标准处理法、极值处理法、归一化处理法、向量规范法等方法进行指标归一化处理后，自下而上逐级权重合成获取二级指数和一级指数，一级指数是在二级指数基础上计算生成。

8.4.4 分级评估与结果分析

在指数计算基础之上，通过指标组合或数学建模等方法，获得对各地区五个方面分析评价结果。由于分析对象的复杂性和方法论的多元性，具体分析方法具有综合性，主要分析方法有以下两种。

1. 比较分析法

围绕资源、生态、经济、城镇、公共服务五类主题收集整理政府文件、统计数据、区域社会经济统计公报、各类规划等资料，对各级统计单元进行空间上的纵向与横向比较，找出存在的不足。

2. 定性分析与定量分析相结合

首先搜集、整理、提取和分析与研究对象和目的相关的资料文献，掌握现有研究成果的不足和需要完善之处，从而对分析对象有一个总体的概述和定性分析；其次，结合分析区域的实际情况，验证研究区域的指标、指数的地理意义，保证结论的合理性；第三，运用数理统计、空间分析方法研究分析不同指标、指数之间的耦合状态，空间聚集特征；最后，以地理区位、区域发展、资源配置及公平与效率等理论为基础，对分析结果进行概括总结，获得客观的结论。

8.4.5　成果设计与制作

综合统计分析成果主要包括报告、图件。

报告成果是以资源分布与利用、生态格局、区域经济潜能、基本公共服务均等化、城镇发展为主题的系列研究报告，其中非涉密内容采用蓝皮书方式向社会公开发布。报告通常以行政区域、地形为统计单元，基于分析成果，展示五个主题不同层次指标要素状况与空间分布特征，准确解释不同等级指标、指数的地理含义，阐述地理要素空间分异特征，归纳自然与人文要素耦合模式，总结发现分析对象的现状、趋势与问题，提出政策性建议。报告以文字为主，辅以图件、表格等方式，在结构上由前言、概况、主要方法与技术流程、数据说明、结果分析、政策与建议等内容组成。

图件划分为资源分布与利用、生态格局、区域经济潜能、基本公共服务均等化、城镇发展等五个主题。图件设计与制作主要包括制图资料搜集整理、地图编绘技术方案制定、地图编绘、地图成果校对、审查、印刷等。

8.4.6　成果质量控制

与基本统计类似，综合统计分析成果质量检验实行“两级检查，一级验收”制度。任务承担单位负责综合统计分析成果质量的“两级检查”，其中项目承担部门负责一级检查，项目法人单位负责二级检查，由地理国情权威质量管理机构按技术规定要求组织成果质量验收。

1. 质量控制内容

质量控制覆盖国家级综合统计分析整个过程。质量控制过程包括前期准备的质量控制、生产过程的质量控制、验前成果质量控制等内容。检查内容包括文档资料的完备性（项目设计书、单位资质、上岗人员名单、检查记录等）、数据成果的完备性（数据集、报告、图件）和数据成果精度。

2. 质量控制种类

对综合统计分析成果的检查和验收质量控制种类包括综合统计分析数据集、综合统计分析报告和综合统计分析图件。其中，前者是综合统计分析的重要数据表现形式，是相关报告文档和图件的数据基础；后者是综合统计分析的重要成果表现形式，是服务部门的重要信息载体。

8.4.7　技术研讨、培训与指导

截至 2017 年年底，中国测绘科学研究院先后举办了 15 次、500 余人次参加的面向多层次、多类型普查人员的综合统计分析技术研讨、培训，通过历次培训，有力支持了全国各地区开展本区域的综合统计分析工作，为综合统计分析成果应用推广夯实了基础。

在日常工作中，主要通过 QQ 群、电话、邮件和现场交流服务等方式，对全国各省、自治区、直辖市综合统计分析工作中出现的问题进行了技术指导，做到“每件事情有答复，每个问题有解决”。

8.4.8　应用实例

1. 中国地理国情蓝皮书

《中国地理国情蓝皮书（2017 版）》（以下简称蓝皮书）（图 8-10）是地理国情普查综合统计分析的系列重要成果之一，是由中国测绘科学研究院组织国家发改委、国土部、住建部、教育部、人口计生委等部委，中国科学院地理科学与资源研究所、中国社会科学院人口与劳动经济研究所、武汉大学、复旦大学等科研院所和高校，天津、江苏、黑龙江、四川、云南等地方测绘部门的专家学者，共同推出的有关我国地理国情分析的首部研究性报告，旨在为国家和地方提供一套客观、科学的地理国情数据和分析结果，也可面向国土测绘、环保、住建、农林、交通等专业部门，以及为经济、社会、管理、人口、统计、地理、生态、环境等众多学科领域提供权威数据和科学参考。

蓝皮书具有内容覆盖面广、表达形式多样、受众面广等特点，以全国地理国情普查数据为基础，融合社会经济数据，建立科学可靠的地理国情统计分析方法，围绕资源、生态、公共服务、区域经济、城市发展等重大国计民生主题，分析单元涵盖了省域、城市、城乡、地理网格、地形单元等，统计指标既有总量又有均量、既有绝对量又有相对量，分析结果既有排序又有对比，形成反映中国地理国情总体状况的指标体系（程鹏飞等，2018）。从地理空间的视角，系统地描述了地表自然资源禀赋与利用、地表生态格局、基本公共服务均等化、区域经济发展和城市建设的空间分布整体状况；对比了地域之间差异，在宏观尺度上反映了生态环境与经济发展的关系，以及自然要素与人文要素的耦合程度。全书以地图、图表、文字等多种表现方式展现成果内容，以文字为主，充分发挥测绘行业制图优势辅以统计图表和专题地图等形式，对地理国情普查分析研究成果进行对比较与评价，在此基础上归纳总结存在的

图 8-10　中国地理国情蓝皮书（2017 版）

不足和改进建议。

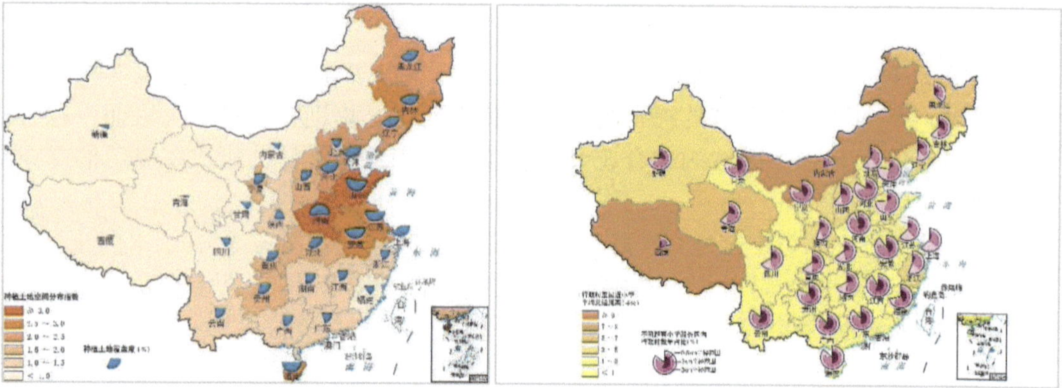

图 8-11　地理国情蓝皮书插图（程鹏飞等，2018）

地理国情主要包括地表自然和人文地理要素的空间分布、特征及其相互关系，是制定和实施国家发展战略与规划重要的基础数据。在蓝皮书中，对基本公共服务设施均等化水平进行了重点分析。

“基本公共服务设施均等化水平”章节内容显示（程鹏飞等，2018），我国小学校设施配置水平总体较高，城乡差距较小，但与小学校区 500 m 内服务半径的国家标准仍有一定距离。

在全国城镇地区的医院空间方面，全国医院的可到达性总体较好，但乡村地区的医院空间可到达性总体较低，城乡之间差距大。尤其是高层次医疗设施区域差距突出，部分地区三级医院、二级医院配置不足，导致大病、重病就医距离过远。

数据显示，全国 48%、81%、91%城乡居民地分别位于福利机构 5 km、15 km、30 km 服务半径内。

2018 年 2 月 28 日，中国测绘科学研究院向社会公开发布了《中国地理国情蓝皮书（2017 版）》。人民日报、新华社、光明日报、经济日报等 14 家媒体记者参会，中央电视台进行了现场采访报道。蓝皮书研究成果得到了相关领域专家和专业部门的高度重视，并引起国务院、国家发改委、国土部、环保部等部门和社会大众广泛关注，充分体现了测绘地理信息在普查与监测地理国情、服务科学发展的价值和作用，具有广泛的应用前景。

2. 厦门市地表生态生态环境状况分析

基于厦门市地理国情普查成果，结合区域社会经济统计专题资料，经过综合统计分析，得出厦门市接近 60%区域水源涵养状况和生物丰度等生态环境状况为良及以上。其中优等 646.9 km^2，占全市 40.0%，主要分布在厦门市北部以及岛内南部，这些地区山地分布比较广泛，林地面积比例较大，生态环境质量总体最好（福建省第一次全国地理国情普查统计分析组，2013）。

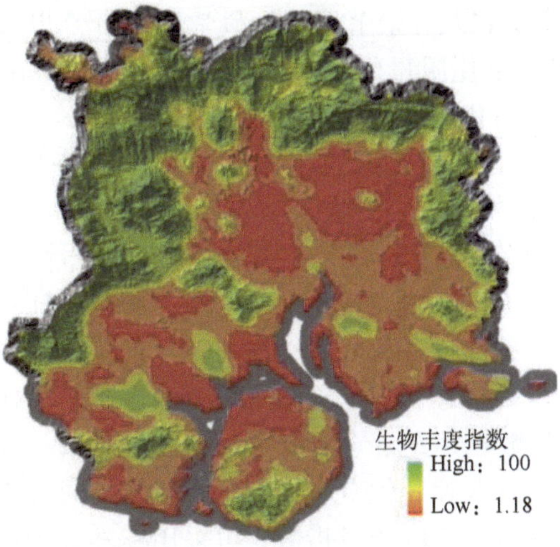

图 8-12　厦门市生物丰度指数分布图
（福建省第一次全国地理国情普查统计分析组，2013）

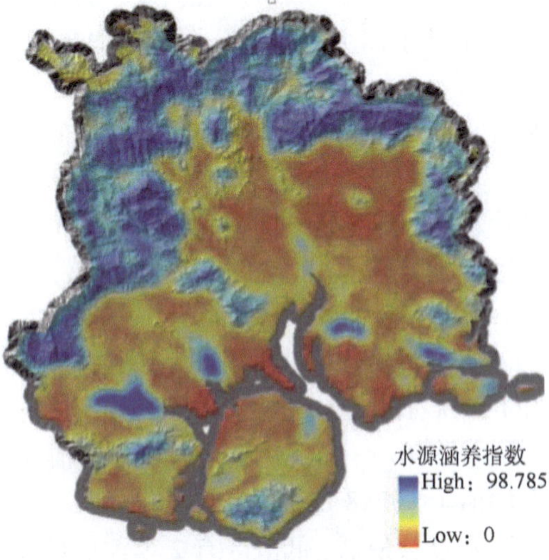

图 8-13　厦门市水源涵养指数分布图
（福建省第一次全国地理国情普查统计分析组，2013）

3. 兰州市城镇发展

《兰州市新型城镇化发展规划（2014～2020 年）》提出，到 2020 年，把兰州建设成为全国有影响力的区域性特大城市，把兰州新区建设成为西北地区重要的经济增长极、向西开放的重要战略平台、承接产业转移的示范区。通过优化城镇化布局体系，构建兰州市域“双城五带多片区”的城镇空间结构，形成层次分明、功能协调、城乡一体的新型城镇化布局，全面提高城镇集群的承载能力。近年来，兰州市城镇化水平不断提高，据中国 286 个地级以上城市城镇化质量排名，兰州市城镇化率排全国 20 名，但城镇化发展质量仅居 104 位，城镇化质量严重滞后于城镇化水平（甘肃省基础地理信息中心，

2016）。在新型城镇化建设的大背景下，全面科学地评价兰州市现状城镇化质量，从多角度细致地刻画兰州市城镇化质量的空间格局，增强对城镇化质量空间分异的认识水平，有利于推动兰州市城镇化因地制宜健康发展。

根据甘肃省兰州市地理国情普查数据和收集到的专题资料情况，兰州市城镇发展综合统计分析项目组基于各类专题数据的类型，实现统计数据的空间化，专题空间数据归一化。对于人口、经济、交通信息等统计数据，建立匹配空间模型，实现面、线状统计数据的空间化。对于点状统计数据，建立统一的地理编码和地物编码，实现点状统计数据的空间化。对专题空间数据，进行格式转换、坐标系统一和实体化整合。按照地理国情信息普查、分析的内容和指标，制定空间统一要素编码，实现要素一致性管理。综合统计分析实施过程中，指数构建是综合统计分析的关键环节，基于指标计算结果，结合人口普查数据、经济普查数据等其他专业部门统计数据，通过资源配置模型、空间关系建模等相关模型和方法计算，获取二级指数，再采用标准处理法、极值处理法、线形比例法、归一化处理法、向量规范法、功效系数法等方法进行指标归一化处理后，自下而上逐级权重合成获取二级指数对一级指数的总权重，进而获取一级指数，根据各一级指数对综合指数的总排序权重，作为组成综合指数的各成分的权重，最终构建城镇发展专题地理国情综合指数。项目组基于以上方法，分析了兰州市城镇发展质量的系统演化特征和空间分异规律。如下图所示，根据 JENKS 自然断裂法，将兰州市城镇发展综合指数划分为 4 种类型区，分为高值区、较高值区、较低值区和低值区，得到兰州市各县区城镇发展综合指数空间分异图，具体划分标准见表 8-9。分析结果表明，兰州市城镇发展综合指数在区、县之间存在明显差异，其中城关区为高值区，城镇发展综合指数为 0.5157，高出兰州市各县区城镇发展综合指数平均值（0.3348）的 1.5 倍，占兰州市国土面积的 1.6%，占总评价单元数的 12.5%。较高值区有 2 个评价单元，分别为安宁区和皋兰县，两个地区的城镇发展综合指数差别不大，城镇发展综合指数均值为 0.3721，占兰州市国土面积的 19.4%，占总评价单元数的 25%。较低值区有 3 个评价单元，分别为七里河区（0.3320）、西固区（0.3240）和永登县（0.2946），城镇发展综合指数均值为 0.3168，略低于兰州市各县区城镇发展综合指数平均值（0.3348），占兰州市国土面积的 50%，占总评价单元数的 37.5%，其中七里河区最高、永登县最低。低值区有 2 个评价单元，分别为红古区（0.2061）和榆中县（0.2615），城镇发展综合指数均值为 0.2338，占兰州市国土面积的 29%，占总评价单元数的 25%，其中红古区最低（甘肃省基础地理信息中心，2016）。

表 8-9　兰州市各县区城镇发展综合指数分类表

类型	划分标准	分类结果
高值区	0.374～0.516	城关区
较高值区	0.334～0.373	安宁区、皋兰县
较低值区	0.263～0.333	七里河区、西固区、永登县
低值区	0.206～0.262	红古区、榆中县

4. 浙江省德清县基础教育均等化分析

基于浙江省德清县地理国情普查成果，结合区域社会经济统计专题资料，经过综合统计分析，得出德清县武康镇有 69.2%的学校分布在该镇居民地较集中的区域，表明武康镇学校的分布相对集中，和居民地结合较好，居民上学比较方便。德清县 80.53%的行政村分布在服务半径 3 km 范围内，表明德清县教育资源空间分布比较理想（浙江省测绘与地理信息局，2013）。

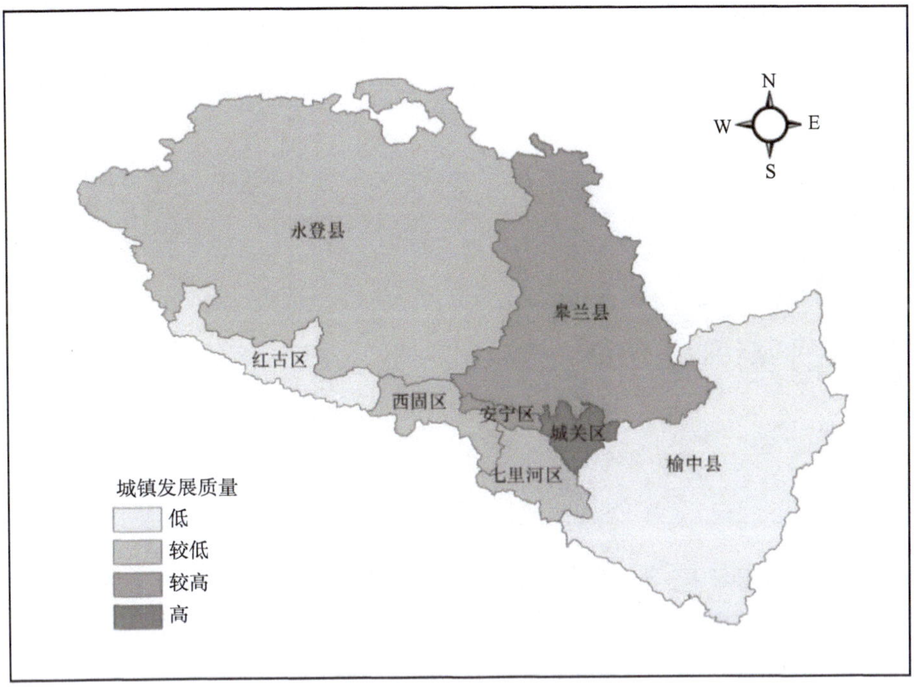

图 8-14　兰州市各县区城镇发展综合指数空间分异图（甘肃省基础地理信息中心，2016）

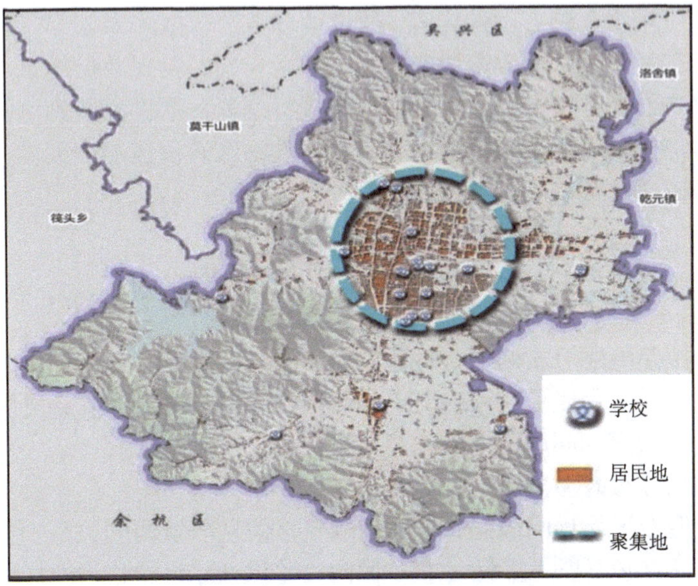

图 8-15　浙江省德清县武康镇各学校与居民地分布关系图（浙江省测绘与地理信息局，2013）

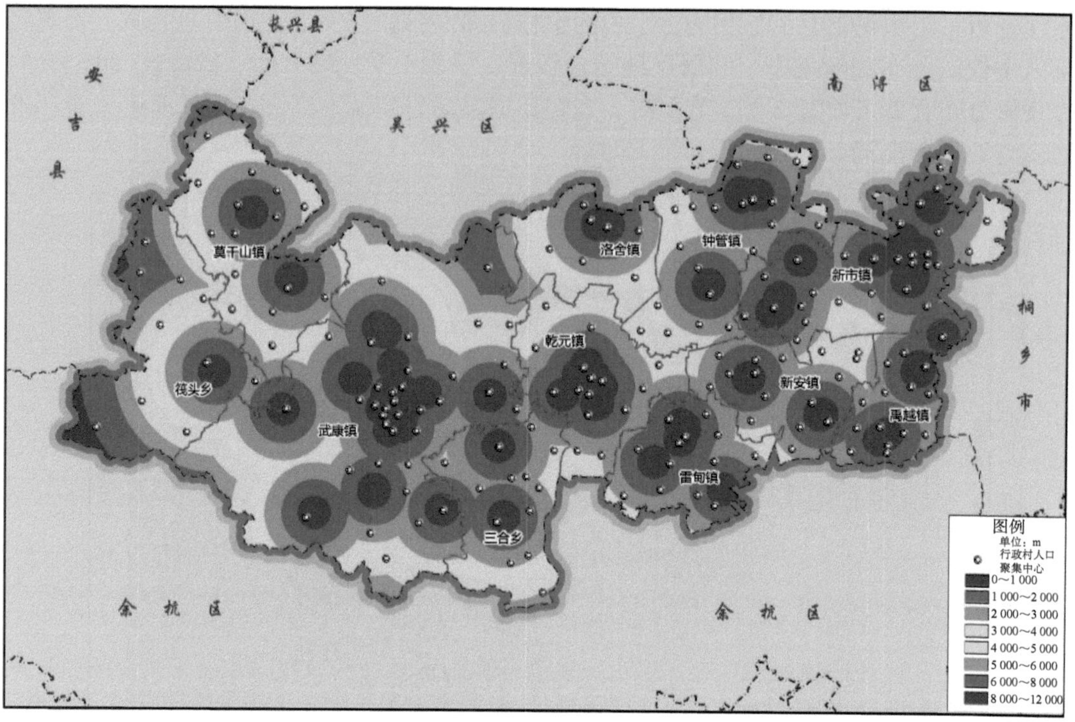

图 8-16　浙江省德清县各中、小学校一定范围半径缓冲区图（浙江省测绘与地理信息局，2013）

8.5　专题分析与服务

专题分析与服务是对基本统计、综合统计分析成果的进一步凝炼和提升，更多地增加了问题分析和应用服务等方面的内容，通过地理国情数据和专题部门数据的深度加工分析，结合国家有关大政方针政策研究，根据问题导向，发现数据结果、趋势不一致的地方，找出异常之处，对现有情况、未来形势进行判断，挖掘出有价值的分析结论，可以更好地为政府部门科学决策提供针对性、精准性的富有价值的辅助参考信息，这也是专题分析与服务工作的精髓和价值所在。

8.5.1　地理国情专报

地理国情专报是专题分析与服务的重要和主要途径，通常以报告的形式提交。从某种意义上说，地理国情专报是一种内部工作简报，主要反映经济社会发展过程中与地理国情有关的事物、情况和问题的专题信息。

编撰地理国情专报时主要把握以下要点：

（1）准确把握专报信息的内涵，正确理解专报信息与新闻的关系。专报信息与新闻有许多共同点，都有必要抓“苗头”、抓“倾向”，但专报信息的服务对象主要是决策层，主要侧重于地理国情相关的新情况、新问题，多以负面信息为主；而新闻的服务对象主要是社会公众，以正面宣传为主。

（2）准确把握“热点”“难点”的内涵，实事求是，不曲意浮夸有观点、有数据，言之有物是专报信息工作的生命线。同时，正确理解“新动向”和“个别现象”的区别，力求避免“以偏概全”或误以“个别现象”作为“全局动向”。

（3）数据来源可靠、准确，观点明晰，事实清楚，一目了然，突出信息“新颖、短快”的特色，一般来讲，篇幅要短，文字要简，做到有事实、有数据。

（4）加强审核。对重要数据审核把关，必须要核实清楚，注重与历史数据的联系、衔接，现有数据间的逻辑关系等，专报成果慎重上报。

专报作为地理国情综合统计分析的重要成果之一，其编制过程主要包括调研需求与问题分析、设计专报的主题与框架、确定编制的原则、分析数据资料、数据处理与指标计算、数据分析与判断、总结规律与形成结论、文字编辑等有关工作建议等。主要流程如下。

（1）基于“问题驱动”的原则，开展需求调研与问题分析，确定专报的主题与框架结构，并确定编制的原则。

（2）收集与专报主题和实现目标相关的资料，有的放矢，认真分析，确定统计分析指标。

（3）分析相关社会经济专题数据，并结合地理国情普查/监测数据，经过数据预处理和整合，实现不同来源、类型的数据匹配和融合。

（4）利用空间相关分析、对比分析、因子分析等统计分析模型库和方法，计算专报所确定的指标和指数，并对结果进行分析评估。

（5）基于以上结果，补充、总结相关分析结论，经编撰形成专报成果，并经上级领导部门审核后，正式提交政府领导部门，为其辅助决策提供参考信息。

开展专题分析与评价按照“一事一报”、不定期上报的方式，前后形成系列地理国情专报。目前，已经围绕长江经济带建设、退耕还林还草、四大草原生态保护、基本农田保护等系列主题的完成了多个专报编制和上报，为政府管理和决策提供了地理国情信息服务。其中有关退耕还草还林、还湿主题的专报已为全国政协提案与建议提供了数据支撑。围绕长江经济带地表生态格局、北京城区人口与资源环境承载、祁连山国家级自然保护区地理国情监测和江西赣江自然资源与生态等主题的专报已经在长江经济带规划、京津冀协同发展、精准扶贫等方面发挥了重大作用。

8.5.2　服务国土空间开发

地理国情统计分析服务于国土空间开发是一项重要应用举措，这里以国家级新区为例说明。兰州新区是甘肃省下辖的国家级新区，是国务院确定建设的西北地区重要的经济增长极、国家重要的产业基地、向西开放的重要战略平台、承接产业转移示范区，其发展目标是产业强城、生态绿城、多湖水城、现代新城，成为国家战略实施的重要平台，西部区域复兴的重要增长极，兰州城市拓展的重要空间。兰州新区综合统计分析项目被列为全国7个综合统计分析试点项目之一，是对第一次全国地理国情普查试点任务区域兰州新区普查成果深度应用的示范性项目。该项目基于兰州新区的地理国情普查与监测数据，围绕兰州新区的定位认识、新区设立前后的地理国情要素比对、新区建设与规划对比分析等方面进行综合统计分析，全面查清了兰州新区基本地理区情，摸清了新区范围内的自然和人文地理要素家底，并对新区建设与规划的吻合度进行了比对分析，形成了系列试点成果（图 8-17），为新区建设的监督监管、规划决策提供了地理空间信息支撑（甘肃省测绘地理信息局，2013）。

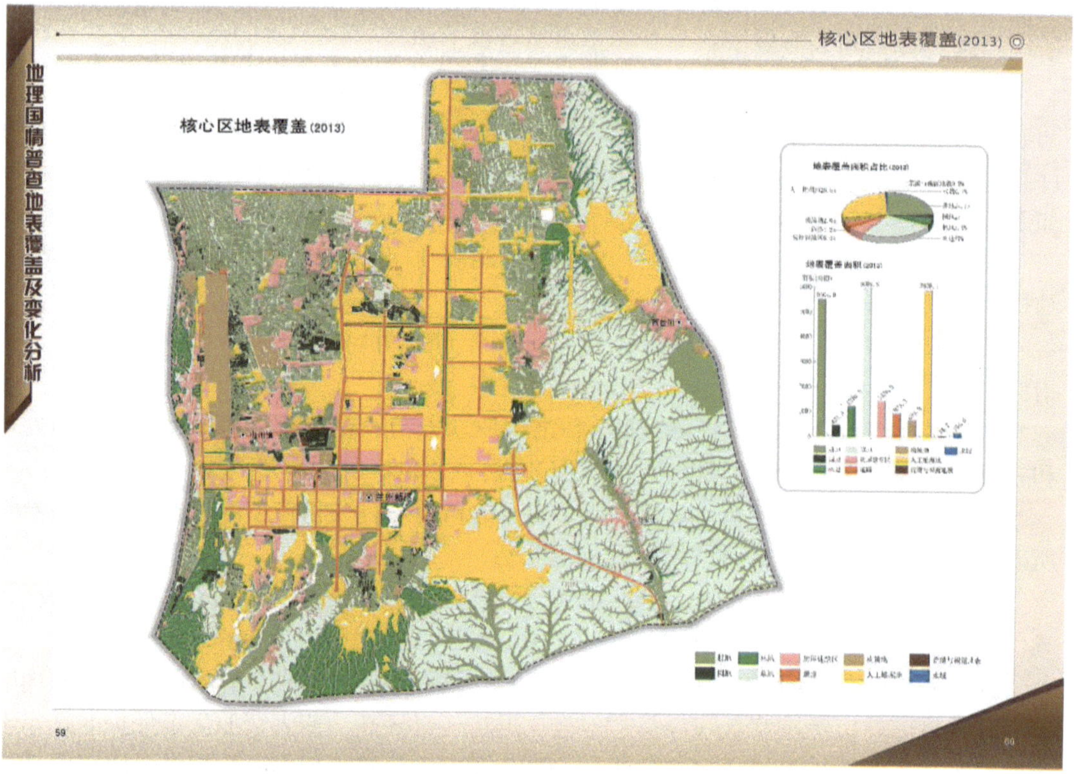

图 8-17　兰州新区综合统计分析项目成果案例（甘肃省基础地理信息中心，2014）

2015 年 6 月 4 日，兰州新区地理国情综合统计分析试点项目通过原国家测绘地理信息局组织的验收，并举行了兰州新区地理国情普查与监测成果移交暨推广发布会，将首批成果移交兰州新区管委会，中国国土资源报、甘肃电视台、甘肃日报、甘肃地质矿产报等多家媒体予以报道（栗斌，2015）。其成果将直接为国务院国家级新区协调发展决策提供参考，并为监测国家级新区建设进程和深入开展综合统计分析工作起到示范作用。

8.5.3　服务资源环境审计

长江经济带横跨我国东中西三大区域，被誉为中国经济的“金腰带”、中国经济的“脊梁”，事关国家安全、高效、可持续发展的全局，具有独特优势和巨大发展潜力，是我国经济重心所在、活力所在，也是中华民族永续发展的重要支撑。为了自然资源与生态环境的保护和管控，国家拟定对长江经济带沿岸的自然资源与地表生态格局进行了调查。基于常态化地理国情监测数据，综合运用多种空间分析方法与地学统计计算模型，通过科学计算与精确分析建立了地理国情分类体系与生态地表分类体系之间的对应关系，立足于现有的地理国情统计分析平台，快速形成了反映 2015～2017 年长江经济带核心区域的生态地表对比变化图和生态信息转移矩阵等系列成果（图 8-18），扩展生态统计分析功能，实现从多期数据现状和变化成果的快速计算与输出，辅助开展了地表生态变化的司法设计工作，极大地提升了科学审计工作的准确性与时效性。

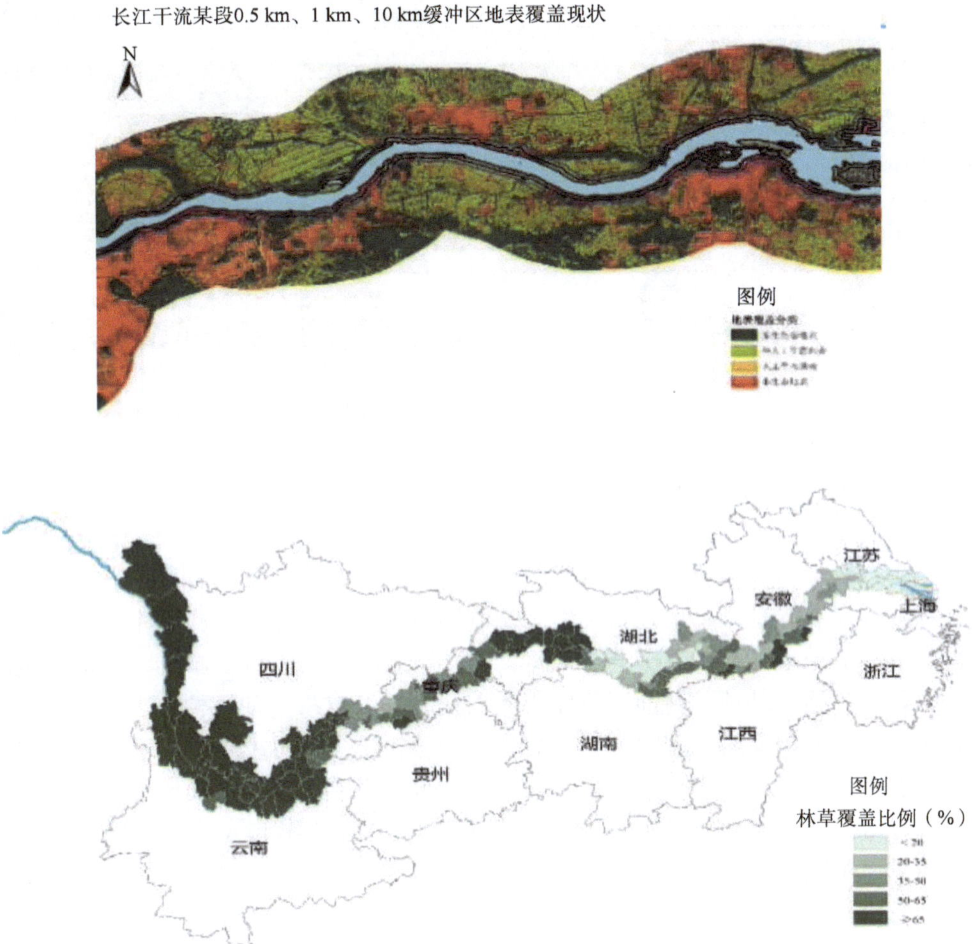

图 8-18　长江经济带沿岸生态用地空间格局（中国测绘科学研究院，2017）

8.5.4　服务环境行政公益诉讼

人民检察院在履行职责中发现生态环境和资源保护、国有财产保护、国有土地使用权出让等领域负有监督管理职责的行政机关违法行使职权或者不作为，致使国家利益或者社会公共利益受到侵害的，应当向行政机关提出检察建议，督促其依法履行职责。行政机关不依法履行职责的，人民检察院依法向人民法院提起诉讼。适应检查部门工作需要，基于 2005 年、2010 年、2015 年、2016 年等多期高分辨率影像，结合地理国情地表覆盖数据，实现对土地利用变化进行持续监测分析，及时发现了多处土地违规利用事件，并对事件的空间位置及违规面积进行了准确标定。以某市三处典型疑似事件为例，某局部区域高覆盖草地有 3 万 m^2 转变为其他建筑工地，阔叶灌木林有 18 万 m^2 转变为建筑工地。某村局部区域地表变化较为明显，尤其以 2015 年至 2016 年为主，主要表现为耕、林、草地转变为房屋建筑工地（图 8-19）。

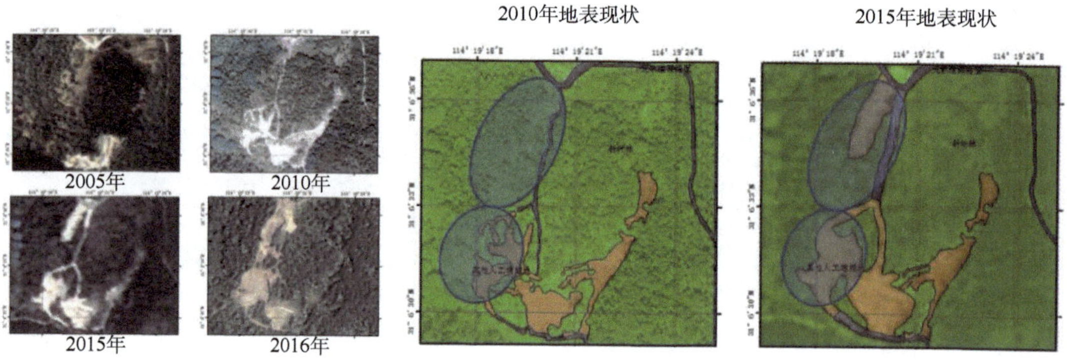

图 8-19　某地区西北部地表覆盖变化（林地被用于人工堆掘地建设）

8.5.5　服务生态环境保护

草原生态环境状况对全国生态环境的建设具有重要作用，是国家生态安全的主要屏障和我国牧业发展的基础，也是我国生态文明建设的重点和难点。新疆库鲁斯台草原位于我国西部的塔城地区，是我国第二大平原草场、新疆第一大优质草场，也是塔城地区重要的农牧产品生产基地。目前，草原土质疏松，过度放牧、开荒种地、退化沙化等现象较为明显，被选作全国地理国情普查综合统计分析试点，对于发挥地理国情普查成果服务于生态文明建设具有重要意义。该试点采用库鲁斯台草原 2008 年土地利用数据、2015 年地表覆盖数据，结合 2008 年 Landsat 7 数据和 2015 年 Landsat 8 数据，通过掌握库鲁斯台草原不同时期植被覆盖的空间分布状况、变化过程和态势，构建库鲁斯台草原植被空间覆盖指数，以反映草原植被覆盖退化状况，在此基础上，结合生态补偿标准，估算补偿金额，探索了库鲁斯台草原生态补偿和政府转移支付机制（刘纪平等，2019），旨在为草原生态保护与监测提供有力保障。该试点成果（图 8-20）已交付塔城地区国土局，为新疆开展地理国情监测、制定发展战略规划等提供重要依据，为同类地理国情综合统计分析提供了应用示范。

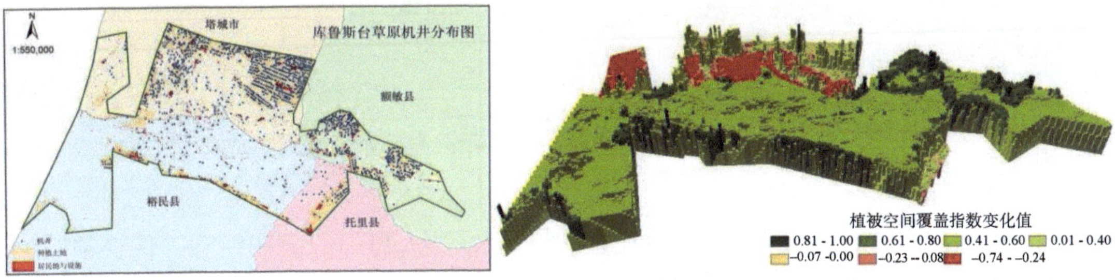

图 8-20 库鲁斯台草原生态保护与监测成果案例（刘纪平等，2019）

结 束 语

自 20 世纪以来，统计学进入了快速发展阶段，从人口、社会和经济等传统领域扩展到社会和自然研究的各个方面。当前的时代是数据极大丰富、信息爆炸的时代，航空航天技术、计算机技术的飞速发展，极大地便利了数据的获取和存储，许多领域每天都积累着海量数据。地理国情是这众多数据中的一种，并带有空间特征、结构特征、时间特征，与单纯的文字、图片、音频、视频等非结构化数据有着根本的区别。基于地理国情数据和国土资源调查数据，结合相关行业部门所获取的专题数据，如人口普查、经济普查等社会经济类数据，构建空间基准统一的自然资源及社会经济综合数据体，开展地理国情信息基本统计、综合分析和专题分析，可为国土空间开发利用、自然资源承载力评估、生态环境保护与修复、国家重大战略和重大工程实施等提供信息服务。实践表明，将统计分析技术应用于地理国情数据，挖掘分析数据中潜在的重要科学规律，揭示自然和人文要素之间的内在联系，对促进经济社会可持续发展具有重要的现实意义和长远的科学前景。

由于地理国情普查和监测工作开展的时间不长，数据资源的积累和统计分析方法的探索还比较有限，需要在以后的工作中更加有针对性地提高与完善，力求在我国自然资源管理、国土空间用途管制与空间规划、生态保护修复等具体工作中发挥重要的作用，更好地服务于国家生态文明建设、区域协调发展、城乡一体化与乡村振兴战略。囿于作者知识、水平的局限和实践经验的不足，本书难免存在疏漏之处，欢迎专家、读者批评指正。

中国测绘科学研究院的程鹏飞研究员、赵荣研究员、栗斌研究员、沈涛研究员、孙立坚副研究员、殷红梅副研究员、亢晓琛助理研究员、于荣花高级工程师，以及中山大学的肖素萍博士、辽宁工程技术大学的杜林丹博士、杨振研究生参与了书中部分内容的编写或部分图的绘制，中国测绘科学研究院的张福浩研究员、徐胜华研究员、翟亮研究员、宁晓刚研究员、党亚民研究员、秘金钟研究员、成英燕研究员、乔庆华副研究员、薛树强副研究员、桑会勇副研究员、侯伟助理研究员、张英助理研究员、刘佳助理研究员、王浩助理研究员，以及自然资源部国土空间用途管制司燕琴研究员，国家测绘产品质量检验测试中心张继贤研究员、沈晶高级工程师参与了部分内容的讨论。陈棉研究员提供了封面景观图片。在此对以上同志致以诚挚的感谢！

此外，感谢刘先林院士、王家耀院士为本书写序！感谢原国家测绘地理信息局国土测绘司、自然资源部自然资源调查与监测司、中国测绘科学研究院等单位对本书的大力支持！感谢武汉大学杜清运教授、苏世亮副教授，复旦大学王桂新教授，中国社会科学院王广州研究员、王智勇研究员，中国科学院地理科学与资源研究所王劲峰研究员、廖一兰副研究员、中南大学邹峥嵘教授、邹滨教授等专家学者对本书部分内容提供宝贵的咨询建议！

参 考 文 献

安虎森. 2008. 新区域经济学. 沈阳：东北财经大学出版社.

彼得·尼茨坎普（Nijkamp P.）. 2001. 区域和城市经济学手册 第1卷：区域经济学. 安虎森等译. 北京：经济科学出版社.

伯恩斯坦. 2002. 统计学原理，史道济译. 北京：科学出版社.

柴彦威，赵莹，刘云刚. 2011. 城市地理学研究方法的进展与展望. 中国科学院院刊，26（4）：430–435.

陈百明，周小萍. 2007.《土地利用现状分类》国家标准的解读. 自然资源学报，（6）：994–1003.

陈国良，毛睿，陆克中. 2015. 大数据并行计算框架. 科学通报，60：566–569.

陈吉龙，武伟，刘洪斌. 2008. DEM在林地表面积计算中的应用研究. 西南农业学报，21（5）：1348–1352.

陈建军，周成虎，王敬贵. 2006. 地理本体的研究进展与分析. 地学前缘，（3）：85–94.

陈俊勇. 2012. 地理国情监测的学习札记. 测绘学报，41（5）：633–635.

陈俊勇. 2014. 关于地理国情普查的思考. 地理空间信息，12（2）：1–3，7.

陈林生. 2004. 聚集效应、中心地理论与区域经济协调发展. 财经科学，（1）：107–109.

陈秀容. 1982. 有关区域地理学若干问题的初探. 地理研究，（4）：94–97，102–103，45–52.

程鹏飞，刘纪平，董春. 2018. 中国地理国情蓝皮书（2017版）. 北京：测绘出版社.

程乾，王人潮. 2005. 数字高程模型和多时相MODIS数据复合的水稻种植面积遥感估算方法研究. 农业工程学报，21（5）：89–92.

程维明，周成虎. 2009. 中国陆地地貌基本形态类型定量提取与分析. 地球信息科学学报，11（6）：725–736.

崔步礼，李小雁，姜广辉，等. 2011. 基于DEM的山地丘陵区土地利用/覆盖研究——以青海湖流域为例. 自然资源学报，26（5）：871–880.

崔功豪，魏清泉，刘科伟等. 2006. 区域分析与区域规划. 北京：高等教育出版社.

崔向慧，卢琦. 2012. 中国荒漠化防治标准化发展现状与展望. 干旱区研究，29（5）：913–919.

邓敏. 2011. 空间聚类分析及应用. 北京：科学出版社.

丁玉国，张平安，弓峰山，等. 2000. 统计信息资源开发问题研究. 统计与信息论坛，15（2）：14–18.

董春，白少云，叶剑. 2015. 地理国情监测中地理格网的生成方法与应用. 测绘科学，40（7）：54–57.

董春，梁双陆，刘纪平，张玉. 2017. 地形和交通条件约束下的空间相互作用模型改进及应用——以山东省为例. 中山大学学报（社会科学版），57（5）：201–208.

董春，袁卫平，亢晓琛，张玉，乔庆华. 2014. 地理国情大数据基本统计的多进程并行计算. 测绘科学，39（5）：13–17.

董春，张玉，刘纪平，叶剑，许萍. 2013. 基于交通系统可达性的城市空间相互作用模型重构方法研究. 世界地理研究，22（2）：34–42.

董南，杨小唤，蔡红艳，等. 2017. 人口密度格网尺度适宜性评价方法研究——以宣州区乡村区域为例. 地理学报，72（12）：2310–2324.

方精云，朴世龙，贺金生，马文红. 2003. 近20年来中国植被活动在增强. 中国科学（C辑：生命科学），（6）：554–565，578–579.

封吉昌. 2011. 国土资源实用词典. 武汉：中国地质大学出版社.

冯健. 2002. 杭州市人口密度空间分布及其演化的模型研究. 地理研究，（5）：635–646.

冯健. 2017. 中国城市地理学的传承与发展. 地理研究，36（11）：2029–2046.

福建省第一次全国地理国情普查统计分析组. 2013. 厦门试点综合统计分析项目汇总材料.

甘肃省测绘地理信息局. 2013. 甘肃省兰州市城镇发展综合统计分析试点分析报告.

甘肃省基础地理信息中心. 2014. 兰州新区地理国情普查统计分析图集.

甘肃省基础地理信息中心. 2016. 甘肃省地理国情普查试点统计分析报告.

高俊. 2000. 地理空间数据的可视化. 测绘工程，（3）：1–7.

高崟. 2018. 基于Hadoop的地理国情监测高性能计算分析研究. 地理信息世界，25（2）：50–55.

郭仁忠. 1997. 空间分析. 北京：高等教育出版社.

郭仁忠. 2001. 空间分析（二版）. 北京：高等教育出版社.

郭瑞霞，管晓丹，张艳婷. 2015. 我国荒漠化主要研究进展. 干旱气象，33（3）：505–513.
国巧真，宁晓平，王志恒，蒋卫国. 2015. 地形地貌对半山区土地利用动态变化影响分析——以天津市蓟县为例. 国土资源遥感，27（1）：153–159.
国务院第一次全国地理国情普查领导小组办公室. 2014. 地理国情普查数据规定与采集要求.
国务院第一次全国地理国情普查领导小组办公室. 2017. 第一次全国地理国情普查公报.
韩买侠，程传录，王维. 2015. 地表面积计算方法研究. 测绘通报，（9）：72–74.
韩渊丰. 2002. 发展中国的区域地理学. 海南师范学院学报（自然科学版），（Z1）：110–114.
杭州市第一次地理国情普查领导小组办公室. 2018. 杭州市第一次地理国情普查公报.
何清，李宁，罗文娟，史忠植. 2014. 大数据下的机器学习算法综述. 模式识别与人工智能，27（4）：327–336.
胡吉敏. 2008. 沿海地区水资源承载力评价研究. 大连理工大学博士学位论文.
胡艳君，莫桂青. 2008. 区域经济差异理论综述. 生产力研究，（5）：137–139+143.
黄培之，Poh C L. 2004. 时间序列空间数据可视化中有关问题的研究. 武汉大学学报：信息科学版，29（7）：584–587.
黄杏元，马劲松. 2008. 地理信息系统概论. 北京：高等教育出版社：40–41，162，164，169.
惠泱河，蒋晓辉，黄强，薛小杰. 2001. 水资源承载力评价指标体系研究. 水土保持通报，（1）：30–34.
霍艾迪，张广军，等. 2007. 国内外荒漠化动态监测与评价研究进展与存在问题. 干旱地区农业研究，25（2）：206–211.
江苏省第一次地理国情普查领导小组办公室. 2017. 江苏省第一次地理国情普查公报.
姜秋香. 2011. 三江平原水土资源承载力评价及其可持续利用动态仿真研究. 东北农业大学博士学位论文.
蒋立文，王班超. 1993. 浅析国情的定义与研究方法. 近代史与国情研究. 贵州：贵州人民出版社：456–457.
金凤君，王成金，李秀伟. 2008. 中国区域交通优势的甄别方法及应用分析. 地理学报，（8）：787–798.
金远亮，彭华，闫罗彬，项跃武，王翔宇. 2015. 中国南方湿润区“荒漠化”问题讨论. 地理科学进展，34（6）：772–780.
景跃军，王胜今. 2001. 21世纪中国可持续发展面临的人口困境与对策. 人口学刊，（1）：3–7.
乐毅. 2009. 锰资源经济利用与安全保障评价体系研究. 武汉理工大学博士学位论文.
李炳元. 1994. 中国地貌图（1：400万）. 北京：科学出版社.
李炳元，潘保田，等. 2008. 中国陆地基本地貌类型及其划分指标探讨. 第四纪研究，2（4）：535–543.
李传永. 2000. 试论我国的行政区划. 四川师范学院学报（哲学社会科学版），4（4）：27–31.
李德美. 1986. 区域地理学展望. 地理译报，（1）：8–12.
李德仁，丁霖，邵振峰. 2016. 关于地理国情监测若干问题的思考. 武汉大学学报（信息科学版），41（2）：143–147.
李德仁，马军，邵振峰. 2018. 论地理国情普查和监测的创新. 武汉大学学报（信息科学版），43（1）：1–9.
李德仁，王树良，李德毅，等. 2002. 论空间数据挖掘和知识发现的理论与方法. 武汉大学学报（信息科学版），27（3）：221–227.
李东序. 2008. 城市综合承载力理论与实证研究. 武汉理工大学博士学位论文.
李恒凯，刘小生，陈优良. 2011. 基于GIS的区域经济统计分析模型研究及应用——以江西省为例. 地域研究与开发，30（4）：141–144.
李剑波. 1988. 试论地理学的核心——区域地理学. 南京师范大学学报（自然科学版），（2）：94–101.
李琦，罗志清，郝力，安真臻. 2005. 基于不规则网格的城市管理网格体系与地理编码. 武汉大学学报（信息科学版），30（5）：408–411.
李清泉，李德仁. 2014. 大数据GIS. 武汉大学学报（信息科学版），39（6）：641–644，666.
李绍俊，杨海军，黄耀欢，等. 2017. 基于NoSQL数据库的空间大数据分布式存储策略. 武汉大学学报（信息科学版），42（2）：163–169.
李维森. 2013. 地理国情监测与测绘地理信息事业的转型升级. 地理信息世界，（5）：11–14.
李伟民. 2002. 金融大辞典. 哈尔滨：黑龙江人民出版社.
李文航，龚建华. 2008. 遥感地表真实面积和垂直投影面积差异的定量化模拟. 计算机应用研究，25（4）：983–985.
李向荣，谭强林. 2008. 粮食安全的国内外评价指标体系及对策研究. 中国农业资源与区划，（1）：22–26.
栗斌. 2015. 兰州新区地理国情综合统计试点成果移交政府管理部门. 中国测绘科学研究院网站.
梁留科，曹新向，孙淑英. 2003. 土地生态分类系统研究. 水土保持学报，（5）：142–146.
梁琦. 2005. 空间经济学：过去、现在与未来——兼评《空间经济学：城市、区域与国际贸易》. 经济学（季刊），（3）：

1067–1086.
梁艳平. 2003. 基于GIS的统计信息分析与辅助决策研究. 中南大学博士学位论文.
林涛，赵璨. 2019. 最近邻优化的k-means聚类算法. 计算机科学，46（11A）：216–219.
林雅萍. 2017. 基于云GIS的地理国情统计分析方法研究. 浙江大学硕士学位论文.
刘国，张晶. 2015. 人文地理国情综合统计分析指标体系初探. 测绘与空间地理信息，38（8）：122–125.
刘国旺. 1986. 在等高线地形图上量算地表面面积. 信息与控制，(2)：25–30.
刘纪平，董春，亢晓琛，等. 2019. 大数据时代的地理国情统计分析. 武汉大学学报（信息科学版），44（1）：68–83.
刘纪平，栗斌，石丽红，等. 2011. 一种本体驱动的地理空间事件相关信息自动检索方法. 测绘学报，40（4）：502–508.
刘纪平，吴立新，董春，等. 2016. 一种大规模空间数据流式并行处理方法研究. 测绘科学，41（1）：89–93.
刘纪平，张福浩，王亮，等. 2014. 面向大数据的空间信息决策支持服务研究与展望. 测绘科学，39（5）：8–12.
刘纪远，宁佳，匡文慧，等. 2018. 2010～2015年中国土地利用变化的时空格局与新特征. 地理学报，73（5）：789–802.
刘经南，方媛，郭迟，高柯夫. 2014. 位置大数据的分析处理研究进展. 武汉大学学报（信息科学版），39（4）：379–385.
刘敏，许世远，侯立军，等. 2018. 城市自然地理学的理论、实践和发展. 地理科学进展，37（1）：102–108.
刘瑞，朱道林. 2010. 基于转移矩阵的土地利用变化信息挖掘方法探讨. 资源科学，32（8）：1544–1550.
刘颂，刘滨宜. 2011. 城市绿地系统规划. 北京：中国建筑工业出版社.
刘卫东. 2015. "一带一路"战略的科学内涵和科学问题. 地理科学进展，34（5）：538–554.
刘晓梅. 2004. 关于我国粮食安全评价指标体系的探讨. 财贸经济，(9)：56–61，96.
刘颖，邓伟，宋雪茜，周俊. 2015. 基于地形起伏度的山区人口密度修正——以岷江上游为例. 地理科学，35(4)：464–470.
刘云刚. 2011. 中国城市地理学研究的统计分析. 地理科学进展，30（6）：681–690.
刘臻熙. 2010. 中文文本中地理实体属性信息抽取方法研究. 南京师范大学硕士学位论文.
柳元程. 2017. 基于王正非模型研究城市公园绿地防火种植. 中国城市规划学会、东莞市人民政府. 持续发展理性规划——2017中国城市规划年会论文集（01城市安全与防灾规划）. 中国城市规划学会、东莞市人民政府：中国城市规划学会，132–138.
罗玲，王宗明，毛德华，等. 2012. 松嫩平原西部草地净初级生产力对气候变化及人类活动的响应. 生态学杂志，31（6）：1533–1540.
罗佑新. 2001. 加工工艺参数选择的灰色聚类综合评价方法. 组合机床与自动化加工技术，05：25–27.
吕斌，陈睿. 2006. 我国城市群空间规划方法的转变与空间管制策略. 现代城市研究，(8)，18–24.
吕妙儿，黄杏元. 2000. 基于GIS的缓冲区生成模型理论和方法. 科技通报，16（5）：356–360.
吕新业，冀县卿. 2013. 关于中国粮食安全问题的再思考. 农业经济问题，34（9）：15–24.
马斌荣. 1990. 医学统计学，第5版. 北京：人民卫生出版社.
马峰，王千，蔺文静，王贵玲. 2012. 基于指标体系投影寻踪模型的水资源承载力评价——以石家庄为例. 南水北调与水利科技，10（3）：62–66.
马莉娜. 2010. 基于GIS的后备耕地评价及开发利用研究. 新疆大学硕士学位论文.
马万钟，杜清运. 2011. 地理国情监测的体系框架研究. 国土资源科技管理，28（6）：104–111.
马雄德，范立民，张晓团，等. 2016. 基于遥感的矿区土地荒漠化动态及驱动机制. 煤炭学报，41（8）：2063–2070.
念沛豪，蔡玉梅，张文新，等. 2014. 面向综合区划的国土空间地理实体分类与功能识别. 经济地理，(12)：7–14.
彭茹燕，张晓沛，等. 2008. 基于农用地分等成果的国家耕地质量动态监测体系设计. 资源与产业，10（5）：96–98.
朴世龙，方精云. 2001. 最近18年来中国植被覆盖的动态变化. 第四纪研究，(4)：294–302.
戚伟，刘盛和，金浩然. 2016. 中国城市规模划分新标准的适用性研究. 地理科学进展，35（1）：47–56.
齐东兰，魏永强. 2015. 面向虚拟地球的矢量金字塔分布式存储研究. 测绘与空间地理信息，38（2）：108–111.
齐晓娟. 2014. 矿产资源可持续发展财政支出绩效评价研究. 财政部财政科学研究所博士学位论文.
齐亚彬. 2004. 国土资源承载力定量综合评价研究——以天津为例. 中国国土资源经济，(6)：6–9+50+48.
乔朝飞. 2011. 国外地理国情监测概况与启示. 测绘通报，11：81–83.
全毅. 2015. 全球区域经济一体化发展趋势及中国的对策. 经济学家，(1)：94–104.
荣跃明. 2000. 区域经济一体化是市场经济发展的重要内容——"二十一世纪初长江三角洲区域发展战略"研讨会综述. 社会科学，(6)：78–80.

宋尚萍，陈世培，李井春，李红，顾剑华. 2014. 地理国情普查内容与指标体系构建方法研究. 测绘与空间地理信息，37（6），60–62.
宋巍巍，管东生，王刚. 2012. 地形对植被生物量遥感反演的影响——以广州市为例. 生态学报，32（23）：7440–7451.
苏时雨，李钜章. 1999. 地貌制图. 北京：测绘出版社，35–45.
孙大为，张广艳，郑纬民. 2014. 大数据流式计算：关键技术及系统实例. 软件学报，25（4）：839–862.
孙富行. 2006. 水资源承载力分析与应用. 河海大学博士学位论文.
孙红雨，王长耀，牛铮，等. 1998. 中国地表植被覆盖变化及其与气候因子关系——基于 NOAA 时间序列数据分析. 遥感学报，（3）：204–210.
孙亭，李梦月. 2016. 新型智慧城市分级分类方法及体系架构. 指挥信息系统与技术，7（6）：66–71.
孙卫东. 2002. 区域国土资源复合系统可持续发展的系统研究. 天津大学博士学位论文.
汤国安，杨玮莹，杨昕，等. 2003. 对 DEM 地形定量因子挖掘中若干问题的探讨. 测绘科学，（1）：28–32.
汤国安. 2014. 我国数字高程模型与数字地形分析研究进展. 地理学报，69（9）：1305–1325.
藤田昌久（Masahisa Fujita），保罗 · 克鲁格曼（Paul Krugman），安东尼 · J. 维纳布尔斯（Anthony J. Venables）著；梁琦主译. 2005. 空间经济学——城市、区域与国际贸易（cities，regions，and international trade）. 北京：中国人民大学出版社.
涂云燕，张成程. 2015. 森林资源连续清查体系改进建议. 山东林业科技，45（1）：113–116，57.
王琛，顾和和. 2008. 基于规则网格和地理编码的城市管理新模式. 国土资源信息化，12（2）：51–56.
王飞. 2013. 矿产资源战略评价模型与实证研究. 中国地质大学博士学位论文.
王解先，俞振武. 2003. 高斯投影引起的面积计算误差. 测绘通报，4：5–6.
王金辉，黄秀清，刘阿成，张有份. 2004. 长江口及邻近水域的生物多样性变化趋势分析. 海洋通报，（1）：32–39.
王劲峰，武继磊，孙英君，李连发，孟斌. 2005. 空间信息分析技术. 地理研究，24（3）：464–471.
王蕾，崔慧敏，陈莉，等. 2013. 任务并行编程模型研究与进展. 软件学报，24（1）：77–90.
王莉莉. 2011. 黄河三角洲耕地后备资源评价与开发利用研究. 山东农业大学硕士学位论文.
王仁铎. 1998. 线性地质统计学. 北京：地质出版社.
王士天，刘汉超，张倬元，等. 1997. 大型水域水岩相互作用及其环境效应研究. 地质灾害与环境保护，（1）：70–90.
王晓璇，陈鹏，刘鹏，刘妙龙. 2011. 基于统计式机器学习的地理本体融合模型. 同济大学学报（自然科学版），39（5）：758–763.
王秀云，陈晔，周厚华，等. 2006. DEM 在林地资源表面积调查中的应用. 南京师范大学学报（工程技术版），6（1）：86–90.
王学雷，吴宜进. 2002. 马尔柯夫模型在四湖地区湿地景观变化研究中的应用. 华中农业大学学报，（3）：288–291.
王友贞，施国庆，王德胜. 2005. 区域水资源承载力评价指标体系的研究. 自然资源学报，（4）：597–604.
王远飞，何洪林. 2007. 空间数据分析方法. 北京：科学出版社.
王长海. 2010. DEM 模型的三维地表面积算法研究. 红水河，29（2）：153–154，166.
王宗明，张柏，张树清. 2004. 吉林省生态系统服务价值变化研究. 自然资源学报，（1）：55–61.
文森. 2008. 重庆市耕地资源安全与预警研究. 西南大学博士学位论文.
吴爱芝，杨开忠，李国平. 2011. 中国区域经济差异变动的研究综述. 经济地理，31（5）：705–711.
吴炳方，张淼，曾红伟，等. 2016. 大数据时代的农情监测与预警. 遥感学报，20（5）：1027–1037.
吴殿廷，丛东来，杜霞. 2016. 区域地理学原理. 南京：东南大学出版社：245–268.
吴喜之. 2014. 统计学：从数据到结论，第四版. 北京：中国统计出版社.
武琛. 2012. 地理国情监测内容分类与指标体系构建方法研究. 山东农业大学硕士学位论文.
席海星. 2015. 关于地理国情普查综合统计分析的探讨. 黑龙江科技信息，（15）：96.
肖志娇，常会友，衣杨. 2006. 成本约束下工作流时间最小化的资源配置优化. 系统仿真学报，18（11）：3320–3323.
谢明霞，王家耀. 2015. 地理国情分类区划及分级评价模型. 测绘科学技术学报，32（2）：192–196.
谢明霞. 2016. 地理国情复杂系统及其区划研究. 武汉大学博士学位论文.
谢雨航. 2013. 永州涔天河灌区耕地后备资源开发利用评价研究. 湖南农业大学硕士学位论文.
信忠保，许炯心，郑伟. 2007. 气候变化和人类活动对黄土高原植被覆盖变化的影响. 中国科学（D 辑：地球科学），（11）：1504–1514.

徐广才，康慕谊，李亚飞. 2010. 基于MLP–ANN与Markov Chain的土地利用变化预测方法——以锡林郭勒盟为例. 生态环境学报，19（10）：2386–2392.
徐浪，王青华. 2001. 描述统计学. 成都：西南财经大学出版社：20–25.
许学强，姚华松. 2009. 百年来中国城市地理学研究回顾及展望. 经济地理，29（9）：1412–1420.
许学强，周一星，宁越敏. 2009. 城市地理学. 北京：高等教育出版社，2009.
薛德升，王立. 2014. 1978年以来中国城市地理研究进展. 地理学报，69（8）：1117–1129.
薛树强，党亚民，秘金钟，等. 2015. 顾及非线性地形因子的地表面积计算. 测绘学报，44（3）：330–337.
薛贻源. 1958. 中华人民共和国行政区域的划分. 地理学报，24（1）：84–101.
闫浩文，应申，李霖. 2008. 多因子影响的地图居民地自动聚群与综合研究. 武汉大学学报（信息科学版），（1）：51–54.
杨开忠. 1991. 中国人文地理学复兴的回顾、反思与展望. 人文地理，（2）：8–15.
杨瑞红，董春，张玉. 2014. 汶川县居民地要素空间分布特征分析. 测绘科学，39（11）：72–75.
杨昕，汤国安，刘学军，等. 2009. 数字地形分析的理论、方法与应用. 地理学报，64（9）：1058–1070.
姚成胜，滕毅，黄琳. 2015. 中国粮食安全评价指标体系构建及实证分析. 农业工程学报，31（4）：1–10.
殷菲，冯子健，李晓松. 2007. 基于前瞻性时空重排扫描统计量的传染病早期预警系统. 卫生研究，（4）：455–458.
殷平. 2012. 高速铁路与区域旅游新格局构建——以郑西高铁为例. 旅游学刊，27（12）：47–53.
于涛方，吕拉昌，刘云刚，等. 2011. 中国城市地理学研究进展与展望. 地理科学进展，30（12）：1488–1497.
袁卫，庞皓，曾五一. 2000. 统计学. 北京：高等教育出版社.
袁卫平. 2015. 地理统计空间计算效率优化模型研究. 辽宁工程技术大学硕士学位论文.
曾道智. 2013. 空间经济学简介. 经济资料译丛，（3）：37–57.
张灿，徐涵秋，张好，等. 2015. 水土流失区植被覆盖度变化及其生态效应评估——以福建省长汀县为例. 自然资源学报，30（6）：917–928.
张成成，李钢，李成名，等. 2008. 基于不规则网格的城市地理空间信息共享研究. 测绘标准化，24（3）：16–18.
张继贤，顾海燕，鲁学军，等. 2016. 地理国情大数据研究框架. 遥感学报，20（5）：1017–1026.
张军涛，刘锋. 2000. 区域地理学. 青岛：青岛出版社.
张莉，陆玉麒. 2006. 基于陆路交通网的区域可达性评价——以长江三角洲为例. 地理学报，61（12）：1235–1246.
张强，庄丽莉，王有名，等. 1998. 旱涝气候监测、预警分析业务系统及服务. 自然灾害学报，（3）：59–65.
张士功. 2005. 耕地资源与粮食安全. 中国农业科学院博士学位论文.
张晓祥. 2014. 大数据时代的空间分析. 武汉大学学报（信息科学版），39（6）：655–659.
张尧庭. 1996. 空间统计学简介. 统计教育，（1）：35–40.
张耀军，刘沁，韩雪. 2013. 北京城市人口空间分布变动研究. 人口研究，37（6）：52–61.
张宇. 2016. 龙江县耕地后备资源潜力评价及开发利用研究. 东北农业大学硕士学位论文.
赵济. 2017.《区域地理学原理》评价. 地理学报，72（3）：560.
赵晓梅，曲庆云，阮桂海. 2004. 统计分析方法. 北京：清华大学出版社.
赵永，王岩松. 2011. 空间分析研究进展. 地理与地理信息科学，27（5）：1–8.
赵月，杜文，陈爽. 2009. 复杂网络理论在城市交通网络分析中的应用. 城市交通，7（1）：57–65.
浙江省测绘与地理信息局. 2013. 德清县地理国情分析评价报告.
中国测绘科学研究院. 2013. 地理国情普查基本统计技术规定.
中国测绘科学研究院. 2015. 全国地理国情普查统计数据汇编.
中国测绘科学研究院. 2017. 长江经济带专报：优化长江沿岸生态用地空间格局，推进绿色生态廊道建设.
中华人民共和国国务院. 2013. 国务院关于开展第一次全国地理国情普查的通知[国发〔2013〕9号].
中央电视台. 2018.《中国地理国情蓝皮书（2017版）》发布.
周成虎，程维明，钱金凯，等. 2009. 中国陆地1∶100万数字地貌分类体系研究. 地球信息科学学报，11（6）：707–724.
周成虎，裴韬，等. 2011. 地理信息系统空间分析原理. 北京：科学出版社：26，107，115，202，205.
周晶，陈玉萍，阮冬燕. 2013. 地形条件对农业机械化发展区域不平衡的影响——基于湖北省县级面板数据的实证分析. 中国农村经济，（9）：63–77.
周星，桂德竹. 2013. 大数据时代测绘地理信息服务面临的机遇和挑战. 地理信息世界，20（5）：17–20.

朱红波. 2006. 中国耕地资源安全研究. 华中农业大学博士学位论文.
邹亚娟. 2014. 空间统计学研究进展综述. 企业技术开发，33（12）：78，80.
左尧，王少华，钟耳顺，等. 2017. 高性能 GIS 研究进展及评述. 地球信息科学学报，19（4）：437–446.
（苏）涅克拉索夫（Hekpacob H H）著；许维新，许晶心译. 1987. 区域经济学——理论·问题·方法. 北京：东方出版社.
Kieu Quoclap. 2014. 基于 GIS 的山地景观生态综合评价研究——以越南老街省沙巴县为例. 中国地质大学博士学位论文.
Brix K, et al. 2011. Adaptive multiresolution methods: practical issues on data structures, implementation and parallelization. Esaim Proceedings，34（1270–900X）：604–607.
Christopher C W，Renee E S. 2013. Toward an inclusive semantic interoperability：the case of cree hydrographic features. International Journal of Geographical Information Science，27（1）：168–191.
Comer D. 1979. Ubiquitous B–Tree. Acm Computing Surveys，11（2）：121–137.
Condit R，et al. 2000. Spatial patterns in the distribution of tropical tree species. Science，288（5470）：1414–1418.
Corbett J C，et al. 2013. Spanner：Google's globally-distributed database. International Conference on Data Engineering Icde，31（3）：251–264.
Couclelis H. 1998. Geocomputation in context. Geocomputation：A primer. John Wiley Chichester，17–29.
Cressie N. 1985. Fitting variogram models by weighted least squares. Mathematical Geology，17（5）：563–586.
Delgado F，Mart í nez–Gonz á lez M M，Finat J. 2013. An evaluation of ontology matching techniques on geospatial ontologies. International Journal of Geographical Information Science，27（12）：2279–2301.
Demek J，Embleton C. International geomorphological map of Europe（1：2 500 000）Cartography Lithography and Printing：Geodetiky a Kartograficky Podnik Praha，SP：1976，1988，1989.
Dixit A K，Stiglitz J E. 1977. Monopolistic competition and optimum product diversity. American Economic Review，June，2997–3308.
Fan S，et al. 1998. A large terrestrial carbon sink in North America implied by atmospheric and oceanic carbon dioxide data and models. Science，282（5388）：442–446.
Gahegan M. 1999. Guest editorial：what is geocomputation? Transactions in GIS，3（3）：203–206.
Glen D，Johnson J，Wayne L M，et al. 2001. Characterizing watershed–delineated landscapes in Pennsylvania using conditional entropy profiles. Landscape Ecology，16（2）：597–610.
Goodchild M F. 1992. Geographical information science. International Journal of Geographical Information Systems，6（1），31–45.
Governato F，et al. 1998. The seeds of rich galaxy clusters in the universe. Nature，392：359–361.
Gruber T R. 1993. A translation approach to portable ontology specifications. Knowledge Acquisition，5（2）：199–220.
Guttman A. 1984. R–trees：A dynamic index structure for spatial searching. ACM.
Hamilton J，Thisse J F，& Zenou Y. 2000. Wage competetion with heterogeneous workers and firms. Journal of Labor Economics，3，453–472.
Han J W，et al. 2007. Frequent pattern mining：current status and future directions. Data Mining and Knowledge Discovery，15（1）：55–86.
Hill M D，Marty M R. 2008. Amdahl's law in the multicore era. Computer，41（7）：33–38.
Jenness J S. 2004. Calculating landscape surface area from digital elevation models. Wildlife Society Bulletin，33（3）：829–839.
Kang X，Lin X. 2014. Graph–based divide and conquer method for parallelizing spatial operations on vector data. Remote Sensing，6（10）：10107–10130.
Kang X，Liu J，Lin X. 2014. Streaming progressive TIN densification filter for airborne LiDAR point clouds using multi–core architectures. Remote Sensing，6（8）：7212–7232.
Longley P A，et al. 1998. Geocomputation：a primer. Wiley.
Lüscher P，Weibel R，Burghardt D. 2009. Integrating ontological modelling and Bayesian inference for pattern classification in topographic vector data. Computers Environment & Urban Systems，33（5）：363–374.
Murray R. 1971. Curve Estimates. Ann. Math. Stat，42（6）：1815–1842.
Openshaw S，Abrahart R J. 1996. Geocomputation. the proceedings of The 1st International Conference on GeoComputation，

University of Leeds，Leeds，England.

Ranta E，Kaitala V，Lundberg P. 1997. The spatial dimension in population fluctuations. Science，278（5343）：1621–1623.

Samet H，Webber R E. 1985. Storing a collection of polygons using quadtrees. ACM.

Sellis T K，Roussopoulos N，Faloutsos C. 1987. The R–Tree：A dynamic index for multi–dimensional objects. International Conference on Very Large Data Bases. Morgan Kaufmann Publishers Inc：507–518.

Shi X. 2010. High performance computing：fundamental research challenges in service oriented GIS. Proceedings of the ACM SIGSPATIAL International Workshop on High Performance and Distributed Geographic Information Systems. ACM：31–34.

Shirayama Y，Phompida S，Shibuya K. 2009. Geographic information system（GIS）maps and malaria control monitoring：intervention coverage and health outcome in distal villages of Khammouane province，Laos. Malaria Journal，8：217.

Tobler W. 2002. Global spatial analysis. Computers，Environment and Urban Systems，26：493–500.

Walz R. 2000. Development of environmental indicator system：Experiences from Germany. Environmental Management，25（6）：613–623.

Young W，Roberts A，Stuhne G. 2001. Reproductive pair correlations and the clustering of organisms. Nature，412（6844）：328–331.